제2판

대학 미적분학

University Calculus

민만식 · 전희주 · 김시경 지음

한티미디어

저자소개

민만식 수원대학교 데이터과학과 Adjunct Professor

전희주 동덕여자대학교 정보통계학과 Professor

김시경 공주대학교 전자공학과 Professor

제2판

대학 미적분학

발행일 2020년 3월 2일 초판 1쇄
저 자 민만식 · 전희주 · 김시경
펴낸이 김준호
펴낸곳 한티미디어 | **주 소** 서울시 마포구 동교로 23길 67 3층
등 록 제15-571호 2006년 5월 15일
전 화 02)332-7993~4 | **팩 스** 02)332-7995
마케팅 노호근 박재인 최상욱 김원국 | **관 리** 김지영 문지희
편 집 김은수 유채원 | **표 지** 유채원
ISBN 978-89-6421-388-9 (93410)
정 가 25,000원

이 책에 대한 의견이나 잘못된 내용에 대한 수정정보는 한티미디어 홈페이지나 이메일로 알려주십시오.
독자님의 의견을 충분히 반영하도록 늘 노력하겠습니다.
홈페이지 www.hanteemedia.co.kr | **이메일** hantee@hanteemedia.co.kr

PREFACE

미분적분학은 자연계 및 공학계 대학과정 전반에 걸쳐 기초가 되는 학문으로, 자연과학의 각종서적을 이해하는데 기본적으로 필요한 주요 과목이다. 특히 현대의 공학이 첨단으로 발전함에따라 수학의 각 분야도 새로운 이론체계를 구성하면서 여러 가지형태로 개발되어 많은 분야에 다양하게 응용되고 있으며, 따라서 이공계 대학과정의 기초수학 과목인 미분적분학의 올바른 학습은 전공영역의 성공적인 진입에 매우 필요한 준비과정이 된다.

수학교육의 목적은 수학이란 지렛대를 사용하여 당면하는 여러 가지 문제의 해결점을 스스로 찾을 수 있게 하는 것이다. 그러면 수학은 어떻게 잘 배울 수 있는가? 배움이란 궁극적으로 자기 자신에 의존되는 것이다. 선생님이나 책은 배움의 보조수단일 뿐이다. 자전거를 타기 위해서는 직접 자전거를 타는 연습을 하지 않으면 안 되듯이 수학을 참으로 배우기 위해서는 수학을 직접 하지 않으면 안 된다. 이를 위해서는 정확한 해답에 이르지 못하더라도 연습문제를 스스로 풀어 보아야만 하며, 이는 같은 문제의 정확한 해답을 기억하고 활용하는 것에 비할 수 없는 수학적 능력과 즐거움을 줄 것이다.

본서의 내용은 다음과 같이 편성되었다. 우선, 고등학교에서 다루어 익히 알고 있는 일변함수의 미적분학의 비중을 포함시켰다. 이는 1장~6장의 내용으로서 대학1학년의 교양과정으로 강의될 때에는 이 내용 중에서 필요한 부분만 발췌하여 단기간에 지나갈 수도 있을 것이다. 7장에서 수열과 테일러급수를 다루고, 다변수함수미적분(8~9장)은 최근에 이공계열은 물론 사회계열에서도 다양하게 요구되는 바, 이에 부응하여 자세히 다루었다. 이와 함께 이 책은 각 절마다 많은 연습문제를 포함시켜서 학업내용의 습득에 도움이 되도록 하였으며

PREFACE

이 중에는 본문에서 다루지 못한 문제를 포함하여 많은 계산문제와 응용문제가 있다. 또한 각 연습문제의 해설과 답은 포함시켰다.

끝으로 이 책을 제작하는 데 여러 모로 도움을 주신 한티미티어 편집부께 감사드리며 수 차례에 걸친 원고 교정에 노고를 아끼지 않은 김영창군에게 감사의 말을 드린다.

저자 일동

CONTENTS

CONTENTS

CONTENTS

CONTENTS

CONTENTS

CONTENTS

CHAPTER

1

함수

이 장에서는 이산 집합(유한 집합이나 정수의 집합 등)에서 정의된 함수에 중점을 두면서 그외 다양한 함수의 성질 및 특성을 다룬다. 함수는 수학이나 전산학뿐만 아니라 모든 학문의 기 본 분야에서는 전반적으로 다뤄지고, 또 중요한 역할을 한다. 그래서 이 장에서는 함수에 대한 정의와 함수의 종류, 그리고 함수의 응용에 대해서 간단히 소개하고자 한다. 특히 활용도가 높 은 지수함수와 로그함수 그리고 삼각함수에 대한 정의와 성질에 대해서도 자세히 다루고, 삼각 함수의 정의역을 제한하여 역삼각함수를 도입하는 방법과 역삼각함수와 삼각함수의 관계를 학 습한다.

1.1 선형모형과 변화율

수직이 아닌 직선에서 기울기는 x의 변화량에 대하여 y의 변화량을 특정한 값을 말한다.

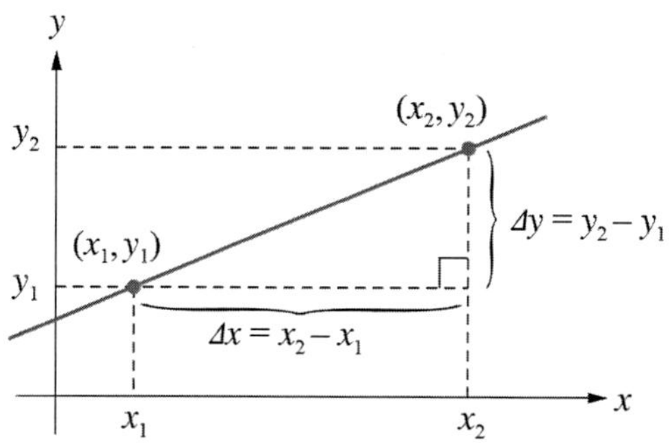

그림 1.1

그림 1.1에서와 같이 직선 위의 두 점 (x_1, y_1), (x_2, y_2)가 있다고 하자.

직선에서 x의 변화량 $\Delta x = x_2 - x_1$, y의 변화량은 $\Delta y = y_2 - y_1$임을 알 수 있다(Δ은 그리스문자 델타(delta)의 대문자이고 Δx, Δy는 '델타 x', '델타 y'로 읽는다).

1.1.1 직선의 기울기에 대한 정의

두 점 (x_1, y_1)과 (x_2, y_2)를 지나는 수직이 아닌 직선의 기울기 m은

$$m = \frac{\Delta y}{\Delta x} = \frac{y_2 - y_1}{x_2 - x_1}, \ x_1 \neq x_2$$

이다. 수직인 직선의 기울기는 정의하지 않는다.

직선의 기울기와 직선 위의 한 점의 좌표를 알면 수직이 아닌 직선의 방정식을 구할 수 있다. 직선의 기울기가 m이고 점 (x_1, y_1)을 지난다고 하자. 직선 위의 임의의 점의 좌표를 (x, y)라 하면

$$\frac{y - y_1}{x - x_1} = m$$

이다. 분모를 양변에 곱하면

$$y - y_1 = m(x - x_1)$$

이고, 이것을 직선의 점—기울기 방정식(point-slope equation of line)이라 한다.

1.1.2 직선의 점—기울기 방정식

기울기가 m이고, 점 (x_1, y_1)을 지나는 직선의 방정식은

$$y - y_1 = m(x - x_1)$$

이다.

예제 1-1

다음 조건을 만족시키는 직선의 방정식을 구하여라.

(1) 기울기가 2이고, 점 (1, 3)을 지난다.

(2) 기울기가 −3이고, 점 (1, 2)를 지난다.

풀이

(1) $m=2,\ x_1=1,\ y_1=3$인 경우이므로

$y-3=2(x-1)$

$y=2x+1$

(2) $m=-3,\ x_1=1,\ y_1=2$인 경우이므로

$y-2=-3(x-1)$

$y=-3x+5$

예제 1-2

다음 두 점을 지나는 직선의 방정식을 각각 구하여라.

(1) (2, 1), (4, 5)　　(2) (−2, 0), (4, −6)

풀이

(1) $y-1=\dfrac{5-1}{4-2}(x-2)$

$y=2x-3$

(2) $y-0=\dfrac{-6-0}{4+2}(x+2)$

$y=-x-2$

1.1.3 직선의 기울기—절편 방정식

직선의 그래프를 구하는데 더 편리한 공식이 직선의 기울기—절편 방정식(slope-intercept equation of a line)이다.

직선의 방정식

$$y = mx + b$$

의 그래프는 기울기가 m이고, y절편이 $(0, b)$인 직선이다.

예제 1-3

다음 방정식의 그래프를 그려라.

(1) $x + 2 = 0$ (2) $y + 3 = 0$

(3) $2x + y - 1 = 0$

풀이

(1) $x+2=0$에서 $x = -2$

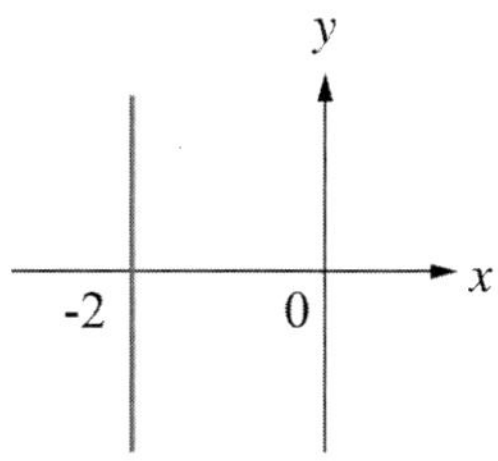

그림 1.2

(2) $y+3=0$에서 $y = -3$

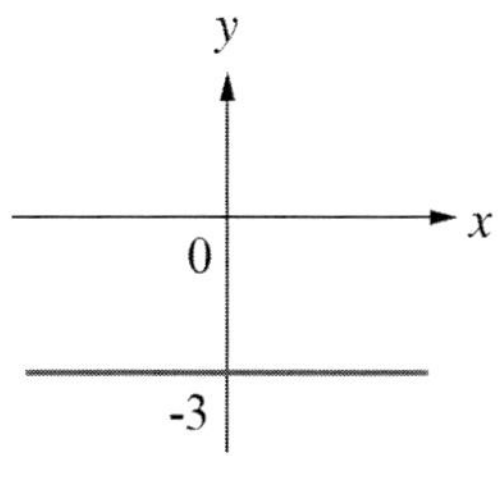

그림 1.3

(3) $2x+y-1=0$에서 $x=0$일 때, $y=1$, $y=0$일 때 $x=\frac{1}{2}$

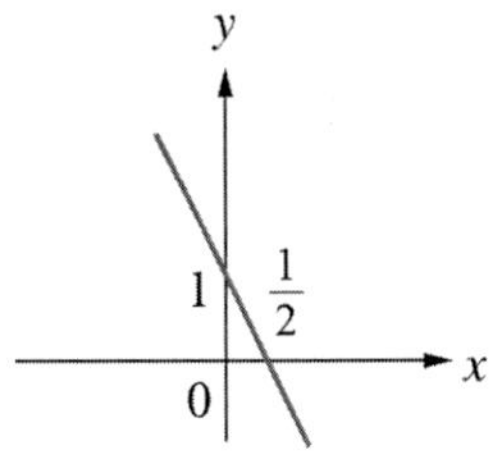

그림 1.4

수직인 직선의 기울기는 정의하지 않았으므로 이 경우 기울기－절편 방정식으로 쓸 수 없다. 그러나 모든 직선은 다음과 같은 일반형(general form)으로 표현할 수 있다.

$$Ax+By+C=0$$

여기서 A와 B는 동시에 0은 아니다.

1.1.4 기본적인 직선의 방정식

(1) x절편 a, y축에 평행한 직선 $\Leftrightarrow x=a$

y축의 방정식 $\Leftrightarrow x=0$

(2) y절편 x축에 평행한 직선 $\Leftrightarrow y=b$

x축의 방정식 $\Leftrightarrow y=0$

(3) 기울기 a, y절편 b인 직선 $\Leftrightarrow y=ax+b$

(4) 기울기가 m이고, 점(x_1, y_1)을 지나는 직선의 방정식은 $y-y_1=m(x-x_1)$

(5) 두 점 (x_1, y_1), (x_2, y_2)를 지나는 직선의 방정식은

$$\begin{cases} x_1 \neq x_2 \text{일 때}, \ y-y_1=\dfrac{y_2-y_1}{x_2-x_1}(x-x_1) \\ x_1=x_2 \text{일 때}, \ x=x_1 \end{cases}$$

(6) x절편이 a이고, y절편이 b인 직선의 방정식은 $\frac{x}{a}+\frac{y}{b}=1$

1.1.5 평행인 직선과 수직인 직선

그림 1.5에서와 같이 두 직선이 서로 평행인지, 수직인지 판별하는 데 직선의 기울기를 이용 할 수 있다. 특히 기울기가 같은(x축에 수직이 아닌) 두 직선은 평행하고, 기울기가 서로 음의 역수인 관계에 있는 (x축에 수직이 아닌) 두 직선은 서로 수직이다.

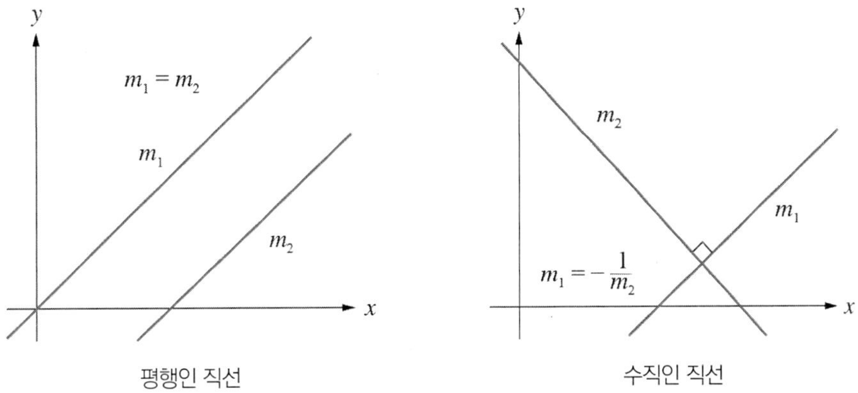

그림 1.5

(1) 수직이 아닌 서로 다른 두 직선이 평행(parallel)일 필요충분조건은 두 직선의 기울기가 같은 것이다. 즉

$$m_1 = m_2$$

(2) 수직이 아닌 두 직선이 서로 수직(perpendicular)일 필요충분조건은 두 직선의 기울기가 서로 음의 역수인 관계이다. 즉

$$m_1 = -\frac{1}{m_2}$$

예제 1-4

다음 조건을 만족시키는 직선의 방정식을 구하여라.

(1) x축의 양의 방향과 45° 의 각을 이루고, 점 (2, 4)를 지나는 직선

(2) 직선 $4x+y-3=0$에 평행하고, 점 (−2, 3)을 지나는 직선

(3) 두 점 (2, 4), (6, 5)를 지나는 직선에 수직이고, 점 (1, −3)을 지나는 직선

(4) 직선 $x+3y=3$에 수직이고, 두 직선 $3x+2y=-1$, $2x-y=-10$의 교점을 지나는 직선

풀이

(1) x축과 45°의 각을 이루므로 기울기는 $\tan 45° = 1$

$y-4=1(x-2)$

$y=x+2$

(2) 직선 $4x+y-3=0$의 기울기는 -4

$y-3=-4(x+2)$

$y=-4x-5$

(3) 두 점 (2, 4), (6, 5)를 지나는 직선의 기울기는 $\frac{1}{4}$, 따라서 이 직선에 수직인 직선의 기울기는 -4

$y+3=-4(x-1)$

$y=-4x+1$

(4) 직선 $x+3y=3$의 기울기는 $-\frac{1}{3}$이고, 이 직선에 수직인 직선의 기울기는 +3이다.

또, $3x+2y=-1$, $2x-y=-10$을 연립하여 풀면 $x=-3$, $y=4$이므로 두 직선의 교점의 좌표는 (-3, 4)이다.

$y-4=3(x+3)$

$y=3x+13$

연습문제 1.1

1. 한 점 $(-4, 1)$을 지나고 기울기가 다음과 같은 직선을 한 좌표평면에 그려라.

(1) 3　　(2) -3

(3) $\frac{1}{3}$　　(4) 0

2. 두 점 $(3, -2)$, $(4, -2)$를 지나는 기울기를 구하여라.

3. 다음 직선의 기울기와 y절편이 있으면 구하여라.

(1) $6x-5y=15$　　(2) $y=-1$

4. 다음 두 점을 지나는 직선의 방정식을 구하고 그래프를 그려라.

(1) $(-3, -4)$, $(1, 4)$　　(2) $(1, -2)$, $(3, -2)$

(3) $\left(\frac{7}{8}, \frac{3}{4}\right)$, $\left(\frac{5}{4}, -\frac{1}{4}\right)$

5. 다음 점을 지나고 주어진 직선과 (a) 평행인 직선, (b) 수직인 직선의 방정식을 구하여라.

(1) $(-6, 4)$, $3x+4y=7$　　(2) $(-1, 0)$, $y=-3$

6. 평면 위의 서로 다른 세 점 $A(1, k)$, $B(k, k-2)$, $C(-k+1, k+4)$가 동일 직선 위에 있을 때, 상수 k의 값을 구하여라.

1.2 함수와 그래프

두 집합 X와 Y 사이의 관계(relation)는 X의 원소 x와 Y의 원소 y로 만든 순서쌍 (x, y)들의 집합이다. X에서 Y로의 함수(function)는 x값이 같은 두 순서쌍의 y값도 반드시 같다는 X와 Y 사이의 관계이다. 이 때 x를 독립변수(independet variable)라 하고, y를 종속변수(dependent variable)라 한다. 실생활에서 함수로 표현할 수 있는 상황은 많다. 예를 들면 구의 겉넓이 S는 반지름 r의 함수로 다음과 같이 표현된다.

$$S = 4\pi r^2$$

이 경우에 r은 독립변수이고 S는 종속변수이다.

실변수의 실숫값 함수의 정의는 X와 Y가 실수의 집합이라 하자. X에서 Y로의 실변수 x의 실숫값 함수 f(real valued function f of a real variable x)는 X의 각 원소 x에 대하여 Y의 단 하나의 원소 y를 대응시키는 규칙이다. f의 정의역(domain)은 X이다. y는 f에 의한 x의 상(image)이라 하고 $f(x)$로 나타낸다. 즉 $f(x)$는 x에서 f의 함숫값(value of f at x)이다. f의 치역(range)은 X의 원소들의 상으로 이루어진 집합으로 Y의 부분집합이다(그림 1.6).

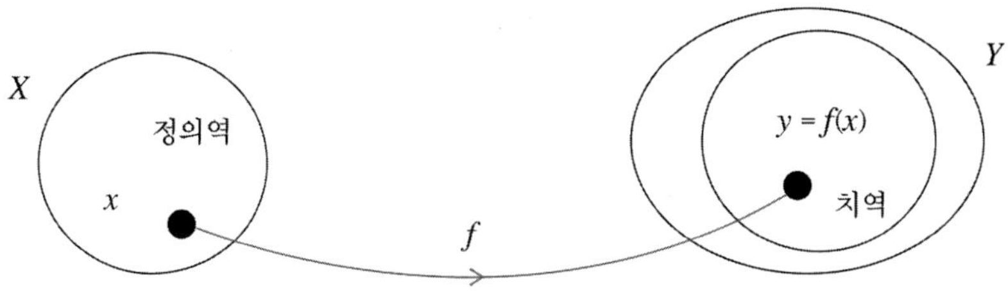

그림 1.6

함수는 여러 가지 방법으로 표현할 수 있다. 그러나 이 책에서는 주로 독립변수와 종속변수를 포함한 방정식으로 표현된 함수에 대하여 다룬다. 예를 들면 방정식 $x^2 + 2y = 1$은 종속변수 y가 독립변수 x로 표현된다. 이 함수의 값을 계산하기 위해서는 식을 y에 대하여 풀어서 다음과 같이 표현하면 편리하다.

$$y = \frac{1}{2}(1 - x^2)$$

함수를 f라 하여 이 방정식을 다음과 같이 나타낼 수 있다.

$$f(x) = \frac{1}{2}(1 - x^2)$$

예제 1-5

함수 $f(x) = x^2 + 5$에 대하여 다음을 구하여라.

(1) $f(5a)$ (2) $f(a-1)$

(3) $\dfrac{f(x+\Delta x) - f(x)}{\Delta x}$

풀이

(1) $f(5a) = (5a)^2 + 5 = 25a^2 + 5$

(2) $f(a-1) = (a-1)^2 + 5 = a^2 - 2a + 1 + 5$

$$= a^2 - 2a + 6$$

(3) $\dfrac{f(x+\Delta x) - f(x)}{\Delta x} = \dfrac{[(x+\Delta x)^2 + 5] - (x^2 + 5)}{\Delta x} = \dfrac{x^2 + 2x\Delta x + (\Delta x)^2 + 5 - x^2 - 5}{\Delta x}$

$$= \frac{2x\Delta x + (\Delta x)^2}{\Delta x} = 2x + \Delta x$$

■ 함수의 정의역과 치역계산

함수의 정의역은 명확하게 표현될 수도 있고 함수를 나타내는 방정식에 잠재되어 있을 수도 있다. 예를 들어 함수 $f(x) = \dfrac{1}{x^2 - 4}$, $4 < x \le 5$의 정의역은 $\{x \mid 4 < x \le 5\}$이고, 함수 $g(x) = \dfrac{1}{x^2 - 4}$의 정의역은 $\{x \mid x \ne \pm 2\}$로 잠재되어 있음을 알 수 있다.

예제 1-6

주어진 함수의 정의역과 치역을 구하여라.

(1) $f(x) = 1 + x^2$

(2) $f(x) = \sqrt{x-1}$

(3) $f(x) = \sqrt{4-x^2}$

(4) $f(x) = \tan x$

풀이

(1) 정의역은 모든 실수이고, 치역은 $\{y | y \geq 1\}$

(2) 정의역은 $\{x | x \geq 1\}$, 치역은 $\{y | y \geq 0\}$

(3) 정의역은 $\{x | -2 \leq x \leq 2\}$, 치역은 $\{y | 0 \leq y \leq 2\}$

(4) 정의역은 $\left\{x | x \neq \frac{\pi}{2} + n\pi,\ n\text{은 정수}\right\}$, 치역은 모든실수

■ 다항함수

다음과 같은 형태의 함수를 다항함수이라 한다.

$$f(x) = a_n x^n + a_{n-1} x^{n-1} + \cdots + a_1 x + a_0$$

여기서 $a_0, a_1, a_2, \cdots, a_n$(다항식의 계수)은 실수이고, $a_n \neq 0$, $n \geq 0$(n은 정수)이다. n을 다항함수의 차수라고 한다. 모든 다항함수의 정의역은 실수 전체의 집합이다. 1차 다항함수 $f(x) = ax + b$의 그래프는 직선이다.

예제 1-7

다음 다항함수의 그래프를 그려라.

(1) $f(x) = 2$: 0차 다항함수(상수)

(2) $f(x) = 3x + 2$: 1차 다항함수

(3) $f(x) = 5x^2 - 2x + 1$: 2차 다항함수

(4) $f(x) = x^3 - 2x + 1$: 3차 다항함수

(5) $f(x) = -6x^4 + 12x^2 - 3x + 14$ **: 4차 다항함수**

(6) $f(x) = 2x^5 + 6x^4 - 8x^2 + x - 3$ **: 5차 다항함수**

풀이

위의 6개의 다항함수의 그래프는 아래 그림과 같다.

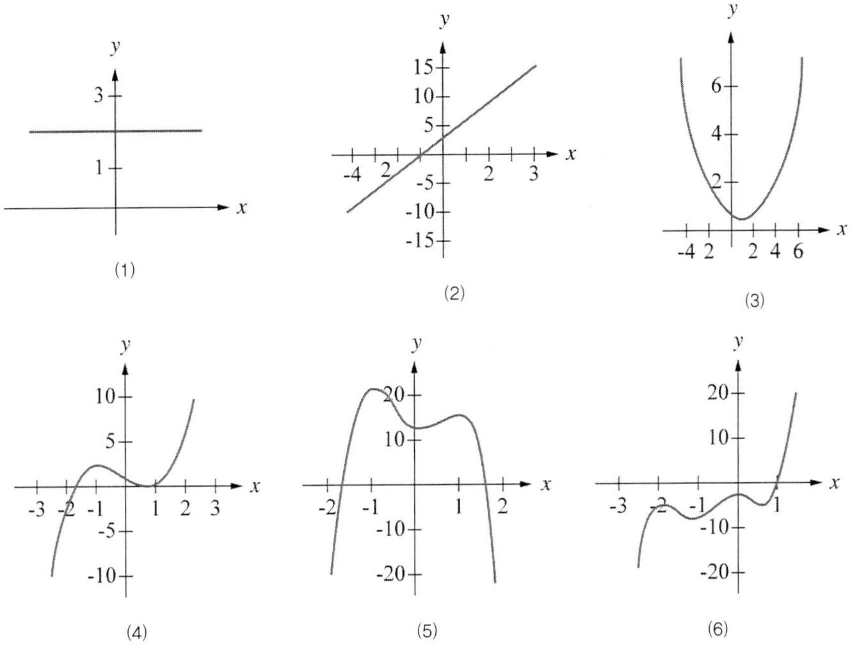

그림 1.7

■ 유리함수

$p(x)$, $q(x)$가 다항식일 때,

$$f(x) = \frac{p(x)}{q(x)}$$

를 유리함수라고 한다.

유리함수 $f(x) = \dfrac{p(x)}{q(x)}$는 $q(x) \neq 0$인 모든 x에 대해서 정의된다.

예제 1-8

$f(x) = \dfrac{2x^2 - 3}{7x + 4}$ 의 정의역을 구하여라.

풀이

$7x + 4 \neq 0$인 모든 x들의 집합이 정의역이다.

$$\left\{x \mid x \neq \frac{-4}{7}\right\} = \left(-\infty,\ -\frac{4}{7}\right) \cup \left(-\frac{4}{7},\ \infty\right)$$

예제 1-9

유리함수 $f(x) = \dfrac{11x + 2}{x^3 - 1}$ 의 정의역을 구하여라.

풀이

$x^3 - 1 \neq 0$인 모든 x들의 집합이 정의역이다.

$$\{x \mid x \neq 1\} = (-\infty,\ 1) \cup (1,\ \infty)$$

■ 여러가지 함수

함수 $f(x)$와 $g(x)$의 정의역이 각각 D_1, D_2라고 하자. 함수 $f+g$, $f-g$, $f \cdot g$를 모든 $x \in D_1 \cap D_2$에 대해서 다음과 같이 정의한다.

$$(f+g)(x) = f(x) + g(x)$$
$$(f-g)(x) = f(x) - g(x)$$
$$(f \cdot g)(x) = f(x)g(x)$$

$g(x) \neq 0$인 모든 $x \in D_1 \cap D_2$에 대해서 $\dfrac{f}{g}$를

$$\left(\frac{f}{g}\right)(x) = \frac{f(x)}{g(x)} \text{ 단, } g(x) \neq 0$$

로 정의한다.

예제 1-10

$f(x) = x-3$, $g(x) = \sqrt{x-1}$ 일 때, $f+g$, $f-g$, $f \cdot g$, $\dfrac{f}{g}$ 를 구하여라.

풀이

$(f+g)(x) = f(x)+g(x) = (x-3)+\sqrt{x-1}$ (단, $x \geq 1$)

$(f-g)(x) = f(x)-g(x) = (x-3)-\sqrt{x-1} = x-3-\sqrt{x-1}$ (단, $x \geq 1$)

$(f \cdot g)(x) = f(x)g(x) = (x-3)\sqrt{x-1}$ (단, $x \geq 1$)

$\left(\dfrac{f}{g}\right)(x) = \dfrac{x-3}{\sqrt{x-1}}$ (단, $x > 1$)

■ 합성함수

두 함수 f, g에 대하여 함수 $(f \circ g)(x) = f(g(x))$를 f와 g의 합성이라 한다. $f \circ g$의 정의역은 $g(x)$가 f의 정의역에 포함되는 g의 정의역의 x 전체의 집합이다(그림 1.8).

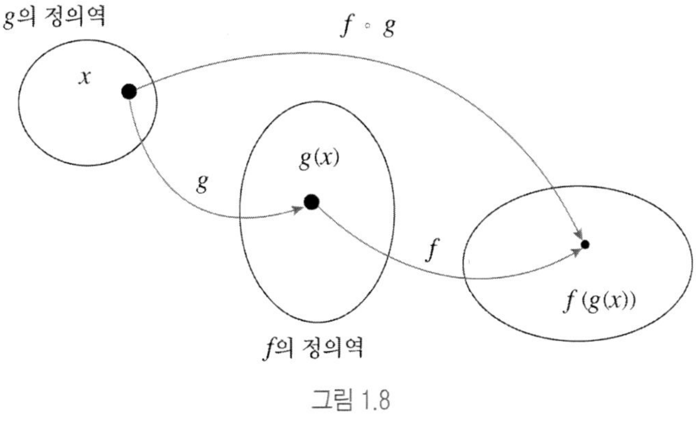

그림 1.8

예제 1-11

$f(x) = x^2+1$, $g(x) = \sqrt{x-2}$ 일 때 합성함수 $f \circ g$와 $g \circ f$를 구하여라.

풀이

$f \circ g(x) = f(g(x)) = f(\sqrt{x-2}) = (\sqrt{x-2})^2+1 = x-1$

$g \circ f(x) = g(f(x)) = g(x^2+1) = \sqrt{(x^2+1)-2} = \sqrt{x^2-1}$

예제 1-12

$f(x) = 2x-3$과 $g(x) = \cos x$에 대하여 다음을 구하여라.

(1) $f \circ g$ (2) $g \circ f$

풀이

(1) $(f \circ g)(x) = f(g(x))$

$= f(\cos x)$

$= 2(\cos x)-3$

$= 2\cos x-3$

(2) $(g \circ f)(x) = g(f(x))$

$= g(2x-3)$

$= \cos(2x-3)$

이 경우 $(f \circ g)(x) \neq (g \circ f)(x)$ 이다.

연습문제 1.2

1. 주어진 함수에 대하여 각 함수값을 구하고, 그 결과를 간단히 하여라.

(1) $f(x) = \sqrt{x+3}$

(a) $f(-2)$　　(b) $f(6)$

(c) $f(-5)$　　(d) $f(x+\Delta x)$

(2) $f(x) = \sin x$

(a) $f(\pi)$　　(b) $f\left(\dfrac{5\pi}{4}\right)$

(c) $f\left(\dfrac{2\pi}{3}\right)$

(3) $f(x) = x^3 - x$

(a) $\dfrac{f(x)-f(1)}{x-1}$　　(b) $\dfrac{f(x+\Delta x)-f(x)}{\Delta x}$

2. 다음 함수의 정의역과 치역을 구하여라.

(1) $g(x) = x^2 - 5$　　(2) $h(t) = \cot t$

(3) $g(x) = \dfrac{2}{x-1}$

연습문제 1.2

3. 다음 함수의 정의역을 구하여라.

(1) $f(x) = \sqrt{x^2 - 3x + 2}$

(2) $h(x) = \dfrac{1}{\sin x - \dfrac{1}{2}}$

(3) $g(x) = \dfrac{1}{|x^2 - 4|}$

4. $f(x) = \sin x$와 $g(x) = \pi x$에 대하여 다음을 구하여라.

(1) $f(g(2))$

(2) $f\left(g\left(\dfrac{1}{2}\right)\right)$

(3) $g(f(0))$

(4) $g\left(f\left(\dfrac{\pi}{4}\right)\right)$

(5) $f(g(x))$

(6) $g(f(x))$

1.3 역함수

함수 g의 정의역의 모든 x에 대하여 $f(g(x)) = x$이고 함수 f의 정의역의 모든 x에 대하여 $g(f(x)) = x$이면 함수 g는 함수 f의 역함수이다. 이때 g를 f^{-1}로 나타낸다(f^{-1}는 "f inverse"로 읽는다).

다음은 역함수에 관한 몇 가지 성질이다.

(1) g가 f의 역함수이면 f는 g의 역함수이다.

(2) f^{-1}의 정의역은 f의 치역과 같고, f^{-1}의 치역은 f의 정의역과 같다.

(3) 모든 함수가 역함수를 갖는 것은 아니지만, 갖는다면 역함수는 유일하다.

■ 역함수 구하는 방법

(1) $y = f(x)$가 역함수를 갖는지 판정한다.

(2) x를 y의 함수로 푼다. $x = g(y) = f^{-1}(y)$

(3) x와 y를 맞바꾸면 $y = f^{-1}(x)$이다.

(4) f의 치역을 f^{-1}의 정의역으로 정한다.

(5) $f(f^{-1}(x)) = x$와 $f^{-1}(f(x)) = x$임을 밝힌다.

예제 1-13

모든 실수 x에 대해, 함수 $f : R \to R$가 $f(x) = 4x - 1$로 정의될 때, $f(x)$는 일대일대응이 된다. 함수 f의 역함수를 구하라.

풀이

f^{-1}의 정의에 의해, $f^{-1}(y)$는 $f(x) = y$가 되는 실수 x의 값이다.

$$f(x) = y \iff 4x - 1 = y \iff x = \frac{(y+1)}{4}$$

x와 y는 바꾸면 $y = \frac{x+1}{4}$, 그러므로 $f^{-1}(x) = \frac{(x+1)}{4}$이다.

예제 1-14

다음 각 함수의 역함수를 구하여라.

(1) $y = x^2+1 \ (x \geq 0)$

(2) $f(x) = \sqrt{x-1}+2$

(3) $f : x \rightarrow \dfrac{x-2}{x-3}$

풀이

(1) D :정의역, V :치역이라 하자.

$D = \{x | x \geq 0\}$, $V = \{y | y \geq 1\}$이고, D에서 V로의 일대일 대응이다.

$y = x^2+1(x \geq 0,\ y \geq 1)$에서 x에 관하여 풀면

$x^2 = y-1,\ x = \sqrt{y-1}(y \geq 1,\ x \geq 0)$

x와 y를 바꾸면, $y = \sqrt{x-1}(x \geq 1,\ y \geq 0)$

$f^{-1}(x) = \sqrt{x-1}(x \geq 1)$

(2) $y = \sqrt{x-1}+2$로 놓으면

$D = \{x | x \geq 1\}$, $V = \{y | y \geq 2\}$이고, D에서 V로의 일대일 대응이다.

$y = \sqrt{x-1}+2(x \geq 1,\ y \geq 2)$에서 x에 관하여 풀면

$\sqrt{x-1} = y-2,\ x-1 = (y-2)^2,\ x = (y-2)^2+1(y \geq 2,\ x \geq 1)$

x와 y를 바꾸면 $y = (x-2)^2+1(x \geq 2,\ y \geq 1)$

$f^{-1}(x) = (x-2)^2+1(x \geq 2)$

(3) $y = \dfrac{x-2}{x-3}$로 놓으면

$D = R-\{3\}$, $V = R-\{1\}$이고, D에서 V로의 일대일 대응이다.

$y = \dfrac{x-2}{x-3}(x \neq 3,\ y \neq 1)$에서 x에 관하여 풀면

$xy-3y = x-2,\ (y-1)x = 3y-2,\ x = \dfrac{3y-2}{y-1}(y \neq 1,\ x \neq 3)$

x와 y를 바꾸면 $y = \dfrac{3x-2}{x-1}(x \neq 1,\ y \neq 3)$

$f^{-1}(x) = \dfrac{3x-2}{x-1}$

■ 역삼각함수

세 가지 기본적인 삼각함수의 그래프를 보면 이 함수들은 역함수를 갖지 않는다는 것을 알 수 있다. 역삼각함수는 사실 정의역을 제한한 삼각함수의 역함수이다. 예를 들면 사인함수는 구간 $\left[-\frac{\pi}{2},\ \frac{\pi}{2}\right]$에서 일대일함수임을 알았다(그림 1.9 참조). 이 구간에서 제한된 사인함수의 역함수를 다음과 같이 정의할 수 있다.

$$y = \arcsin x \Leftrightarrow \sin y = x$$

여기서 $-1 \le x \le 1$이고 $-\frac{\pi}{2} \le \arcsin x \le \frac{\pi}{2}$이다. 그림 1.9(a)와 그림 1.9(b)에서 $y = \arcsin x$의 그래프는 구간 $\left[-\frac{\pi}{2},\ \frac{\pi}{2}\right]$에서 $y = \sin x$의 그래프를 직선 $y = x$에 대칭 이동시켜 얻을 수 있음을 알 수 있다.

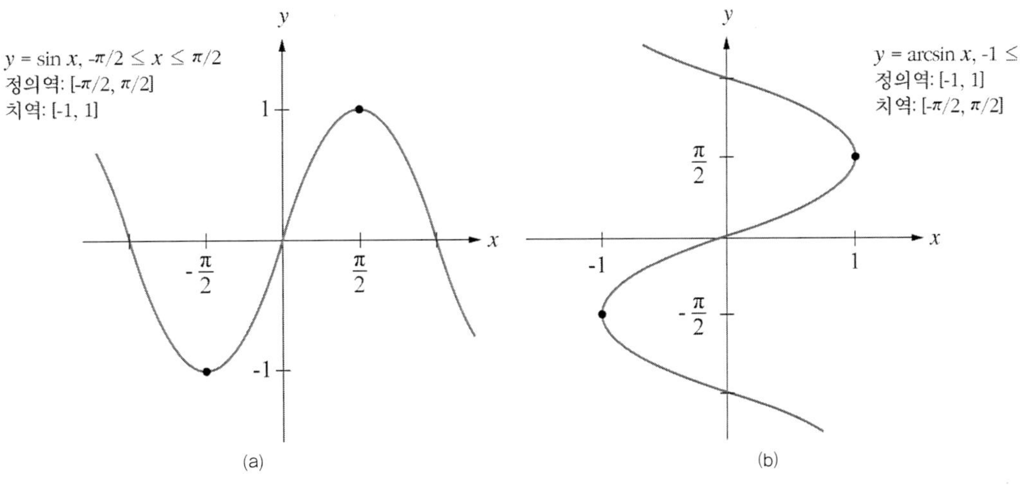

그림 1.9

다른 삼각함수도 정의역을 적당히 제한하면 일대일함수이고 다음과 같이 역함수를 갖는다.

함수	정의역	치역
$y = \arcsin x \Leftrightarrow \sin y = x$	$-1 \le x \le 1$	$-\frac{\pi}{2} \le y \le \frac{\pi}{2}$
$y = \arccos x \Leftrightarrow \cos y = x$	$-1 \le x \le 1$	$0 \le y \le \pi$
$y = \arctan x \Leftrightarrow \tan y = x$	$-\infty < x < \infty$	$-\frac{\pi}{2} < y < \frac{\pi}{2}$

그림 1.10은 세 가지 역삼각함수의 그래프이다.

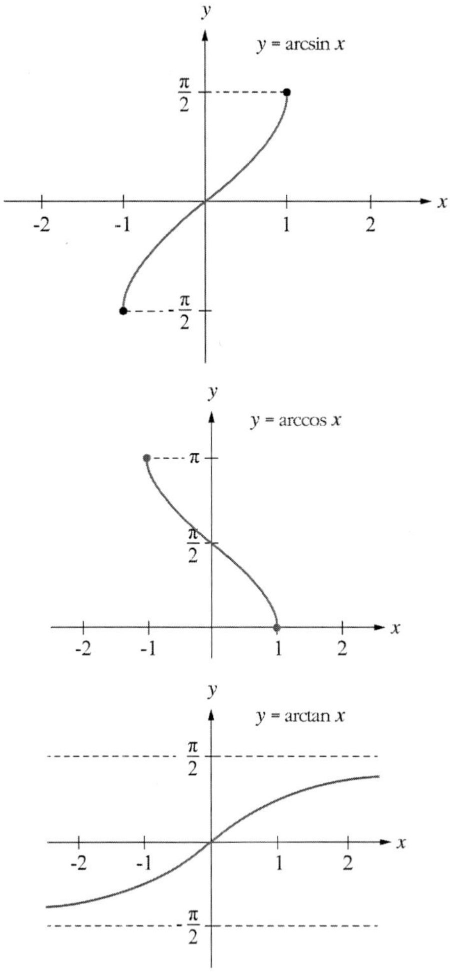

정의역 : $[-1, 1]$

치역 : $\left[-\frac{\pi}{2}, \frac{\pi}{2}\right]$

정의역 : $[-1, 1]$

치역 : $[0, \pi]$

정의역 : $(-\infty, \infty)$

치역 : $\left(-\frac{\pi}{2}, \frac{\pi}{2}\right)$

그림 1.10

예제 1-15

다음 값을 구하여라.

(1) $\sin^{-1}\left(-\frac{1}{2}\right)$ (2) $\sin^{-1}\left(\frac{\sqrt{3}}{2}\right)$

풀이

(1) $\sin^{-1}\left(-\frac{1}{2}\right) = x$라 하면 $-\frac{1}{2} = \sin x$이므로, $x = -\frac{\pi}{6}$이다.

(2) $\sin^{-1}\left(\frac{\sqrt{3}}{2}\right) = x$라 하면 $\frac{\sqrt{3}}{2} = \sin x$이므로, $x = \frac{\pi}{3}$이다.

예제 1-16

다음 값을 구하여라.

(1) $\cos^{-1}\frac{1}{2}$ (2) $\cos^{-1}\left(-\frac{\sqrt{3}}{2}\right)$

풀이

(1) $\cos^{-1}\frac{1}{2} = x$라 하면 $\frac{1}{2} = \cos x$이므로, $x = \frac{\pi}{3}$이다.

(2) $\cos^{-1}\left(-\frac{\sqrt{3}}{2}\right) = x$라 하면 $-\frac{\sqrt{3}}{2} = \cos x$이므로, $x = \frac{5}{6}\pi$이다.

예제 1-17

다음 값을 구하여라.

(1) $\tan^{-1}1$ (2) $\tan^{-1}(-\sqrt{3})$

풀이

(1) $\tan^{-1}1 = x$라 하면 $1 = \tan x$ 이므로, $x = \frac{\pi}{4}$이다.

(2) $\tan^{-1}(-\sqrt{3}) = x$라 하면 $-\sqrt{3} = \tan x$이므로, $x = -\frac{\pi}{3}$이다.

이제 삼각함수와 역삼각함수의 정의와 성질을 모두 사용하여 복합적인 삼각함수의 값을 구해보자.

예제 1-18

다음 값을 구하라.

(1) $\sin\left(\cos^{-1}\dfrac{4}{5}\right)$ (2) $\cos\left(\tan^{-1}\dfrac{2}{3}\right)$

풀이

(1) $\cos^{-1}\dfrac{4}{5} = x$라 하면 $x \in [0,\ \pi]$이므로

$$\sin\left(\cos^{-1}\frac{4}{5}\right) = \sin x \geq 0$$

이다. 따라서 $\dfrac{4}{5} = \cos x$이므로 $\sin x = \dfrac{3}{5}$이다.

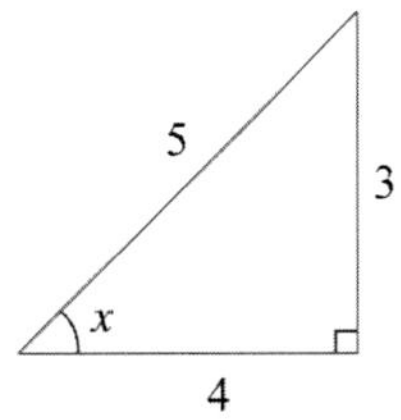

그림 1.11

(2) $\tan^{-1}\dfrac{2}{3} = x$라 하면 $x \in \left(-\dfrac{\pi}{2},\ \dfrac{\pi}{2}\right)$이므로

$$\cos\left(\tan^{-1}\frac{2}{3}\right) = \cos x \geq 0$$

이다. 따라서 $\dfrac{2}{3} = \tan x$이므로 $\cos x = \dfrac{3}{\sqrt{13}}$이다.

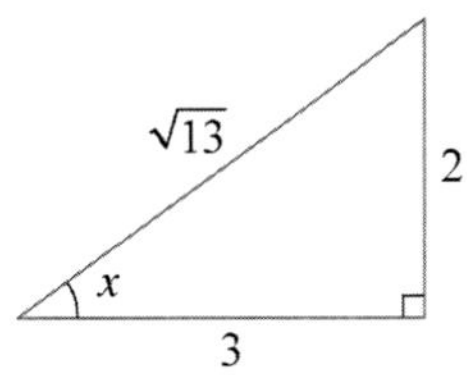

그림 1.12

연습문제 1.3

1. 다음 f의 역함수를 구하여라.

(1) $f(x) = 3x$

(2) $f(x) = x^3 - 1$

(3) $f(x) = x^2 (x \geq 0)$

(4) $f(x) = \sqrt{x^2 - 4},\ x \geq 2$

2. 다음 함수 f와 주어진 값 a에 대하여 $(f^{-1})(a)$를 구하여라.

(1) $f(x) = 2x^5 + x^3 + 1,\ a = -2$

(2) $f(x) = \cos 2x,\ 0 \leq x \leq \frac{\pi}{2},\ a = 1$

(3) $f(x) = \sqrt{x - 4},\ a = 2$

3. 다음 값을 구하여라.

(1) $\arcsin \frac{1}{2}$

(2) $\arcsin 0$

(3) $\arccos \frac{1}{2}$

(4) $\arccos 0$

(5) $\arctan \frac{\sqrt{3}}{3}$

(6) $\operatorname{arccot}(-\sqrt{3})$

(7) $\operatorname{arccsc}(-\sqrt{2})$

(8) $\arccos\left(-\frac{\sqrt{3}}{2}\right)$

연습문제 1.3

4. 직각삼각형을 이용하여 다음 값을 구하여라.

(1) $\sin\left(\arcsin\frac{1}{2}\right)$ (2) $\cos\left(\arcsin\frac{1}{2}\right)$

(3) $\tan\left(\arccos\frac{\sqrt{2}}{2}\right)$ (4) $\cos\left(\arcsin\frac{5}{13}\right)$

(5) $\sin\left(\arctan\frac{3}{4}\right)$ (6) $\sec\left(\arcsin\frac{4}{5}\right)$

(7) $\tan(\operatorname{arccot} 2)$ (8) $\cos(\operatorname{arcsec}\sqrt{5})$

1.4 지수함수와 로그함수

일반적으로 $a \neq 1$인 모든 양수 a에 대하여 지수함수를 정의할 수 있다. 따라서 a를 밑으로 하는 지수함수를 $f(x) = a^x$으로 쓸 수 있다. 지수함수는 x가 무리수일 때에도 지수법칙을 만족한다.

1.4.1 지수법칙

$x^a \cdot x^b = x^{a+b}$

$x^{-a} = \dfrac{1}{x^a}$

$x^0 = 1$

$(x^a)^b = x^{ab}$

$\dfrac{x^a}{x^b} = x^{a-b}$

$x^a \cdot y^a = (xy)^a$

예제 1-19

지수법칙을 이용하여 다음을 간단히 하여라.

(1) $(5^2)(5^3)$

(2) $(5^2)(5^{-3})$

(3) $\dfrac{5^3}{25^2}$

(4) $\left(\dfrac{1}{4}\right)^2 2^6$

풀이

(1) $(5^2)(5^3) = 5^{2+3} = 5^5 = 3125$

(2) $(5^2)(5^{-3}) = 5^{2-3} = 5^{-1} = \dfrac{1}{5}$

(3) $\dfrac{5^3}{25^2} = \dfrac{5^3}{5^4} = \dfrac{1}{5}$

(4) $\left(\dfrac{1}{4^2}\right) 2^6 = \dfrac{2^6}{2^4} = 2^2 = 4$

1.4.2 지수함수 $y=a^x$의 성질

(1) 정의역은 실수 전체의 집합 R이고, 치역은 $\{y|y>0\}$이다.

(2) 그래프는 점 $(0,1)$을 지난다.

(3) 그래프는 직선 $y=0$(x축)을 점근선으로 한다.

(4) $a>1$일 때 단조증가하고, $0<a<1$일 때 단조감소한다.

예제 1-20

$y=2^x$의 그래프를 이용하여 다음 각 함수의 그래프를 그려라.

(1) $y=\left(\frac{1}{2}\right)^x$

(2) $y=\ -2^x$

(3) $y=2^x+1$

(4) $y=2^{x-1}$

풀이

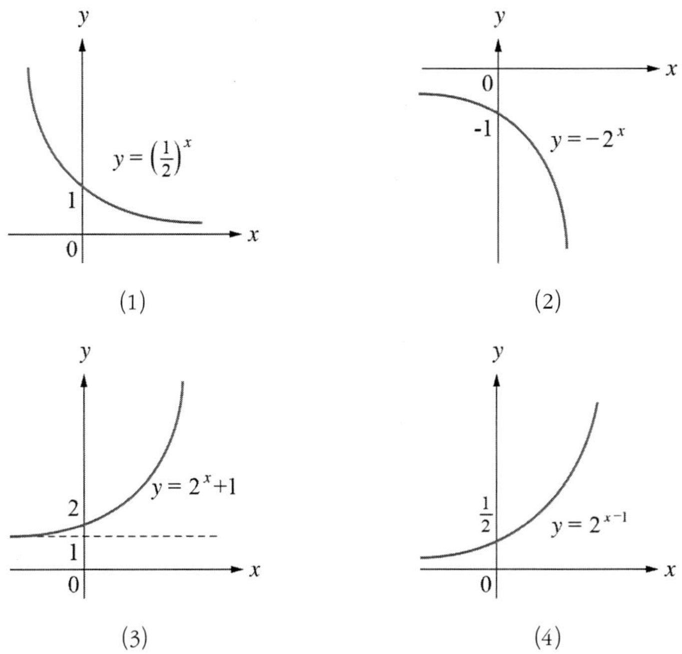

그림 1.13

미적분학에서 지수함수의 밑으로 자연스럽고 편리한 수가 무리수 e이다. e의 근삿값은

$$e \approx 2.71828182846$$

이다.

자연지수함수 $f(x)=e^x$이 일대일함수이므로 역함수를 갖는다. 자연지수함수의 역함수를 자연로그함수(natucal logarithmic function)라 하며, 자연로그함수의 정의역은 양의 실수 전체의 집합이다.

1.4.3 자연로그의 정의

x를 양의 실수라 하자. 자연로그함수는 $\ln x$라 나타내는데 다음과 같이 정의된다. ($\ln x$는 "엘엔 x" 또는 "자연로그 x"라 읽는다.)

$$\ln x = b \Leftrightarrow e^b = x$$

정의에 따르면 로그방정식은 지수방정식으로 바꿀 수 있고 그 역관계도 성립함을 알 수 있다. 몇 가지 예를 보자.

로그 표현	지수 표현
$\ln 1 = 0$	$e^0 = 1$
$\ln e = 1$	$e^1 = e$
$\ln e^{-1} = -1$	$e^{-1} = \frac{1}{e}$

$g(x)=\ln x$는 $f(x)=e^x$의 역함수이므로 자연로그함수의 그래프는 자연지수함수의 그래프를 직선 $y=x$에 대칭 이동시켜 그림 1.14와 같이 얻을 수 있다. 자연로그함수의 다른 성질들도 자연로그함수의 역함수임을 이용하면 쉽게 얻을 수 있다.

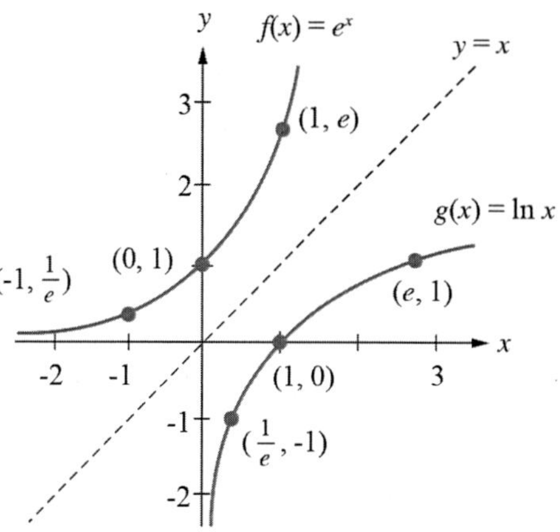

그림 1.14

1.4.4 자연로그함수의 성질

(1) $g(x) = \ln x$의 정의역은 $(0, \infty)$이다.

(2) $g(x) = \ln x$의 치역은 $(-\infty, \infty)$이다.

(3) $g(x) = \ln x$의 x절편은 $(1, 0)$이다.

(4) $g(x) = \ln x$는 일대일함수이다.

밑이 같은 두 지수함수의 곱은 두 지수를 더하여 하나의 지수함수로 나타낼 수 있다. 예를 들면

$$e^x e^y = e^{x+y}$$

이다. 로그의 경우 두 수의 곱의 자연로그는 각각의 자연로그의 합과 같다. 즉

$$\ln xy = \ln x + \ln y$$

이다. 또 몫과 거듭제곱수의 자연로그에 대해 다음이 성립한다. 이것은 지수법칙에 따라 밝힐 수 있다.

1.4.5 로그법칙

$x>0$, $y>0$이고, x, y, z가 실수일 때

$$\ln xy = \ln x + \ln y$$

$$\ln \frac{x}{y} = \ln x - \ln y$$

$$\ln x^z = z \ln x$$

$$\ln e^x = x$$

$$e^{\ln x} = x$$

예제 1-21

다음 각 값을 구하여라.

(1) $\ln e^3$

(2) $\ln \sqrt{e}$

(3) $\ln \dfrac{1}{\sqrt[3]{e}}$

풀이

(1) $\ln e^3 = 3\ln e = 3$

(2) $\ln \sqrt{e} = \dfrac{1}{2}\ln e = \dfrac{1}{2}$

(3) $\ln \dfrac{1}{\sqrt[3]{e}} = \ln e^{-\frac{1}{3}} = -\dfrac{1}{3}$

예제 1-22

다음 등식을 만족시키는 x의 값을 구하여라.

(1) $\ln x = 3$

(2) $\ln (x+2) = 1$

(3) $e^x = 2$

풀이

(1) $\ln x = 3$ 에서 $\log_e x = 3$, $x = e^3$

(2) $\ln(x+2) = 1$ 에서 $\log_e(x+2) = 1$, $x+2 = e^1$, $x = e-2$

(3) $e^x = 2$ 에서 $x = \log_e 2$, 즉 $x = \ln 2$

1.4.6 로그함수 $y = \ln x$ 의 성질

(1) 정의역은 $\{x \mid x > 0\}$이고, 치역은 실수 전체의 집합 R이다.

(2) 그래프는 점 $(1, 0)$을 지난다.

(3) 그래프는 직선 $x = 0$(y축)을 점근선으로 한다.

(4) 단조증가한다.

예제 1-23

$y = \ln x$ 의 그래프를 이용하여 다음 각 그래프를 그려라.

(1) $y = \ln(-x)$ (2) $y = \ln \dfrac{1}{x}$

(3) $y = \ln(x-1)$ (4) $y = \ln ex$

풀이

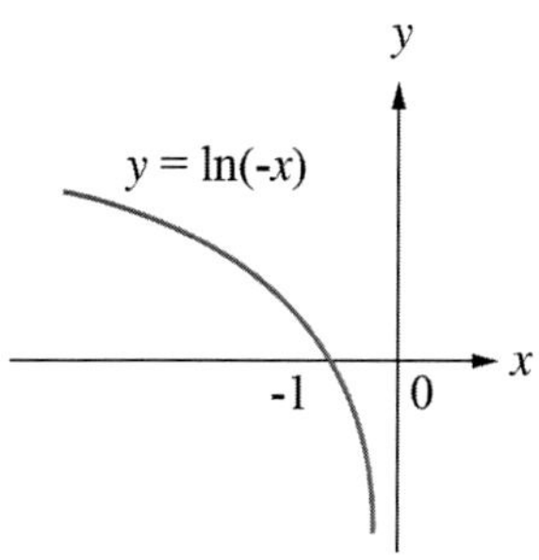

(1)

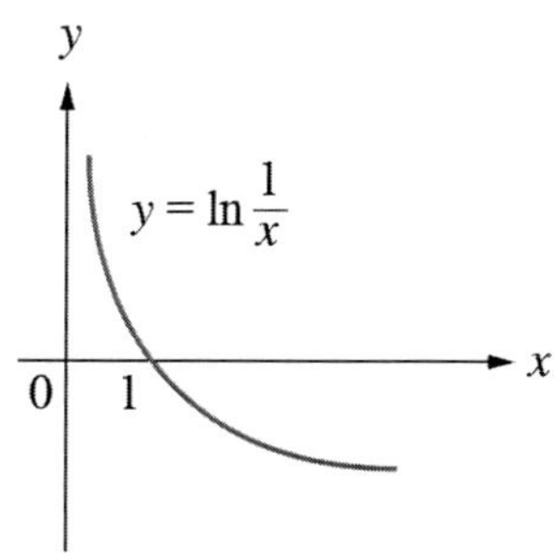

(2)

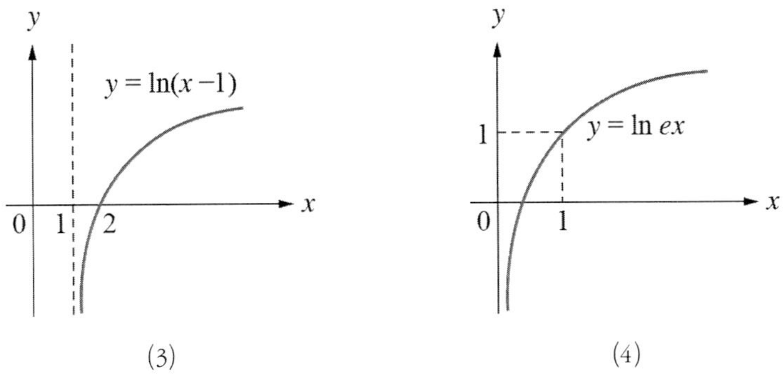

그림 1.15

연습문제 1.4

1. 지수법칙을 이용하여 다음을 간단히 하여라.

(1) $\left(\frac{1}{e}\right)^{-2}$ (2) $\left(\frac{e^5}{e^2}\right)^{-1}$

(3) e^0 (4) $\frac{1}{e^{-3}}$

2. x에 대한 다음 방정식을 풀어라.

(1) $3^x = 81$ (2) $\left(\frac{1}{5}\right)^{2x} = 625$

(3) $4^3 = (x+2)^3$ (4) $(x+3)^{\frac{4}{3}} = 16$

(5) $e^{-2x} = e^5$ (6) $e^x = 1$

3. 다음 함수의 그래프를 그려라.

(1) $y = 3^{x-1}$ (2) $y = 2^{-x^2}$

(3) $y = 3^{|x|}$ (4) $y = -e^{\frac{x}{2}}$

(5) $y = e^{-\frac{x}{4}}$

연습문제 1.4

4. 다음 함수의 그래프를 그리고 정의역을 구하여라.

(1) $y = 3\ln x$　　(2) $y = -2\ln x$

(3) $y = \ln 2x$　　(4) $y = \ln |x|$

(5) $y = \ln (x-1)$　　(6) $y = 2 + \ln x$

5. 로그법칙을 이용하여 다음을 전개하여라.

(1) $\ln \sqrt{2^3}$　　(2) $\ln \sqrt[3]{z+1}$

(3) $\ln z(z-1)^2$　　(4) $\ln \dfrac{1}{e}$

6. 다음을 하나의 로그로 나타내어라.

(1) $3\ln x + 2\ln y - 4\ln z$

(2) $\dfrac{1}{3}[2\ln (x+3) + \ln x - \ln (x^2-1)]$

(3) $2\ln 3 - \dfrac{1}{2}\ln (x^2+1)$

(4) $\dfrac{3}{2}[\ln (x^2+1) - \ln (x+1) - \ln (x-1)]$

연습문제 1.4

7. 다음 방정식을 풀어라.

(1) $e^{\ln x} = 4$

(2) $\ln e^{2x} = 3$

(3) $e^{\ln 2x} = 12$

(4) $\ln e^{-x} = 0$

(5) $\ln x = 2$

(6) $e^{x} = 4$

(7) $\ln x^{2} = 8$

(8) $e^{-2x} = 5$

1.5 삼각함수

6개의 삼각함수 정의는 직교좌표에서 그림 1.16과 같이 $\angle XOP$가 있을 때 이 각이 변 OP가 시초선 OX의 위치에 있었던 것이 시계 반대방향으로 회전하여 생긴 각으로 정의한다. 이때 OX를 $\angle XOP$의 시초선, OP를 $\angle XOP$의 동경이라 한다. 그리고 동경 OP가 시초선 OX를 출발하여 회전한 양음각의 크기라 하고, 동경 OP가 시초선 OX로부터 시계 반대방향으로 회전한 각은 양각, 시계 방향으로 회전한 각은 음각이라 한다.

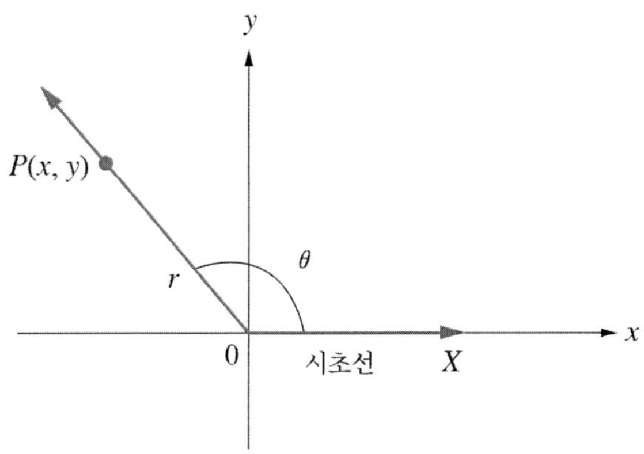

그림 1.16

$P(x, y)$는 각의 동경 위의 점이라 하고, r은 $\overline{OP}$의 길이라 하면 6개의 삼각함수는 다음과 같이 정의한다.

$$\sin\theta = \frac{y}{r},\ \cos\theta = \frac{x}{r},\ \tan\theta = \frac{y}{x}$$

$$\cot\theta = \frac{x}{y},\ \sec\theta = \frac{r}{x},\ \csc\theta = \frac{r}{y}$$

위 정의로부터

$$\csc\theta = \frac{1}{\sin\theta},\ \sec\theta = \frac{1}{\cos\theta},\ \cot\theta = \frac{1}{\tan\theta}$$

$$\tan\theta = \frac{\sin\theta}{\cos\theta},\ \cot\theta = \frac{\cos\theta}{\sin\theta}$$

이다.

OP의 거리는 양수이지만 x와 y의 부호는 사분면에 따라 달라진다. 삼각함수의 각 사분면에 따른 부호는 다음과 같다.

[표 1.1]

사분면	I	II	III	IV
$\sin\theta$, $\csc\theta$	+	+	−	−
$\cos\theta$, $\sec\theta$	+	−	−	+
$\tan\theta$, $\cot\theta$	+	−	+	−

각 θ가 I, II, III, IV 사분면에 동경이 있을 때 x축과 이루는 각을 기준각도(Reference Angle) α라 정의한다.

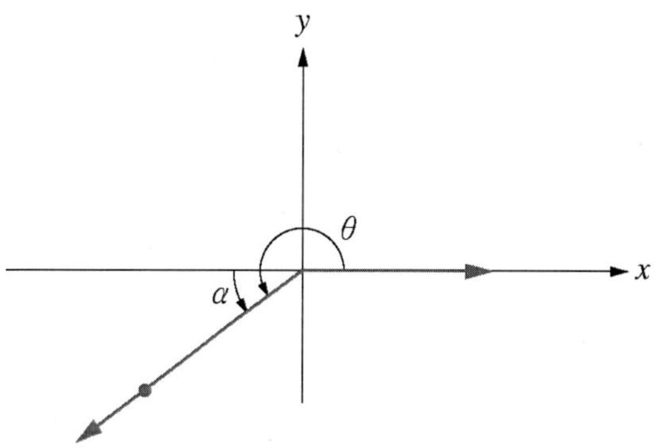

그림 1.17

$\angle\theta$의 삼각함수는 $\angle\alpha$ 함수의 복호동순이며, 부호는 동경의 위치에 따라 결정된다.

예제 1-24

각 각을 기준각도로 표현하여라.

(1) $\sin 320°$ (2) $\cot 200°$

(3) $\cos 130°$

풀이

(1) θ가 4사분면이므로 기준각도는 $360° - 320° = 40°$ 이고

$\sin 320° = -\sin 40°$

(2) θ가 3사분면이므로 기준각도는 $200° - 180° = 20°$ 이고

$\cot 200° = \cot 20°$

(3) θ가 2사분면이므로 기준각도는 $180° - 130° = 50°$ 이고

$\cos 130° = -\cos 50°$

예제 1-25

다음 각 값을 구하여라.

(1) $\sin 675°$ (2) $\cos 510°$

(3) $\tan 930°$ (4) $\cot(-1305°)$

풀이

(1) $\sin 675° = \sin 315° = -\sin 45° = -\dfrac{1}{\sqrt{2}}$

(2) $\cos 510° = \cos 150° = -\cos 30° = -\dfrac{\sqrt{3}}{2}$

(3) $\tan 930° = \tan 210° = \tan 30° = \dfrac{1}{\sqrt{3}}$

(4) $\cot(-1305°) = \dfrac{1}{\tan(-225°)} = \dfrac{1}{-\tan 45°} = -1$

■ 각도와 라디안의 관계

각도는 육십분법과 호도법으로 나타낼 수 있으며, 아래 표는 각과 라디안 사이의 관계를 나타낸다.

[표 1.2]

60분법	0°	30°	45°	60°	90°	120°	135°	150°	180°
호도법	0	$\frac{\pi}{6}$	$\frac{\pi}{4}$	$\frac{\pi}{3}$	$\frac{\pi}{2}$	$\frac{2}{3}\pi$	$\frac{3}{4}\pi$	$\frac{5}{6}\pi$	π
60분법	210°	225°	240°	270°	300°	315°	330°	360°	
호도법	$\frac{7}{6}\pi$	$\frac{5}{4}\pi$	$\frac{4}{3}\pi$	$\frac{3}{2}\pi$	$\frac{5}{3}\pi$	$\frac{7}{4}\pi$	$\frac{11}{6}\pi$	2π	

예제 1-26

다음 각에서 각을 라디안으로, 라디안은 각으로 표시하여라.

(1) 270°

(2) $\frac{\pi}{4}$

(3) $\frac{17}{3}\pi$

(4) 24

(5) 75°

풀이

(1) $270^\circ\left(\frac{\pi}{180^\circ}\right)=\frac{3}{2}\pi$

(2) $\frac{\pi}{4}\cdot\frac{180^\circ}{\pi}=45^\circ$

(3) $\frac{17}{3}\pi\cdot\frac{180^\circ}{\pi}=1020^\circ$

(4) $24\left(\frac{180^\circ}{\pi}\right)=\left(\frac{4320}{\pi}\right)^\circ=1375^\circ$

(5) $75^\circ\left(\frac{\pi}{180^\circ}\right)=\frac{5}{12}\pi$

■ 호의 길이와 부채꼴의 넓이

반지름이 r이고 중심각이 $\theta(rad)$인 호를 가진 원에서 다음 2가지 중요한 공식이 있다.

호의 길이 $s=r\theta$

부채꼴 AOB의 넓이 $=\dfrac{1}{2}r^2\theta$

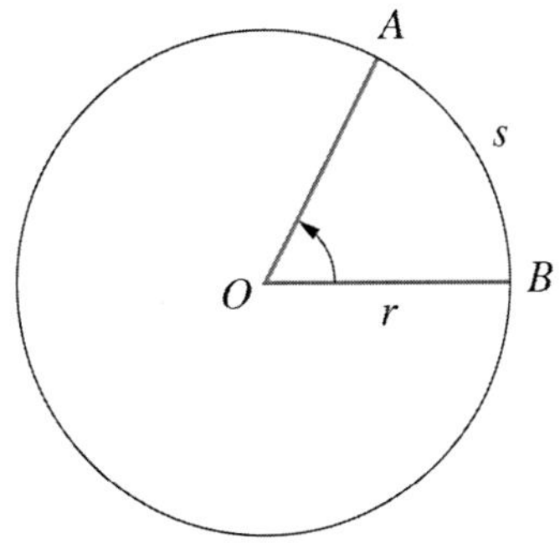

그림 1.18

예제 1-27

중심각이 $\dfrac{2}{3}\pi$라디안이고 반지름이 6인치인 원에서 부채꼴의 넓이를 구하여라.

풀이

$s=r\theta,\ A=\dfrac{1}{2}r^2\theta$

$s=6\left(\dfrac{2}{3}\pi\right)=4\pi,\ A=\dfrac{1}{2}(36)\left(\dfrac{2}{3}\pi\right)=12\pi$

예제 1-28

반지름이 8인치인 원에서 호의 길이가 6π인치인 부채꼴의 넓이를 구하여라.

풀이

$s=r\theta,\ A=\dfrac{1}{2}r^2\theta$

$6\pi=8\theta,\ \theta=\dfrac{3}{4}\pi$

$A=\dfrac{1}{2}(64)\dfrac{3}{4}\pi=24\pi$

■ 삼각함수의 그래프

삼각함수들은 일정한 간격을 주기로 반복되므로 다음 함수식이 성립한다.

$$f(x)=f(x+p)$$

이 함수를 주기함수라고 부른다.

$\sin x$, $\cos x$, $\sec x$ 그리고 $\csc x$는 2π의 주기를 가지고, $\tan x$와 $\cot x$는 π의 주기를 가진다.

아래 표는 6가지 삼각함수의 정의역과 주기를 나타낸다.

[표 1.3]

	정의역	범위
$\sin x$	모든 수	$-1 \le \sin x \le 1$
$\cos x$	모든 수	$-1 \le \cos x \le 1$
$\tan x$	$\frac{\pi}{2}$의 홀수 배를 제외한 모든 수	모든 실수
$\cot x$	π의 배수를 제외한 모든 수	모든 실수
$\sec x$	$\frac{\pi}{2}$의 홀수 배를 제외한 모든 수	$\sec x \le -1$ or $\sec x \ge 1$
$\csc x$	π의 배수를 제외한 모든 수	$\csc x \le -1$ or $\csc x \ge 1$

일반적인 삼각함수식은 $y=A \cdot f(Bx+C)$이다. 이때 A는 진폭이고, 그래프의 주기는 $\frac{f\text{의 주기}}{B}$, $-\frac{C}{B}$는 x축 평행이동이고, 최댓값: $|A|$, 최솟값: $-|A|$이다.

다음 삼각함수 그래프는 x가 라디안 단위일 때 삼각함수의 그래프를 나타낸 것이다.

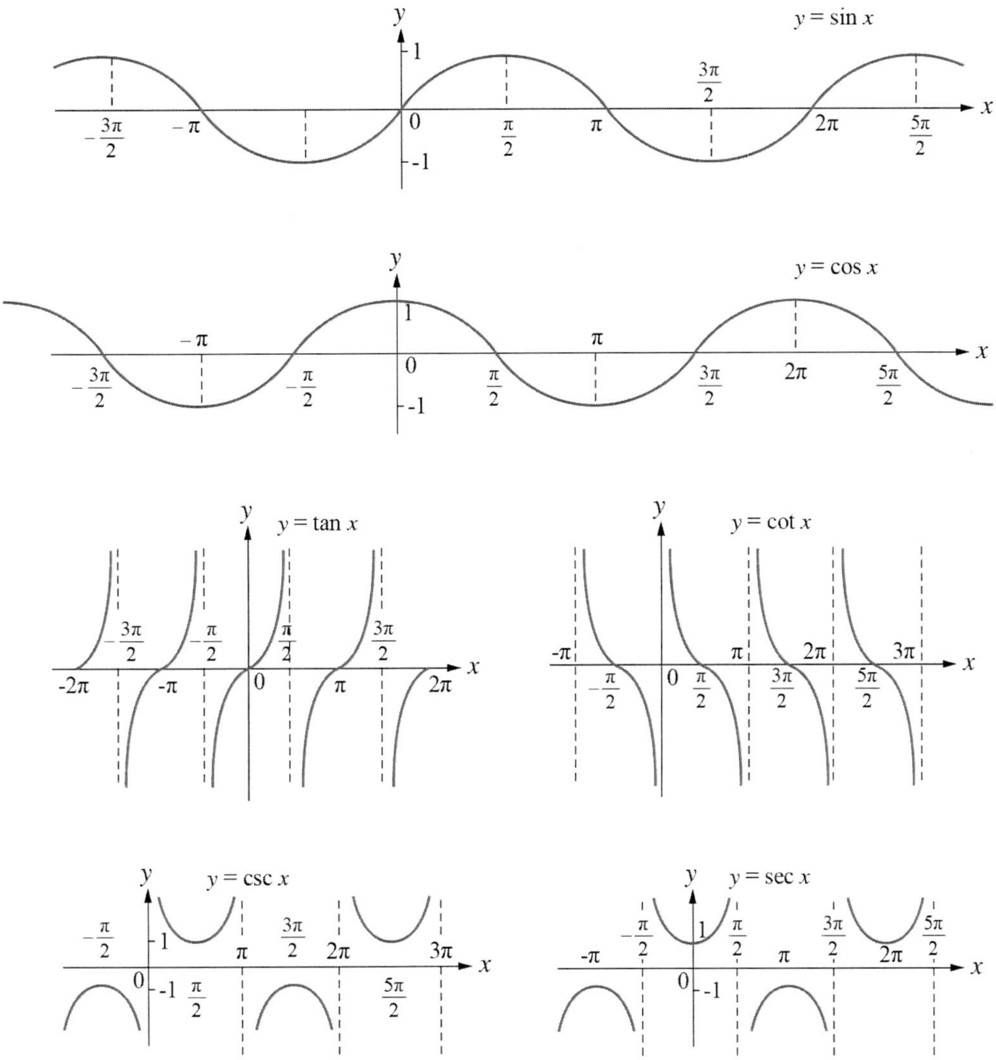

그림 1.19

예제 1-29

$y = 2\sin 2x$의 진폭, 주기, x축 평행이동을 구하고 그려라.

풀이

진폭 $= 2$

주기 $=\dfrac{2}{2}\pi=\pi$

x축 평행이동 $=0$

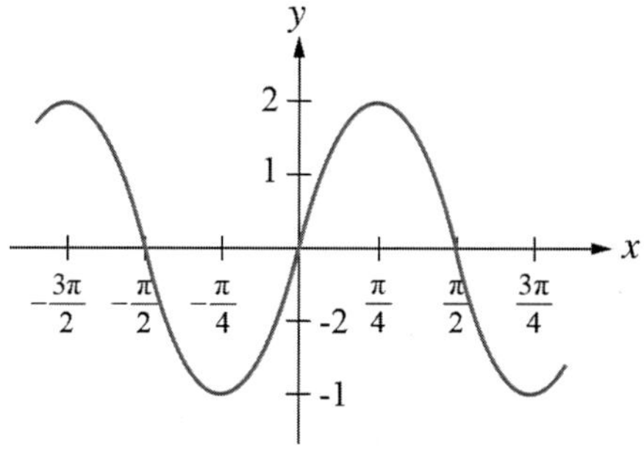

그림 1.20

예제 1-31

$y=\dfrac{1}{2}\cos\left(\dfrac{1}{2}x-\dfrac{\pi}{3}\right)$의 진폭, 주기, x축 평행이동을 구하고 그려라.

풀이

진폭 $=\dfrac{1}{2}$

주기 $=\dfrac{2}{\frac{1}{2}}\pi=4\pi$

x축 평행이동 $=\dfrac{\frac{\pi}{3}}{\frac{1}{2}}=\dfrac{2}{3}\pi$

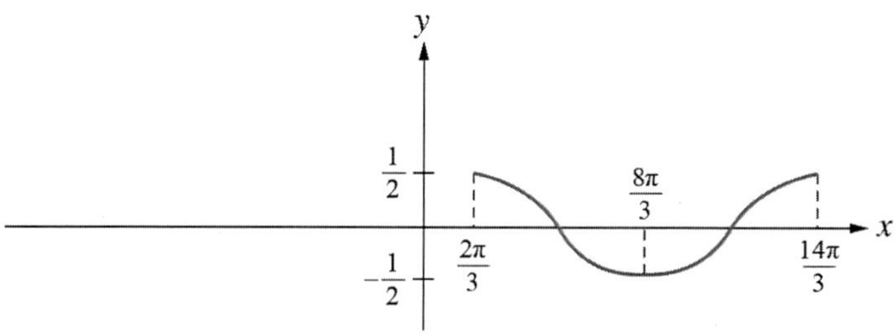

그림 1.21

연습문제 1.5

1. 다음 각 값을 구하여라.

(1) $\sin 405°$ (2) $\cos 840°$

(3) $\tan(-405°)$ (4) $\tan 150°$

2. $\sin\theta = -\frac{3}{5}(270° < \theta < 360°)$일 때 $\cos\theta$, $\tan\theta$의 값을 구하여라.

3. 호의 길이가 8π이고 중심각이 $60°$ 일 때 반지름을 구하여라.

4. 원의 둘레가 16인 원에서 중심각이 4.7 라디안인 부채꼴의 넓이를 구하여라.

5. 다음 각 함수의 최댓값과 최솟값 및 그 주기를 구하여라.

(1) $y = \sin(2x - 120°)$ (2) $y = 3\cos 2x$

(3) $y = \tan 3x + 1$

6. 다음 방정식을 풀어라(단, $0° \le x \le 360°$ 이다).

(1) $2\cos^2 x - \sin x - 1 = 0$

(2) $\tan x - \sqrt{3}\cot x + 1 - \sqrt{3} = 0$

7. 둘레의 길이가 8cm이고, 넓이가 4cm^2인 부채꼴의 중심각을 구하여라.

연습문제 1.5

8. 원점과 점 $P(-4,\ -3)$을 맺는 선분을 동경으로 하는 각을 θ라 할 때 $\sin\theta$, $\cos\theta$, $\tan\theta$의 값을 구하여라.

9. 다음 각 식의 최댓값과 최솟값을 구하여라.

(1) $y=|\sin x-2|-3$

(2) $y=2-|\cos x-3|$

10. 다음 부등식을 구하여라(단, $0^\circ \leq x \leq 360^\circ$).

(1) $\sin x > \cos x$

(2) $2\sin^2 x-3\cos x \geqq 0$

CHAPTER

2

함수의 극한과 연속

함수의 극한을 좌극한과 우극한을 이용하여 정의하고, 극한의 수렴, 발산하는 계산방법을 학습한다. 또한 초월함수의 극한을 계산하기 위한 방법을 알아본다. 마지막으로 연속함수와 관련된 최대·최소 정리와 중간값 정리를 알아보고, 이를 활용하는 방안을 살펴본다.

2.1 함수의 극한

2.1.1 함수의 극한의 정의

함수 $f(x)$에서 x와 c가 다른 값을 가지면서 c에 한없이 가까워 질 때, $f(x)$의 값이 일정한 값 L에 가까워 지면 $f(x)$는 L에 수렴한다하고 $\lim\limits_{x \to c} f(x) = L$로 나타낸다. 이때, L을 $f(x)$의 극한치라 한다. 함수의 극한치가 존재하면 좌극한과 우극한값이 존재하고, 그 값이 서로 같다. 즉,

$$\lim_{x \to c} f(x) = L \Leftrightarrow \lim_{x \to c^-} f(x) = \lim_{x \to c^+} f(x) = L$$

예제 2-1

함수 $f(x) = \dfrac{|x-1|}{x-1}$에 대하여 $\lim\limits_{x \to 1-0} f(x) - \lim\limits_{x \to 1+0} f(x)$의 값은?

풀이

함수 $f(x) = \dfrac{|x-1|}{x-1}$에서

$$\lim_{x \to 1-0} f(x) - \lim_{x \to 1+0} f(x) = \lim_{x \to 1-0} \frac{-(x-1)}{x-1} - \lim_{x \to 1+0} \frac{x-1}{x-1} = (-1) - 1 = -2$$

예제 2-2

그림 2.1에 그래프로 나타낸 함수 $y=f(x)$는 다음과 같이 정의한다.

$$f(x)=\begin{cases} x+1 & (-2<x<0) \\ 2 & (x=0) \\ -x & (0<x<2) \\ 0 & (x=2) \\ x-4 & (2<x\le 4) \end{cases}$$

f의 극한치가 있다면, 어디에 존재하는지 정하라.

(1) $x=-2$　　(2) $x=0$

(3) $x=2$　　(4) $x=4$

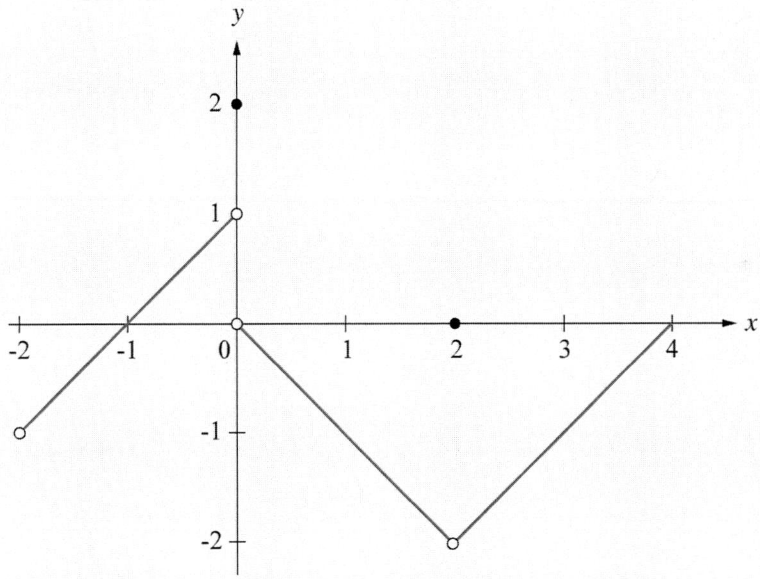

그림 2.1

풀이

(1) $\lim_{x\to -2^+} f(x) = -1$

(2) $\lim_{x\to 0} f(x)$는 존재하지 않는다. f가 $x=0$ $(f(0)=2)$라고 정의되었지만,

$\lim_{x\to 0^-} f(x)=1$인 반면 $\lim_{x\to 0^+} f(x)=0$

이점에서 극한치가 존재하려면, 좌극한과 우극한이 같아야 한다.

(3) $\lim_{x\to 2} f(x)=-2$ 이 극한치는 $\lim_{x\to 2^-} f(x)=\lim_{x\to 2^+} f(x)=-2$이기 때문에 존재한다. 극한치는 $x=2$

$(f(2)=0)$에서 f의 값과 다르더라도, $x=2$에서 극한치는 존재한다.

(4) $\lim_{x\to 4^-} f(x)=0$, 따라서 좌극한은 $x=4$에서 존재한다.

예제 2-3

다음 극한을 구하여라. 단, $[x]$는 x를 넘지 않는 최대정수이다.

(1) $\lim_{x\to -1} \frac{x+1}{|x^2+3x|-2}$ (2) $\lim_{x\to 2+0} \frac{x^2-4}{x-[x]}$

풀이

(1) $x\to -1$일 때 $x^2+3x\to -2(<0)$ 이므로,

$$\lim_{x\to -1} \frac{x+1}{|x^2+3x|-2} = \lim_{x\to -1}\left(\frac{-1}{x+2}\right) = -1$$

(2) $x\to 2+0$일 때 $2<x<3$, $[x]=2$ 이므로,

$$\lim_{x\to 2+0} \frac{x^2-4}{x-[x]} = \lim_{x\to 2+0}(x+2) = 4$$

■ 함수의 발산

$f(x)$가 x를 c에 충분히 가까이 감으로 인해 임의로 커질 수 있다면, x가 c에 가까워짐에 따라 함수 $f(x)$는 무한이 된다고 한다. 다음과 같이 표기한다.

$$\lim_{x\to c} f(x) = +\infty \quad \text{또는} \quad \lim_{x\to c} f(x) = -\infty$$

예제 2-4

다음 극한을 구하여라.

(1) $\lim_{x \to 0} \frac{1}{x}$ (2) $\lim_{x \to 1} \frac{1}{(x-1)^2}$

풀이

(1) $f(x) = \frac{1}{x}$ 인 그래프는 (그림 2.2) 이를 나타낸다.

$$\lim_{x \to 0-} \frac{1}{x} = -\infty \qquad \lim_{x \to 0+} \frac{1}{x} = +\infty$$

$\lim_{x \to 0} \frac{1}{x}$ 은 발산한다.

(2) $f(x) = \frac{1}{(x-1)^2}$ (그림 2.3)에서부터 다음과 같이 발산한다.

$$\lim_{x \to 1^-} \frac{1}{(x-1)^2} = \infty \qquad \lim_{x \to 1^+} \frac{1}{(x-1)^2} = \infty$$

$\lim_{x \to 1} f(x) = \infty$ 따라서 극한치 존재하지 않는다.

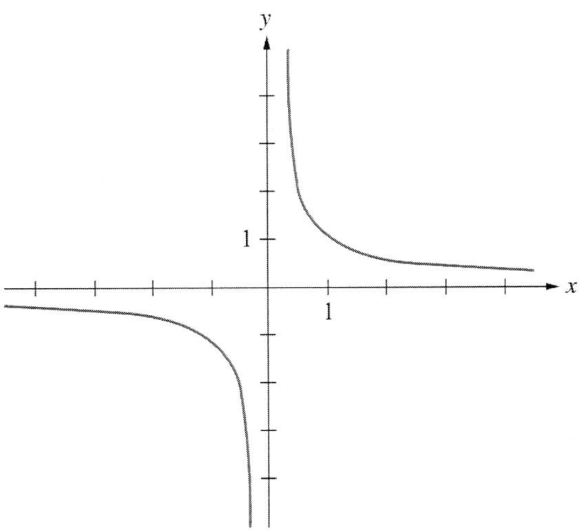

그림 2.2

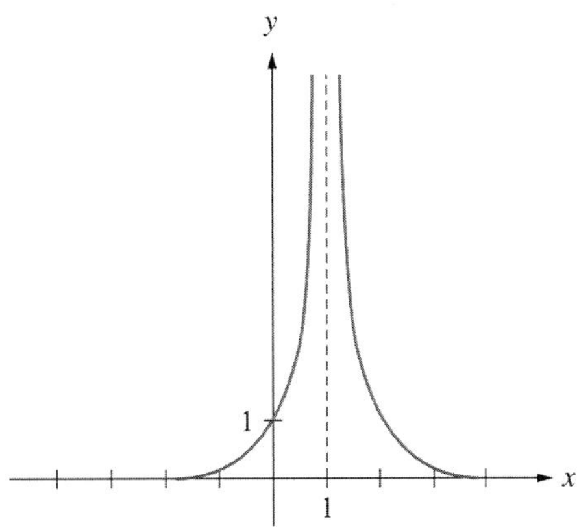

그림 2.3

■ 무한대의 극한

$f(x)$가 x를 양의 수로 상당히 크게 하거나 또는 작아질 때 L이 된다면 다음과 같이 표기한다.

$\lim_{x\to\infty} f(x) = L$ 또는 $\lim_{x\to-\infty} f(x) = L$

예제 2-5

$h(x) = 1 + \dfrac{3}{x-2} = \dfrac{x+1}{x-2}$ (그림 2.4) $\lim_{x\to\pm\infty} h(x)$와 $\lim_{x\to 2} h(x)$를 구하여라.

풀이

$\lim_{x\to-\infty} h(x) = \lim_{x\to+\infty} h(x) = 1$

$\lim_{x\to 2^-} h(x) = -\infty,\ \lim_{x\to 2^+} h(x) = +\infty$

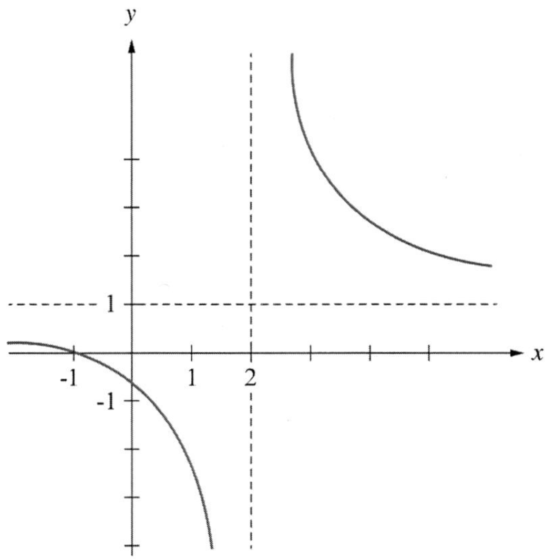

그림 2.4

예제 2-6

다음 극한을 구하여라.

(1) $\lim_{x\to\pm\infty}(x^3-3x^2+7x+2)$ (2) $\lim_{x\to\pm\infty}(-4x^4+1{,}000{,}000x^3+100)$

(3) $\lim_{x\to\pm\infty}(-5x^5+3x^2-4\pi+8)$ (4) $\lim_{x\to\pm\infty}(\pi-0.001x)$

풀이

(1) $f(x)=x^3-3x^2+7x+2$

$\lim_{x\to+\infty}f(x)=+\infty,\ \lim_{x\to-\infty}f(x)=-\infty$

(2) $f(x)=-4x^4+1{,}000{,}000x^3+100$

$\lim_{x\to+\infty}f(x)=-\infty,\ \lim_{x\to-\infty}f(x)=-\infty$

(3) $f(x)=-5x^3+3x^2-4x+8$

$\lim_{x\to+\infty}f(x)=-\infty,\ \lim_{x\to-\infty}f(x)=+\infty$

(4) $f(x)=\pi-0.001x$

$\lim_{x\to+\infty}f(x)=-\infty,\ \lim_{x\to-\infty}f(x)=+\infty$

2.1.2 점근선

$\lim_{x\to+\infty}f(x)=b$또는 $\lim_{x\to-\infty}f(x)=b$이면 $y=b$는 $y=f(x)$의 수평점근선이다.

$f(x)=\dfrac{1}{x}$의 그래프는 (그림 2.2) 수평점근선 x-축 (y = 0)을 가지고 있다.

$g(x)=\dfrac{1}{(x-1)^2}$ (그림 2.3) 수평점근선은 $y=0$이다.

$h(x)=\dfrac{x+1}{x-2}$의 그래프는 (그림 2.4)에서 보여지는 것과 같이 y = 1인 수평점근선이 있다.

다음 중 하나 또는 그 이상이 성립한다면 $x=a$의 선은 $y=f(x)$의 그래프의 수직점근선이다.

$$\lim_{x \to a^-} f(x) = +\infty \text{ 또는 } \lim_{x \to a^+} f(x) = -\infty$$

$$\lim_{x \to a^+} f(x) = +\infty \text{ 또는 } \lim_{x \to a^+} f(x) = -\infty$$

$f(x) = \dfrac{1}{x}$ 의 그래프는 (그림 2.2) 수직점근선인 $x = 0$ (y-축)을 가지며

$g(x) = \dfrac{1}{(x-1)^2}$ 의 그래프는 (그림 2.3)는 수직점근선인 $x = 1$ 이고

$h(x) = \dfrac{x+1}{x-2}$ 의 그래프는 (그림 2.4) 수직점근선인 $x = 2$를 가진다.

예제 2-7

그림 2.5에서 $k(x) = \dfrac{2x-4}{x-3}$ 의 그래프로부터 $x = 3$은 수직점근선이고, $y = 2$가 수평점근선이라는 것을 보이시오.

풀이

$\lim_{x \to 3^-} k(x) = -\infty$ 그리고 $\lim_{x \to 3^+} k(x) = +\infty$

이므로 $x = 3$은 수직 점근선이다.

$$\lim_{x \to +\infty} k(x) = \lim_{x \to -\infty} k(x) = 2$$

이므로 $y = 2$는 수평점근선이다.

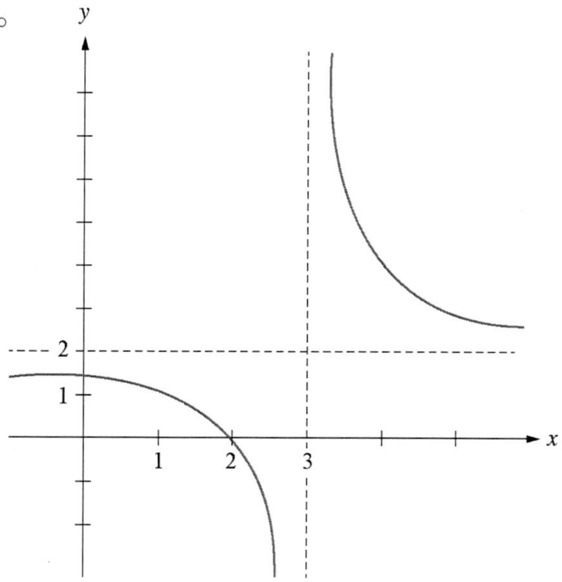

그림 2.5

2.1.3 극한치의 계산

$\lim_{x \to c} f(x)$와 $\lim_{x \to c} g(x)$가 수렴한다면

(1) $\lim_{x \to c} kf(x) = k\lim_{x \to c} f(x)$

(2) $\lim_{x \to c} [f(x) + g(x)] = \lim_{x \to c} f(x) + \lim_{x \to c} g(x)$

(3) $\lim_{x \to c} g(x)f(x) = \lim_{x \to c} g(x) \lim_{x \to c} f(x)$

(4) $\lim_{x \to c} \dfrac{f(x)}{g(x)} = \dfrac{\lim_{x \to c} f(x)}{\lim_{x \to c} g(x)}$ ($\lim_{x \to c} g(x) \neq 0$)

(5) $\lim_{x \to c} k = k$

(6) 조임정리 또는 샌드위치 정리 : $f(x) \leq g(x) \leq h(x)$이고,

$\lim_{x \to c} f(x) = \lim_{x \to c} h(x) = L$이 라면, $\lim_{x \to c} g(x) = L$ 이다.

그림 2.6은 이 정리를 설명해준다.

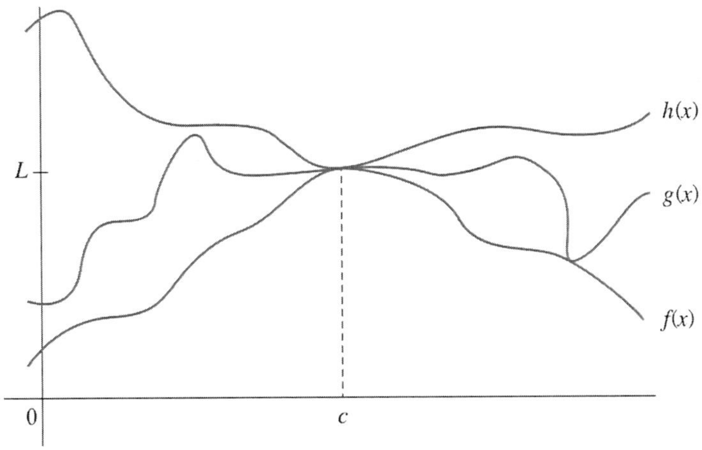

그림 2.6

예제 2-8

다음 극한을 구하여라.

(1) $\lim_{x\to2}(5x^2-3x+1)$

(2) $\lim_{x\to0}(x\cos 2x)$

(3) $\lim_{x\to-1}\frac{3x^2-2x-1}{x^2+1}$

(4) $\lim_{x\to3}\frac{x^2-9}{x-3}$

(5) $\lim_{x\to-2}\frac{x^3+8}{x^2-4}$

(6) $\lim_{x\to0}\frac{x}{x^3}$

(7) $\lim_{x\to1}\frac{x^3-1}{x^2-1}$

(8) $\lim_{\Delta x\to0}\frac{(3+\Delta x)^2-3^2}{\Delta x}$

(9) $\lim_{h\to0}\frac{1}{h}(\frac{1}{2+h}-\frac{1}{2})$

풀이

(1) $\lim_{x\to2}(5x^2-3x+1)=5\lim_{x\to2}x^2-3\lim_{x\to2}x+\lim_{x\to2}1=5\cdot4-3\cdot2+1=15$

(2) $\lim_{x\to0}(x\cos 2x)=\lim_{x\to0}x\cdot\lim_{x\to0}(\cos 2x)=0\cdot1=0$

(3) $\lim_{x\to-1}\frac{3x^2-2x-1}{x^2+1}=\lim_{x\to-1}(3x^2-2x-1)\div\lim_{x\to-1}(x^2+1)=(3+2-1)\div(1+1)=2$

(4) $\lim_{x\to3}\frac{x^2-9}{x-3}=\lim_{x\to3}\frac{(x-3)(x+3)}{x-3}=\lim_{x\to3}(x+3)=6$

(5) $\lim_{x\to-2}\frac{x^3+8}{x^2-4}=\lim_{x\to-2}\frac{(x+2)(x^2-2x+4)}{(x+2)(x-2)}=\lim_{x\to-2}\frac{x^2-2x+4}{x-2}=\frac{4+4+4}{-4}=-3$

(6) $\lim_{x\to0}\frac{x}{x^3}=\lim_{x\to0}\frac{1}{x^2}=\infty$, $x\to0$이 됨에 따라, 분모가 0에 가까워 지는 동안, 분자는 1에 가까워 진다. 즉, 극한치는 존재하지 않는다.

(7) $\lim_{x\to1}\frac{x^3-1}{x^2-1}=\lim_{x\to1}\frac{(x-1)(x^2+x+1)}{(x-1)(x+1)}=\frac{3}{2}$

(8) $\lim_{\Delta x\to0}\frac{(3+\Delta x)^2-3^2}{\Delta x}=\lim_{\Delta x\to0}\frac{6\Delta x+\Delta x^2}{\Delta x}=\lim_{\Delta x\to0}(6+\Delta x)=6$

(9) $\lim_{h\to0}\frac{1}{h}(\frac{1}{2+h}-\frac{1}{2})=\lim_{h\to0}\frac{2-(2+h)}{2h(2+h)}=\lim_{h\to0}\frac{-h}{2h(2+h)}=\lim_{h\to0}-\frac{1}{2(2+h)}=-\frac{1}{4}$

예제 2-9

함수 $f(x)$가 $x>0$인 모든 실수 x에 대하여 $3x<f(x)<2x^2+3x$를 만족시킬 때, $\lim\limits_{x\to+0}\dfrac{f(2x)}{3x}$의 값을 구하시오.

풀이

$3x<f(x)<2x^2+3x$에서 $6x<f(2x)<8x^2+6x$

$$\lim_{x\to+0}\frac{6x}{3x}\le\lim_{x\to+0}\frac{f(2x)}{3x}\le\lim_{x\to+0}\frac{8x^2+6x}{3x}$$

$$2\le\lim_{x\to+0}\frac{f(2x)}{3x}\le 2$$

$$\therefore\lim_{x\to+0}\frac{f(2x)}{3x}=2$$

예제 2-10

다음 극한값을 구하여라.

$$\lim_{x\to0}\sin x\cos\frac{1}{x}$$

풀이

$\left|\cos\dfrac{1}{x}\right|\le 1$이므로 $0\le\left|\sin x\cos\dfrac{1}{x}\right|=|\sin x|\left|\cos\dfrac{1}{x}\right|\le|\sin x|$

$\lim\limits_{x\to0}|\sin x|=0$이므로 $\lim\limits_{x\to0}\left|\sin x\cos\dfrac{1}{x}\right|=0$

$$\therefore\lim_{x\to0}\sin x\cos\frac{1}{x}=0$$

2.1.4 다항식 극한치

$P(x)$와 $Q(x)$가 x에서 다항식인 $\lim\limits_{x\to\infty}\dfrac{P(x)}{Q(x)}$를 찾기 위해, 분자와 분모를 x의 가장 큰

차수로 나누고 $\lim_{x\to\infty} \frac{1}{x} = 0$이라는 사실을 이용할 수 있다.

$P(x)$의 차수가 $Q(x)$의 차수보다 작다면, $\lim_{x\to\infty} \frac{P(x)}{Q(x)} = 0$이다. $P(x)$의 차수가 $Q(x)$의 차수보다 높다면, $\lim_{x\to\infty} \frac{P(x)}{Q(x)} = \infty$ 또는 $-\infty$이다. (i.e., 존재하지 않는다) 그리고 $P(x)$와 $Q(x)$이 차수가 같다면, a_n과 b_n이 $P(x)$와 $Q(x)$에서 각각 가장 높은 차수의 계수인 $\lim_{x\to\infty} \frac{P(x)}{Q(x)} = \frac{a_n}{b_n}$이다.

"$x\to\infty$"로, "$x\to-\infty$"로 바꿀 때도 적용된다.

또한 다음을 유의하자.

(i) $\lim_{x\to\pm\infty} \frac{P(x)}{Q(x)} = 0$일 때, $y=0$은 $y = \frac{P(x)}{Q(x)}$의 그래프의 수평점근선이다.

(ii) $\lim_{x\to\pm\infty} \frac{P(x)}{Q(x)} = +\infty$ 또는 $-\infty$일 때, $y = \frac{P(x)}{Q(x)}$의 그래프는 수평점근선이 없다.

(iii) $\lim_{x\to\infty} \frac{P(x)}{Q(x)} = \frac{a_n}{b_n}$일 때, $y = \frac{a_n}{b_n}$의 그래프는 $y = \frac{P(x)}{Q(x)}$의 그래프는 수평점근선을 가진다.

예제 2-11

다음 극한을 구하여라.

(1) $\lim_{x\to\infty} \frac{3-x}{4+x+x^2}$

(2) $\lim_{x\to\infty} \frac{4x^4+5x+1}{37x^3-9}$

(3) $\lim_{x\to\infty} \frac{x^3-4x^2+7}{3-6x-2x^3}$

풀이

(1) $\lim_{x\to\infty}\frac{3-x}{4+x+x^2}=\lim_{x\to\infty}\frac{\frac{3}{x^2}-\frac{1}{x}}{\frac{4}{x^2}+\frac{1}{x}+1}=\frac{0-0}{0+0+1}=0$

(2) $\lim_{x\to\infty}\frac{4x^4+5x+1}{37x^3-9}=\lim_{x\to\infty}\frac{4+\frac{5}{x^3}+\frac{1}{x^4}}{\frac{37}{x}-\frac{9}{x^4}}=\infty$

(3) $\lim_{x\to\infty}\frac{x^3-4x^2+7}{3-6x-2x^3}=\lim_{x\to\infty}\frac{1-\frac{4}{x}+\frac{7}{x^3}}{\frac{3}{x^3}-\frac{6}{x^2}-2}=\frac{1-0+0}{0-0-2}=\frac{-1}{2}$

예제 2-12

다음 수렴 발산을 정하여라.

(1) $\lim_{x\to\infty}\frac{100x^2-19}{x^3+5x^2+2}$

(2) $\lim_{x\to-\infty}\frac{x^3-5}{1+x^2}$

(3) $\lim_{x\to\infty}\frac{x-4}{13+5x}$

(4) $\lim_{x\to-\infty}\frac{4+x^2-3x^3}{x+7x^3}$

(5) $\lim_{x\to\infty}\frac{x^3+1}{2-x^2}$

풀이

(1) $\lim_{x\to\infty}\frac{100x^2-19}{x^3+5x^2+2}=0$

(2) $\lim_{x\to-\infty}\frac{x^3-5}{1+x^2}=-\infty$ (극한값 없음)

(3) $\lim_{x\to\infty}\frac{x-4}{13+5x}=\frac{1}{5}$

(4) $\lim_{x\to-\infty}\frac{4+x^2-3x^3}{x+7x^3}=-\frac{3}{7}$

(5) $\lim_{x\to\infty}\frac{x^3+1}{2-x^2}=-\infty$ (극한값 없음)

예제 2-13

질량 m과 초기속도 $v_0 = 0$(ft/s)인 어떤 물체가 일정한 힘 F(pound/s)로 움직이기 시작했다. 이 물체의 속력은, 뉴턴의 운동법칙에 의하면, $v_N = \frac{Ft}{m}$ 이고, 아인슈타인의 상대성 이론에 의하면, $v_E = \frac{Fct}{\sqrt{m^2c^2 + F^2t^2}}$ 이다(여기서 c는 빛의 속력이다.).

$\lim_{t\to\infty} v_N$과 $\lim_{t\to\infty} v_E$를 계산하여라.

풀이

$$\lim_{t\to\infty} v_N = \lim_{t\to\infty} \frac{Ft}{m} = \infty$$

$$\lim_{t\to\infty} v_E = \lim_{t\to\infty} \frac{Fct}{\sqrt{m^2c^2+F^2t^2}} = \lim_{t\to\infty} \frac{Fct}{t\sqrt{\frac{m^2c^2}{t^2}+F^2}} = \lim_{t\to\infty} \frac{Fc}{\sqrt{\frac{m^2c^2}{t^2}+F^2}} = \frac{Fc}{\sqrt{F^2}} = c$$

2.1.5 다른 기본 극한치

▪ 삼각 함수의 극한치

x가 라디안으로 측정된다면 $\lim_{x\to 0}\left(\frac{\sin x}{x}\right) = 1$

증명

$0 < x < \frac{\pi}{2}$ 일 때

중심각의 크기가 x 라디안이고 반지름의 길이가 1 인 부채꼴 OAB 에서

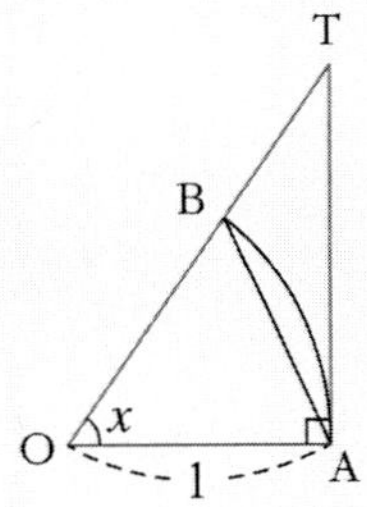

그림 2.7

그림 2.7에서 점A 에서의 접선이 직선OB 의 연장선과 만나는 점을T 라고 하면

$$\triangle OAB < \triangledown OAB < \triangle OAT$$

여기서 각 넓이를 구해보면

$$\frac{1}{2}\sin x < \frac{1}{2}x < \frac{1}{2}\tan x \qquad \therefore \sin x < x < \tan x$$

그런데 $\sin x > 0$ 이므로 각 변을 $\sin x$ 로 나누면 $1 < \dfrac{x}{\sin x} < \dfrac{1}{\cos x}$

각 항의 역수를 취하면 $\cos x < \dfrac{\sin x}{x} < 1$

그런데 $\lim\limits_{x \to +0} \cos x = 1$ 이므로

$$\lim_{x \to +0} \frac{\sin x}{x} = 1 \tag{1}$$

$-\dfrac{\pi}{2} < x < 0$ 일 때 $x = -\theta$ 로 놓으면 $x \to -0$ 일 때 $\theta \to +0$ 이므로

$$\lim_{x \to -0} \frac{\sin x}{x} = \lim_{\theta \to +0} \frac{\sin(-\theta)}{-\theta} = \lim_{\theta \to +0} \frac{\sin \theta}{\theta} = 1 \tag{2}$$

따라서 (1), (2)에 의하여

$$\lim_{x \to 0} \frac{\sin x}{x} = 1$$

예제 2-14

다음 극한값을 구하여라.

(1) $\lim_{x\to 0}\frac{\sin 5x}{\sin 2x}$ (2) $\lim_{x\to 0}\frac{\tan 3x}{\tan 2x}$

(3) $\lim_{x\to 0}\frac{\sin(\sin x)}{x}$ (4) $\lim_{x\to +0}\frac{\ln(\sin x)}{\ln x}$

풀이

(1) $\lim_{x\to 0}\frac{\sin 5x}{\sin 2x}=\lim_{x\to 0}\left(\frac{\sin 5x}{5x}\cdot\frac{2x}{\sin 2x}\cdot\frac{5}{2}\right)=1\cdot 1\cdot\frac{5}{2}=\frac{5}{2}$

(2) $\lim_{x\to 0}\frac{\tan 3x}{\tan 2x}=\lim_{x\to 0}\left(\frac{\tan 3x}{3x}\cdot\frac{2x}{\tan 2x}\cdot\frac{3}{2}\right)=1\cdot 1\cdot\frac{3}{2}=\frac{3}{2}$

(3) $\lim_{x\to 0}\frac{\sin(\sin x)}{x}=\lim_{x\to 0}\left\{\frac{\sin(\sin x)}{\sin x}\cdot\frac{\sin x}{x}\right\}$

$\sin x=t$라고 하면 $x\to 0$일 때, $t\to 0$이므로

$\lim_{x\to 0}\frac{\sin(\sin x)}{\sin x}=\lim_{t\to 0}\frac{\sin t}{t}=1$

$\therefore\lim_{x\to 0}\frac{\sin(\sin x)}{x}=1\cdot 1=1$

(4) $\ln(\sin x)=\ln\left(\frac{\sin x}{x}\cdot x\right)=\ln\frac{\sin x}{x}+\ln x$

$\lim_{x\to +0}\ln\frac{\sin x}{x}=\ln 1=0,\ \lim_{x\to +0}\ln x=-\infty$이므로

$\lim_{x\to +0}\frac{\ln(\sin x)}{\ln x}=\lim_{x\to +0}\left(\frac{\ln\frac{\sin x}{x}}{\ln x}+1\right)=0+1=1$

예제 2-15

$\lim_{x\to 0}\frac{\sin 3x}{x}$을 찾아라.

풀이

$\lim_{x\to 0}\frac{\sin 3x}{x}=\lim_{x\to 0}\frac{3\sin 3x}{3x}=3\lim_{x\to 0}\frac{\sin 3x}{3x}=3\cdot 1=3$

■ e의 정의와 e을 이용한 지수로그함수의 극한

(1) $\lim_{x \to \infty} (1+\frac{1}{x})^x = e$

(2) $\lim_{x \to 0} \frac{\ln(1+x)}{x} = 1,\ \lim_{x \to 0} \frac{\log_a(1+x)}{x} = \frac{1}{\ln a}$ (단, $a>0,\ a \neq 1$)

(3) $\lim_{x \to 0} \frac{e^x - 1}{x} = 1,\ \lim_{x \to 0} \frac{a^x - 1}{x} = \ln a$ (단, $a>0,\ a \neq 1$)

설명

(2) $\lim_{x \to 0} \frac{\log_a(1+x)}{x} = \lim_{x \to 0} \log_a(1+x)^{\frac{1}{x}} = \log_a e = \frac{1}{\ln a}$ (단, $a>0,\ a \neq 1$)

(3) $\lim_{x \to 0} \frac{e^x - 1}{x} = 1$에서 $e^x - 1 = t$로 놓으면 $x = \ln(1+t)$이므로

$$\lim_{x \to 0} \frac{e^x - 1}{x} = \lim_{t \to 0} \frac{t}{\ln(1+t)} = \lim_{t \to 0} \frac{1}{\ln(1+t)^{\frac{1}{t}}} = \frac{1}{\ln e} = 1$$

예제 2-16

다음 극한 값을 구하여라.

(1) $\lim_{x \to 0} (1+3x)^{\frac{1}{x}}$

(2) $\lim_{x \to 0} (1+3x)^{\frac{1}{2x}}$

(3) $\lim_{x \to \infty} (1+\frac{1}{x})^{3x}$

(4) $\lim_{x \to \infty} (1+\frac{3}{x})^{2x}$

풀이

(1) $\lim_{x \to 0} (1+3x)^{\frac{1}{x}} = \lim_{x \to 0} ((1+3x)^{\frac{1}{3x}})^3 = e^3$

(2) $\lim_{x \to 0} (1+3x)^{\frac{1}{2x}} = \lim_{x \to 0} ((1+3x)^{\frac{1}{3x}})^{\frac{3}{2}} = e^{\frac{3}{2}}$

(3) $\lim_{x \to \infty} (1+\frac{1}{x})^{3x} = \lim_{x \to \infty} ((1+\frac{1}{x})^x)^3 = e^3$

(4) $\lim_{x \to \infty} (1+\frac{3}{x})^{2x} = \lim_{x \to \infty} ((1+\frac{3}{x})^{\frac{x}{3}})^6 = e^6$

예제 2-17

다음 극한값을 구하여라.

(1) $\lim_{x\to 0}\dfrac{\ln(1+x)}{2x}$

(2) $\lim_{x\to 0}\dfrac{\ln(1+ax)}{x}$ (단, $a\neq 0$)

(3) $\lim_{x\to 0}\dfrac{e^x-1}{x}$

(4) $\lim_{x\to 1}\dfrac{\ln x}{x-1}$

(5) $\lim_{x\to\infty}x\{\ln(x+1)-\ln x\}$

풀이

(1) 준식 $=\lim_{x\to 0}\dfrac{1}{2x}\ln(1+x)=\dfrac{1}{2}\lim_{x\to 0}\ln(1+x)^{\frac{1}{x}}=\dfrac{1}{2}\ln e=\dfrac{1}{2}$

(2) 준식 $=\lim_{x\to 0}\dfrac{1}{x}\ln(1+ax)=\lim_{x\to 0}\ln(1+ax)^{\frac{1}{x}}=\lim_{x\to 0}\ln\left\{(1+ax)^{\frac{1}{ax}}\right\}^a=\ln e^a=a$

(3) $e^x-1=z$라고 하면 $e^x=1+z$

$x=\ln(1+z)$

또, $x\to 0$일 때 $z\to 0$이므로

준식 $=\lim_{z\to 0}\dfrac{z}{\ln(1+z)}=\lim_{z\to 0}\dfrac{1}{\frac{1}{z}\ln(1+z)}=\lim_{z\to 0}\dfrac{1}{\ln(1+z)^{\frac{1}{z}}}=\dfrac{1}{\ln e}=1$

(4) $x-1=z$라고 하면 $x=1+z$이고

$x\to 1$일 때 $z\to 0$이므로

준식 $=\lim_{z\to 0}\dfrac{\ln(1+z)}{z}=\lim_{z\to 0}\dfrac{1}{z}\ln(1+z)=\lim_{z\to 0}\ln(1+z)^{\frac{1}{z}}=\ln e=1$

(5) $\dfrac{1}{x}=z$라고 하면 $x=\dfrac{1}{z}$이고

$x\to\infty$일 때 $z\to +0$이므로

준식 $=\lim_{z\to +0}\dfrac{1}{z}\left\{\ln\left(\dfrac{1}{z}+1\right)-\ln\dfrac{1}{z}\right\}=\lim_{z\to +0}\dfrac{1}{z}\ln(1+z)=\lim_{z\to +0}\ln(1+z)^{\frac{1}{z}}=\ln e=1$

연습문제 2.1

1. 극한을 구하여라.

(1) $\lim_{x \to 5} \frac{x-5}{x^2-25}$

(2) $\lim_{x \to -5} \frac{x^2+3x-10}{x+5}$

(3) $\lim_{x \to -2} \frac{-2x-4}{x^3+2x^2}$

(4) $\lim_{u \to 1} \frac{u^4-1}{u^3-1}$

(5) $\lim_{x \to 9} \frac{\sqrt{x}-3}{x-9}$

(6) $\lim_{x \to 2} \frac{\sqrt{x^2+12}-4}{x-2}$

(7) $\lim_{x \to -3} \frac{2-\sqrt{x^2-5}}{x+3}$

(8) $\lim_{x \to 0} \sec x$

(9) $\lim_{x \to 0} \frac{1+x+\sin x}{3\cos x}$

(10) $\lim_{x \to 0} \frac{\sqrt[3]{1+x}-1}{x}$

(11) $\lim_{x \to 0} \frac{1-\cos x}{x \sin x}$

(12) $\lim_{h \to 0} \frac{(x+h)^2-x^2}{h}$

(13) $\lim_{x \to 0} \frac{\frac{1}{2+x}-\frac{1}{2}}{x}$

(14) $\lim_{x \to 1} \frac{x^{\frac{1}{3}}-1}{\sqrt{x}-1}$

(15) $\lim_{\theta \to 0^+} \sqrt{\theta}\, e^{\cos\left(\frac{\pi}{\theta}\right)}$

2. $\lim_{x \to c} f(x) = 5$이고, $\lim_{x \to c} g(x) = -2$일 때 다음의 값을 구하여라.

(1) $\lim_{x \to c} f(x)g(x)$

(2) $\lim_{x \to c} 2f(x)g(x)$

(3) $\lim_{x \to c} (f(x)+3g(x))$

(4) $\lim_{x \to c} \frac{f(x)}{f(x)-g(x)}$

연습문제 2.1

3. 다음을 구하여라.

(1) $\lim_{x \to 2} \frac{f(x)-5}{x-2} = 3$일 때, $\lim_{x \to 2} f(x)$의 값은?

(2) $\lim_{x \to 2} \frac{f(x)-5}{x-2} = 4$일 때, $\lim_{x \to 2} f(x)$의 값은?

4. 극한값을 구하여라.

(1) $\lim_{x \to \infty} \sqrt{\frac{8x^2-3}{2x^2+x}}$

(2) $\lim_{x \to \infty} \frac{2\sqrt{x}+x^{-1}}{3x-7}$

(3) $\lim_{x \to -\infty} \frac{\sqrt[3]{x}-\sqrt[5]{x}}{\sqrt[3]{x}+\sqrt[5]{x}}$

(4) $\lim_{x \to \infty} \frac{2x^{\frac{5}{3}}-x^{\frac{1}{3}}+7}{x^{\frac{8}{5}}+3x+\sqrt{x}}$

(5) $\lim_{x \to -\infty} \frac{x^2-4x+8}{3x^3}$

(6) $\lim_{x \to -\infty} \frac{x^2-7x}{x+1}$

(7) $\lim_{\theta \to \infty} \frac{\cos\theta-1}{\theta}$

(8) $\lim_{x \to \infty} e^{\frac{1}{x}} \cos\frac{1}{x}$

(9) $\lim_{x \to -\infty} \tan^{-1}x$

5. 극한값을 구하여라.

(1) $\lim_{x \to \infty} (\sqrt{x^2+25}-\sqrt{x^2-1})$

(2) $\lim_{x \to \infty} (\sqrt{x^2+3x}-\sqrt{x^2-2x})$

(3) $\lim_{x \to -\infty} (\sqrt{4x^2+3x-2}+2x)$

(4) $\lim_{x \to -\infty} (\sqrt{x^2-x}+x)$

연습문제 2.1

6. 극한값을 찾아라. ($\lim_{\theta \to 0} \frac{\sin\theta}{\theta} = 1$ 이용)

(1) $\lim_{\theta \to 0} \frac{\sin\sqrt{2}\,\theta}{\sqrt{2}\,\theta}$

(2) $\lim_{x \to 0} \frac{\tan 2x}{x}$

(3) $\lim_{x \to 0} \frac{x + x\cos x}{\sin x \cos x}$

(4) $\lim_{t \to 0} \frac{\sin(1-\cos t)}{(1-\cos t)}$

(5) $\lim_{x \to 0} \frac{\tan 3x}{\sin 8x}$

(6) $\lim_{\theta \to 0} \frac{\tan 3\theta}{\theta^2 \cot 3\theta}$

(7) $\lim_{x \to 0} \frac{\tan(2x)}{\tan(\pi x)}$

(8) $\lim_{x \to 0} \frac{8x}{2\sin x - x}$

(9) $\lim_{x \to 0} \frac{\sin(1-\cos x)}{x}$

(10) $\lim_{x \to 0} \frac{\sin(\sin x)}{x}$

(11) $\lim_{x \to 2} \frac{\sin(x^2-4)}{x-2}$

(12) $\lim_{x \to 0} \frac{\sin x}{2x^2 - x}$

(13) $\lim_{r \to 0} \frac{\sin r}{\tan 2r}$

(14) $\lim_{\theta \to \left(\frac{\pi}{2}\right)^-} \frac{4\tan^2\theta + \tan\theta + 1}{\tan^2\theta + 5}$

(15) $\lim_{x \to 0} \frac{x\sin x}{2 - 2\cos x}$

2.2 함수의 연속

2.2.1 연속 함수

함수가 어떤 구간에서 연속적이라면, 종이에 연필을 떼지 않고 이 그래프를 그릴 수 있다. 그래프는 간격에 구멍, 끊김, 또는 점프되는 곳이 없다. $f(x)$가 $x = c$의 점에서 연속적이라면, x가 c에 가까울수록 $f(x)$가 $f(c)$와 같다.

함수 $y = f(x)$는 $x = c$의 점에서 연속적이기 위한 필요충분조건은 다음과 같다.

(1) $f(c)$가 존재한다.

(2) $\lim_{x \to c} f(x)$가 존재한다.

(3) $\lim_{x \to c} f(x) = f(c)$

함수가 $a \le x \le b$인 각 x에서 연속적이라면, 닫혀진 간격 $[a, b]$에서의 함수는 연속적이다.

$x = c$에서 연속적이지 않은 함수는 그 점에서 불연속적이라고 한다. $x = c$를 불연속점이라고 부른다.

예제 2-18

$x = 3$에서 연속인 함수 $f(x)$에 대하여 $\lim_{x \to 3} f(x) = 5$일 때, $f(3)$의 값을 구하시오.

풀이

함수 $f(x)$가 $x = 3$에서 연속이고 $\lim_{x \to 3} f(x) = 5$이므로 $f(3) = \lim_{x \to 3} f(x) = 5$

예제 2-19

함수 $y = f(x)$의 그래프가 그림과 같을 때, 열린 구간 (−2, 5)에서 함수 $f(x)$가 불연속점의 개수를 구하시오.

풀이

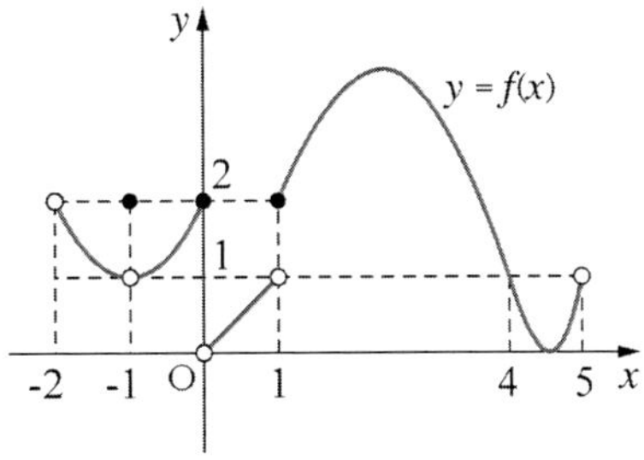

그림 2.8

$\lim_{x\to -1} f(x) = 1$, $f(-1) = 2$이므로 함수 $f(x)$는

$x = -1$에서 불연속이다.

$\lim_{x\to -0} f(x) = 2$, $\lim_{x\to +0} f(x) = 0$이므로 함수 $f(x)$는

$x = 0$에서 불연속이다.

$\lim_{x\to 1-0} f(x) = 1$, $\lim_{x\to 1+0} f(x) = 2$이므로 함수 $f(x)$는

$x = 1$에서 불연속이다.

따라서 열린 구간 (-2, 5)에서 함수 $f(x)$가 불연속인 점의 개수는 3개이다.

예제 2-20

다음 함수가 $x = 1$에서 연속일 때, 상수 a, b의 값을 구하여라.

$$f(x) = \begin{cases} \dfrac{a\sqrt{x+1} - b}{x-1}, & (x \neq 1) \\ \sqrt{2}, & (x = 1) \end{cases}$$

풀이

$\lim_{x\to 1} f(x) = f(1)$에서 $\lim_{x\to 1} \dfrac{a\sqrt{x+1}-b}{x-1} = \sqrt{2}$

$\lim_{x\to 1}(a\sqrt{x+1}-b) = 0$, $\sqrt{2}a - b = 0$, $b = \sqrt{2}a$

$$\lim_{x\to 1} \frac{a\sqrt{x+1}-b}{x-1} = \lim_{x\to 1} \frac{a}{\sqrt{x+1}+\sqrt{2}} = \frac{a}{2\sqrt{2}} = \sqrt{2}$$

$a = 4$, $b = 4\sqrt{2}$

예제 2-21

다음 각 함수가 $x = 0$에서 연속일 때, 실수 a의 값을 구하여라.

(1) $f(x) = \begin{cases} \dfrac{\ln(1+ax)}{x}, & x \neq 0 \\ 3, & x = 0 \end{cases}$

(2) $f(x) = \begin{cases} \dfrac{\sin x}{e^x - 1}, & x \neq 0 \\ a, & x = 0 \end{cases}$

풀이

(1) $\lim_{x \to 0} \dfrac{\ln(1+ax)}{x} = a$, $f(0) = 3$에서 $a = 3$

(2) $\lim_{x \to 0} \dfrac{\sin x}{e^x - 1} = 1$, $f(0) = a$에서 $a = 1$

■ 여러 가지 함수의 연속성

두 함수 $f(x)$, $g(x)$가 $x = a$에서 연속이면 다음 함수는 모두 $x = a$에서 연속이다.

① $cf(x)$ (단, c는 상수이다.)

② $f(x) \pm g(x)$

③ $f(x)g(x)$

④ $\dfrac{f(x)}{g(x)}$ (단, $g(a) \neq 0$)

⑤ $f(x)$가 모든 실수 x에서 연속일 때, 무리함수 $y = \sqrt{f(x)}$는 $f(x) \geq 0$인 모든 실수 x에서 연속이다.

⑥ 삼각함수 $y = \sin x$, $y = \cos x$는 모든 실수 x에서 연속이고,

$y = \tan x$는 $x \neq n\pi + \dfrac{\pi}{2}$($n$은 정수)인 모든 실수 x에서 연속이다.

⑦ 지수함수 $y = a^x (a > 0,\ a \neq 1)$은 모든 실수 x에서 연속이다.

⑧ 로그함수 $y = \log_a x (a > 0,\ a \neq 1)$는 $x > 0$인 모든 실수 x에서 연속이다.

예제 2-22

두 함수 $f(x) = x^2 + 1$, $g(x) = x^2 - 1$에 대하여 다음 중 실수 전체의 집합에서 연속인 함수인가 보여라.

(1) $f(x) + g(x)$ (2) $f(x) - g(x)$ (3) $f(x)g(x)$

(4) $\dfrac{g(x)}{f(x)}$ (5) $\dfrac{f(x)}{g(x)}$

풀이

두 함수 $f(x) = x^2 + 1$, $g(x) = x^2 - 1$에서

(1) $f(x) + g(x) = 2x^2$

(2) $f(x) - g(x) = 2$

(3) $f(x)g(x) = (x^2+1)(x^2-1)$

(1) ~ (3)은 다항함수이므로 모든 실수에서 연속이다.

(4) $f(x) = x^2 + 1 > 0$이므로 $\dfrac{g(x)}{f(x)} = \dfrac{x^2-1}{x^2+1}$은 모든 실수에서 연속이다.

(5) $\dfrac{f(x)}{g(x)} = \dfrac{x^2+1}{x^2-1}$에서 $x = -1$, $x = 1$일 때 $x^2 - 1 = 0$이므로, $\dfrac{f(x)}{g(x)}$는 $x = -1$, $x = 1$에서 불연속이다.

예제 2-23

두 함수 $f(x)$, $g(x)$가 $x = 1$에서 연속일 때, 〈보기〉의 함수 중 $x = 1$에서 연속함수인가 보여라.

〈보기〉

ㄱ. $2f(x) + 3g(x)$ ㄴ. $\{f(x)\}^2$ ㄷ. $\dfrac{f(x)}{g(x)}$

풀이

두 함수 $f(x)$, $g(x)$가 $x = 1$에서 연속이므로

$$f(1) = \lim_{x \to 1} f(x) = \alpha,\ g(1) = \lim_{x \to 1} g(x) = \beta\ (\alpha,\ \beta\text{는 상수})$$

로 놓을 수 있다.

ㄱ. $\lim_{x \to 1} \{2f(x)+3g(x)\} = 2\lim_{x \to 1} f(x)+3\lim_{x \to 1} g(x) = 2\alpha+3\beta$

$2f(1)+3g(1) = 2\alpha+3\beta$

즉, $\lim_{x \to 1} \{2f(x)+3g(x)\} = 2f(1)+3g(1)$이므로 함수 $2f(x)+3g(x)$는 $x = 1$에서 연속이다.

ㄴ. $\lim_{x \to 1} \{f(x)\}^2 = \lim_{x \to 1} f(x) \lim_{x \to 1} f(x) = \alpha^2$

$\{f(1)\}^2 = \alpha^2$

즉, $\lim_{x \to 1} \{f(x)\}^2 = \{f(1)\}^2$이므로 함수 $\{f(x)\}^2$은 $x = 1$에서 연속이다.

ㄷ. [반례] 함수 $g(x) = x-1$이면 $g(x)$는 $x = 1$에서 연속이다.

이때, $g(1) = 0$이므로 $x = 1$에서 함수 $\dfrac{f(x)}{g(x)}$의 값은 존재하지 않는다. 그러므로 함수 $\dfrac{f(x)}{g(x)}$는 $x = 1$에서 불연속이다.

따라서 $x = 1$에서 연속인 것은 ㄱ, ㄴ이다.

예제 2-24

$f(x) = \dfrac{1}{2}x^4 - \sqrt{3}\,x^2 + 7$은 모든 곳에서 연속인가?

풀이

$f(x) = \dfrac{1}{2}x^4 - \sqrt{3}\,x^2 + 7$에서, f가 다항함수이기 때문에, 이것은 $x = -1$에서도 물론이고 모든 곳에서 연속적이다.

예제 2-25

$k(x) = \dfrac{x^2-4}{x-2}\ (x \neq 2)$의 연속성을 조사하여라.

풀이

$x \neq 2$인 모든 수에서는 $k(x) = x+2$이다. (그림 2.9) 함수는 k가 정의되지 않는 $x = 2$를 제외한 모든 곳에서 연속적이다. $f(2)$를 4와 같도록 다시 정의한다면, 새로운 함수는 모든 곳에서 연속적이다.

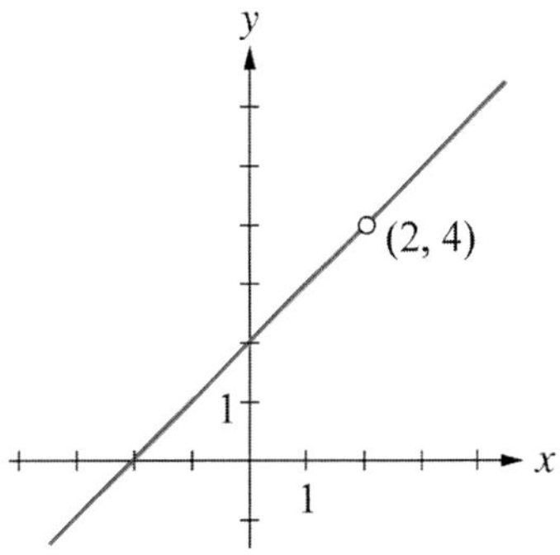

그림 2.9

■ 극한으로 표현된 함수의 연속성

극한으로 표현된 함수의 연속성에 대하여 알아보자.

함수 $f(x) = \lim_{n\to\infty} x^n$에 대하여 다음이 성립한다. (단, n은 자연수이다.)

(i) $|x| < 1$일 때, $f(x) = 0$

(ii) $x = 1$일 때, $f(x) = 1$

(iii) $x > 1$일 때, $f(x)$는 정의되지 않는다.

(iv) $x \leq -1$일 때, $f(x)$는 정의되지 않는다.

예제 2-26

함수 $f(x) = \lim_{n\to\infty} \frac{x^n}{1+x^n}$의 연속성에 대하여 알아보아라. (단, n은 자연수이다.)

풀이

(i) $|x| < 1$일 때, $\lim_{n\to\infty} x^n = 0$이므로 $f(x) = 0$

(ii) $x = 1$일 때, $\lim_{n\to\infty} x^n = 1$이므로 $f(1) = \frac{1}{2}$

(iii) $|x| > 1$일 때, $\lim_{n\to\infty} \frac{1}{x^n} = 0$이므로

$$f(x) = \lim_{n\to\infty} \frac{x^n}{1+x^n} = \lim_{n\to\infty} \frac{1}{\frac{1}{x^n}+1} = \frac{1}{0+1} = 1$$

(iv) $x = -1$일 때, $\lim_{n\to\infty} x^n$이 존재하지 않으므로 $f(-1)$은 정의되지 않는다.

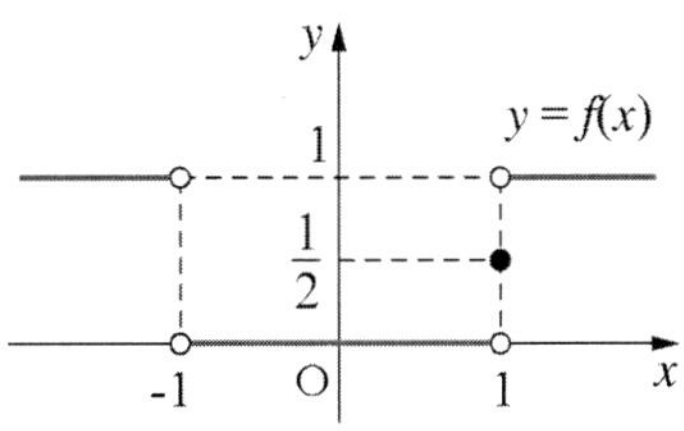

그림 2.10

위의 결과를 이용하여 함수 $f(x)=\lim_{n\to\infty}\frac{x^n}{1+x^n}$의 그래프를 그려 보면 그림 2.10과 같으므로 함수 $f(x)$는 $x=1,\ x=-1$에서 불연속이고, 그 외의 점에서는 연속임을 알 수 있다.

예제 2-27

함수 $f(x)=\lim_{n\to\infty}\frac{x^{2n}+1}{x^{2n}-1}$의 그래프가 불연속인 점의 개수를 구하시오. (단, n은 자연수이다.)

풀이

함수 $f(x)=\lim_{n\to\infty}\frac{x^{2n}+1}{x^{2n}-1}$에서 $f(x)=\begin{cases}1(|x|>1)\\-1(|x|<1)\end{cases}$

이고 $f(-1)$, $f(1)$의 값은 존재하지 않으므로 함수 $f(x)$는 $x=-1,\ x=1$에서 불연속이다.
따라서 불연속인 점의 개수는 2개 이다.

2.2.2 최대 · 최소의 정리와 중간값의 정리

■ 최대 · 최소의 정리

함수 $f(x)$가 닫힌 구간 $[a,b]$에서 연속이면 $f(x)$는 그 구간에서 반드시 최댓값과 최솟값을 가진다.

예제 2-28

다음 함수의 최대값 및 최소값을 각각 구하여라.

(1) $y=x^2-2x-3\ (0\le x\le 4)$

(2) $y=|x^2-4|\ (-1\le x\le 3)$

(3) $y=-x^2+2x+8\ (2\le x<4)$

풀이

(1) $y=x^2-2x-3=(x-1)^2-4$

꼭지점 : $x=1$일 때 $y=-4$

양끝점 : $\begin{cases} x=0\text{일 때 } y=-3 \\ x=4\text{일 때 } y=5 \end{cases}$

그래프를 보면(그림 2.11)

$x=4$에서 최대값 : 5

$x=1$에서 최소값 : -4

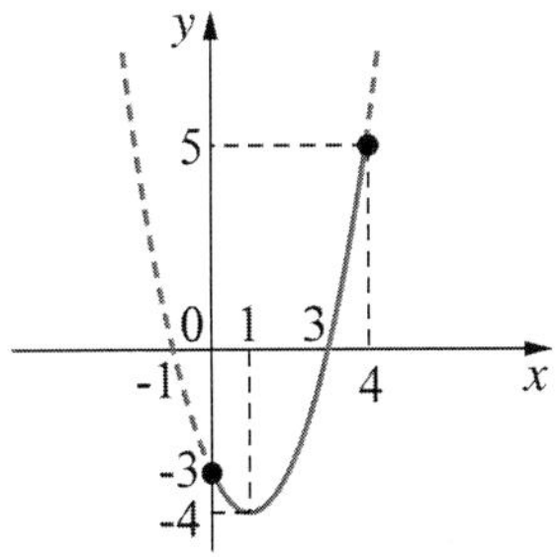

그림 2.11

(2) $y=|x^2-4|$의 그래프는 $y=x^2-4$의 그래프를 x축의 위쪽은 그대로 두고, x축의 아래쪽만 x축을 대칭축으로 하여 위로 꺾어 올린 것이므로 오른쪽 그림으로 나타내어지고, 이 중 $-1 \le x \le 3$의 부분은 실선으로 나타내어진다.

그래프를 보면(그림 2.12)

$x=3$에서 최대값 : 5

$x=2$에서 최소값 : 0

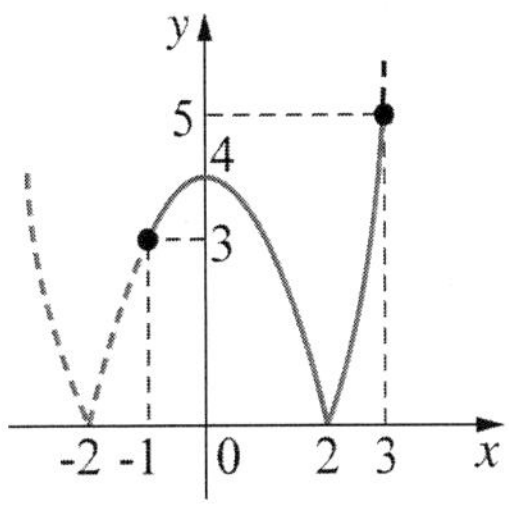

그림 2.12

(3) $y=-x^2+2x+8=-(x-1)^2+9$

꼭지점 : $x=1$일 때 $y=9$

양끝점 : $\begin{cases} x=2\text{일 때 } y=8 \\ x=4\text{일 때 } y=0 \end{cases}$

그래프를 보면(그림 2.13)

$x=2$에서 최대값 : 8

최소값은 없다.

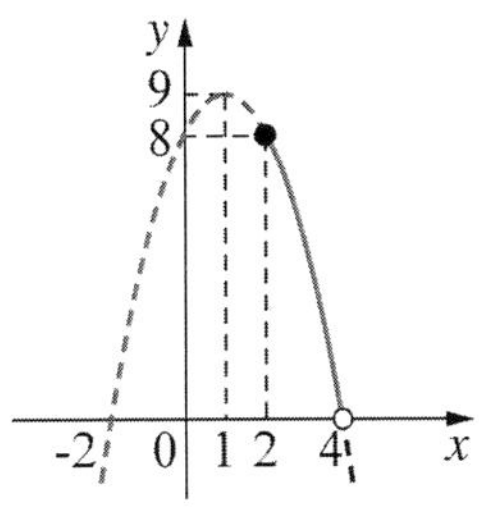

그림 2.13

■ 중간값의 정리

함수 $f(x)$가 닫힌 구간 $[a,b]$에서 연속이고 $f(a) \neq f(b)$일 때, $f(a)$와 $f(b)$ 사이의 임의의 실수 k에 대하여

$f(c)=k$

가 되는 c가 열린 구간 (a,b)에 적어도 하나 존재한다(그림 2.14).

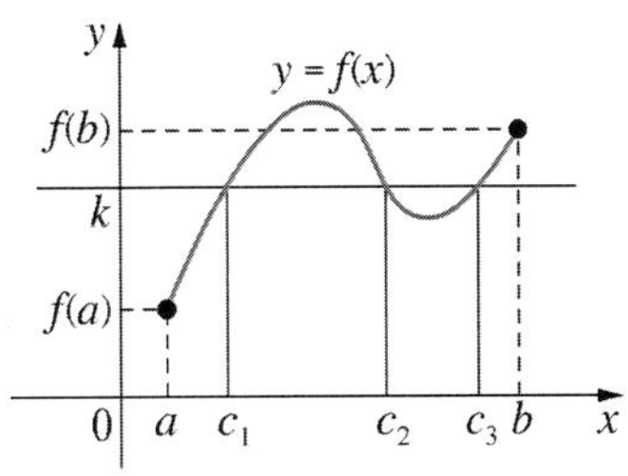

그림 2.14

특히 $y = f(x)$가 $[a, b]$에서 연속이고 $f(a)$와 $f(b)$의 부호가 다르면 0은 $f(a)$와 $f(b)$ 사이의 값이므로 $f(c) = 0$을 만족하는 c가 구간 (a, b)에 적어도 하나 존재한다(그림 2.15).

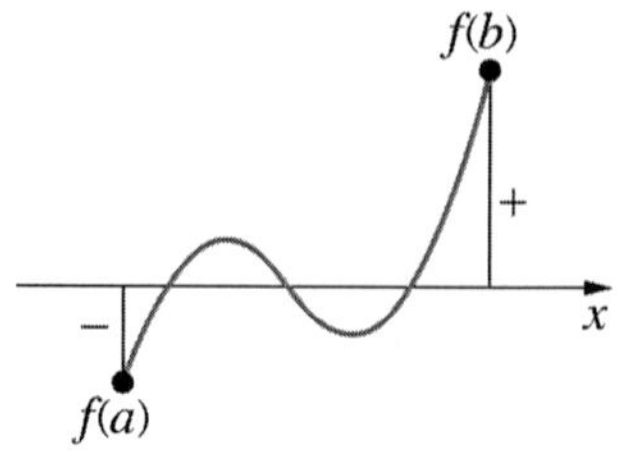

그림 2.15

따라서 이를 이용하여 특정한 구간에서 방정식의 해가 존재한다는 것을 보일 수 있다.

예제 2-29

다음 방정식은 주어진 구간에서 적어도 하나의 실근을 가짐을 보여라.

(1) $x^4 + x^3 - 9x + 1 = 0,\ (1, 3)$

(2) $x - \cos x = 0,\ \left(0, \dfrac{\pi}{2}\right)$

(3) $(x-1)\sin x + \sqrt{2}\cos x = 1,\ \left(0, \dfrac{\pi}{2}\right)$

풀이

(1) $f(x) = x^4 + x^3 - 9x + 1$로 놓으면 $f(x)$는 다항함수이므로 구간 $[1, 3]$에서 연속이다.

또, $f(1) = -6 < 0,\ f(3) = 82 > 0$

따라서 중간값의 정리에 의하여 $f(x) = 0$은 구간 $(1, 3)$에서 적어도 하나의 실근을 가진다.

(2) $f(x) = x - \cos x$로 놓으면 $f(x)$는 구간 $\left[0, \dfrac{\pi}{2}\right]$에서 연속이다.

또, $f(0) = 0 - \cos 0 = -1 < 0,\ f\left(\dfrac{\pi}{2}\right) = \dfrac{\pi}{2} > 0$

따라서 중간값의 정리에 의하여 $f(x) = 0$은 구간 $\left(0, \dfrac{\pi}{2}\right)$에서 적어도 하나의 실근을 가진다.

(3) $f(x) = (x-1)\sin x + \sqrt{2}\cos x - 1$로 놓으면 $f(x)$는 구간 $\left[0, \dfrac{\pi}{2}\right]$에서 연속이다.

또, $f(0) = \sqrt{2} - 1 > 0,\ f\left(\dfrac{\pi}{2}\right) = \dfrac{\pi}{2} - 2 < 0$

따라서 중간값의 정리에 의하여 $(x-1)\sin x + \sqrt{2}\cos x = 1$은 구간 $\left(0, \dfrac{\pi}{2}\right)$에서 적어도 하나의 실근을 가진다.

연습문제 2.2

1. 다음 함수에서 연속하기 위한 a, b의 값을 구하여라.

(1) $f(x) = \begin{cases} x^2-1, & x<3 \\ 2ax, & x \geq 3 \end{cases}$에서 모든 x에서 연속하기 위한 a의 값은?

(2) $f(x) = \begin{cases} a^2x-2a, & x \geq 2 \\ 12, & x<2 \end{cases}$에서 모든 x에서 연속하기 위한 a의 값은?

(3) $f(x) = \begin{cases} -2, & x \leq -1 \\ ax-b, & -1<x<1 \\ 3, & x \geq 1 \end{cases}$에서 모든 x에서 연속하기 위한 a, b의 값은?

2. 개구간 $(-1, 0)$과 개구간 $(0, 1)$에서는 $f(x) = \dfrac{\sqrt{1+x}-\sqrt{1-x}}{x}$로 정의되고, $x=0$에서는 $f(x)=a$로 정의되어 있는 함수 $f(x)$가 $x=0$에서 연속일 때, 상수 a의 값을 구하여라.

3. 다음 각 함수가 $x=0$에서 연속일 때, 실수 a의 값을 구하여라.

(1) $f(x) = \begin{cases} \dfrac{e^{2x}-1}{x}, & x \neq 0 \\ a, & x=0 \end{cases}$

(2) $f(x) = \begin{cases} \dfrac{\tan ax}{\ln(x+1)}, & x \neq 0 \\ -1, & x=0 \end{cases}$

4. $x=0$에서 $f(x) = \begin{cases} \dfrac{\sin^2 3x}{x^2}, & x \neq 0 \\ c, & x=0 \end{cases}$를 연속하게 만들어 주는 c의 값이 있는가?

연습문제 2.2

5. 다음 방정식은 주어진 구간에서 적어도 하나의 실근을 가짐을 보여라.

(1) $\log_3 x + x - 3 = 0,\ (1, 3)$

(2) $\sin x - x\cos x = 0,\ \left(\pi, \dfrac{3}{2}\pi\right)$

(3) $(x^2 - 1)\cos x + \sqrt{2}\sin x = 1,\ \left(0, \dfrac{\pi}{2}\right)$

CHAPTER

3

미분법

미분의 정의를 알아보고 미분을 계산할 때 가장 많이 사용되는 연쇄법칙을 적용하는 방법을 설명하고 양함수, 음함수, 역함수, 삼각함수, 지수, 로그함수 등의 미분방법을 살펴보도록 한다. 하나의 함수를 두 번 이상 미분하는 고계도 함수와 로피탈 정리 등을 익히도록 한다.

3.1 도함수

3.1.1 도함수의 정의 및 미분법 기본공식

함수 $y=f(x)$에서 x가 x_1에서 x_2까지 변할 때 x의 증분 $\triangle x$(또는 h)$=x_2-x_1$에 대한 y의 증분은

$$\triangle y=y_2-y_1=f(x_1+\triangle x)-f(x_1) \tag{1}$$

이고, 증분은 비는 다음으로 표시된다.

$$\frac{\triangle y}{\triangle x}=\frac{f(x_1+\triangle x)-f(x_1)}{\triangle x}=\frac{y_2-y_1}{x_2-x_1} \tag{2}$$

이것은 x가 x_1에서 x_2까지 변할 때의 함수 $y=f(x)$의 평균변화율이고, $y=f(x)$의 그래프에서는 두 점 $P_1(x_1, y_1)$, $P_2(x_2, y_2)$를 지나는 직선의 기울기가 된다.

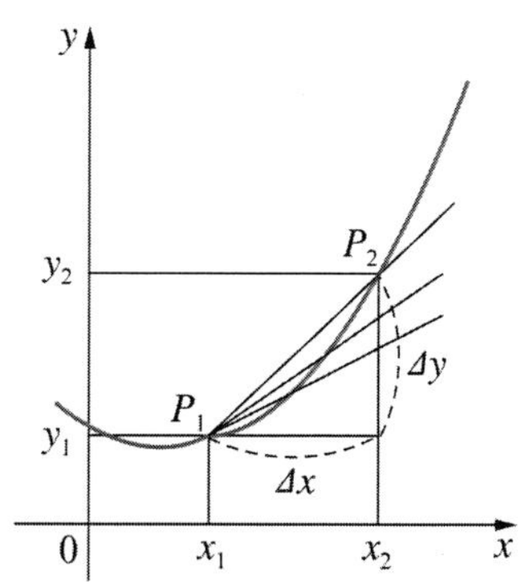

그림 3.1

예제 3-1

함수 $f(x)=x^2+1$이 구간 $[1, 3]$에서 평균변화율을 구하여라.

풀이

$$\frac{\Delta y}{\Delta x}=\frac{f(3)-f(1)}{3-1}=\frac{10-2}{3-1}=4$$

■ 미분계수의 정의

미분계수의 정의는 다음과 같다.

$$\lim_{\Delta x\to 0}\frac{\Delta y}{\Delta x}=\lim_{\Delta x\to 0}\frac{f(x_1+\Delta x)-f(x_1)}{\Delta x}=\lim_{x\to x_1}\frac{f(x)-f(x_1)}{x-x_1}$$

이 존재할 때 극한치 $f'(x_1)$을 x_1에서의 미분계수(differential coefficient)라 한다.

$y=f(x)$의 그래프에서는 점 P_1에서의 접선의 기울기가 된다. 따라서 접선 $P_1(x_1, f(x_1))$에서의 접선의 방정식은

$$y-f(x_1)=f'(x_1)(x-x_1)$$

이다.

예제 3-2

함수 $f(x)=x^2-6x$가 $x=2$에서 미분계수와 접선을 구하여라.

풀이

기울기를 구하는 방법은 두 가지가 있다.

■ 방법 1

$$f'(2)=\lim_{x\to 2}\frac{f(x)-f(2)}{x-2}$$

$$= \lim_{x\to 2}\frac{x^2-6x+8}{x-2}$$

$$= \lim_{x\to 2}\frac{(x-2)(x-4)}{(x-2)}$$

$$= -2$$

■ 방법 2

$$f'(2) = \lim_{h\to 0}\frac{f(2+h)-f(2)}{h}$$

$$= \lim_{h\to 0}\frac{(2+h)^2-6(2+h)-(-8)}{h}$$

$$= \lim_{h\to 0}\frac{4+4h+h^2-12-6h+8}{h}$$

$$= \lim_{h\to 0}\frac{h^2-2h}{h} = \lim_{h\to 0}(h-2) = -2$$

따라서 접선은

$y+8 = -2(x-2)$

■ 도함수

$f'(x_1)$은 x_1의 값이 주어지면 그 값은 임의적으로 정해지므로, 새로운 함수를 얻는다. 이 함수 $f'(x)$를 $f(x)$의 도함수(derived function)라고 한다. 즉,

$$f'(x) = \lim_{\Delta x\to 0}\frac{f(x+\Delta x)-f(x)}{\Delta x}$$

가 도함수 정의이다. 또 $y=f(x)$의 도함수를 표시하는 데

$$y', \ f'(x), \ \frac{dy}{dx}, \ \frac{d}{dx}f(x)$$

등의 기호가 쓰이며, 도함수를 구하는 것을 미분한다(differentiate)고 한다.

예제 3-3

함수 $f(x) = x^3 - 2x$을 미분의 정의를 이용하여 미분하여라.

풀이

$$f'(x) = \lim_{h\to 0}\frac{f(x+h)-f(x)}{h}$$

$$= \lim_{h\to 0}\frac{(x+h)^3-2(x+h)-(x^3-2x)}{h}$$

$$= \lim_{h\to 0}\frac{x^3+3x^2h+3xh^2+h^3-2x-2h-x^3+2x}{h}$$

$$= \lim_{h\to 0}(3x^2+3xh+h^2-2)$$

$$= 3x^2-2$$

■ 미분가능

함수 $y = f(x)$에서

$$\lim_{\Delta x\to 0}\frac{\Delta y}{\Delta x} = \lim_{\Delta x\to 0}\frac{f(x_1+\Delta x)-f(x_1)}{\Delta x}$$

이 존재할 때 $y = f(x)$는 $x = x_1$에서 미분가능(differentiable)이라고 한다.

예제 3-4

다음 각 함수의 $x = 0$에서의 연속성과 미분가능성을 조사하여라.

(1) $f(x) = \sqrt[3]{x^2}$

(2) $f(x) = \begin{cases} 0 & (x = 0) \\ x\sin\dfrac{1}{x} & (x \neq 0) \end{cases}$

풀이

(1) $f(0) = 0$, $\lim_{x\to 0} f(x) = \lim_{x\to 0}\sqrt[3]{x^2} = 0$ 이므로 $f(0) = \lim_{x\to 0} f(x)$이다.

따라서 $f(x)$는 $x = 0$에서 연속이다.

또, $\lim_{h\to 0}\frac{f(0+h)-f(0)}{h}=\lim_{h\to 0}\frac{\sqrt[3]{(0+h)^2}-\sqrt[3]{0^2}}{h}=\lim_{h\to 0}\frac{1}{\sqrt[3]{h}}$

에서 $\lim_{h\to +0}\frac{1}{\sqrt[3]{h}}=+\infty$, $\lim_{h\to -0}\frac{1}{\sqrt[3]{h}}=-\infty$ 이므로 극한값은 존재하지 않는다.

따라서 $f(x)$는 $x=0$에서 미분가능하지 않다.

(2) $f(0)=0$, $\lim_{x\to 0}f(x)=\lim_{x\to 0}x\sin\frac{1}{x}=0$이므로

$f(0)=\lim_{x\to 0}f(x)$이다.

따라서 $f(x)$는 $x=0$에서 연속이다.

또, $\lim_{h\to 0}\frac{f(0+h)-f(0)}{h}=\lim_{h\to 0}\frac{h\sin\frac{1}{h}}{h}=\lim_{h\to 0}\sin\frac{1}{h}$

에서 $\lim_{h\to +0}\sin\frac{1}{h}$, $\lim_{h\to -0}\sin\frac{1}{h}$은 각각 진동하므로 극한값은 존재하지 않는다.

따라서 $f(x)$는 $x=0$에서 미분가능하지 않다.

▪ 미분법의 기본 공식

두 함수 $f(x)$, $g(x)$의 도함수가 존재할 때

(1) $f(x)=c$ (상수)이면 ⇨ $f'(x)=0$

(2) $y=x^n$ (n은 실수)이면 ⇨ $y'=nx^{n-1}$

(3) $y=c\cdot f(x)$ (c는 상수)이면 ⇨ $y'=c\cdot f'(x)$

(4) $y=f(x)\pm g(x)$이면 ⇨ $y'=f'(x)\pm g'(x)$ (복호동순)

(5) $y=f(x)g(x)$이면 ⇨ $y'=f'(x)g(x)+f(x)g'(x)$

(6) $y=\frac{f(x)}{g(x)}(g(x)\neq 0)$이면 ⇨ $y'=\frac{f'(x)g(x)-f(x)g'(x)}{g(x)^2}$

특히 $y=\frac{1}{g(x)}$이면 ⇨ $y'=-\frac{g'(x)}{g(x)^2}$

증명

(1) $f(x)=c$에서 $f(x+\Delta x)-f(x)=c-c=0$

$$f'(x)=\lim_{\Delta x\to 0}\frac{f(x+\Delta x)-f(x)}{\Delta x}=\lim_{\Delta x\to 0}\frac{0}{\Delta x}=0$$

(2) n이 자연수일 때

$$\begin{aligned}\Delta y&=(x+\Delta x)^n-x^n\\&=x^n+{}_nC_1x^{n-1}(\Delta x)+{}_nC_2x^{n-2}(\Delta x)^2+\cdots+{}_nC_{n-1}x(\Delta x)^{n-1}+(\Delta x)^n-x^n\\&={}_nC_1x^{n-1}(\Delta x)+{}_nC_2x^{n-2}(\Delta x)^2+\cdots+{}_nC_{n-1}x(\Delta x)^{n-1}+(\Delta x)^n\end{aligned}$$

$$y'=\lim_{\Delta x\to 0}\frac{\Delta y}{\Delta x}={}_nC_1x^{n-1}=nx^{n-1}$$

(3) $$\begin{aligned}y'&=\lim_{\Delta x\to 0}\frac{c\cdot f(x+\Delta x)-c\cdot f(x)}{\Delta x}\\&=c\cdot\lim_{\Delta x\to 0}\frac{f(x+\Delta x)-f(x)}{\Delta x}=c\cdot f'(x)\end{aligned}$$

(4) $$\begin{aligned}y'&=\lim_{\Delta x\to 0}\frac{\{f(x+\Delta x)\pm g(x+\Delta x)\}-\{f(x)\pm g(x)\}}{\Delta x}\\&=\lim_{\Delta x\to 0}\frac{\{f(x+\Delta x)-f(x)\}\pm\{g(x+\Delta x)-g(x)\}}{\Delta x}\\&=\lim_{\Delta x\to 0}\frac{f(x+\Delta x)-f(x)}{\Delta x}\pm\lim_{\Delta x\to 0}\frac{g(x+\Delta x)-g(x)}{\Delta x}=f'(x)\pm g'(x)\end{aligned}$$

(5) $$\begin{aligned}\Delta y&=f(x+\Delta x)\cdot g(x+\Delta x)-f(x)\cdot g(x)\\&=f(x+\Delta x)\cdot g(x+\Delta x)-f(x)\cdot g(x+\Delta x)\\&\quad+f(x)\cdot g(x+\Delta x)-f(x)\cdot g(x)\\&=\{f(x+\Delta x)-f(x)\}\cdot g(x+\Delta x)+f(x)\cdot\{g(x+\Delta x)-g(x)\}\end{aligned}$$

$$\begin{aligned}y'&=\lim_{\Delta x\to 0}\left\{\frac{f(x+\Delta x)-f(x)}{\Delta x}\cdot g(x+\Delta x)+f(x)\cdot\frac{g(x+\Delta x)-g(x)}{\Delta x}\right\}\\&=f'(x)\cdot g(x)+f(x)\cdot g'(x)\end{aligned}$$

(6) $$y'=\lim_{\Delta x\to 0}\frac{\Delta y}{\Delta x}=\lim_{\Delta x\to 0}\frac{\dfrac{f(x+\Delta x)}{g(x+\Delta x)}-\dfrac{f(x)}{g(x)}}{\Delta x}$$

$$= \lim_{\Delta x \to 0} \frac{1}{\Delta x} \cdot \frac{f(x+\Delta x)g(x) - g(x+\Delta x)f(x)}{g(x+\Delta x)g(x)}$$

$$= \lim_{\Delta x \to 0} \frac{1}{\Delta x} \cdot \frac{f(x+\Delta x)g(x) - f(x)g(x) - f(x)g(x+\Delta x) + f(x)g(x)}{g(x+\Delta x)g(x)}$$

$$= \lim_{\Delta x \to 0} \frac{\dfrac{f(x+\Delta x) - f(x)}{\Delta x} \cdot g(x) - f(x) \cdot \dfrac{g(x+\Delta x) - g(x)}{\Delta x}}{g(x+\Delta x)g(x)}$$

$$= \frac{f'(x)g(x) - f(x)g'(x)}{\{g(x)\}^2}$$

예제 3-5

다음 함수의 도함수를 구하여라.

(1) $y = 2010$

(2) $y = x^3$

(3) $y = \dfrac{1}{x^3}$

(4) $y = \sqrt{x}$

풀이

(1) $y' = 0$

(2) $y' = 3x^{3-1} = 3x^2$

(3) $y = \dfrac{1}{x^3} = x^{-3}$이므로 $y' = -3x^{-3-1} = -\dfrac{3}{x^4}$

(4) $y = x^{\frac{1}{2}}$ 이므로 $y' = \dfrac{1}{2}x^{\frac{1}{2}-1} = \dfrac{1}{2}x^{-\frac{1}{2}} = \dfrac{1}{2\sqrt{x}}$

예제 3-6

다음 함수의 도함수를 구하여라.

(1) $y = 4x^3$

(2) $y = 5x^2$

(3) $y = 2x^4 - 3x^2 + 5$

(4) $y = 3x^2 - 5x + x\sqrt{x}$

풀이

(1) $y' = 4(x^3)' = 4 \cdot 3x^{3-1} = 12x^2$

(2) $y' = 5(x^2)' = 5 \cdot 2x^{2-1} = 10x$

(3) $y' = (2x^4)' - (3x^2)' + (5)' = 8x^3 - 6x$

(4) $y' = (3x^2)' - (5x)' + (x^{\frac{3}{2}})' = 6x - 5 + \frac{3}{2}x^{\frac{3}{2}-1} = 6x - 5 + \frac{3}{2}\sqrt{x}$

예제 3-7

함수 $y = (x^3 - 2)(x + 2)$의 도함수를 구하고, $x = 2$에서의 변화율(미분계수)을 구하여라.

풀이

$$y' = (x^3 - 2)'(x + 2) + (x^3 - 2)(x + 2)' = 3x^2(x + 2) + (x^3 - 2) \cdot 1$$

$$= 2(2x^3 + 3x^2 - 1)$$

$$\therefore y'_{x=2} = 2(2 \cdot 2^3 + 3 \cdot 2^2 - 1) = 54$$

예제 3-8

다음 함수의 도함수를 구하고, $x = 2$에서의 변화율을 각각 구하여라.

(1) $y = \dfrac{x}{x^2 + 1}$ (2) $y = \dfrac{x^2}{1 - x}$ (3) $y = \dfrac{1}{\sqrt{x} - 1}$

풀이

(1) $y' = \dfrac{(x)'(x^2+1) - x(x^2+1)'}{(x^2+1)^2} = \dfrac{x^2+1-2x^2}{(x^2+1)^2} = \dfrac{1-x^2}{(x^2+1)^2}$

$$\therefore y'_{x=2} = \frac{1-2^2}{(2^2+1)^2} = -\frac{3}{25}$$

(2) $y' = \dfrac{(x^2)'(1-x) - x^2(1-x)'}{(1-x)^2} = \dfrac{2x(1-x) - x^2 \cdot (-1)}{(1-x)^2} = \dfrac{x(2-x)}{(1-x)^2}$

$$\therefore y'_{x=2} = \frac{2(2-2)}{(1-2)^2} = 0$$

(3) $y' = -\dfrac{(\sqrt{x}-1)'}{(\sqrt{x}-1)^2} = -\dfrac{1}{2\sqrt{x}(\sqrt{x}-1)^2}$

$\therefore y'_{x=2} = -\dfrac{1}{2\sqrt{2}(\sqrt{2}-1)^2} = -\dfrac{3\sqrt{2}+4}{4}$

3.1.2 연쇄법칙, chain rule

함수 $u = f(x)$가 점 x에서 미분가능하고, 함수 $y = g(u)$가 점 u에서 미분가능하면 합성함수 $y = g(f(x))$도 점 x에서 미분가능하고

$$(g \cdot f)'(x) = g'(f(x)) \cdot f'(x) \text{ 또는 } \frac{dy}{dx} = \frac{dy}{du} \cdot \frac{du}{dx}$$

가 성립한다.

증명

$$\begin{aligned}(g \cdot f)'(x) &= \lim_{t\to x}\frac{(g \cdot f)(t)-(g \cdot f)(x)}{t-x}\\ &= \lim_{t\to x}\left\{\frac{g(f(t))-g(f(x))}{f(t)-f(x)} \cdot \frac{f(t)-f(x)}{t-x}\right\}\\ &= \lim_{t\to x}\frac{g(f(t))-g(f(x))}{s-f(x)} \cdot \lim_{t\to x}\frac{f(t)-f(x)}{t-x}\\ &= g'(f(x)) \cdot f'(x)\end{aligned}$$

예제 3-9

다음 각 함수를 미분하여라.

(1) $y=(x^3+2x^2+3)^4$

(2) $y=(x+\sqrt{x^2+1})^2$

(3) $y=\left(x+\dfrac{1}{x}\right)^7$

(4) $y=\dfrac{(x^2-1)^2}{x^4+1}$

(5) $y=\sqrt[3]{\dfrac{x^2}{1-x}}$

풀이

(1) $y'=4(x^3+2x^2+3)^3\times(x^3+2x^2+3)'$

$=4x(3x+4)(x^3+2x^2+3)^3$

(2) $y'=2(x+\sqrt{x^2+1})(x+\sqrt{x^2+1})'$

$=2(x+\sqrt{x^2+1})\left(1+\dfrac{2x}{2\sqrt{x^2+1}}\right)$

$=\dfrac{2(x+\sqrt{x+1})^2}{\sqrt{x^2+1}}$

(3) $y'=7\left(x+\dfrac{1}{x}\right)^6\left(x+\dfrac{1}{x}\right)'$

$=7\left(1-\dfrac{1}{x^2}\right)\left(x+\dfrac{1}{x}\right)^6$

(4) $y'=\dfrac{1}{(x^4+1)^2}[\{(x^2-1)^2\}'(x^4+1)-(x^2-1)^2(x^4+1)']$

$=\dfrac{4x(x^2-1)(x^2+1)}{(x^4+1)^2}$

(5) $y=\sqrt[3]{\dfrac{x^2}{1-x}}=\left(\dfrac{x^2}{1-x}\right)^{\frac{1}{3}}$ 이므로

$y'=\dfrac{1}{3}\left(\dfrac{x^2}{1-x}\right)^{-\frac{2}{3}}\left(\dfrac{x^2}{1-x}\right)'$

$$=\frac{1}{3}\left(\frac{x^2}{1-x}\right)^{-\frac{2}{3}} \cdot \frac{2x(1-x)-x^2 \cdot (-1)}{(1-x)^2}$$

$$=\frac{1}{3}\left(\frac{x^2}{1-x}\right)^{-\frac{2}{3}} \cdot \frac{x(2-x)}{(1-x)^2}$$

$$=\frac{2-x}{3(1-x)\sqrt[3]{x(1-x)}}$$

3.1.3 역함수의 미분법

이를테면 함수 $y=f(x)$가 미분가능하고, 역함수 g가 존재한다고 하자. 역함수 관계에 있는 두 함수의 그래프는 직선 $y=x$에 대하여 대칭이다. 따라서 곡선 $y=f(x)$ 위의 한 점 (a, b)에서의 접선과 곡선 $y=g(x)$ 위의 점 (b, a)에서의 접선도 직선 $y=x$에 대하여 대칭이다.

따라서 두 접선의 기울기의 곱은 1이다. 곧,

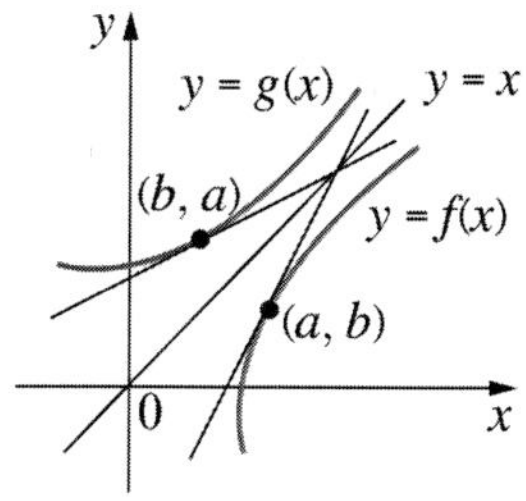

그림 3.2

$$f'(a)g'(b)=1 \qquad \therefore g'(b)=\frac{1}{f'(a)} \ (f'(a)\neq 0)$$

이 관계는 합성함수의 미분을 이용하여 다음과 같이 정리할 수 있다. 미분 가능한 함수 f의 역함수를 g라고 하면 $y=f(x)$에서 $x=g(y)$

양변을 x에 관하여 미분하면

$$1=\frac{dg(y)}{dy}\times\frac{dy}{dx}=\frac{dx}{dy}\times\frac{dy}{dx} \qquad \Leftarrow g(y)=x$$

따라서 $\frac{dy}{dx}\neq 0$일 때 $\frac{dx}{dy}=\frac{1}{\frac{dy}{dx}}$

예제 3-10

함수 $f(x)=x^3+1$의 역함수를 g라고 할 때, $g'(2)$를 구하여라.

풀이

$f(a)=2$라고 하면 $a^3+1=2$이고 a는 실수이므로 $a=1$

$f'(x)=3x^2$ 이므로 $g'(2)=\dfrac{1}{f'(1)}=\dfrac{1}{3}$

예제 3-11

함수 f와 이것의 미분계수가 테이블에 나온 값들을 가진다. g가 f의 역함수라면 $g'(6)$은 얼마인가?

x	$f(x)$	$f'(x)$
2	6	$\frac{1}{3}$
6	8	$\frac{3}{2}$

풀이

$x=6$에서 g의 기울기를 찾으려면 f에서 $y=6$인 점을 봐야 한다. $(2, 6)$, $f'(2)=\dfrac{1}{3}$이기 때문에 $g'(6)=3$이다.

예제 3-12

$y=f(x)=x^3+x-2$라고 하고, g가 역함수라고 하자. $g'(0)$을 구하여라.

풀이

$f'(x)=3x^2+1$이기 때문에 $g'(y)=\dfrac{1}{3x^2+1}$이다.

$y=0$에서의 x를 찾기 위해 방정식 $x^3+x-2=0$을 풀어야 한다.

$x=1$이므로 $g'(0)=\dfrac{1}{3(1)^2+1}=\dfrac{1}{4}$

연습문제 3.1

1. 주어진 구간에서 각 함수의 평균변화율을 구하여라.

(1) $f(x) = x^2 + 2x$ $\quad [2, 4]$

(2) $f(x) = \sqrt{2x-1}$ $\quad [1, 5]$

(3) $f(x) = \dfrac{1}{x}$ $\quad [a, a+h]$

(4) $f(x) = \sin x + \cos x$ $\quad \left[-\dfrac{\pi}{6}, \dfrac{\pi}{3}\right]$

2. 다음 두 가지 방법을 이용하여 주어진 점에서 접선의 기울기와 접선을 구하여라.

(방법 1) $f'(a) = \lim_{x \to a} \dfrac{f(x) - f(a)}{x - a}$	(방법 2) $f'(a) = \lim_{h \to 0} \dfrac{f(a+h) - f(a)}{h}$

(1) $f(x) = \dfrac{1}{x+1}$, $\left(1, \dfrac{1}{2}\right)$

(2) $f(x) = x^2 + 2x$, $(1, 3)$

(3) $f(x) = \dfrac{1}{\sqrt{x+1}}$, $x = 3$

(4) $f(x) = x^3$, $(-1, -1)$

3. 다음 각 함수를 정의을 사용하여 미분하여라.

(1) $f(x) = \dfrac{1}{x^2}$

(2) $f(x) = \dfrac{1}{\sqrt{3x-2}}$

(3) $f(x) = \sqrt{x^2+1}$

(4) $f(x) = x - \dfrac{1}{x}$

연습문제 3.1

4. 다음 함수의 $x=0$에서의 연속성과 미분가능성을 조사하여라.

(1) $f(x)=\dfrac{1}{2}(x^3+|x|^3)$

(2) $f(x)=\begin{cases} 0 & (x=0) \\ x^2\sin\dfrac{1}{x} & (x\neq 0) \end{cases}$

5. 다음 각 함수가 $x=1$에서 미분가능할 때, 상수 a, b의 값을 구하여라.

(1) $f(x)=\begin{cases} x^2+1 & (x\leq 1) \\ \dfrac{ax+b}{x+1} & (x>1) \end{cases}$

6. 다음 각 함수를 미분하여라.

(1) $y=(x+1)^3(x^2+2)^4$

(2) $y=\sqrt[3]{x^2+1}$

(3) $y=\left(\dfrac{x}{x^2+1}\right)^3$

(4) $y=\sqrt{1+\dfrac{1}{\sqrt{x}}}$

연습문제 3.1

7. 다음 각 함수의 도함수를 구하여라.

(1) $y = (x^2+2)(2x^3-3x+1)$

(2) $y = (x-1)(x+2)(x^2+5)$

(3) $y = \dfrac{x+2}{x^2+2x+3}$

(4) $y = \dfrac{x^4-2x^2+1}{x^4+1}$

8. 다음 함수는 역함수를 갖는다. 역함수를 구하지 않고 $x = a$에서의 역함수의 미분계수를 구하고, 역함수의 그래프를 그려라.

(1) $f(x) = x^3+4x-1$, $a = -1$

(2) $f(x) = x^3+2x+1$, $a = 1$

(3) $f(x) = x^5+4x-2$, $a = 3$

(4) $f(x) = \sqrt{x^3+2x+1}$, $a = 2$

3.2 여러 가지 함수의 도함수

3.2.1 음함수의 미분법

이 절에서는 음함수의 미분법을 다룬다.

두 변수 x와 y를 포함한 방정식

$F(x, y)=0$

이 어떤 적당한 구간을 정의역으로 하는 미분가능한 x의 함수 $y=f(x)$를 정의해 줄 때가 있다. 예를 들어, 방정식 $F(x, y)=x^2y-x-y=0$은 $x=\pm 1$을 제외한 실수전체의 집합을 정의역으로 하는 미분가능한 함수 $y=f(x)=\dfrac{x}{x^2-1}$를 정의해 준다. 도 다른 예로, 방정식 $F(x, y)=x^2+y^2-1=0$은 구간 [-1, 1]을 정의역으로 하는 미분가능한 함수

$$y=f(x)=\sqrt{1-x^2} \quad \text{또는} \quad y=f(x)=-\sqrt{1-x^2}$$

를 정의해 준다.

위의 예에서와 같이 방정식 $F(x, y)=0$이 하나 또는 두 개 이상의 미분가능한 x의 함수 $y=f(x)$를 정의해 줄 때, 방정식 $F(x, y)=0$은 함수 y(또는 y)를 음적(implicitly)으로 정의한다. 또는 함수 y를 x의 음함수로 정의한다고 하고, y를 x의 음함수(implicit function)라고 한다.

이제, 방정식 $F(x, y)=0$에 의하여 정의되는 음함수의 도함수 $\dfrac{dy}{dx}$를 구하는 방법을 생각하여 보자. 먼저, 방정식 $F(x, y)=0$을 y에 대하여 풀어 $y=f(x)$를 구한 다음 이를 미분하여 $\dfrac{dy}{dx}$를 얻는 방법을 생각할 수 있으나 실제 계산에서는 매우 번거롭고 어려운 경우가 대부분이다. 그래서, 방정식 $F(x, y)=0$을 그대로 두고 y를 x의 함수로 생각하고 $F(x, y)=0$의 양변을 x에 관하여 미분한 다음 $\dfrac{dy}{dx}$에 대하여 풀어서 그 도함수를 구한다.

이러한 미분법을 음함수의 미분법(implicit differentiation)이라고 한다.

다음 예제들에 주어진 모든 방정식은 y를 x의 음함수로 정의한다고 가정한다.

예제 3-13

방정식 $x^3+xy^3=xy+1$에서 $\dfrac{dy}{dx}$를 구하여라.

풀이

주어진 방정식의 양변을 x에 관하여 미분하면

$$3x^2+y^3+3xy^2\frac{dy}{dx}=y+x\frac{dy}{dx}$$

따라서, 이 방정식을 $\dfrac{dy}{dx}$에 관하여 풀면

$$\frac{dy}{dx}=\frac{y-3x^2-y^3}{3xy^2-x}$$

예제 3-14

방정식 $x^2+y^2=a^2$에서 y''을 구하여라.

풀이

주어진 방정식의 양변을 x에 관하여 미분하면

$$2x+2yy'=0 \tag{1}$$

이것의 양변을 다시 x에 관하여 미분하면

$$2+2(y')^2+2yy''=0$$

이고, 방정식(1)에서 얻은 $y'=-\dfrac{x}{y}$을 이 식에 대입하면

$$2+\frac{2x^2}{y^2}+2yy''=0$$

을 얻는다. 따라서

$$y'' = \frac{-y^2-x^2}{y^3} =- \frac{a^2}{y^3}$$

예제 3-15

$x^2y^2 - 2x = 4 - 4y$에서 $y'(x)$를 구하고 점 $(2,\ -2)$에서 접선의 방정식을 구하여라.

풀이

양 변을 x로 미분하면

$$\frac{d}{dx}(x^2y^2-2x) = \frac{d}{dx}(4-4y)$$

이다. 첫 번째 항은 x^2과 y^2의 곱이므로 곱의 법칙을 이용하면

$$2xy^2 + x^2(2y)y' - 2 = 0 - 4y'$$

을 얻는다. y'가 포함된 항을 왼쪽으로, 나머지 항을 오른쪽으로 정리하면

$$(2x^2y+4)y' = 2 - 2xy^2$$

이고 y'에 대해서 풀면

$$y' = \frac{2-2xy^2}{2x^2y+4}$$

이다. $x=2$와 $y=-2$를 대입하면 접선의 기울기

$$y'(2) = \frac{2-16}{-16+4} = \frac{7}{6}$$

을 얻는다. 마지막으로, 접선의 방정식은

$$y+2 = \frac{7}{6}(x-2)$$

3.2.2 삼각함수와 역삼각함수의 도함수

■ 삼각함수의 도함수

(1) $y=\sin x \Rightarrow y'=\cos x$

(2) $y=\cos x \Rightarrow y'=-\sin x$

(3) $y=\tan x \Rightarrow y'=\sec^2 x$

(4) $y=\cot x \Rightarrow y'=-\csc^2 x$

(5) $y=\sec x \Rightarrow y'=\sec x \tan x$

(6) $y=\csc x \Rightarrow y'=-\csc x \cot x$

증명 1

위의 삼각함수의 도함수 (1), (2)는 삼각함수의 덧셈정리와

$$\lim_{\theta\to 0}\frac{\sin\theta}{\theta}=1$$

을 이용하여 구하고, (3)~(6)은 (1), (2)를 이용하여 구한다.

(1) $y=\sin x$일 때 $y'=\lim_{h\to 0}\frac{\sin(x+h)-\sin x}{h}=\lim_{h\to 0}\frac{2\cos\left(x+\frac{h}{2}\right)\sin\frac{h}{2}}{h}$

$$=\lim_{h\to 0}\cos\left(x+\frac{h}{2}\right)\cdot\frac{\sin\frac{h}{2}}{\frac{h}{2}}=\cos x$$

(2) $y=\cos x$일 때 $y'=\lim_{h\to 0}\frac{\cos(x+h)-\cos x}{h}=\lim_{h\to 0}\frac{-2\sin\left(x+\frac{h}{2}\right)\sin\frac{h}{2}}{h}$

$$=-\lim_{h\to 0}\sin\left(x+\frac{h}{2}\right)\cdot\frac{\sin\frac{h}{2}}{\frac{h}{2}}=-\sin x$$

* Note $\frac{d}{dx}\cos x=\frac{d}{dx}\sin\left(x+\frac{\pi}{2}\right)=\cos\left(x+\frac{\pi}{2}\right)=-\sin x$라고 할 수도 있다.

(3) $y=\tan x$일 때 $y'=(\tan x)'=\left(\frac{\sin x}{\cos x}\right)'$

$$=\frac{\cos x\cos x-(\sin x)(-\sin x)}{\cos^2 x}=\frac{1}{\cos^2 x}=\sec^2 x$$

(4) $y=\cot x$일 때 $y'=(\cot x)'=\left(\dfrac{\cos x}{\sin x}\right)'$

$$=\frac{-\sin x\sin x-\cos x\cos x}{\sin^2 x}=\frac{-1}{\sin^2 x}=-\csc^2 x$$

(5) $y=\sec x$일 때 $y'=(\sec x)'=\left(\dfrac{1}{\cos x}\right)'$

$$=\frac{0-1\cdot(-\sin x)}{\cos^2 x}=\frac{\sin x}{\cos^2 x}=\sec x\tan x$$

(6) $y=\csc x$일 때 $y'=(\csc x)'=\left(\dfrac{1}{\sin x}\right)'$

$$=\frac{0-1\cdot(\cos x}{\sin^2 x}=\frac{-\cos x}{\sin^2 x}=-\csc x\cot x$$

증명 2

합성함수의 미분법을 이용하면 $y=\sin f(x)$의 도함수는 다음과 같이 구할 수 있다.

$y=\sin u$, $u=f(x)$라고 하면 $\dfrac{dy}{dx}=\cos u$, $\dfrac{du}{dx}=f'(x)$이므로

$\dfrac{dy}{dx}=\dfrac{dy}{dx}\cdot\dfrac{dy}{dx}=(\cos u)\cdot f'(x)=f'(x)\cos f(x)$ 곧,

$y=\sin f(x)\Rightarrow y'=\{\cos f(x)\}f'(x)$

그리고 $y=\cos f(x)$, $y=\tan f(x)$, $y=\cot f(x)$, ⋯에 대해서도 같은 방법으로 미분할 수 있다.

예제 3-16

다음 각 함수를 미분하여라.

(1) $y=\sin x+\sqrt{3}\cos x$

(2) $y=(\sin x)(1+\cos x)$

(3) $y=\cos^3 x$

(4) $y=\sqrt{1+\sin x}$

(5) $y=\sin(ax^2+b)$

(6) $y=\tan(1+x^2)$

풀이

(1) $y' = \cos x + \sqrt{3}(-\sin x) = \cos x - \sqrt{3}\sin x$

(2) $y' = (\sin x)'(1+\cos x) + (\sin x)(1+\cos x)'$

$= (\cos x)(1+\cos x) + (\sin x)(-\sin x) = \cos x + \cos^2 x - \sin^2 x$

(3) $y' = 3(\cos^2 x)(\cos x)' = 3(\cos^2 x)(-\sin x) = -3\sin x\cos^2 x$

(4) $y' = \dfrac{1}{2\sqrt{1+\sin x}} \cdot (1+\sin x)' = \dfrac{1}{2\sqrt{1+\sin x}} \cdot \cos x = \dfrac{\cos x}{2\sqrt{1+\sin x}}$

(5) $y' = \{\cos(ax^2+b)\} \cdot (ax^2+b)' = 2ax\cos(ax^2+b)$

(6) $y' = \{\sec^2(1+x^2)\} \cdot (1+x^2)' = 2x\sec^2(1+x^2)$

예제 3-17

다음 각 관계식에서 $\dfrac{dy}{dx}$를 구하여라.

(1) $x = \sec^2 y$

(2) $x\cos y + y\cos x = 1$

풀이

(1) $x = \sec^2 y$에서

$\dfrac{dx}{dy} = 2(\sec y)(\sec y)' = 2\sec y\sec y\tan y = 2\sec^2 y\tan y$

$\therefore \dfrac{dy}{dx} = \dfrac{1}{2\sec^2 y\tan y}$

(2) 양변을 x에 관하여 미분하면

$\cos y + x(-\sin y)\dfrac{dy}{dx} + \dfrac{dy}{dx} \cdot \cos x + y(-\sin x) = 0$

$\therefore (\cos x - x\sin y)\dfrac{dy}{dx} = y\sin x - \cos y$

$\therefore \dfrac{dy}{dx} = \dfrac{y\sin x - \cos y}{\cos x - x\sin y}$

■ 역삼각함수의 도함수

(1) $\dfrac{d}{dx}(\sin^{-1}x) = \dfrac{1}{\sqrt{1-x^2}}$

(2) $\dfrac{d}{dx}(\cos^{-1}x) = -\dfrac{1}{\sqrt{1-x^2}}$

(3) $\dfrac{d}{dx}(\tan^{-1}x) = \dfrac{1}{1+x^2}$

(4) $\dfrac{d}{dx}(\cot^{-1}x) = -\dfrac{1}{1+x^2}$

(5) $\dfrac{d}{dx}(\sec^{-1}x) = \dfrac{1}{|x|\sqrt{x^2-1}}$

(6) $\dfrac{d}{dx}(\csc^{-1}x) = -\dfrac{1}{|x|\sqrt{x^2-1}}$

증명

(1) $y = \sin^{-1}x$ 단, $-\dfrac{\pi}{2} \le y \le \dfrac{\pi}{2}$

$\sin y = x$

$\dfrac{d}{dx}(\sin y) = \dfrac{d}{dx}(x)$

$\cos y \cdot y' = 1$

$y' = \dfrac{1}{\cos y}$ ⬅ $\therefore \cos y = \sqrt{1-x^2}$

$= \dfrac{1}{\sqrt{1-x^2}}$

$\sin^2 y + \cos^2 y = 1$

$\cos y = \pm\sqrt{1-\sin^2 y} = \pm\sqrt{1-x^2}$

$-\dfrac{\pi}{2} \le y \le \dfrac{\pi}{2}$, $\cos y > 0$

$\therefore \cos y = \sqrt{1-x^2}$

(2) $y = \cos^{-1}x$ 단, $0 \le y \le \pi$

$\cos y = x$

$\dfrac{d}{dx}(\cos y) = \dfrac{d}{dx}(x)$

$-\sin y \cdot y' = 1$

$\dfrac{dy}{dx} = -\dfrac{1}{\sin y}$ ⬅ $\therefore \sin y = \sqrt{1-x^2}$

$= -\dfrac{1}{\sqrt{1-x^2}}$

$\sin^2 y + \cos^2 y = 1$

$\sin y = \pm\sqrt{1-\cos^2 y} = \pm\sqrt{1-x^2}$

$0 \le y \le \pi$, $\sin y > 0$

$\therefore \sin y = \sqrt{1-x^2}$

(3) $y=\tan^{-1}x$　　단, $-\frac{\pi}{2}<y<\frac{\pi}{2}$

$\tan y = x$

$\frac{d}{dx}(\tan y)=\frac{d}{dx}(x)$

$\sec^2 y \cdot y' = 1$

$y' = \frac{1}{\sec^2 y}$　⬅　$\tan^2 y + 1 = \sec^2 y$

$= \frac{1}{1+x^2}$

(4) $y=\cot^{-1}x$　　단, $-\frac{\pi}{2}<y<\frac{\pi}{2}$

$\cot y = x$

$\frac{d}{dx}(\cot y)=\frac{d}{dx}(x)$

$-\csc^2 y \cdot y' = 1$

$y' = -\frac{1}{\csc^2 y}$　⬅　$\cot^2 y + 1 = \csc^2 y$

$= -\frac{1}{1+x^2}$

(5) $y=\sec^{-1}x$　　단, $0<y<\pi, y\neq\frac{\pi}{2}$

$\sec y = x$

$\frac{d}{dx}(\sec y)=\frac{d}{dx}(x)$　　$\tan^2 y + 1 = \sec^2 y$

$\sec y \tan y \cdot y' = 1$　　$\tan y = \pm\sqrt{\sec^2 y - 1}$

$y' = \frac{1}{\sec y \tan y}$　⬅　$\tan y = \pm\sqrt{x^2-1}$, $\sec y = x$

$= \pm\frac{1}{x\sqrt{x^2-1}}$

$= \frac{1}{|x|\sqrt{x^2-1}}$

(6) $y=\csc^{-1}x$　　단, $-\frac{\pi}{2}<y<\frac{\pi}{2}$,　$y\neq 0$

$\csc y = x$

$$\frac{d}{dx}(\csc y) = \frac{d}{dx}(x) \qquad \cot^2 y + 1 = \csc^2 y$$

$$-\csc y \cot y \cdot y' = 1 \qquad \cot y = \pm\sqrt{\csc^2 y - 1}$$

$$y' = -\frac{1}{\csc y \cot y} \quad \Leftarrow \quad \cot y = \pm\sqrt{x^2 - 1}\ ,\ \csc y = x$$

$$= \pm\frac{-1}{x\sqrt{x^2 - 1}}$$

$$= \frac{-1}{|x|\sqrt{x^2 - 1}}$$

예제 3-18

$y = \sin^{-1}2x$ 일 때 $\frac{dy}{dx}$ 를 구하라.

풀이

$$\frac{dy}{dx} = \frac{1}{\sqrt{1-(2x)^2}} \cdot 2 = \frac{2}{\sqrt{1-4x^2}}$$

예제 3-19

$y = \sqrt{a^2 - x^2} - a\cos^{-1}\frac{x}{a}$ 일 때 $\frac{dy}{dx}$ 를 구하라.

풀이

$$\frac{dy}{dx} = \frac{(-2x)}{2\sqrt{a^2 - x^2}} - a\left(-\frac{1}{\sqrt{1-\frac{x^2}{a^2}}}\right)\frac{1}{a} = \frac{-x+a}{\sqrt{a^2-x^2}}$$

예제 3-20

$y=\tan^{-1}\dfrac{2x}{1-x^2}$ 일 때 $\dfrac{dy}{dx}$ 를 구하라.

풀이

$$\frac{dy}{dx}=\frac{1}{1+\left(\frac{2x}{1-x^2}\right)^2}\cdot\frac{2(1-x^2)-2x(-2x)}{(1-x^2)^2}$$

$$=\frac{(1-x^2)^2}{(1+x^2)^2}\cdot\frac{2(1+x^2)}{(1-x^2)^2}$$

$$=\frac{2}{1+x^2}$$

3.2.3 지수함수, 로그함수의 미분법

▪ 지수함수의 도함수

(1) $y=e^x \Rightarrow y'=e^x$

(2) $y=a^x \Rightarrow y'=a^x\ln a$

(3) $y=e^{f(x)} \Rightarrow y'=e^{f(x)}\cdot f'(x)$

(4) $y=a^{f(x)} \Rightarrow a^{f(x)}\ln a\cdot f'(x)$

증명 1

■ 지수함수의 도함수

$y=e^x$ 일 때

$$y'=\lim_{h\to 0}\frac{e^{x+h}-e^x}{h}=\lim_{h\to 0}e^x\cdot\frac{e^h-1}{h}=e^x$$

$y=a^x$ 일 때

$$y'=\lim_{h\to 0}\frac{a^{x+h}-a^x}{h}=\lim_{h\to 0}a^x\cdot\frac{a^h-1}{h}=a^x\ln a$$

여기에 $a=e$ 를 대입해도 $y=e^x$ 의 도함수를 얻을 수 있다.

$$\frac{d}{dx}a^x=a^x\ln a,\quad \frac{d}{dx}e^x=e^x$$

증명 2

$y=e^{f(x)}$의 도함수는 다음과 같이 구하면 된다.

$y=e^u$, $u=f(x)$라고 하면 $\dfrac{dy}{du}=e^u$, $\dfrac{du}{dx}=f'(x)$이므로

$$\frac{dy}{dx}=\frac{dy}{du}\cdot\frac{du}{dx}=e^u f'(x)=e^{f(x)}f'(x)$$

또, $y=a^{f(x)}$의 도함수는 다음과 같이 구하면 된다.

$y=a^u$, $u=f(x)$라고 하면 $\dfrac{dy}{du}=a^u\ln a$, $\dfrac{du}{dx}=f'(x)$이므로

$$\frac{dy}{dx}=\frac{dy}{du}\cdot\frac{du}{dx}=a^u\ln a\cdot f'(x)=a^{f(x)}\ln a\cdot f'(x)$$

여기에 $a=e$를 대입해도 $y=e^{f(x)}$의 도함수를 얻을 수 있다.

$$y=a^{f(x)} \Rightarrow y'=a^{f(x)}\ln a\cdot f'(x)$$

예제 3-21

다음 각 함수의 도함수를 구하여라.

(1) $y=6e^x$ (2) $y=xe^x$ (3) $y=e^{3x}$

(4) $y=7\cdot 3^x$ (5) $y=\dfrac{x}{4^x}$ (6) $y=a^{x^2}$

풀이

(1) $y'=6(e^x)'=6e^x$

(2) $y'=(x)'e^x+x(e^x)'=e^x+xe^x=(1+x)e^x$

(3) $y'=e^{3x}\cdot(3x)'=3e^{3x}$

(4) $y'=7\cdot(3^x)'=7\cdot 3^x\ln 3=7(\ln 3)\cdot 3^x$

(5) $y'=\dfrac{(x)'4^x-x(4^x)'}{(4^x)^2}=\dfrac{4^x-x\cdot 4^x\ln 4}{(4^x)^2}=\dfrac{1-x\ln 4}{4^x}$

(6) $y'=(a^{x^2}\ln a)\cdot(x^2)'=(a^{x^2}\ln a)\cdot 2x=2xa^{x^2}\ln a$

- 로그함수의 도함수

(1) $y=\ln x \quad \Rightarrow y'=\dfrac{1}{x}$

(2) $y=\log_a x \quad \Rightarrow y'=\dfrac{1}{x}\cdot\dfrac{1}{\ln a}$

(3) $y=\ln f(x) \quad \Rightarrow y'=\dfrac{f'(x)}{f(x)}$

(4) $y=\log_a f(x) \quad \Rightarrow y'=\dfrac{f'(x)}{f(x)}\cdot\dfrac{1}{\ln a}$

증명

$y=\log_a x$일 때

$$y'=\lim_{h\to0}\frac{\log_a(x+h)-\log_a x}{h}=\lim_{h\to0}\frac{1}{h}\log_a\frac{x+h}{x}=\lim_{h\to0}\log_a\left(1+\frac{h}{x}\right)^{\frac{1}{h}}$$

$$=\lim_{h\to0}\log_a\left(1+\frac{h}{x}\right)^{\frac{x}{h}\cdot\frac{1}{x}}=\log_a e^{\frac{1}{x}}=\frac{1}{x}\cdot\log_a e=\frac{1}{x}\cdot\frac{1}{\ln a}$$

또, $a=e$를 대입하면 $y=\ln x$일 때 $y'=\dfrac{1}{x}\cdot\dfrac{1}{\ln e}=\dfrac{1}{x}$ 곧,

$$y=\log_a x \Rightarrow y'=\frac{1}{x}\cdot\frac{1}{\ln a},\quad y=\ln x \Rightarrow y'=\frac{1}{x}$$

그리고 합성함수의 미분법을 이용하면 다음 결과를 얻는다.

$$y=\log_a f(x) \Rightarrow y'=\frac{1}{f(x)}\cdot\frac{1}{\ln a}\cdot f'(x)$$

예제 3-22

다음 각 함수의 도함수를 구하여라.

(1) $y=\ln x+x$

(2) $y=\ln 3x$

(3) $y=\ln(\sin x)$

(4) $y=(\ln x)^3$

(5) $y=\log_{10}2x$

(6) $y=\log_a(\tan x)$

풀이

(1) $y'=\dfrac{1}{x}+1$

(2) $y' = \frac{1}{3x} \cdot (3x)' = \frac{1}{x}$

(3) $y' = \frac{1}{\sin x} \cdot (\sin x)' = \frac{\cos x}{\sin x} = \cot x$

(4) $y' = 3(\ln x)^2(\ln x)' = \frac{3(\ln x)^2}{x}$

(5) $y' = \frac{1}{2x} \cdot \frac{1}{\ln 10} \cdot (2x)' = \frac{1}{x \ln 10}$

(6) $y' = \frac{1}{\tan x} \cdot \frac{1}{\ln a} \cdot (\tan x)' = \frac{\sec^2 x}{\tan x \ln a} = \frac{1}{\sin x \cos x \ln a}$

예제 3-23

다음 각 함수의 도함수를 구하여라.

(1) $y = x^{\sin x}$ (단, $x > 0$)

(2) $y = \frac{(x-2)(x-1)^2}{(x+1)^3}$

(3) $y = \frac{e^x \cos x}{1 + \sin x}$

풀이

(1) 양변의 자연로그를 잡으면 $\ln y = \sin x \ln x$

양변을 x에 관하여 미분하면 $\frac{1}{y} \cdot \frac{dy}{dx} = \cos x \ln x + (\sin x) \cdot \frac{1}{x}$

$\therefore \frac{dy}{dx} = x^{\sin x}\left(\cos x \ln x + \frac{1}{x} \sin x\right)$

(2) 양변의 절대값의 자연로그를 잡으면

$\ln|y| = \ln|x-2| + 2\ln|x-1| - 3\ln|x+1|$

양변을 x에 관하여 미분하면 $\frac{1}{y} \cdot \frac{dy}{dx} = \frac{1}{x-2} + \frac{2}{x-1} - \frac{3}{x+1}$

$$\therefore \frac{dy}{dx} = \frac{7x-11}{(x-2)(x-1)(x+1)} \cdot \frac{(x-2)(x-1)^2}{(x+1)^3}$$

$$= \frac{(x-1)(7x-11)}{(x+1)^4}$$

(3) 준 식에서 $\ln|y|=x+\ln|\cos x|-\ln|1+\sin x|$

$$\therefore \frac{1}{y}\cdot\frac{dy}{dx}=1+\frac{-\sin x}{\cos x}-\frac{\cos x}{1+\sin x}$$

$$\therefore \frac{dy}{dx}=\frac{e^x\cos x}{1+\sin x}\cdot\frac{\cos x-1}{\cos x}=\frac{e^x(\cos x-1)}{\sin x+1}$$

3.2.4 부정형과 로피탈의 법칙

다음 형식의 극한치는 부정형이라고 불린다.

$$\frac{0}{0} \text{ 또는 } \frac{\infty}{\infty},\ 0\cdot\infty,\ \infty-\infty,\ 0^0,\ 1^\infty,\ \infty^0$$

$\frac{0}{0}$ 또는 $\frac{\infty}{\infty}$ 형태의 부정형 극한치를 찾기 위해서 분모와 분자에 있는 미분을 취하는 로피탈의 법칙을 적용한다.

(a) $\lim_{x\to a}f(x)=\lim_{x\to a}g(x)=0$, $\lim_{x\to a}g'(x)\neq 0$이고 $\lim_{x\to a}\frac{f'(x)}{g'(x)}$가 존재한다면,

$$\lim_{x\to a}\frac{f(x)}{g(x)}=\lim_{x\to a}\frac{f'(x)}{g'(x)}$$

가 성립한다.

(b) $\lim_{x\to a}f(x)=\lim_{x\to a}g(x)=\infty$, $\lim_{x\to a}g'(x)\neq 0$이고, (a)의 경우와 똑같은 결과가 따른다.

(c) $\lim_{x\to\infty}f(x)=\lim_{x\to\infty}g(x)=0$, $\lim_{x\to\infty}g'(x)\neq 0$이고 $\lim_{x\to\infty}\frac{f'(x)}{g'(x)}$가 존재한다면,

$$\lim_{x\to\infty}\frac{f(x)}{g(x)}=\lim_{x\to\infty}\frac{f'(x)}{g'(x)}$$

가 성립한다.

(d) $\lim_{x\to\infty}f(x)=\lim_{x\to\infty}g(x)=\infty$이고, (c)의 경우와 똑같은 결과가 따른다.

위의 어떤 법칙이든 적용했을 때 $\frac{0}{0}$ 또는 $\frac{\infty}{\infty}$ 이 나왔다면, 더 이상 부정형이 나오지 않을 때까지 절차를 반복하며, 법칙을 한 번 더 적용해볼 수 있다. $0 \cdot \infty$ 형과 $\infty - \infty$ 형은 $\frac{0}{0}$ 형이나 $\frac{\infty}{\infty}$ 형으로 변형하여 계산하고 0^0, 1^∞, ∞^0 형은 자연로그를 취하여 로피탈 법칙을 적용한다.

예제 3-24

다음 극한을 구하여라.

(1) $\lim_{x\to 3}\frac{x^2-9}{x-3}$ (2) $\lim_{x\to 0}\frac{\tan x}{x}$ (3) $\lim_{x\to -2}\frac{x^3+8}{x^2-4}$

(4) $\lim_{h\to 0}\frac{e^h-1}{h}$ (5) $\lim_{x\to\infty}\frac{x^3-4x^2+7}{3-6x-2x^3}$ (6) $\lim_{x\to\infty}\frac{\ln x}{x}$

(7) $\lim_{x\to\infty}x\sin\frac{1}{x}$ (8) $\lim_{x\to 0}(1+x)^{1/x}$ (9) $\lim_{x\to\infty}x^{1/x}$

풀이

(1) $\lim_{x\to 3}\frac{x^2-9}{x-3}$ 가 $\frac{0}{0}$ 의 형식이고, 따라서 $\lim_{x\to 3}\frac{2x}{1}=6$

(2) $\lim_{x\to 0}\frac{\tan x}{x}$ 가 $\frac{0}{0}$ 의 형식이고, 따라서 $\lim_{x\to 0}\frac{\sec^2 x}{1}=1$

(3) $\lim_{x\to -2}\frac{x^3+8}{x^2-4}$ 가 $\frac{0}{0}$ 의 형식이고, 따라서 $\lim_{x\to -2}\frac{3x^2}{2x}=-3$

$\lim_{x\to -2}\frac{3x^2}{2x}$ 는 부정형이 아니라는 점을 유의하자.

(4) $\lim_{h\to 0}\frac{e^h-1}{h}$ 가 $\frac{0}{0}$ 의 형식이고, 따라서 $\lim_{h\to 0}\frac{e^h}{1}=1$

(5) $\lim_{x\to\infty}\frac{x^3-4x^2+7}{3-6x-2x^3}$ 가 $\frac{\infty}{\infty}$ 의 형식이고, 따라서 $\lim_{x\to\infty}\frac{3x^2-8x}{-6-6x^2}$ 와 같다.

로피탈의 법칙을 두 번 더 적용해 보아라.

$$\lim_{x\to\infty}\frac{6x-8}{-12x}=\lim_{x\to\infty}\frac{6}{-12}=\frac{-1}{2}$$

(6) $\lim\limits_{x\to\infty}\frac{\ln x}{x}$가 $\frac{\infty}{\infty}$의 형식이고, 따라서 $\lim\limits_{x\to\infty}\frac{1/x}{1}=0$과 같다.

(7) $\lim\limits_{x\to\infty}x\sin\frac{1}{x}$은 $\infty\cdot 0$의 형식이다. $x\sin\frac{1}{x}=\frac{\sin 1/x}{1/x}$이기 때문에 두 번째 형식은 $\frac{0}{0}$의 부정형이다.

$$\lim_{x\to\infty}x\sin\frac{1}{x}=\lim_{x\to\infty}\frac{-\frac{1}{x^2}\cos\frac{1}{x}}{-\frac{1}{x^2}}=\lim_{x\to\infty}\cos\frac{1}{x}=1$$

(더 간단한 답은 $\lim\limits_{x\to\infty}x\sin\frac{1}{x}=\lim\limits_{x\to\infty}\frac{\sin\frac{1}{x}}{\frac{1}{x}}=1$)

(8) $\lim\limits_{x\to 0}(1+x)^{1/x}$은 1^{∞}의 형식이다. $\frac{0}{0}$의 형식인 $\lim\limits_{x\to 0}\ln y=\lim\limits_{x\to 0}\frac{\ln(1+x)}{x}$이다.

$\lim\limits_{x\to 0}\ln y=1,\ y=e^1=e$

(9) $\lim\limits_{x\to\infty}x^{1/x}$은 ∞^0의 형식이다. $y=x^{1/x}$이면 $\ln y=\frac{1}{x}\ln x$($x\to\infty$일 때 $\frac{\infty}{\infty}$ 형식이므로)

따라서 $\lim\limits_{x\to\infty}\ln y=\frac{1/x}{1}=0$이고, $\lim\limits_{x\to\infty}y=e^0=1$

Derivative Formulas (미분 공식)

■ 기본 미분

$$\frac{d}{dx}(x^n) = nx^{n-1}, \qquad \frac{d}{dx}(\sqrt{x}) = \frac{1}{2\sqrt{x}}, \qquad \frac{d}{dx}\left(\frac{1}{x}\right) = -\frac{1}{x^2}$$

$$\frac{d}{dx}(f(x) \cdot g(x)) = f'(x)g(x) + f(x)g'(x), \qquad \frac{d}{dx}\left(\frac{f(x)}{g(x)}\right) = \frac{f'(x)g(x) - f(x)g'(x)}{g^2(x)}$$

$$\frac{d}{dx}f(g(x)) = f'(g(x)) \cdot g'(x), \qquad \frac{d}{dx}f(g(h(x))) = f'(g(h(x))) \cdot g'(h(x)) \cdot h'(x)$$

$$\frac{d}{dx}(\sqrt{f(x)}) = \frac{1}{2\sqrt{f(x)}} \cdot f'(x)$$

■ 삼각함수 미분

$$\frac{d}{dx}(\sin x) = \cos x \qquad \frac{d}{dx}(\cos x) = -\sin x$$

$$\frac{d}{dx}(\tan x) = \sec^2 x \qquad \frac{d}{dx}(\cot x) = -\csc^2 x$$

$$\frac{d}{dx}(\sec x) = \sec x \tan x \qquad \frac{d}{dx}(\csc x) = -\csc x \cot x$$

■ 역삼각함수 미분

$$\frac{d}{dx}(\sin^{-1}x) = \frac{1}{\sqrt{1-x^2}} \qquad \frac{d}{dx}(\cos^{-1}x) = -\frac{1}{\sqrt{1-x^2}}$$

$$\frac{d}{dx}(\tan^{-1}x) = \frac{1}{1+x^2} \qquad \frac{d}{dx}(\cot^{-1}x) = -\frac{1}{1+x^2}$$

$$\frac{d}{dx}(\sec^{-1}x) = \frac{1}{|x|\sqrt{x^2-1}} \qquad \frac{d}{dx}(\csc^{-1}x) = -\frac{1}{|x|\sqrt{x^2-1}}$$

■ 지수,로그함수 미분

$$\frac{d}{dx}(e^x) = e^x \qquad \frac{d}{dx}(a^x) = a^x \ln a \quad (a \neq 1,\ a > 0)$$

$$\frac{d}{dx}(e^{f(x)}) = e^{f(x)} \cdot f'(x) \qquad \frac{d}{dx}(a^{f(x)}) = a^{f(x)} \cdot f'(x) \cdot \ln a$$

$$\frac{d}{dx}(\ln x) = \frac{1}{x} \qquad \frac{d}{dx}(\log_a x) = \frac{1}{x} \cdot \frac{1}{\ln a}$$

$$\frac{d}{dx}(\ln f(x)) = \frac{1}{f(x)} \cdot f'(x) \qquad \frac{d}{dx}(\log_a f(x)) = \frac{1}{f(x)} \cdot f'(x) \cdot \frac{1}{\ln a}$$

■ 역함수 미분

$$(f^{-1})'(x) = \frac{1}{f'(f^{-1}(x))}$$

연습문제 3.2

1. 다음 각 함수를 미분하여라.

(1) $y=(\sec x+\tan x)^5$

(2) $y=\sin^2(2\pi x-a)$

(3) $y=\sin x\cos^2 x$

(4) $y=\sqrt{1+\sin x}+\sqrt{1-\sin x}$ (단, $0<x<\frac{\pi}{2}$)

(5) $y=\dfrac{\cos x}{1+\sin x}$

2. 다음 각 관계식에서 $\dfrac{dy}{dx}$를 구하여라.

(1) $x=\sin 3y$

(2) $\sin x+\cos y=1$

(3) $\sin x+\sin y=xy$

(4) $xy=2y^3+x$

(5) $2\sqrt{y}=x-y$

3. 다음 역삼각함수를 미분하여라.

(1) $y=\sin^{-1}(x^2)$

(2) $y=2\sin^{-1}(\cos x)$

(3) $y=\tan^{-1}(3x)$

(4) $y=-\dfrac{1}{2}[\tan^{-1}(2x)]^4$

(5) $y=[\sec^{-1}(2x)]^3$

(6) $y=\tan^{-1}(\sqrt{x^2-1})$

연습문제 3.2

4. 다음 주어진 점에서 접선의 방정식을 구하여라.

(1) $y=(\cos^{-1}x)^4,\quad x=0$

(2) $y=(6\tan^{-1}x)^3,\quad x=\sqrt{3}$

5. 다음 각 함수의 도함수를 구하여라.

(1) $y=x^x$ (단, $x>0$)

(2) $y=(\ln x)^x$ (단, $x>1$)

(3) $y=(\sin x)^x$

(4) $y=e^{x^x}$

6. 다음 각 함수의 도함수를 구하여라.

(1) $y=e^{\cos x}$

(2) $y=2^x\sin x$

(3) $y=\ln(x+\sqrt{x^2+1})$

(4) $y=x\ln(x^2+1)$

(5) $y=e^x\log_2 x$

(6) $y=\ln\dfrac{1+e^x}{e^x}$

7. 다음 문제를 로피탈을 사용하여 구하여라.

(1) $\displaystyle\lim_{t\to-3}\frac{t^3-4t+15}{t^2-t-12}$

(2) $\displaystyle\lim_{t\to0}\frac{\sin t^2}{t}$

(3) $\displaystyle\lim_{\theta\to\frac{\pi}{2}}\frac{2\theta-\pi}{\cos(2\pi-\theta)}$

(4) $\displaystyle\lim_{x\to0}\frac{x^2}{\ln(\sec x)}$

(5) $\displaystyle\lim_{x\to\left(\frac{\pi}{2}\right)}\left(x-\frac{\pi}{2}\right)\sec x$

(6) $\displaystyle\lim_{x\to0}\frac{x2^x}{2^x-1}$

(7) $\lim_{x\to 0^+}\frac{\ln(x^2+2x)}{\ln x}$

(8) $\lim_{x\to\infty}(\ln 2x-\ln(x+1))$

(9) $\lim_{x\to 1^+}\left(\frac{1}{x-1}-\frac{1}{\ln x}\right)$

(10) $\lim_{\theta\to 0}\frac{\cos\theta-1}{e^{\theta}-\theta-1}$

(11) $\lim_{x\to 0}\frac{x-\sin x}{x\tan x}$

(12) $\lim_{x\to 1^+}x^{-\frac{1}{(1-x)}}$

(13) $\lim_{x\to\infty}x^{-\frac{1}{\ln x}}$

(14) $\lim_{x\to 0^+}x^{x}$

(15) $\lim_{x\to 0^+}x^2\ln x$

8. $x=0$에서 함수를 연속적이게 만드는 c값을 찾아라. 그리고 설명하여라.

$$f(x)=\begin{cases}\dfrac{9x-3\sin 3x}{5x^3}, & x\neq 0\\ c, & x=0\end{cases}$$

9. a, b값을 구하여라.

$$\lim_{x\to 0}\left(\frac{\tan 2x}{x^3}+\frac{a}{x^2}+\frac{\sin bx}{x}\right)=0$$

CHAPTER

4

미분의 응용

함수가 증가하는 구간과 감소하는 구간을 알아보고 극대값, 극소값을 구하는 방법을 알아본다. 또한 함수가 증가 또는 감소할 때 위로 볼록하거나 아래로 볼록한 그래프가 그려지는데, 이를 이계도함수 판정법도 학습한다. 마지막으로, 생활속에서 적용되는 최적화 문제를 극대값, 극소값의 활용하는 방법도 자세히 알아본다.

4.1 곡선의 접선과 미분

4.1.1 임계점과 접선

$P(x_1,\ y_1)$에서 $y = f(x)$의 미분계수가 존재한다면, P에서의 곡선의 기울기는 $x = x_1$에서의 $f(x)$의 미분계수인 $f'(x_1)$이다. f의 정의역 안에서 $f'(x) = 0$ 또는 $f'(x)$가 존재하지 않는 어떤 c를 임계점 또는 f의 임계값이라고 부른다. f가 어디에서나 미분계수를 가진다면, 방정식 $f'(x) = 0$에서 임계점이 존재한다.

예제 4-1

다음 함수의 임계점을 구하여라.

(1) $f(x) = 4x^3 - 6x^2 - 8$

(2) $f(x) = 3x^3 + 2x$

(3) $f(x) = (x-1)^{1/3}$

풀이

(1) $f(x) = 4x^3 - 6x^2 - 8$에서

$f'(x) = 12x^2 - 12x = 12x(x-1)$이다.

이것은 x가 0 이거나 1 이면 0과 같다. 따라서, 0과 1은 임계점들이다.

(2) $f(x) = 3x^3 + 2x$에서 $f'(x) = 9x^2 + 2$이다.

$f'(x)$가 절대 0이 되지 않기 때문에, (항상 양수이다) f는 임계점들이 없다.

(3) $f(x) = (x-1)^{1/3}$에서 $f'(x) = \dfrac{1}{3(x-1)^{2/3}}$

$f'(x)$가 절대 0이 아님에도 불구하고, $x=1$는 f의 임계점이다, 왜냐하면, f'는 $x=1$에서 존재하지 않기 때문이다.

■ 접선과 법선

점 $P(x_1, y_1)$에서 곡선 $y = f(x)$에 접선의 방정식은

$$y - y_1 = f'(x_1)(x - x_1)$$

이다. 접선에 수직이고 P를 지나는 선을 P에서의 법선이라고 하고, 기울기 $-\dfrac{1}{f'(x_1)}$의 법선의 방정식은

$$y - y_1 = -\frac{1}{f'(x_1)}(x - x_1)$$

이다.

예제 4-2

점 (1, −2)에서 $f(x) = x^3 - 3x^2$의 곡선에 접선과 법선의 방정식을 찾아라.

풀이

$f'(x) = 3x^2 - 6x$이고 $f'(1) = -3$이기 때문에, 접선의 방정식은

$y+2 = -3(x-1)$ 또는 $y+3x = 1$

법선의 방정식은

$y+2 = \dfrac{1}{3}(x-1)$ 또는 $x-3y = 7$

예제 4-3

$x = 0$일 때의 점에서 곡선 $x^2y - x = y^3 - 8$의 접선의 방정식을 찾아라.

풀이

$\frac{dy}{dx} = \frac{1-2xy}{x^2-3y^2}$ 이고, $x = 0$일 때 $y = 2$이기 때문에, 이 점에서의 기울기는 $\frac{1-0}{0-12} = -\frac{1}{12}$이다. 접선의 방정식은

$y-2 = -\frac{1}{12}x$ 또는 $12y+x = 24$

예제 4-4

곡선 $y^2 - 4xy = x^2 + 5$에서 접선이 수평이 되는 점의 좌표를 찾아라.

풀이

$\frac{dy}{dx} = \frac{x+2y}{y-2x}$ 이고 $\frac{dy}{dx} = 0$일 때, 접선은 수평이기 때문에, $x = -2y$ 이다. 곡선의 방정식에 이것을 대입하면, 다음의 값을 갖는다.

$$y^2 - 4y(-2y) = 4y^2 + 5,\ 5y^2 = 5$$

따라서 $y = \pm 1$이고 $x = \mp 2$이다. 점들은(2, -1), (-2, 1)이다.

예제 4-5

곡선 $y = \sin^2(x+1)$의 접선이 직선 $3x - 3y - 5 = 0$에 평행한 점의 좌표를 찾아라.

풀이

$\frac{dy}{dx} = 2\sin(x+1)\cos(x+1) = \sin 2(x+1)$ 이고, 주어진 선이 기울기 1을 가지고 있기 때문에,

$\sin 2(x+1) = 1$이 되는 x를 찾는다. $2(x+1) = \frac{\pi}{2} + 2n\pi$ (n은 정수) 에서

$x+1 = \frac{\pi}{4} + n\pi$ 따라서 $x = \frac{\pi}{4} + n\pi - 1$

4.1.2 도함수의 성질

함수 $f(x)$가 폐구간 $a \le x \le b$의 모든 점에서 연속적이고, 개구간 $a < x < b$의 모든 점에서 미분계수가 있다면,

$$\frac{f(b)-f(a)}{b-a} = f'(c)$$

가 되는 c가 적어도 하나가 a와 b 사이에 한 개 존재한다. 평균변화율과 순간변화율에 관련한 정리는 그림 4.1에서 설명된다. 아래에 그려진 함수에서 PQ의 기울기가 곡선 접선의 기울기와 같은 a와 b사이에 c_1과 c_2가 존재한다.

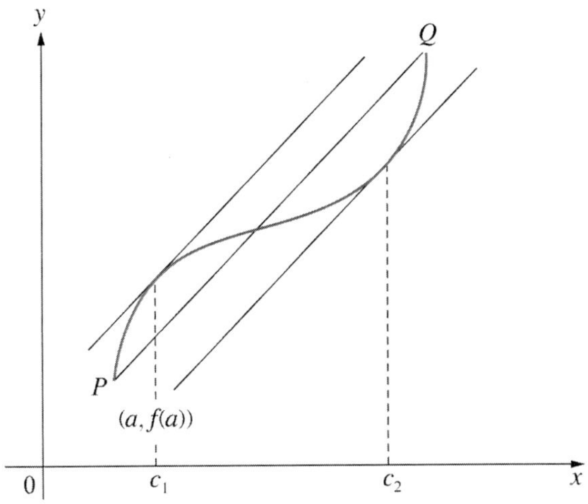

그림 4.1

평균 값 정리를 종종첫 글자를 딴 MVT로 나타내곤 한다.

■ 롤의 정리

MVT의 가정에 더하여, $f(a) = f(b) = 0$이라고 주어진다면, $f'(c)$가 되는 a와 b 사이의 c가 적어도 하나 존재한다. MVT의 특별한 이 경우는 롤(Rolle)의 정리라고 불리기도 한다. (그림 4.2를 보자).

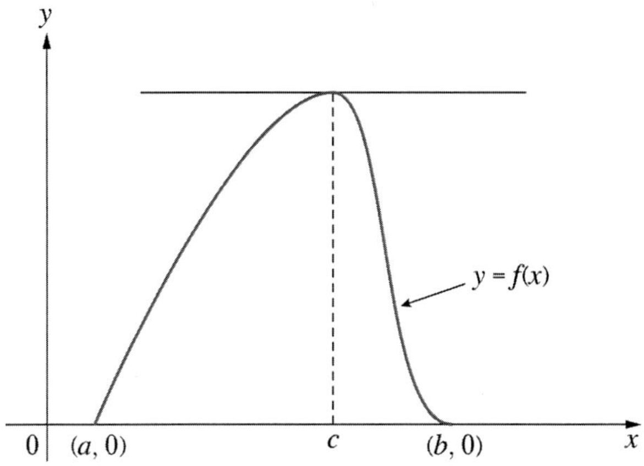

그림 4.2

예제 4-6

다음 각 함수에 대하여 주어진 구간에서 평균값의 정리를 만족시키는 c의 값을 구하여라.

(1) $f(x) = x^2 \;\; [0, 2]$

(2) $f(x) = \sqrt{x-1} \;\; [1, 3]$

(3) $f(x) = \ln x \;\; [1, e]$

풀이

(1) $f(x) = x^2$에서 $f'(x) = 2x$이므로 구하는 c는

$$\frac{f(2)-f(0)}{2-0} = 2c\,(0<c<2)\text{에서 } \frac{2^2-0^2}{2} = 2c \qquad \therefore\ c=1$$

(2) $f(x) = \sqrt{x-1}$에서 $f'(x) = \dfrac{1}{2\sqrt{x-1}}$이므로 구하는 c는

$$\frac{f(3)-f(1)}{3-1} = \frac{1}{2\sqrt{c-1}}\,(1<c<3)\text{에서 } \frac{\sqrt{2}-\sqrt{0}}{2} = \frac{1}{2\sqrt{c-1}} \qquad \therefore\ c=\frac{3}{2}$$

(3) $f(x) = \ln x$에서 $f'(x) = \dfrac{1}{x}$이므로 구하는 c는

$$\frac{f(e)-f(1)}{e-1} = \frac{1}{c}\,(1<c<e)\text{에서 } \frac{\ln e-\ln 1}{e-1} = \frac{1}{c} \qquad \therefore\ c=e-1$$

예제 4-7

함수 $f(x) = x^3 - 3x^2 + 2x$에 대하여 $[0, 2]$에서 $f'(c) = 0$을 만족시키는 모든 상수 c의 값은?

풀이

$f(0) = f(2) = 0$이므로 롤의 정리에 의하여 $f'(c) = 0$인 c가 $(0, 2)$에 적어도 하나 존재한다.

$f'(x) = 3x^2 - 6x + 2$에서 $f'(c) = 3c^2 - 6c + 2 = 0$

$\therefore\ c = \dfrac{3 - \sqrt{3}}{3}$ 또는 $c = \dfrac{3 + \sqrt{3}}{3}$

연습문제 4.1

1. 임계치를 구하여라.

(1) $f(x) = x(4-x)^3$

(2) $y = x^2 + \dfrac{2}{x}$

(3) $y = x^2 - 32\sqrt{x}$

2. $f(x) = (x-2)^{\frac{2}{3}}$ 에서 다음을 구하여라.

(1) $f'(2)$가 존재하는가?

(2) $x = 2$일 때 f의 극값이 존재하는가?

3. 다음을 구하여라.

(1) 곡선 $y = \left(\dfrac{x}{2}\right) + \dfrac{1}{(2x-4)}$ 에서 기울기가 $-\dfrac{3}{2}$ 인 곳에 점이 존재하는가?

(2) 곡선 $y = 2x^3 - 3x^2 - 12x + 20$에서 접선이 x축에 평행하는 점을 구하여라.

4. 곡선 $y = 2x^3 - 3x^2 - 12x + 20$에서 (1), (2)를 구하여라.

(1) 접선이 $y = 1 - \left(\dfrac{x}{24}\right)$에 수직인 점은?

(2) 접선이 $y = \sqrt{2} - 12x$에 평행하는 점은?

5. $y = \dfrac{c}{(x+1)}$ 이 $(0, 3)$과 $(5, -2)$을 지나는 직선에 접하는 c의 값은?

6. 다음을 구하여라.

(1) 점 $(2, 1)$에서 곡선 $y = x^3 - 4x + 1$에 접하는 수선의 방정식을 구하여라.

(2) 곡선 $y = x^3 - 4x + 1$에서 가장 작은 기울기의 값은?

(3) 곡선 $y = x^3 - 4x + 1$의 기울기가 8인 점에서 곡선에 접하는 방정식을 구하여라.

7. 원점과 점 $(1, 2)$에서 $y = \dfrac{4x}{x^2+1}$ 에의 접선을 찾아라.

8. 다음 문제에서 미지수를 찾아라.

(1) 곡선 $y = ax^2 + bx + c$이 $(1, 2)$를 지나고 원점에서 $y = x$에 접한다. a, b 그리고 c를 구하여라.

(2) 곡선 $y = x^2 + ax + b$와 $y = cx - x^2$가 $(1, 0)$에서 접선을 가진다. a, b 그리고 c를 구하여라.

(3) 아래 함수를 모든 x 값에서 미분 가능하게 하는 a, b의 값을 구하여라.

$$f(x) = \begin{cases} ax + b, & x > -1 \\ bx^2 - 3, & x \le -1 \end{cases}$$

연습문제 4.1

9. 평균값의 정리의 결과에서 방정식 $\dfrac{f(b)-f(a)}{b-a}=f'(c)$를 만족하는 c의 값을 찾아라.

(1) $f(x)=x^2+2x-1$, $[0,1]$

(2) $f(x)=x+\dfrac{1}{x}$, $\left[\dfrac{1}{2},2\right]$

(3) $f(x)=\sin^{-1}x$, $[-1,1]$

(4) $f(x)=x^3-x^2$, $[-1,2]$

10. 주어진 점에서의 (a) 접선과 (b) 법선을 구하여라.

(1) $x^2+xy-y^2=1$, $(2,3)$

(2) $6x^2+3xy+2y^2+17y-6=0$, $(-1,0)$

(3) $2xy+\pi\sin y=2\pi$, $\left(1,\dfrac{\pi}{2}\right)$

(4) $y=2\sin(\pi x-y)$, $(1,0)$

11. 주어진 점에서 주어진 식에 접하는 방정식과 법선을 찾아라.

(1) $x^2+2y^2=9$, $(1,2)$

(2) $xy+2x-5y=2$, $(3,2)$

(3) $x+\sqrt{xy}=6$, $(4,1)$

(4) 점 $(1,1)$과 $(1,-1)$에서 $x^3y^3+y^2=x+y$의기울기를 구하여라.

4.2 극대 · 극소와 미분

4.2.1 극대 · 극소

함수 $f(x)$가 $x = a$에서 연속이고 x의 값이 증가하면서 $x = a$의 좌우에서 $f(x)$가 증가 상태에서 감소 상태로 바뀌면 $f(x)$는 $x = a$에서 극대라 하며 $f(a)$를 극댓값이라 한다.

함수 $f(x)$가 $x = b$에서 연속이고 x의 값이 증가하면서 $x = b$의 좌우에서 $f(x)$가 감소 상태에서 증가 상태로 바뀌면 $f(x)$는 $x = b$에서 극소라 하며 $f(b)$를 극솟값이라 한다.(그림 4.3)

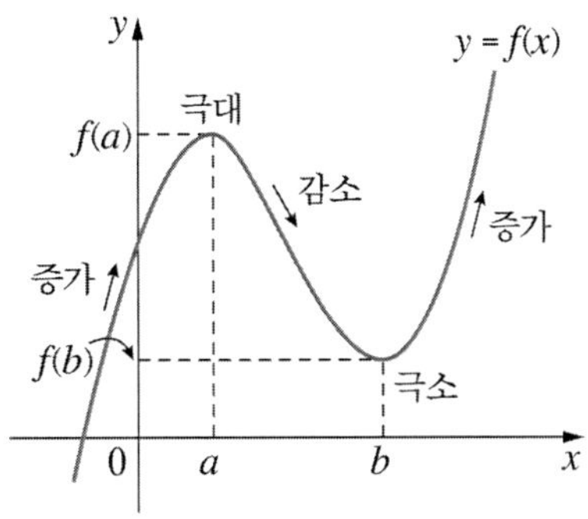

그림 4.3

$y'' > 0$ 이면 그래프가 아래로 볼록하고, $y'' < 0$ 이면 그 그래프는 위로 볼록하다. 또한 위로 볼록하다가 아래로 볼록하거나 아래로 볼록하다가 위로 볼록하는 순간점을 변곡점이라 한다.

■ 함수의 극대, 극소의 판정 Ⅰ

미분가능한 함수 $f(x)$에 대하여 $f'(a) = 0$이고 $x = a$의 좌우에서 $f'(x)$의 부호가

① 양에서 음으로 변하면 함수 $f(x)$는 $x = a$에서 극댓값을 가진다.

② 음에서 양으로 변하면 함수 $f(x)$는 $x = a$에서 극솟값을 가진다.

참고 : 극값의 존재성

$f'(a) = 0$이라고 해서 함수 $f(x)$가 반드시 $x = a$에서 극값을 가지는 것은 아니다. 예를 들면 $f(x) = x^3$은 $f'(0) = 0$이지만 $x = 0$의 좌우에서 $f'(x)$의 부호는 변하지 않고 항상 $f'(x)$

$= 3x^2 > 0\ (x \neq 0)$이다. 따라서 함수 $f(x) = x^3$은 $x = 0$에서 극값을 가지지 않는다. 또한 $f(x)$가 $x = a$에서 극값을 가져도 $f'(a)$가 존재하지 않을 수 있다. 예를 들면 $f(x) = |x|$는 $x = 0$에서 극소이지만 $f'(0)$은 존재하지 않는다.

■ 함수의 극대, 극소의 판정 II

이계도함수를 가지는 함수 $f(x)$에서 $f'(a) = 0$일 때

① $f''(a) < 0$이면 함수 $f(x)$는 $x = a$에서 극댓값을 가진다.

② $f''(a) > 0$이면 함수 $f(x)$는 $x = a$에서 극솟값을 가진다.

설명

함수 $f(x)$의 이계도함수 $f''(x)$가 존재하고 $f'(a) = 0$일 때 $f''(a) < 0$이면 $f'(x)$는 $x = a$에서 감소 상태에 있으므로 $f'(x)$의 부호는 양에서 음으로 바뀐다. 따라서 함수 $f(x)$는 $x = a$에서 극대이고 극댓값 $f(a)$를 가진다.

예제 4-8

함수 $f(x) = 2x^3 - 3x^2 - 12x + 12$의 극댓값과 극솟값의 합은?

풀이

함수 $f(x) = 2x^3 - 3x^2 - 12x + 12$에서

$$
\begin{aligned}
f'(x) &= 6x^2 - 6x - 12 \\
&= 6(x^2 - x - 2) \\
&= 6(x+1)(x-2)
\end{aligned}
$$

$f'(x) = 0$에서 $x = -1$ 또는 $x = 2$

$f(x)$의 증가와 감소를 표로 나타내면 다음과 같다.

x	$\cdots$	-1	$\cdots$	2	$\cdots$
$f'(x)$	+	0	-	0	+
$f(x)$	↗	극대	↘	극소	↗

따라서 $f(x)$는 $x=-1$에서 극댓값 $f(-1)=-2-3+12+12=19$

$x=2$에서 극솟값 $f(2)=16-12-24+12=-8$을 가지므로 극댓값과 극솟값의 합은

$19+(-8)=11$

예제 4-9

함수 $f(x)=x\ln x^2$이 $x=\alpha$에서 극대이고 $x=\beta$에서 극소일 때, $\alpha-\beta$의 값은? (단, e는 자연로그의 밑이다.)

풀이

$f(x)=x\ln x^2$에서

$f'(x)=\ln x^2+x\cdot\dfrac{2x}{x^2}=\ln x^2+2$

$f'(x)=0$에서 $\ln x^2+2=0$, $\ln x^2=-2$, $x^2=e^{-2}$

$x=-e^{-1}$ 또는 $x=e^{-1}$

$f''(x)=\dfrac{2x}{x^2}=\dfrac{2}{x}$

$f''(-e^{-1})=-\dfrac{2}{e^{-1}}=-2e<0$이므로 $f(x)$는 $x=-e^{-1}$에서 극대이다.

$f''(e^{-1})=\dfrac{2}{e^{-1}}=2e>0$이므로 $f(x)$는 $x=e^{-1}$에서 극소이다.

따라서 $\alpha=-e^{-1}$, $\beta=e^{-1}$이므로

$\alpha-\beta=-e^{-1}-e^{-1}=-\dfrac{2}{e}$

예제 4-10

그래프 $f(x) = x^3 - 5x^2 + 3x + 6$에서 극대값, 극소값, 그리고 변곡점들을 찾아서, 곡선을 그려라.

풀이

$f'(x) = 3x^2 - 10x + 3$이고 $f''(x) = 6x - 10$

$x = \frac{1}{3}$ 또는 3일 때, $f'(x) = (3x-1)(x-3)$은 0이다.

$f''(\frac{1}{3}) < 0$이기 때문에, 점 $\left(\frac{1}{3}, f\left(\frac{1}{3}\right)\right)$이 $f(x)$의 극대값이다.

$f''(3) > 0$이기 때문에, 점 $(3, f(3))$은 극소값이다. 따라서, $\left(\frac{1}{3}, \frac{175}{27}\right)$은 극대값이고 $(3, -3)$은 $f(x)$의 극소값이다.

$x = \frac{5}{3}$일 때, $f''(x) = 0$이고 f''는 x가 $\frac{5}{3}$를 따라 증가함에 따라, 부호를 바꾼다. f의 그래프는 변곡점을 가진다. 그림 4.4를 보자.

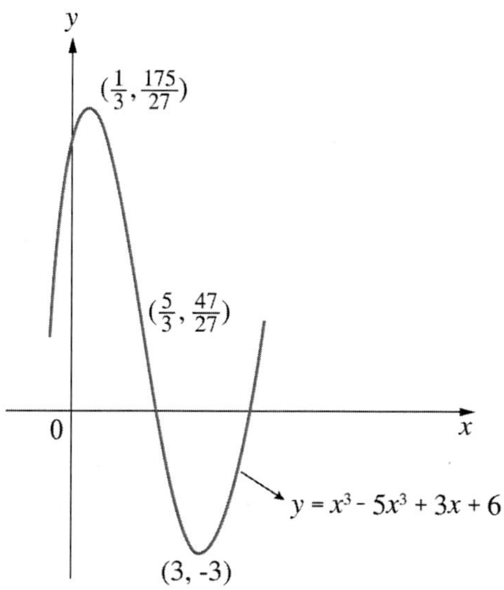

그림 4.4

예제 4-11

표준정규밀도함수 $f(x) = \frac{1}{\sqrt{2\pi}}\exp[-\frac{x^2}{2}]$의 변곡점을 구하고, 곡선의 개형을 그려라.

풀이

$f'(x) = \frac{-x}{\sqrt{2\pi}}\exp[-\frac{x^2}{2}]$이므로 $f'(x) = 0$을 만족하는 점을 $x = 0$이고, 주어진 함수 $x = 0$에서 임계값 $f(0) = \frac{1}{\sqrt{2\pi}}$을 갖는다. $f''(x) = \frac{1}{\sqrt{2\pi}}(x^2-1)\exp[-\frac{x^2}{2}]$

이므로 $f''(x) = 0$을 만족하는 점은 $x = \pm 1$이다.

$x < 1$ 이면 $f''(x) > 0$

$-1 < x < 1$ 이면 $f''(x) < 0$

$x > 1$ 이면 $f''(x) > 0$

이므로 변곡점은 $x = \pm 1$이다. $f''(0) = \frac{-1}{\sqrt{2\pi}} < 0$이므로 $f(x)$는 $x = 0$에서 극대이고, 또한

$$\lim_{x\to\pm\infty}\frac{1}{\sqrt{2\pi}}\exp[-\frac{x^2}{2}] = 0$$

이므로 수평점근선 $y = 0$(또는 x축)을 갖는다. 또한 $x = 0$을 중심으로 좌우 대칭이므로 그림 4.5과 같은 곡선의 개형을 얻을 수 있다. 이러한 곡선은 통계학에서 매우 널리 사용하는 표준정규분포 곡선이다.

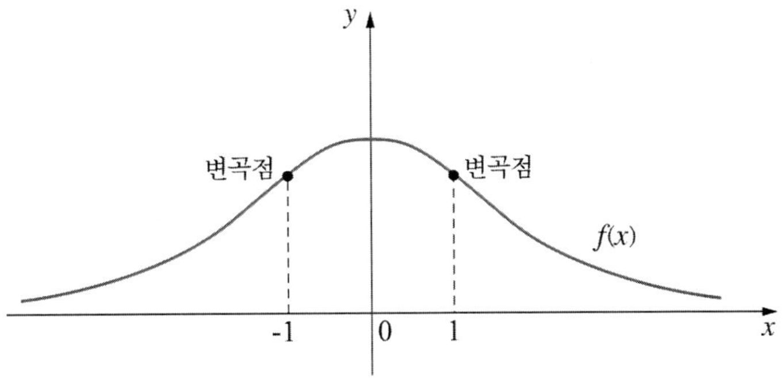

그림 4.5

예제 4-12

$f(x) = x^4 - 4x^3$의 그래프를 그려라.

풀이

(1) $f'(x) = 4x^3 - 12x^2$이고, $f''(x) = 12x^2 - 24x$

(2) $x = 0$또는 $x = 3$일 때, $f'(x) = 4x^2(x-3)$은 0이다.

(3) $f''(x) = 12x(x-2)$이고 $f''(3) > 0$이기 때문에, 점 $(3, -27)$은 극소값이다. $f''(0) = 0$이기 때문에, 이계도함수판정법은 0이 극대값 또는 극소값을 나타내는지 알수 없다.

(4) $f'(x)$가 x가 0을 따라 증가할 때, 부호를 바꾸지 않기 때문에, 점 $(0, 0)$은 극대값도 극소값도 나타내지 않는다.

(5) x이 0 또는 2일 때, $f''(x) = 0$이다 f''는 x가 0을 따라 증가함에 따라 $(+\,0\,-)$ 그리고 또한 x가 2를 따라 증가할 때 $(+\,0\,-)$ 부호를 바꾼다. 따라서 $(0, 0)$과 $(2, -16)$ 모두는 곡선의 변곡점들이다. 이 곡선은 그림 4.6에 그려져 있다.

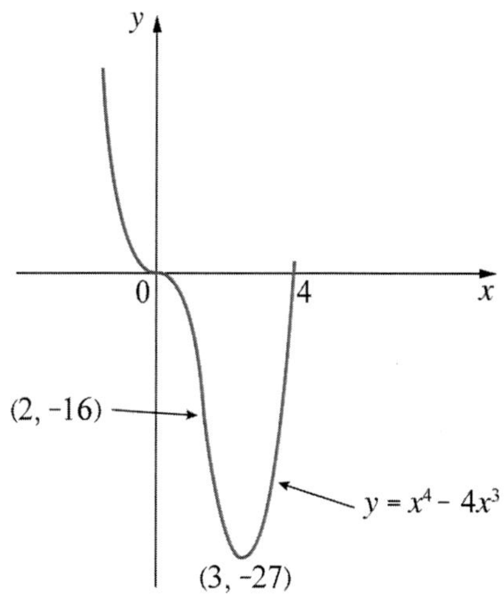

그림 4.6

4.2.2 최대값 또는 최소값

함수 f가 폐구간 $a \le x \le b$에서 미분 가능하다면, f는 폐구간 $[a, b]$에서 또한 연속적이고 최소최대 정리로부터 f는 폐구간 $[a, b]$에서 최대값과 최소값 모두를 가진다는 것을 알고 있다. 이들을 찾기 위해, 구간 $[a, b]$의 임계점을 위한 방정식 $f'(x) = 0$을 풀고, 각 점들과 $x = a$, $x = b$에서의 f를 계산한다. 구한 f의 가장 큰 값은 최대값이고 가장 작은 값은 최소값이다.

예제 4-13

$f(x) = 2x^3 - 3x^2 - 12x$라면, (1) $-2 \le x \le 3$, (2) $0 \le x \le 3$에서 f의 최대값과 최소값을 찾아라.

풀이

(1) $f'(x) = 6x^2 - 6x - 12 = 6(x+1)(x-2) = 0$, $x = -1$ 또는 $x = 2$

$f(-2) = -4$, $f(-1) = 7$, $f(2) = -20$, 그리고 $f(3) = -9$, f의 최대값은 7이고, f의 최소값은 -20이다.

(2) 오직 임계값 2만 $[0, 3]$ 안에 포함된다. $0, 2, 3$에서의 f를 계산한다.

$f(0) = 0$, $f(2) = -20$, $f(3) = -9$이기 때문에, f의 최대값은 0이고, 최소값은 -20이다.

예제 4-14

다음 함수의 최대값 또는 최소값을 구하여라.

(1) $y = \dfrac{x^2 - 3x + 1}{x - 3}\ (-2 \le x < 3)$　　(2) $y = \dfrac{x^2 + x - 1}{x^2 - x + 1}$

풀이

(1) $y = \dfrac{x^2 - 3x + 1}{x - 3}$

$$y' = \frac{(2x-3)(x-3) - (x^2 - 3x + 1) \cdot 1}{(x-3)^2}$$

$$= \frac{(x-2)(x-4)}{(x-3)^2}$$

$y' = 0$에서 $x = 2, 4$

최대값 1, 최소값은 없다.

(2) $y = \dfrac{x^2+x-1}{x^2-x+1}$

$$y' = \frac{(2x+1)(x^2-x+1)-(x^2+x-1)(2x-1)}{(x^2-x+1)^2}$$

$$= \frac{-2x(x-2)}{(x^2-x+1)^2}$$

$y' = 0$에서 $x = 0, 2$

최대값 $\dfrac{5}{3}$, 최소값 -1

4.2.3 그리기

함수가 방정식의 그래프를 그리기 전에 다음 항목중 하나 또는 그 이상을 검토하는 것이 아주 중요하다.

(1) 정의역을 구한다.

(2) x축 절편과 y축 절편을 구한다.

(3) 대칭성이 있는지 살펴본다.

$f(-x, y) = f(x, y)$이면 y축에 관하여 대칭이다.

$f(x, -y) = f(x, y)$이면 x축에 관하여 대칭이다.

$f(-x, -y) = f(x, y)$이면 원점에 관하여 대칭이다.

$f(y, x) = f(x, y)$이면 직선 $y = x$에 관하여 대칭이다.

(4) 점근선을 조사한다.

수평점근선: $\lim_{x\to\infty} f(x) = L_1$, $\lim_{x\to-\infty} f(x) = L_2$이면 $y = L_1$, $y = L_2$는 수평점근선이다.

수직점근선: $\lim_{x\to a+} f(x) = \pm\infty$, $\lim_{x\to a-} f(x) = \pm\infty$이면, $x = a$는 수직점근선이다.

경사점근선 : $y = f(x)$를 $y = ax + b + h(x)$ 형태로 변경할 수 있으며, 이 때

$\lim_{x \to \infty} h(x) = 0$ 또는 $\lim_{x \to -\infty} h(x) = 0$이면, $y = ax + b$는 경사점근선이다.

(5) 임계점, 변곡점, 극값 및 곡선의 볼록성을 조사한다.

예제 4-15

함수 $f(x) = \dfrac{x}{(1+x)^2}$의 그래프를 구하여라.

풀이

(1) 정의역 : 분모 $\neq 0$ 이어야 하므로 $x \neq -1$인 모든 실수에서 함수 $f(x)$는 정의 된다.

(2) 절편점 : $f(0) = 0$ 이므로 원점이 x축, y축 절편점이다.

(3) 대칭성은 없다.

(4) 점근선 : $\lim_{x \to \infty} \dfrac{x}{(1+x)^2} = \lim_{x \to -\infty} \dfrac{x}{(1+x)^2} = 0$ 이므로 수평점근선은 $y = 0$이다.

(5) 임계점, 변곡점, 극값, 볼록성

$f'(x) = \dfrac{1-x}{(1+x)^3}$, $f''(x) = \dfrac{2(x-2)}{(1+x)^4}$

이므로 임계점은 $x = 1$이다. 그리고 $f''(1) = \dfrac{-1}{8} < 0$이므로 $x = 1$에서 극대값 $f(1) = \dfrac{1}{4}$을

갖는다. 또한 $f''(x) = 0$이면 $x = 2$이므로 $x = 2$에서 변곡점을 갖는다.

위 사실을 종합하여 그림 4.7을 얻을 수 있다.

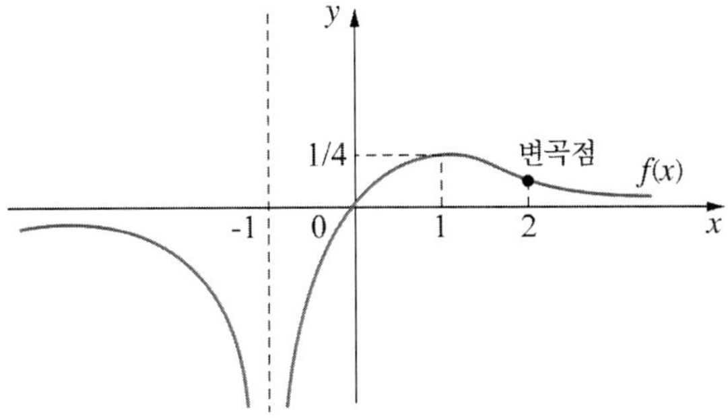

그림 4.7

예제 4-16

다음 각 곡선의 개형을 그려라.

(1) $y = \ln(x^2+1)$ (2) $y = xe^{-x}$

풀이

(1) $y = \ln(x^2+1)$에서 $y' = \dfrac{2x}{x^2+1}$, $y'' = \dfrac{2(x^2+1)-2x2x}{(x^2+1)^2} = \dfrac{-2(x+1)(x-1)}{(x^2+1)^2}$

x	⋯	-1	⋯	0	⋯	1	⋯
y'	−	−	−	0	+	+	+
y''	−	0	+	+	+	0	−
y	↷	변곡	↘	극소	↗	변곡	↷

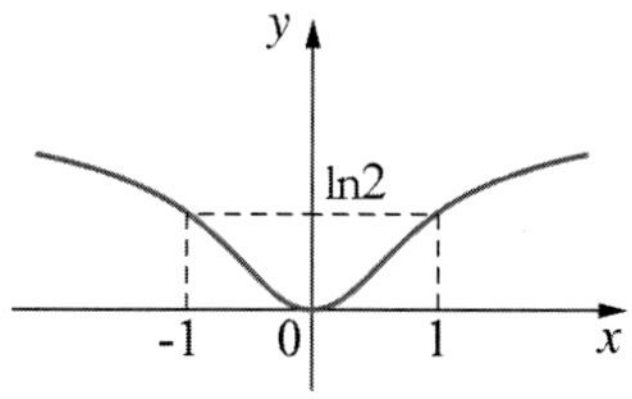

그림 4.8

(2) $y = xe^{-x}$에서 $y' = e^{-x} - xe^{-x} = -(x-1)e^{-x}$, $y'' = -e^{-x} + (x-1)e^{-x} = (x-2)e^{-x}$

x	⋯	1	⋯	2	⋯
y'	+	0	−	−	−
y''	−	−	−	0	+
y	↗	극대	↘	변곡	↘

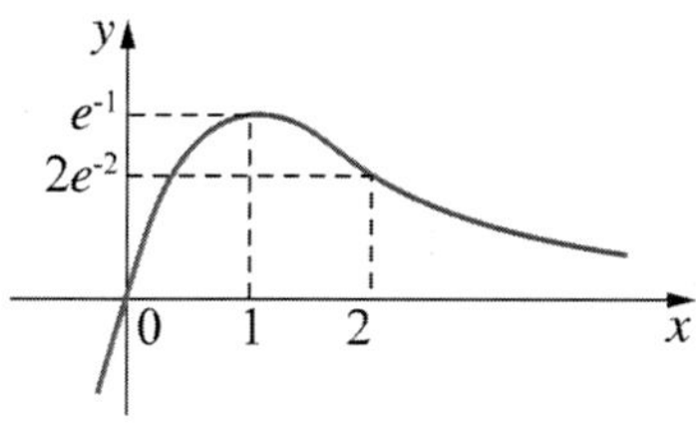

그림 4.9

따라서 극대점은 $(1, e^{-1})$, 변곡점은 $(2, 2e^{-2})$이다.

4.2.4 최적화 : 최대값과 최소값을 포함하는 문제들

최대화 되어야 하는 (또는 최소화 되어야 하는) 함수들이 있는 문제들에 적용할 수 있다. 최대화 되어야 하는 (또는 최소화 되어야 하는) 양인 y를 x로 양수적으로 표현할 수 있다면, 위에 약술한 절차들을 사용할 수 있다. 만약 y의 정의역이 어떤 폐구간으로 제한되어 있다면, 가능한 극값을 못보고 지나치지 않기 위해 구간의 양끝 점들을 반드시 확인해야 한다.

예제 4-17

곡선 $y^2 = x$와 $y = x$로 둘러싸인 1사분면의 범위을 y-축으로 입체를 형성하기 위해 회전하였다. 이 x-축에 평행한 입체의 단면 중 가장 큰 부분의 넓이를 구하여라.

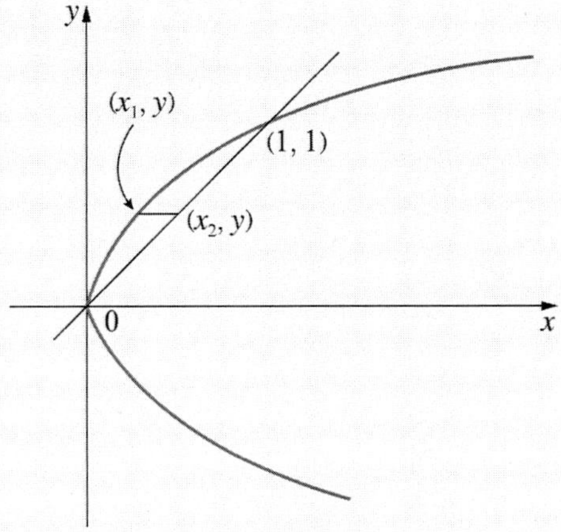

그림 4.10

풀이

그림 4.10을 보라. 곡선들은 원점과 $(1,1)$에서 교차한다, 따라서 $0<y<1$. 입체의 단면은 하나는 반지름이 x_2이고 다른 하나는 반지름이 x_1인 두 원들의 넓이 사이에서 넓이 A가 다른 고리이다. 따라서

$$A = \pi x_2^2 - \pi x_1^2 = \pi(y^2 - y^4);\ \frac{dA}{dy} = \pi(2y - 4y^3) = 2\pi y(1 - 2y^2)$$

첫 번째 미분계수 중 0에 상응하는 유일한 값은 $y = \frac{1}{\sqrt{2}}$이다. 또 $\frac{d^2A}{dy^2} = \pi(2 - 12y^2)$이고

$y = \frac{1}{\sqrt{2}}$일 때, $\frac{d^2A}{dy^2}$가 음수이므로 극대값이다. 따라서 최대 넓이A를 갖는다.

$A = \pi(\frac{1}{2} - \frac{1}{4}) = \frac{\pi}{4}$는 A는 구간 $[0,1]$에서 최대넓이는 $\frac{\pi}{4}$이다.

예제 4-18

원기둥의 부피가 k 일때, 전체 겉넓이를 최소화 하는 원기둥의 반지름과 높이의 비율을 구하여라.

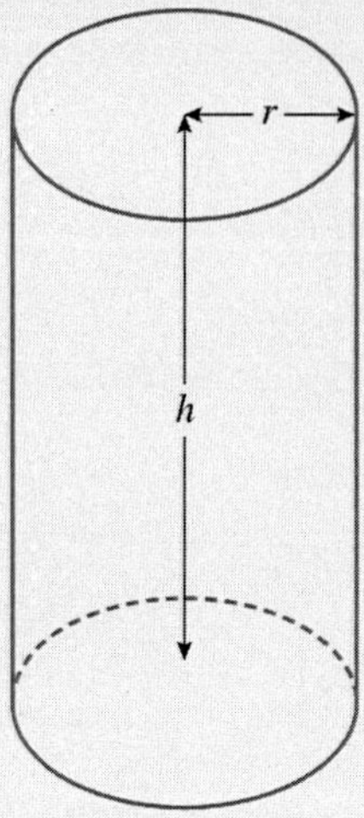

그림 4.11

풀이

그림 4.11을 보라. 부피는 다음과 같다.

$$V = \pi r^2 h = k \tag{1}$$

r은 반지름이고, h는 높이이다. 전체겉넓이인 S를 최소화하려고 한다.

$$S = 2\pi r^2 + 2\pi rh \tag{2}$$

(1)에서 $h = \dfrac{k}{\pi r^2}$ 을 (2)에 대입하면

$$S = 2\pi r^2 + 2\pi r \frac{k}{\pi r^2} = 2\pi r^2 + \frac{2k}{r} \tag{3}$$

(3)을 r로 미분을 하면

$$\frac{dS}{dr} = 4\pi r - \frac{2k}{r^2}$$

이제 S를 최소로 만드는 상황을 확인하기 위해 $\frac{dS}{dr}$을 0으로 둔다.

$$4\pi r - \frac{2k}{r^2} = 0,\ 4\pi r = \frac{2k}{r^2},\ 4\pi r = \frac{2(\pi r^2 h)}{r^2},\ 2r = h.$$

따라서 정해진 부피의 원기둥의 전체 겉넓이는 원기둥의 높이가 이것의 지름과 같을 때 최소이다.

예제 4-19

반지름이 r인 공에 내접하는 직원뿔 중에서 부피가 최대가 되는 밑면의 반지름과 높이의 비를 구하여라.

풀이

$$V = \frac{1}{3}\pi a^2 h$$

$$V = \frac{1}{3}\pi(2rh - h^2)h = \frac{1}{3}\pi(2rh^2 - h^3)\ (0 < h < 2r)\ (\because\ a^2 = r^2 - (h-r)^2)$$

$$V' = \frac{1}{3}\pi(4rh - 3h^2) = -\pi h\left(h - \frac{4}{3}r\right) \text{에서 } h = \frac{4}{3}r$$

$$a^2 = 2r\frac{4}{3}r - \left(\frac{4}{3}r\right)^2 = \frac{8}{9}r^2$$

$$a = \frac{2\sqrt{2}}{3}r$$

$$a : h = \frac{2\sqrt{2}}{3}r : \frac{4}{3}r = 1 : \sqrt{2}$$

$1 : \sqrt{2}$

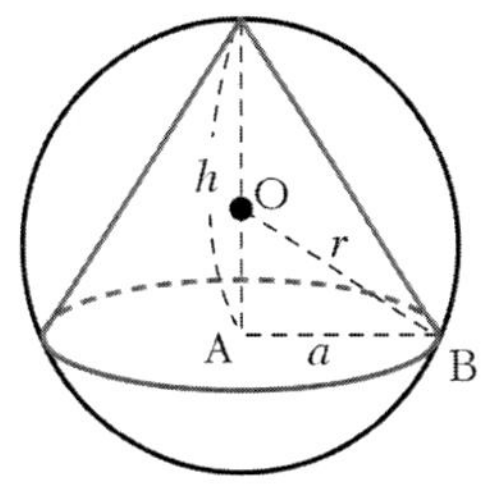

그림 4.12

예제 4-20

기존의 다리에서 동쪽으로 3마일, 남쪽으로 5마일 떨어져 있는 교차로와 연결하여 고속도로를 건설하려고 한다. 강을 건너는 고속도로를 건설하는 데 피트 당 4달러가 들고 육지를 건너는 고속도로는 건설하는 데는 피트 당 2달러가 든다. (1마일 = 5280피트), $RT = u$이다.

(1) 고속도로를 건설하는 총 비용을 u의 함수로 나타내시오.

(2) 고속도로를 건설하는 데 최소비용이 되는 u를 구하여라.

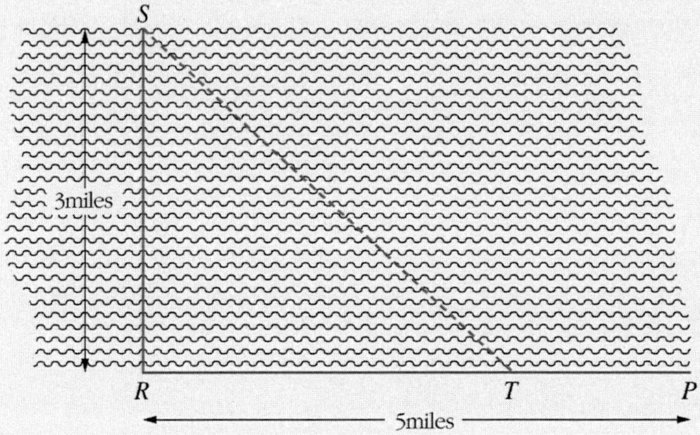

그림 4.13

풀이

(1) $C(u) = 21120\sqrt{9+u^2} + 10560(5-u)$

$= 10560(2\sqrt{9+u^2} + 5 - u)$

(2) $C'(u) = 10560(2(\frac{1}{2})\frac{2u}{\sqrt{9+u^2}} - 1) = 10560(\frac{2u}{\sqrt{9+u^2}} - 1)$

$\frac{2u}{\sqrt{9+u^2}} - 1 = 0 \rightarrow \frac{2u}{\sqrt{9+u^2}} = 1 \rightarrow \frac{4u^2}{9+u^2} = 1$

$4u^2 = 9 + u^2,\ 3u^2 = 9,\ u^2 = 3,\ u = \sqrt{3}$

$C(0) = 10560(2\sqrt{9} + 5) = 116160$달러

$C(5) = 10560(2\sqrt{34}) = 123150$달러

$C(\sqrt{3}) = 10560(2\sqrt{12} + 5 - \sqrt{3}) = 10767$달러

그러므로 최소비용이 되는 u는 $\sqrt{3}$ 이다.

예제 4-21

전기로 작동하는 기계에서 각 회로는 다양한 기능을 한다. 어떤 회로는 전력을 증폭하는 것 대신에 줄임으로써 전기의 흐름을 조절한다. 아래 그림에 주어진 회로에서 전압은 V(볼트)이며 저항이 R(옴Ω)이라고 한다. 이 회로에서 흡수되는 전력은 $p(x)=\dfrac{V^2x}{(R+x)^2}$ 라고 한다. 흡수된 전력을 최대화하는 x값을 구하여라.

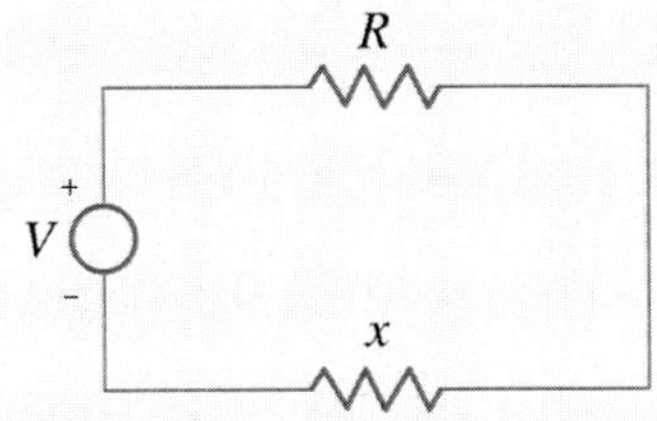

그림 4.14

풀이

$$p(x)=\frac{V^2x}{(R+x)^2}$$

$$p'(x)=\frac{V^2(R+x)^2-V^2x\cdot 2(R+x)}{(R+x)^4}=\frac{V^2R^2-V^2x^2}{(R+x)^4}=0$$

$p'(x)=0$일 때, $x=R$

$$p'(x)=\begin{cases}>0, & (0,R)\\ <0, & (0,\infty)\end{cases}$$

따라서 $x=R$일 때, 흡수되는 전력은 최대가 된다.

연습문제 4.2

1. 극소값 또는 극대값을 구하여라.

(1) $y = x^3 + x^2 - 8x + 5$

(2) $y = \dfrac{1}{\sqrt[3]{1-x^2}}$

(3) $y = \dfrac{x}{x^2+1}$

(4) $y = x \ln x$

(5) $y = x^{\frac{2}{3}}(x+2)$

(6) $y = x\sqrt{4-x^2}$

(7) $h(x) = -x^3 + 2x^2$

(8) $f(x) = x^4 - 8x^2 + 16$

(9) $h(t) = \dfrac{3}{2}t^4 - t^6$

(10) $g(x) = x\sqrt{8-x^2}$

(11) $f(x) = \dfrac{x^2-3}{x-2}$, $x \neq 2$

(12) $f(x) = x^{\frac{1}{3}}(x+8)$

(13) $f(t) = 12t - t^3$, $-3 \leq t < \infty$

(14) $h(x) = \dfrac{x^3}{3} - 2x^2 + 4x$

(15) $f(x) = \sqrt{25-x^2}$, $-5 \leq x < 5$

(16) $g(x) = \dfrac{x-2}{x^2-1}$, $0 \leq x < 1$

(17) $f(x) = \sin 2x$, $0 \leq x \leq \pi$

(18) $f(x) = \sqrt{3}\cos x + \sin x$, $0 \leq x \leq 2\pi$

(19) $f(x) = \dfrac{x}{2} - 2\sin\dfrac{x}{2}$, $0 \leq x \leq 2\pi$

(20) $f(x) = \csc^2 x - 2\cot x$, $0 < x < \pi$

2. $(1, 2)$에서 $f(x) = ax^2 + bx$가 최대값을 가지기 위한 정수 a와 b값을 결정하라.

연습문제 4.2

3. 극값과 변곡점을 구하여라.

(1) $y = x^3 - 3x + 3$

(2) $y = x^4 - 2x^2 = x^2(x^2 - 2)$

(3) $y = \sin x \cos x,\ 0 \le x \le \pi$

(4) $y = \dfrac{8x}{x^2 + 4}$

4. 다음 함수들의 극값과 요철 및 개형을 그려라.

(1) $y = 3x^4 - 4x^3 + 1$

(2) $y = \dfrac{1}{\pi}\dfrac{1}{x^2 + 1}$

(3) $y = \dfrac{\ln x}{x}$

(4) $y = x^{-1}e^x$

(5) $y = \dfrac{1}{\sqrt{2\pi}\,\sigma}\exp\left[-\dfrac{(x-\mu)^2}{2\sigma^2}\right]$

5. 둘레의 최소화 넓이가 $16in.^2$인 직사각형의 둘레는 최소 얼마인가? 이 때 각변의 길이는 얼마인가?

6. 직사각형의 밑변은 x축에 있고, 위의 두 꼭지점은 포물선 $y = 12 - x^2$에 있다. 직사각형의 넓이는 최대 얼마인가? 이 때 각 변의 길이는 얼마인가?

연습문제 4.2

7. 반지름이 3인 구에 내접하는 가장 큰 직원뿔의 부피를 구하여라.

8. 반지름이 10인 구에 내접하는 부피가 가장 큰 직원기둥의 규격을 구하여라. 최대 부피는 얼마인가?

9. x축 및 2개의 꼭지점과 함께 한쪽의 곡선 $y = e^{-x^2}$에 그려져 있을 수 있는 큰 사각형의 면적은?

10. 직선은 점 $(1, 2)$에서 양의 x축 및 y축이 오른쪽 삼각형을 형성을 통해 그려진다. 최소 넓이의 삼각형을 형성하는 직선의 기울기는?

연습문제 4.2

11. 한시에서 기존의 다리와 교차로를 연결하는 고속도로를 건설하려고 한다. 교차로는 다리로부터 동쪽으로 8마일, 남쪽으로 10마일 떨어져 있다고 한다. 또한 다리에서 남쪽으로 4마일까지는 습지라고 한다. 습지를 통과하는 건설비는 마일당 500만 달러이며 건조한 지역을 통과하는 건설비는 마일당 200만 달러라고 한다. 고속도로는 다리로부터 습지의 가장자리까지 직선이며 이 가장자리에서 교차로까지도 직선일 것이다. 총 건설비용이 최소가 되도록 하려면 고속도로가 습지의 가장자리 어느 곳에서 밖으로 나와야 하는가? 다리로부터 교차로까지 직선으로 연결하는 고속도로를 건설하는 것보다 비용이 얼마나 절감되는가?

12. 연습문제 11에서 고속도로를 건설하기 시작한 후에 습지를 통과하는 건설비용이 마일당 600만 달러로 재평가되었다. 고속도를 건설하는 비용이 최소가 되는 습지와 건조한 지역 경계선 위의 지점을 구하고 새 비용함수도 구하여라. 고속도로가 이미 많이 건설되어 경로 변경이 불가능하여 연습문제 11의 경로를 따라 건설한다면 추가 비용이 얼마나 더 소요되는가?

4.3 속도 가속도와 미분

4.3.1 선에 따라 나타나는 움직임

s는 t의 시간에 선 위의 물체 P의 위치를 나타내는 $s = f(t)$의 법칙에 따라 어떤물체가 선을 따라 움직인다면, t시간에 P의 속도 v는 $\frac{ds}{dt}$에 의해 주어지고, 이것의 가속도 a는 $\frac{dv}{dt}$ 또는 $\frac{d^2s}{dt^2}$에 의해 주어진다. 이 물체의 속력은 v 의 크기인 $|v|$ 이다.

(1) $v > 0$이면, P는 오른쪽으로 움직이고 이것의 거리 s는 증가한다. $v < 0$이면, P는 왼쪽으로 움직이고 이것의 거리 s는 감소한다.

(2) $a > 0$이면, v는 증가한다. $a < 0$이면, v는 감소한다.

(3) a와 v가 모두 양수 또는 모두 음수일 경우, P속도가 증가하거나 가속도가 붙은 것을 의미한다.

(4) s가 t의 연속적 함수라면, P는 v가 0일 때 방향을 바꾼다. 속도 0은 방향이 바뀌는 것을 꼭 의미하는 것이 아니라는 것을 알아두자.

예제 4-22

$t \geq 0$인 $s = 2t^3 - 9t^2 + 12t - 4$의 법칙에 따라 한 물체가 선을 따라 움직인다.

(1) 거리 s가 증가하는 모든 t를 구하여라.

(2) 속도가 증가하는 모든 t를 찾아라.

(3) 속력이 증가하는 모든 t를 구하여라.

(4) $t = \frac{3}{2}$일 때 속력을 구하여라.

(5) $t = 0$과 $t = 4$사이에서 움직인 총 거리를 구하여라.

풀이

$$v = \frac{ds}{dt} = 6t^2 - 18t + 12 = 6(t^2 - 3t + 2) = 6(t-2)(t-1) \text{ 그리고}$$

$$a = \frac{dv}{dt} = \frac{d^2s}{dt^2} = 12t - 18 = 12(t - \frac{3}{2})$$

v의 부호는 다음과 같이 바뀐다.

$t<1$,	그렇다면	$v>0$,
$1<t<2$,		$v<0$,
$t>2$,		$v>0$.

a는

$t<\frac{3}{2}$	그렇다면	$a<0$,
$t>\frac{3}{2}$		$a>0$.

(1) $0 \le t < 1$ 또는 $t>2$일 때, s는 증가한다.

(2) $t > \frac{3}{2}$일 때, v는 증가한다.

(3) 속력 $|v|$는 v와 a 둘 다 양수일 때 증가한다, 이는 $t>2$ 이고, v와 a가 모두 음수일 때는 $1<t<\frac{3}{2}$이다.

(4) $t = \frac{3}{2}$일 때 속력은 $|v| = \left|-\frac{3}{2}\right| = \frac{3}{2}$와 같다.

(5) P의 움직임은 그림 4.15와 같이 나타낼 수 있다. $t<1$일 때, P는 오른쪽으로 움직이고, $t=1$에서는 방향을 바꾸고, $1<t<2$일 때는 왼쪽으로 움직이고, $t=2$에서 다시 방향을 바꾸고, 모든 $t>2$에서는 오른쪽으로 움직인다. 어떤 특정한 t시간의 P의 위치는 다음 표에서 나타난다.

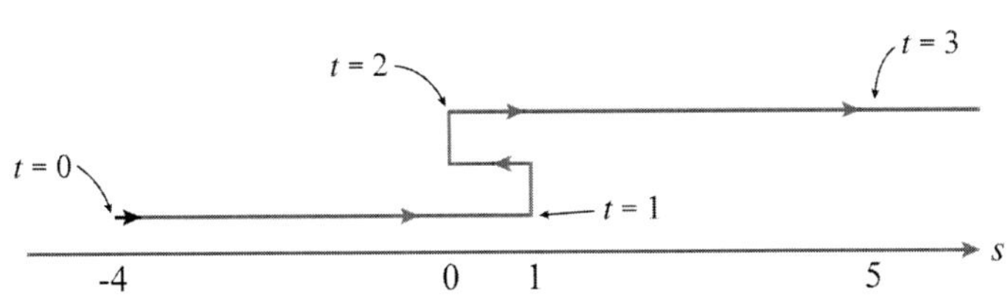

그림 4.15

t:	0	1	2	4
s:	-4	1	0	28

따라서 P는 시간 $t=0$과 $t=4$ 사이에서 총 34를 움직인다.

예제 4-23

s가 다음과 같을 때 예제 4.22와 똑같이 풀어라.

$$s = t^4 - 4t^3$$

풀이

$v = 4t^3 - 12t^2 = 4t^2(t-3)$이고 $a = 12t^2 - 24t = 12t(t-2)$이기 때문에, v와 a의 부호는 다음과 같다.

$t<3,\ t>3,$ 그렇다면 $v<0,\ v>0.$

$t<0,\ 0<t<2,\ t>2,$ 그렇다면 $a>0,\ a<0,\ a>0.$

(1) $t>3$이면, s는 증가한다.

(2) $t<0$ 또는 $t>2$이면, v는 증가한다.

(3) $0<t<2$ 또는 $t>3$이면, v와 a가 같은 부호를 가지기 때문에, 속력은 이 구간에서 증가한다.

(4) $t=\frac{3}{2}$일 때 속력은 $|v| = \left|-\frac{27}{2}\right| = \frac{27}{2}$과 같다.

(5) 움직임은 그림 4.16에 나와 있다. $t<3$이면 물체는 왼쪽으로 움직이고 $t>3$이면 오른쪽으로 움직인다. $t=0$일 때와 $t=3$일 때는 순간적으로 멈추지만, 방향은 $t=3$일 때만 바꾼다. 따라서

t:	0	3	4
s:	0	-27	0

물체는 $t=0$과 $t=4$ 사이에서 총 54를 움직인다.

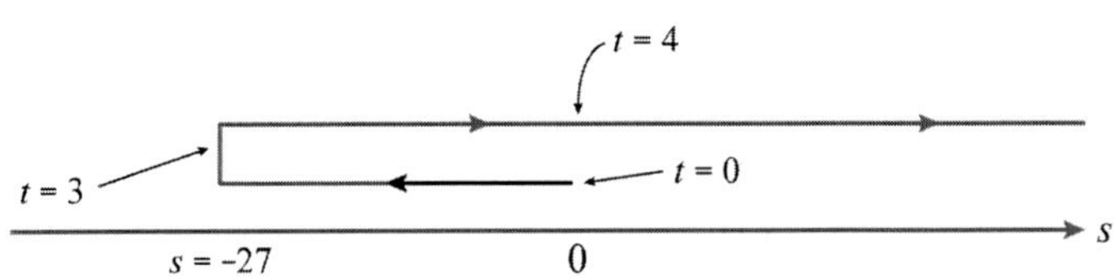

그림 4.16

4.3.2 곡선을 따라 나타나는 움직임 : 속도와 가속 벡터들

점 P가 t는 시간을 나타는 $P(x(t), y(t))$에 의해 매개적으로 정의되는 곡선을 따라 움직인다면, 원점에서 P까지의 벡터는 x가 벡터의 가로 성분이고 y를 벡터의 세로 성분인 위치 벡터라고 한다, $x(t)$와 $y(t)$의 일반적인 정의역 안의 모든 t의 값들의 위치 벡터의 집단을 벡터 함수라고 부른다. 벡터는 볼드체 문자 ($\boldsymbol{R}$)또는 이탤릭체 위에 화살표가 써져 있는 ($\overrightarrow{R}$)로 나타낼 것이다. 그러면 위치 벡터는 $\overrightarrow{R}(t) = (x,\ y)$또는 i가 $(0, 0)$에서 $(1, 0)$까지의 수평 단위이고, j가 $(0, 0)$에서 $(0, 1)$가지의 수직 단위을 이용한 $\boldsymbol{R} = x\mathrm{i} + y\mathrm{j}$ 로도 표기한다. 속도 벡터는 벡터 함수의 미분계수이다 (위치 벡터)

$$\mathrm{v} = \frac{dR}{dt} = \frac{dx}{dt}\mathrm{i} + \frac{dy}{dt}\mathrm{j} \text{ 또는 } \overrightarrow{\mathrm{v}}(t) = \left(\frac{dx}{dt}, \frac{dy}{dt}\right)$$

$\frac{dx}{dt}$와 $\frac{dy}{dt}$을 각각 v_x와 v_y로 표기한다.

v의 기울기는

$$\frac{\frac{dy}{dt}}{\frac{dx}{dt}} = \frac{dy}{dx}$$

곡선의 기울기와 같다. v의 크기는 벡터의 길이이다:

$$|\mathrm{v}| = \sqrt{\left(\frac{dx}{dt}\right)^2 + \left(\frac{dy}{dt}\right)^2} = \sqrt{v_x^2 + v_y^2}$$

따라서, 벡터 v 가 P에서 시작해서 그려진다면, 이것은 P에서 곡선에 접선이 될 것이며 이것의 크기는 P에서 그 물체의 속력이 될 것이다.

가속도 벡터 a는 $\frac{d\mathrm{v}}{dt}$ 또는 $\frac{d^2R}{dt^2}$이고, R의 성분들의 두 번째 미분을 통해 구할 수 있다.

따라서

$$a = \frac{d^2x}{dt^2}\mathrm{i} + \frac{d^2y}{dt^2}\mathrm{j} \text{ 또는 } \vec{a}(t) = (\frac{d^2x}{dt^2}, \frac{d^2y}{dt^2})$$

그리고 이것의 크기는 벡터의 길이이다.

$$|a| = \sqrt{(\frac{d^2x}{dt^2})^2 + (\frac{d^2y}{dt^2})^2} = \sqrt{(a_x^2 + a_y^2)}$$

여기서 우리는 a_x와 a_y를 각각 $\frac{d^2x}{dt^2}$와 $\frac{d^2y}{dt^2}$이다.

예제 4-24

한 물체는 방정식 $x = 3\cos t$, $y = 2\sin t$에 따라 움직인다.

(1) 물체의 궤도를 구하는 x와 y로 나타낸 방정식을 찾고 곡선을 그려라.

(2) 시간 t에서의 속도와 가속도 벡터를 구하고 항상 $a = -\mathrm{R}$ 이라는 것을 보여라.

(3) (a) $t_1 = \frac{\pi}{6}$ (b) $t_2 = \pi$일 때의 R, v, a를 찾고 그것들을 그려라.

(4) (a) $t_1 = \frac{\pi}{6}$ (b) $t_2 = \pi$에서 물체의 속력과 가속도 크기를 구하여라.

(5) 시간 t에서의 속도의 크기를 찾아라. 속력은 언제 최대인가? 언제 최소인가?

풀이

(1) $\frac{x^2}{9} = \cos^2 t$이고 $\frac{y^2}{4} = \sin^2 t$이기 때문에, 따라서

$$\frac{x^2}{9} + \frac{y^2}{4} = 1$$

그리고 물체는 $t = 0$ 일 때, $(3, 0)$에서 출발하여 타원을 따라 시계 반대 방향으로 움직이고 $t = 2\pi$일 때 이 점으로 돌아온다.

(2) $\mathrm{R} = 3\cos t\mathrm{i} + 2\sin t\mathrm{j}$, $\mathrm{v} = -3\sin t\mathrm{i} + 2\cos t\mathrm{j}$, $a = -3\cos t\mathrm{i} - 2\sin t\mathrm{j} = -\mathrm{R}$

그러면 가속도는 항상 타원의 중심을 향한다.

(3) (a) $t_1 = \dfrac{\pi}{6}$에서,

$$R_1 = \frac{3\sqrt{3}}{2}\mathrm{i} + \mathrm{j} \qquad \mathrm{v}_1 = -\frac{3}{2}\mathrm{i} + \sqrt{3}\mathrm{j} \qquad a_1 = -\frac{3\sqrt{3}}{2}\mathrm{i} - \mathrm{j}$$

(b) $t_2 = \pi$에서,

$$R_2 = -3\mathrm{i} \qquad \mathrm{v}_2 = -2\mathrm{j} \qquad a_2 = 3\mathrm{i}$$

(4)

(a) $t_1 = \dfrac{\pi}{6}$에서	(b) $t_2 = \pi$에서
$\lvert \mathrm{v}_2 \rvert = \sqrt{\dfrac{9}{4} + 3} = \dfrac{\sqrt{21}}{2}$	$\lvert \mathrm{v}_2 \rvert = \sqrt{0+4} = 2$
$\lvert a_1 \rvert = \sqrt{\dfrac{27}{4} + 1} = \dfrac{\sqrt{31}}{2}$	$\lvert a_2 \rvert = \sqrt{9+0} = 3$

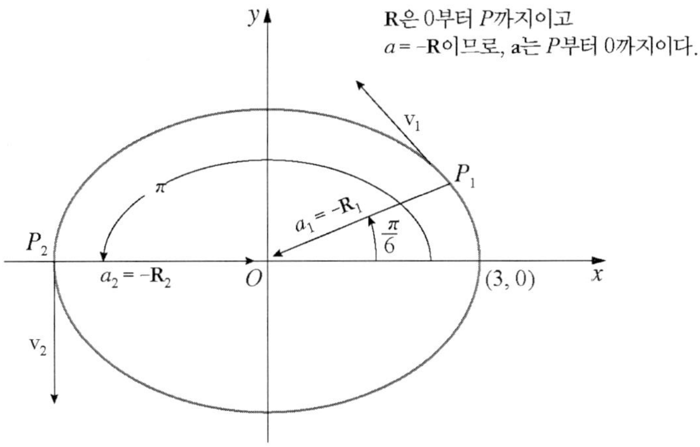

그림 4.17

(5) 시간 t에서의 속력 $\lvert \mathrm{v} \rvert$는

$$\begin{aligned} \lvert \mathrm{v} \rvert &= \sqrt{9\sin^2 t + 4\cos^2 t} \\ &= \sqrt{4\sin^2 t + 4\cos^2 t + 5\sin^2 t} \\ &= \sqrt{4 + 5\sin^2 t} \end{aligned}$$

$t = \dfrac{\pi}{2}$ 또는 $\dfrac{3\pi}{2}$일 때 속력은 최대이고, $t = 0$ 또는 π일 때, 최소이다.

예제 4-25

동점 P의 좌표 x, y가 시각 $t(t \geq 0)$의 함수로써 다음과 같이 주어진다고 한다.

$$x = 2t + 1,\ y = 2t - t^2$$

(1) 점 P의 자취를 그림으로 나타내어래.

(2) $t = 2$일 때 점 P의 속도벡터 v, 가속도벡터 a 및 그 크기를 각각 구하여라.

(3) $t = 2$일 때 점 P의 속도벡터의 방향을 구하여라.

풀이

(1) t를 소거하면 $y = 2\left(\frac{x-1}{2}\right) - \left(\frac{x-1}{2}\right)^2 = -\frac{1}{4}(x^2 - 6x + 5) = -\frac{1}{4}(x-3)^2 + 1$

그런데 $t \geq 0$이므로 $x \geq 1$

(2) $\frac{dx}{dt} = 2$, $\frac{dy}{dt} = 2 - 2t$이므로

$t = 2$일 때 $\mathrm{v} = (2, -2)$, $|\mathrm{v}| = 2\sqrt{2}$

$\frac{d^2x}{dt^2} = 0$, $\frac{d^2y}{dt^2} = -2$이므로

$t = 2$일 때 $\mathrm{a} = (0, -2)$, $|\mathrm{a}| = 2$

(3) $\mathrm{v} = (2, -2)$가 x축의 양의 방향과 이루는 각을 θ라 하면

$\tan\theta = -1$, $\quad \therefore\ \theta = -45^\circ$

4.3.3 선형 근사법

$f'(a)$가 존재한다면, a에서 $f(x)$의 선형화는

$f(a) + f'(a)(x - a)$

$x = a$에서 $y = f(x)$에 접선인 방정식은

$$y - f(a) = f'(a)(x - a)$$

이기 때문에, 접선 위의 y의 값은 f의 실제 값의 근사값이다. 따라서 선형화를 선형 또는 접선 근사법 이라고도 불린다. a에 가까운 x의 값들로,

$$f(x) \approx f(a) + f'(a)(x - a)$$

를 가진다.

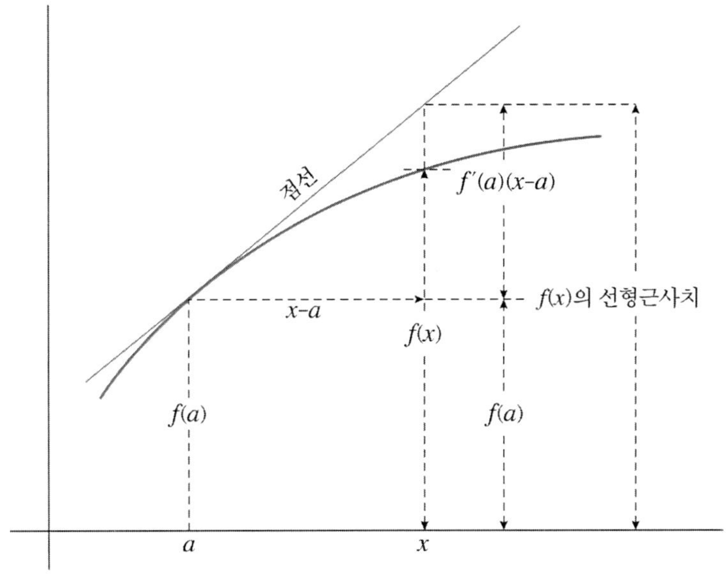

그림 4.18

$f(a)+f'(a)(x-a)$가 $f(x)$의 선형 또는 접선의 근사치이고, 곡선을 x에서 a로 움직일 때, $f'(a)(x-a)$가 f의 근사치의 변화량이다. 그림 4.18을 보라. x가 a에 가까울수록, $f(x)$에 더 근사하다.

예제 4-26

이제 주어진 값들에서 다음 각각의 함수들의 선형 근사치들을 구한다

(1) $\sin x$ $\qquad a = 0$

(2) $\cos x$ $\qquad a = \frac{\pi}{2}$

(3) $2x^3 - 3x$ $\qquad a = 1$

(4) $\sqrt{1+x}$ $\qquad a = 8$

풀이

(1) $a = 0$에서, $\sin x \cong \sin(0) + \cos(0)(x-0) \cong 0+1 \cdot x \cong x$

(2) $a = \frac{\pi}{2}$에서, $\cos x = \cos\frac{\pi}{2} - \sin(\frac{\pi}{2})(x-\frac{\pi}{2}) \cong -x+\frac{\pi}{2}$

(3) $a = 1$에서, $2x^3 - 3x \cong -1+3(x-1) \cong 3x-4$

(4) $a = 8$에서, $\sqrt{1+x} = \sqrt{1+8} + \frac{1}{2\sqrt{1+8}}(x-8) = 3+\frac{1}{6}(x-8)$

예제 4-27

$(1+x)^k = 1 + kx$ 임을 보여라.

풀이

$$(1+x)^k \cong (1+0)^k + k(1+x)^{k-1}\Big|_{x=0}(x-0) = 1+kx$$

예를 들어, $\sqrt{1+x} \cong 1+\frac{1}{2}x$ 그리고 $(1+x)^3 \cong 1+3x$

예제 4-28

$x = 0.05$에서 $\frac{3}{(1-x)^2}$의 값을 구하여라.

풀이

선형화를 위해, $x=0$에서 $f(x)=\dfrac{3}{(1-x)^2}$의 접선을 사용한다.

$f(0)=3$, $f'(x)=\dfrac{6}{(1-x)^3}$이다. 따라서 $f'(0)=6$이다. $y=6x+3$이다.

따라서 선형 근사치는 $\dfrac{3}{(1-x)^2}\approx 6x+3$이다.

$x=0.05$에서, $f(0.05)\approx 6(0.05)+3=3.3$을 가진다.

$x=0.05$일 때 $\dfrac{3}{(1-x)^2}$의 세자리 숫자의 실제값은 3.324이다 선형 근사법은 3.3을 가진다. 이것은 곡선이 위로 오목하지 않고, $x=0$ 가까이의 곡선에 점선 위에 있다는 것을 말해준다.

4.3.4 관련된 변화율

t시간의 함수들인 몇몇의 변수들이 방정식과 관련되어 있다면, t로 미분을 하여 그들의 변화율의 관계를 알아낼 수 있다.

예제 4-29

직각 삼각형의 오른쪽 AB가 초 당 2인치 씩 증가하고, 다른 AC는 초 당 3인치씩 감소한다고 하면, $AB=6$피트이고, AC가 8피트일 때, 빗변은 얼마나 빨리 변하는지 구하여라.
(단, 1 feet = 12 inch)

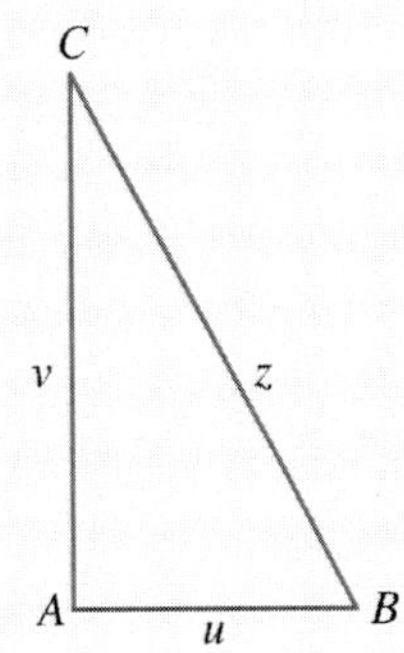

그림 4.19

풀이

그림 4.19을 보라. u, v, z가 각각 AB, AC, 그리고 BC를 나타낸다고 하자.

$\frac{du}{dt} = \frac{1}{6}$ (피트/초), 그리고 $\frac{dv}{dt} = -\frac{1}{4}$인 것을 안다. $z^2 = u^2 + v^2$이기 때문에,

$$2z\frac{dz}{dt} = 2u\frac{du}{dt} + 2v\frac{dv}{dt} \text{ 그리고 } \frac{dz}{dt} = \frac{u\frac{du}{dt} + v\frac{dv}{dt}}{z}$$

$u = 6,\ v = 8,\ z = 10$을 대입하면

$$\frac{dz}{dt} = \frac{6(\frac{1}{6}) + 8(-\frac{1}{4})}{10} = -\frac{1}{10} \text{ (피트/초)}$$

예제 4-30

원뿔 형태의 종이컵의 지름과 높이는 모두 4인치이다, 그리고 물은 초 당 $\frac{1}{2}$세제곱 인치의 속도로 새고 있다. 표면의 지름이 2인치일 때 물의 높이가 떨어지는 변화율을 찾아라.

풀이

그림 4.20를 보라. $\frac{dV}{dt} = -\frac{1}{2}$이고 $h = 2r$이다.

$V = \frac{1}{3}\pi r^2 h = \frac{\pi h^3}{12}$에서 $\frac{dV}{dt} = \frac{\pi h^2}{4}\frac{dh}{dt}$ 그리고

$$\frac{dh}{dt} = -\frac{1}{2}\frac{4}{\pi h^2} = -\frac{2}{\pi h^2}$$

지름이 2인치 일 때, 높이도 2인치이고 $\frac{dh}{dt} = -\frac{1}{2\pi}$이다. 따라서

물의 높이는 $\frac{1}{2\pi}$인치/초의 속도로 떨어진다.

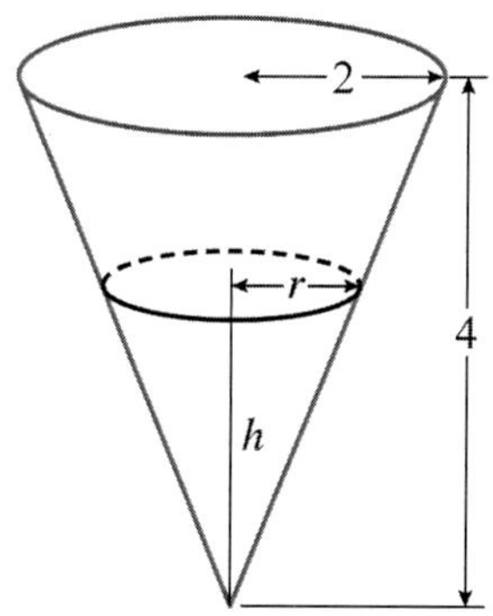

그림 4.20

예제 4-31

수면 위 30m 높이의 암벽 위에서 길이 58m의 로프에 묶여서 끌려오는 배가 있다. 매초 4m의 속력으로 끌면 2초 후에 배의 속력은 얼마인가?

풀이

t초 후의 배에서 암벽 위까지의 거리를 x라 하고 배에서 암벽 밑까지의 거리를 y라 하면

$$x^2 = y^2 + 30^2 \qquad (1)$$

양변은 t에 관하여 미분하면

$$2x\frac{dx}{dt} = 2y\frac{dy}{dt} \qquad \therefore \frac{dy}{dt} = \frac{x}{y}\frac{dx}{dt} \qquad (2)$$

문제의 조건에서 $\frac{dx}{dt} = -4$이고 2초 후의 x는 $x = 58 - 4 \times 2 = 50$이므로 이 값을 (1)에 대입하면 $y = 40$

그러므로 (2)에서 $\frac{dy}{dt} = \frac{50}{40}(-4) = -5(m/\text{sec})$

연습문제 4.3

1. $x=a$에서 $f(x)$의 접선 $L(x)$를 찾아라.

(1) $f(x)=x^3-2x+3$, $a=2$

(2) $f(x)=x+\dfrac{1}{x}$, $a=1$

(3) $f(x)=\tan x$, $a=\pi$

(4) $\sin x$, $a=0$

(5) $\cos x$, $a=\dfrac{\pi}{2}$

(6) e^x, $a=0$

(7) $\ln(1+x)$, $a=0$

2. 반지름이 r이고, 높이가 h인 원기둥의 부피는 $V=\pi r^2 h$이다.

(1) r이 상수일 때, 두 변화율 $\dfrac{dV}{dt}$의 관계식을 구하여라.

(2) h가 상수일 때, 부피 변화율 $\dfrac{dV}{dt}$와 $\dfrac{dr}{dt}$의 관계식을 구하여라.

(3) r과 h가 모두 상수가 아닐 때, 변화율 $\dfrac{dV}{dt}$를 두 변화율 $\dfrac{dh}{dt}$와 $\dfrac{dr}{dt}$의 식으로 표현하여라.

3. 길이가 13ft인 사다리가 벽에 기대어 있다가 미끄러지기 시작하였다. 사다리의 아랫부분이 벽으로부터 12ft가 되었을 때의 변화율이 5ft/sec 이었다.

(1) 벽에 기대어 있는 부분이 내려오는 변화율을 구하여라.

(2) 사다리와 벽, 그리고 지면이 이루는 삼각형의 넓이의 변화율을 구하여라.

(3) 사다리와 지면이 이루는 각의 크기 θ의 변화율을 구하여라.

연습문제 4.3

4. 원뿔 모양의 수조에서 1분에 $50m^3$의 물이 흘러나오고 있다. 수조의 윗면의 반지름은 45m이고, 높이는 6m이다.

   (1) 물의 높이가 5m일 때 물의 높이가 줄어들고 있는 비율(m/min)을 구하여라.

   (2) 이 때 수면의 반지름의 변화율(m/min)을 구하여라.

5. 열기구가 일정한 속력 1ft/sec으로 수직으로 상승하고 있고, 자전거는 일정한 속력 17ft/sec로 달리고 있다. 열기구가 65ft 높이에 이르렀을 때, 자전거가 열기구의 바로 밑을 통과하고 있었다. 그로부터 3초 후에 열기구와 자전거 사이의 거리 $s(t)$의 변화율을 구하여라.

6. 키가 6ft인 사람이 5ft/sec의 속력으로 길이가 16ft인 가로등을 향해 걷고 있다. 이 사람의 그림자의 끝이 움직이는 변화율을 구하여라. 이 사람과 가로등과의 거리가 10ft일 때, 그림자의 길이의 변화율을 구하여라.

7. 두 사람 A와 B가 수직으로 교차하는 길을 걷고 있다. A는 2m/sec의 속력으로 교차로를 향해 걷고 있고, B는 1m/sec의 속력으로 교차로로부터 멀어지고 있다. 교차로에서 A까지의 거리가 10m, 교차로에서 B까지의 거리가 20m일 때, 그림에서 보는 바와 같이 B각 θ의 변화율을 구하여라. (단, 단위는 도/sec를 사용한다.)

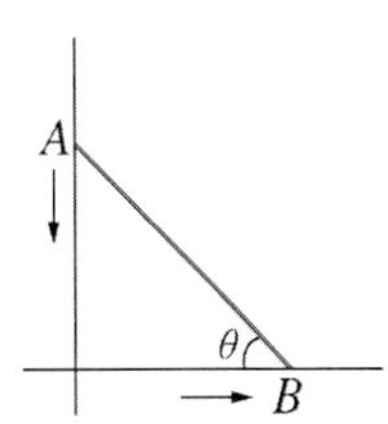

연습문제 4.3

8. 처음 속도 20m/sec로 곧장 위로 던진 돌의 t초 후의 높이를 $f(t)$m라 하면 $f(t)=20t-5t^2$으로 주어진다고 한다.

(1) 돌을 던진 후, 2초 동안의 평균속도를 구하여라.

(2) 돌을 던진 1초, 2초, 3초 후의 속도를 구하여라

(3) 시간 t에서의 가속도 a를 구하여라.

9. x축 위를 움직이는 점 P의 시각 t에서의 위치 x는 $x=3\sin\pi t+4\cos\pi t$로 주어진다고 한다. $t=2$일 때, 점 P의 속도와 가속도는?

10. 시각 t에서의 점 P의 좌표 (x, y)가 $x=4\cos t$, $y=2\sin t$로 주어질 때, $t=\frac{\pi}{4}$에서의 점 P의 속도 $\vec{\mathrm{v}}$와 가속도 $\vec{a}$및 그들의 크기를 구하여라

11. 동점 P의 좌표 x, y가 시각 $t(t \geq 0)$의 함수로서 다음과 같이 주어진다고 한다.

$$x=2t+1,\ y=2t-t^2$$

(1) 점 P의 자취를 나타내어라.

(2) $t=2$일 때 점 P의 속도벡터 $\vec{\mathrm{v}}$, 가속도벡터 $\vec{a}$및 그 크기를 각각 구하여라.

(3) $t=2$일 때 점 P의 속도벡터의 방향을 구하여라.

연습문제 4.3

12. 좌표평면 위를 움직이는 동점 P의 좌표 (x, y)가 시각 t의 함수로서 다음과 같이 주어진다고 한다.

$$x = e^t \cos t, \quad y = e^t \sin t$$

(1) 점 P의 속도벡터 $\vec{v}$의 크기를 구하여라.

(2) $t = \frac{\pi}{2}$일 때, 점 P의 속도벡터 $\vec{v}$가 x축과 이루는 각 α를 구하여라. 단, $0 < \alpha < \pi$이다.

(3) 점 P의 속도벡터 $\vec{v}$와 위치벡터 $\overrightarrow{OP}$가 이루는 각 β를 구하여라. 단, $0 < \beta < \pi$이고 O은 원점이다.

CHAPTER 5

적분

적분, 부정적분을 정의하고 여러가지 부정적분의 계산방법을 알아보기로 한다.

복잡한 피적분함수를 갖는 부정적분을 계산하기 위해 치환적분과 분수함수를 부분분수로 바꾼 다음 적분, 부분적분법, 또한 삼각함수의 부정적분을 살펴보고자 한다. 또는 정적분의 정의를 직사각형의 넓이의 합과 이 합에 대한 극한으로 정의하는 방법을 학습한다. 정적분은 어떤 구간에서 계산해야 하는데, 이 계산을 위해 정적분의 기본정리를 알아보고 치환정적분과 부분정적분을 알아본다. 정적분의 근사값을 구하는 여러 가지 방법에 대해 학습한다.

5.1 부정적분

5.1.1 부정적분의 뜻

함수 $f(x)$에 대하여 $F'(x) = f(x)$를 만족시키는 함수 $F(x)$를 $f(x)$의 부정적분 또는 원시함수라 하고, $f(x)$의 부정적분을 구하는 것을 $f(x)$를 적분한다고 한다. 함수 $f(x)$의 부정적분 중의 하나를 $F(x)$라고 하면 $f(x)$의 임의의 부정적분은

$F(x) + C$ (단, C는 상수)

의 꼴로 나타낼 수 있다. 이것을 기호로

$$\int f(x)\,dx = F(x) + C$$

로 나타낸다. 이 때, $f(x)$를 피적분함수, C를 적분상수라고 한다.

예제 5-1

다음에서 다항함수 $f(x)$, $g(x)$를 구하여라. 단, C는 상수이다.

(1) $\int f(x)\,dx = x^3 + 4x^2 - 5x + C$

(2) $\int (3-x)g(x)\,dx = 6x - x^2 + 4x^3 - x^4 + C$

풀이

(1) $\int f(x)\,dx = x^3 + 4x^2 - 5x + C$에서

$f(x) = (x^3 + 4x^2 - 5x + C)' = 3x^2 + 8x - 5$

(2) $\int (3-x)g(x)\,dx = 6x - x^2 + 4x^3 - x^4 + C$에서

$(3-x)g(x) = (6x - x^2 + 4x^3 - x^4 + C)' = 6 - 2x + 12x^2 - 4x^3 = (3-x)(4x^2+2)$

$\therefore\ g(x) = 4x^2 + 2$

예제 5-2

함수 $f(x)$에 대하여 등식 $\int f(x)\,dx = x^3 + 4x + C$가 성립할 때, $f(1)$의 값은? (단, C는 적분상수)

풀이

$\int f(x)\,dx = x^3 + 4x + C$에서 양변을 x에 대하여 미분하면 $f(x) = 3x^2 + 4$

$\therefore\ f(1) = 3 + 4 = 7$

예제 5-3

함수 $f(x)$에 대하여 등식 $\int (3x^2 - 2)\,dx = f(x) + C$가 성립할 때, $f'(1)$의 값은? (단, C는 적분상수)

풀이

$\int (3x^2 - 2)\,dx = f(x) + C$에서 양변을 x에 대하여 미분하면 $3x^2 - 2 = f'(x)$

$\therefore\ f'(1) = 3 - 2 = 1$

5.1.2 부정적분의 기본공식

함수 $y = x^n$의 부정적분(단, n은 실수이고 C는 적분상수)

(1) $n \neq -1$일 때, $\displaystyle\int x^n\,dx = \frac{1}{n+1}x^{n+1} + C$

(2) $n = -1$일 때, $\displaystyle\int x^{-1}\,dx = \int \frac{1}{x}\,dx = \ln|x| + C$

설명

(1) $n \neq -1$일 때, $\displaystyle\left(\frac{1}{n+1}x^{n+1}\right)' = \frac{1}{n+1} \cdot (n+1)x^{(n+1)-1} = x^n$

$\displaystyle\therefore\ \int x^n\,dx = \frac{1}{n+1}x^{n+1} + C$

(2) $n = -1$일 때, 로그함수의 미분법으로부터 $\displaystyle(\ln|x|)' = \frac{1}{x} = x^{-1}$

$\displaystyle\therefore\ \int x^{-1}\,dx = \int \frac{1}{x}\,dx = \ln|x| + C$

예제 5-4

다음 부정적분을 구하여라.

(1) $\displaystyle\int x\,dx$

(2) $\displaystyle\int x^2\,dx$

(3) $\displaystyle\int \frac{1}{x^2}\,dx$

(4) $\displaystyle\int 3x^2\sqrt{x}\,dx$

풀이

(1) $\displaystyle\int x\,dx = \frac{1}{1+1}x^{1+1} + C = \frac{1}{2}x^2 + C$

(2) $\displaystyle\int x^2\,dx = \frac{1}{2+1}x^{2+1} + C = \frac{1}{3}x^3 + C$

(3) $\displaystyle\int x^{-2}\,dx = \frac{1}{-2+1}x^{-2+1} + C = -x^{-1} + C$

(4) $\int 3x^2\sqrt{x}\,dx = \int 3x^{\frac{5}{2}}\,dx = 3\times\frac{1}{\frac{5}{2}+1}x^{\frac{5}{2}+1}+C = \frac{6}{7}x^3\sqrt{x}+C$

5.1.3 부정적분의 기본 성질

두 함수 $f(x)$, $g(x)$가 연속일 때,

(1) $\int kf(x)\,dx = k\int f(x)\,dx$ (단, k는 상수)

(2) $\int \{f(x)\pm g(x)\}\,dx = \int f(x)\,dx \pm \int g(x)\,dx$ (단, 복부호 동순)

설명

두 함수 $f(x)$, $g(x)$의 부정적분을 각각 $F(x)$, $G(x)$라고 하면

$F(x) = \int f(x)\,dx$, $G(x) = \int g(x)\,dx$, 즉 $F'(x) = f(x)$, $G'(x) = g(x)$이므로

(1) $\{kF(x)\}' = kF'(x) = kf(x)$

$\therefore \int kf(x)\,dx = \int kF'(x)dx = k\int f(x)\,dx$

(2) $\{F(x) \pm G(x)\}' = F'(x) \pm G'(x) = f(x) \pm g(x)$

$\therefore \int \{f(x) \pm g(x)\}\,dx = F(x) \pm G(x) = \int f(x)\,dx \pm \int g(x)\,dx$ (단, 복부호 동순)

예제 5-5

다음 부정적분을 구하여라.

(1) $\int (4x^3 - 6x^2 - 1)\,dx$

(2) $\int \frac{3+x}{x^2}\,dx$

풀이

(1) $\int 4x^3 dx - \int 6x^2 dx - \int dx = (x^4 + C_1) - (2x^3 + C_2) - (x + C_3) = x^4 - 2x^3 - x + C$

(2) $\int \left(3x^{-2} + \frac{1}{x}\right) dx = -\frac{3}{x} + \ln|x| + C$

예제 5-6

다음 부정적분을 구하여라.

(1) $\int (x^2 + \sqrt{2}x + 1)(x^2 - \sqrt{2}x + 1)\, dx$ (2) $\int \frac{x^4 + x^2 + 1}{x^2 + x + 1} dx$

(3) $\int \left(\frac{1}{1 + \tan^2\theta} + \frac{1}{1 + \cot^2\theta}\right) d\theta$ (4) $\int \frac{x^3}{x+1} dx + \int \frac{1}{x+1} dx$

(5) $\int (\sin\theta + \cos\theta)^2 d\theta + \int (\sin\theta - \cos\theta)^2 d\theta$

풀이

(1) $\int (x^4 + 1)\, dx = \frac{1}{5}x^5 + x + C$

(2) $\int \frac{(x^2 + x + 1)(x^2 - x + 1)}{x^2 + x + 1} dx = \int (x^2 - x + 1)\, dx = \frac{1}{3}x^3 - \frac{1}{2}x^2 + x + C$

(3) $\int \left(\frac{1}{\sec^2\theta} + \frac{1}{\csc^2\theta}\right) d\theta = \int (\cos^2\theta + \sin^2\theta)\, d\theta = \int d\theta = \theta + C$

(4) $\int \frac{x^3 + 1}{x+1} dx = \int \frac{(x+1)(x^2 - x + 1)}{x+1} dx = \int (x^2 - x + 1)\, dx = \frac{1}{3}x^3 - \frac{1}{2}x^2 + x + C$

(5) $\int \{(\sin\theta + \cos\theta)^2 + (\sin\theta - \cos\theta)^2\}\, d\theta = \int 2\, d\theta = 2\theta + C$

5.1.4 삼각함수의 부정적분 (단, C는 적분상수)

(1) $\int \sin x\, dx = -\cos x + C$ (2) $\int \cos x\, dx = \sin x + C$

(3) $\int \sec^2 x\, dx = \tan x + C$ (4) $\int \mathrm{cosec}^2 x\, dx = -\cot x + C$

(5) $\int \sec x \tan x\, dx = \sec x + C$

(6) $\int \operatorname{cosec} x \cot x\, dx = -\operatorname{cosec} x + C$

설명

삼각함수의 미분법으로부터

(1) $(\cos x)' = -\sin x$이므로 $\int \sin x\, dx = -\cos x + C$

(2) $(\sin x)' = \cos x$이므로 $\int \cos x\, dx = \sin x + C$

(3) $(\tan x)' = \sec^2 x$이므로 $\int \sec^2 x\, dx = \tan x + C$

(4) $(\cot x)' = -\operatorname{cosec}^2 x$이므로 $\int \operatorname{cosec}^2 x\, dx = -\cot x + C$

(5) $(\sec x)' = \sec x \tan x$이므로 $\int \sec x \tan x\, dx = \sec x + C$

(6) $(\operatorname{cosec} x)' = -\operatorname{cosec} x \cot x$이므로 $\int \operatorname{cosec} x \cot x\, dx = -\operatorname{cosec} x + C$

5.1.5 지수함수의 부정적분 (단, C는 적분상수)

(1) $\int e^x\, dx = e^x + C$ (단, e는 자연로그의 밑이다.)

(2) $\int a^x\, dx = \dfrac{a^x}{\ln a} + C$ (단, $a > 0,\ a \neq 1$)

설명

지수함수의 미분법으로부터

(1) $(e^x)' = e^x$이므로 $\int e^x\, dx = e^x + C$

(2) $(a^x)' = a^x \ln a$에서 $a^x = \dfrac{(a^x)'}{\ln a} = \left(\dfrac{a^x}{\ln a}\right)'$이므로 $\int a^x\, dx = \dfrac{a^x}{\ln a} + C$

예제 5-7

다음 부정적분을 구하여라.

(1) $\displaystyle\int \cos^2\frac{x}{2}\,dx$

(2) $\displaystyle\int \left(\sin\frac{x}{2}-\cos\frac{x}{2}\right)^2 dx$

(3) $\displaystyle\int \frac{4e^x\cos^2 x-3}{\cos^2 x}\,dx$

(4) $\displaystyle\int \frac{e^{2x}-4^x}{e^x+2^x}\,dx$

(5) $\displaystyle\int \frac{8^x+1}{2^x+1}\,dx$

(6) $\displaystyle\int 2^x(2^x+1)\,dx$

풀이

(1) $\cos^2\dfrac{x}{2}=\dfrac{1+\cos x}{2}$ 이므로 $\displaystyle\int \frac{1}{2}(1+\cos x)\,dx=\frac{x}{2}+\frac{\sin x}{2}+C$

(2) $\left(\sin\dfrac{x}{2}-\cos\dfrac{x}{2}\right)^2=\sin^2\dfrac{x}{2}-2\sin\dfrac{x}{2}\cos\dfrac{x}{2}+\cos^2\dfrac{x}{2}=-\sin x+1$ 이므로

$\displaystyle\int -\sin x+1\,dx=\cos x+x+C$

(3) $\displaystyle\int (4e^x-3\sec^2 x)\,dx=4e^x-3\tan x+C$

(4) $\dfrac{e^{2x}-4^x}{e^x+2^x}=\dfrac{(e^x+2^x)(e^x-2^x)}{e^x+2^x}=e^x-2^x$ 이므로 $\displaystyle\int (e^x-2^x)\,dx=e^x-\frac{2^x}{\ln 2}+C$

(5) $\dfrac{8^x+1}{2^x+1}=\dfrac{2^{3x}+1}{2^x+1}=\dfrac{(2^x+1)(2^{2x}-2^x+1)}{2^x+1}=4^x-2^x+1$ 이므로

$\displaystyle\int (4^x-2^x+1)\,dx=\frac{4^x}{\ln 4}-\frac{2^x}{\ln 2}+x+C=\frac{2^x(2^{x-1}-1)}{\ln 2}+x+C$

(6) $\displaystyle\int (4^x+2^x)\,dx=\frac{4^x}{\ln 4}+\frac{2^x}{\ln 2}+C=\frac{2^x(2^{x-1}+1)}{\ln 2}+C$

5.1.6 치환적분법

미분가능한 함수 $g(t)$에 대하여 $x=g(t)$로 놓으면

$$\int f(x)\,dx=\int f(g(t))g'(t)\,dt$$

설명

부정적분

$$F(x) = \int f(x)\,dx \qquad (1)$$

에서 x를 다른 변수 t의 함수 $x = g(t)$로 놓으면

$$F(x) = F(g(t))$$

이 등식의 양변을 t에 대하여 미분하면 합성함수의 미분법에 의하여

$$\frac{d}{dt}F(x) = \frac{d}{dx}F(x) \cdot \frac{dx}{dt} = f(x)g'(t) = f(g(t))g'(t)$$

이므로 양변을 t에 대하여 적분하면

$$F(x) = \int f(g(t))g'(t)\,dt \qquad (2)$$

따라서 (1)과 (2)에서 다음 등식을 얻는다.

$$\int f(x)\,dx = \int f(g(t))g'(t)\,dt$$

이와 같이 변수 x를 다른 변수로 바꾸어 적분하는 방법을 치환적분법이라고 한다.

참고 : 치환적분

$\int f(g(x))g'(x)\,dx$를 구할 경우에 $g(x) = t$로 놓으면 $\frac{dt}{dx} = g'(x)$이므로

$$\int f(g(x))g'(x)\,dx = \int f(t)\,dt$$

$\int f(t)\,dt$를 구한 후에는 t대신에 $g(x)$를 대입하여 원래 변수인 x에 대하여 나타낸다.

예제 5-8

다음 부정적분을 구하여라.

(1) $\int (x^2+x+1)^3(2x+1)\,dx$

(2) $\int x\sqrt{3x^2+2}\,dx$

(3) $\int e^x\sqrt{e^x+2}\,dx$

(4) $\int (1+\cos x)^3\sin x\,dx$

(5) $\int x\cos(x^2+2)\,dx$

(6) $\int xe^{-x^2}\,dx$

풀이

(1) $x^2+x+1=t$라고 하면 $(2x+1)\dfrac{dx}{dt}=1 \quad \therefore dx=\dfrac{1}{2x+1}dt$

$$\int t^3\,dt=\frac{1}{4}t^4+C=\frac{1}{4}(x^2+x+1)^4+C$$

(2) $3x^2+2=t$라고 하면 $6x\dfrac{dx}{dt}=1 \quad \therefore dx=\dfrac{1}{6x}dt$

$$\int \sqrt{t}\cdot\frac{1}{6}dt=\frac{1}{9}t^{\frac{3}{2}}+C=\frac{1}{9}\sqrt{(3x^2+2)^3}+C$$

(3) $e^x+2=t$라고 하면 $e^x\,dx=dt$

$$\int \sqrt{t}\,dt=\frac{2}{3}t^{\frac{3}{2}}+C=\frac{2}{3}\sqrt{(e^x+2)^3}+C$$

(4) $1+\cos x=t$라고 하면 $-\sin x\,dx=dt$

$$\int t^3\cdot(-dt)=-\frac{1}{4}t^4+C=-\frac{1}{4}(1+\cos x)^4+C$$

(5) $x^2+2=t$라고 하면 $2x\,dx=dt$

$$\int \cos t\cdot\frac{1}{2}dt=\frac{1}{2}\sin t+C=\frac{1}{2}\sin(x^2+2)+C$$

(6) $-x^2=t$라고 하면 $-2x\,dx=dt$

$$\int e^t\cdot\left(-\frac{1}{2}dt\right)=-\frac{1}{2}e^t+C=-\frac{1}{2}e^{-x^2}+C$$

예제 5-9

다음 부정적분을 구하여라.

(1) $\int \cot x \, dx$

(2) $\int \frac{\cos x}{3-2\sin x} dx$

(3) $\int \frac{dx}{(\cos^2 x)(1+\tan x)}$

(4) $\int \frac{3^x \ln 3}{3^x+1} dx$

(5) $\int \frac{\cos(\ln x)}{x} dx$

풀이

(1) $\cot x = \frac{\cos x}{\sin x}$에서 $\sin x = t$라 하면 $\cos x \, dx = dt$

$$\int \frac{1}{t} dt = \ln|t| + C = \ln|\sin x| + C$$

(2) $3-2\sin x = t$라고 하면 $-2\cos x \, dx = dt$

$$\int \frac{1}{t} \cdot \left(-\frac{1}{2} dt\right) = -\frac{1}{2} \ln|t| + C = -\frac{1}{2} \ln(3-2\sin x) + C$$

(3) $1+\tan x = t$라고 하면 $\sec^2 x \, dx = dt$

$$\int \frac{\sec^2 x}{1+\tan x} dx = \int \frac{1}{t} dt = \ln|t| + C = \ln|1+\tan x| + C$$

(4) $3^x + 1 = t$라고 하면 $3^x \ln 3 \, dx = dt$

$$\int \frac{1}{t} dt = \ln|t| + C = \ln(3^x+1) + C$$

(5) $\ln x = t$라고 하면 $\frac{1}{x} dx = dt$

$$\int \cos t \, dt = \sin t + C = \sin(\ln x) + C$$

5.1.7 분수함수의 부정적분

분수함수의 부정적분은 다음과 같이 구한다.

(1) 분자의 차수가 분모의 차수보다 낮은 경우

① 분모를 인수분해하여 주어진 분수식을 부분분수로 분해한다.

② $\int \frac{f'(x)}{f(x)} dx = \ln|f(x)| + C$ (단, C는 적분상수) 임을 이용하여 부정적분을 구한다.

(2) 분자의 차수가 분모의 차수보다 높거나 같은 경우 분자를 분모로 나누어 몫과 나머지를 분리한 후 (1)의 과정을 반복한다.

예 : $\int \frac{x^2}{x+1} dx = \int \left(x - 1 + \frac{1}{x+1}\right) dx = \frac{1}{2}x^2 - x + \ln|x+1| + C$ (단, C는 적분상수)

예제 5-10

다음 부정적분을 구하시오.

(1) $\int \frac{1}{x(x+1)} dx$

(2) $\int \frac{x+3}{x^2-1} dx$

(3) $\int \frac{x^2+1}{x+1} dx$

(4) $\int \frac{2x+1}{(x-1)(x+2)^2} dx$

풀이

(1) $\frac{1}{x(x+1)} = \frac{1}{x} - \frac{1}{x+1}$

$$\int \frac{1}{x(x+1)} dx = \int \left(\frac{1}{x} - \frac{1}{x+1}\right) dx = \ln|x| - \ln|x+1| + C \text{ (단, } C\text{는 적분상수)}$$

(2) $\frac{x+3}{x^2-1} = \frac{x+3}{(x-1)(x+1)} = \frac{A}{x-1} + \frac{B}{x+1}$ 로 놓으면

$$\frac{x+3}{(x-1)(x+1)} = \frac{(A+B)x + (A-B)}{(x-1)(x+1)}$$

이 등식은 x에 대한 항등식이므로 $A+B=1$, $A-B=3$

이 두 식을 연립하여 풀면 $A=2$, $B=-1$

따라서 $\frac{x+3}{x^2-1} = \frac{2}{x-1} - \frac{1}{x+1}$ 이므로

$$\int \frac{x+3}{x^2-1}\,dx = \int\left(\frac{2}{x-1}-\frac{1}{x+1}\right)dx = \int \frac{2}{x-1}\,dx - \int \frac{1}{x+1}\,dx$$

$$= 2\ln|x-1| - \ln|x+1| + C \text{ (단, } C\text{는 적분상수)}$$

(3) $\displaystyle\int \frac{x^2+1}{x+1}\,dx = \int\left(x-1+\frac{2}{x+1}\right)dx = \frac{1}{2}x^2 - x + 2\ln|x+1| + C$

(4) $\displaystyle\frac{2x+1}{(x-1)(x+2)^2} = \frac{a}{x-1}+\frac{b}{x+2}+\frac{c}{(x+2)^2}$ 라고 하면

$$\frac{2x+1}{(x-1)(x+2)^2} = \frac{a(x+2)^2+b(x-1)(x+2)+c(x-1)}{(x-1)(x+2)^2}$$

$\therefore 2x+1 = (a+b)x^2+(4a+b+c)x+4a-2b-c$

x에 관한 항등식이므로 $a+b=0,\ 4a+b+c=2,\ 4a-2b-c=1$

연립하여 풀면 $a=\dfrac{1}{3},\ b=-\dfrac{1}{3},\ c=1$

$$\therefore \frac{2x+1}{(x-1)(x+2)^2} = \frac{1}{3}\cdot\frac{1}{x-1}-\frac{1}{3}\cdot\frac{1}{x+2}+\frac{1}{(x+2)^2}$$

$$\therefore \int \frac{2x+1}{(x-1)(x+2)^2}\,dx = \frac{1}{3}\int\frac{1}{x-1}\,dx - \frac{1}{3}\int\frac{1}{x+2}\,dx + \int\frac{1}{(x+2)^2}\,dx$$

$$= \frac{1}{3}\ln|x-1| - \frac{1}{3}\ln|x+2| - \frac{1}{x+2} + C$$

예제 5-11

다음 부정적분을 구하여라.

(1) $\displaystyle\int \frac{2x^2}{x+1}\,dx$

(2) $\displaystyle\int \frac{x+1}{2x^2-3x-2}\,dx$

(3) $\displaystyle\int \frac{x+1}{(2x-1)^2}\,dx$

(4) $\displaystyle\int \frac{1}{x(x+1)(x+2)}\,dx$

풀이

(1) $\displaystyle\int\left(2x-2+\frac{2}{x+1}\right)dx = x^2-2x+2\ln|x+1|+C$

(2) $\displaystyle\frac{1}{5}\int\left(\frac{-1}{2x+1}+\frac{3}{x-2}\right)dx = -\frac{1}{10}\ln|2x+1|+\frac{3}{5}\ln|x-2|+C$

(3) $\frac{1}{2}\int\left\{\frac{1}{2x-1}+\frac{3}{(2x-1)^2}\right\}dx=\frac{1}{4}\ln|2x-1|-\frac{3}{4(2x-1)}+C$

(4) $\frac{1}{2}\int\left(\frac{1}{x}+\frac{1}{x+2}-\frac{2}{x+1}\right)dx=\frac{1}{2}(\ln|x|+\ln|x+2|-2\ln|x+1|)+C$

$$=\frac{1}{2}\ln\frac{|x(x+2)|}{(x+1)^2}+C$$

5.1.8 부분적분법

미분가능한 두 함수 $f(x)$, $g(x)$에 대하여

$$\int f(x)g'(x)\,dx=f(x)g(x)-\int f'(x)g(x)\,dx$$

설명 두 함수 $f(x)$, $g(x)$가 미분가능할 때,

$$\{f(x)g(x)\}'=f'(x)g(x)+f(x)g'(x)$$

이 등식의 양변을 x에 대하여 적분하면

$$f(x)g(x)=\int\{f'(x)g(x)+f(x)g'(x)\}\,dx=\int f'(x)g(x)\,dx+\int f(x)g'(x)\,dx$$

$\therefore \int f'(x)g(x)\,dx=f(x)g(x)-\int f(x)g'(x)\,dx$ 또는 $f(x)=\mu,\ g(x)=u$

이라고 하면 $\int u'v\,dx=uv-\int uv'\,dx$ 이다.

예제 5-12

다음 부정적분을 구하여라.

(1) $\int xe^{3x}\,dx$ (2) $\int x\cos 2x\,dx$ (3) $\int x\sin^2 x\,dx$

(4) $\int \ln(x+1)\,dx$ (5) $\int x\ln x\,dx$ (6) $\int x^2\ln x\,dx$

풀이

(1) $u' = e^{3x}$, $v = x$라고 하면 $u = \frac{1}{3}e^{3x}$, $v' = 1$이므로

준식= $\frac{1}{3}xe^{3x} - \int \frac{1}{3}e^{3x}\,dx = \frac{1}{3}xe^{3x} - \frac{1}{9}e^{3x} + C$

(2) $u' = \cos 2x$, $v = x$라고 하면 $u = \frac{1}{2}\sin 2x$, $v' = 1$이므로

준식= $\frac{1}{2}x\sin 2x - \int \frac{1}{2}\sin 2x\,dx = \frac{1}{2}x\sin 2x + \frac{1}{4}\cos 2x + C = \frac{1}{4}(2x\sin 2x + \cos 2x) + C$

(3) $\frac{1}{2}\int x(1-\cos 2x)\,dx$

$u' = 1-\cos 2x$, $v = x$라고 하면 $u = x - \frac{1}{2}\sin 2x$, $v' = 1$이므로

준식= $\frac{1}{2}\left\{\left(x - \frac{1}{2}\sin 2x\right)x - \int\left(x - \frac{1}{2}\sin 2x\right)\cdot 1\,dx\right\}$

$= \frac{1}{2}\left(x^2 - \frac{1}{2}x\sin 2x - \frac{1}{2}x^2 - \frac{1}{4}\cos 2x\right) + C = \frac{1}{8}(2x^2 - 2x\sin 2x - \cos 2x) + C$

(4) $u' = 1$, $v = \ln(x+1)$이라고 하면 $u = x$, $v' = \frac{1}{x+1}$이므로

준식= $x\ln(x+1) - \int \frac{x}{x+1}\,dx = x\ln(x+1) - \int\left(1 - \frac{1}{x+1}\right)dx$

$= x\ln(x+1) - x + \ln(x+1) + C = (x+1)\ln(x+1) - x + C$

(5) $u' = x$, $v = \ln x$라고 하면 $u = \frac{1}{2}x^2$, $v' = \frac{1}{x}$

준식= $\frac{1}{2}x^2\ln x - \int \frac{1}{2}x^2\cdot\frac{1}{x}\,dx = \frac{1}{2}x^2\ln x - \frac{1}{2}\int x\,dx = \frac{1}{2}x^2\ln x - \frac{1}{4}x^2 + C$

(6) $u' = x^2$, $v = \ln x$라고 하면 $u = \frac{1}{3}x^3$, $v' = \frac{1}{x}$이므로

준식= $\frac{1}{3}x^3\ln x - \int \frac{1}{3}x^3\cdot\frac{1}{x}\,dx = \frac{1}{3}x^3\ln x - \frac{1}{9}x^3 + C$

예제 5-13

다음 부정적분을 구하여라.

(1) $\int x^2 e^{-x}\,dx$ (2) $\int x^2 \cos x\,dx$

(3) $\int x(\ln x)^2\,dx$ (4) $\int e^x \cos x\,dx$

풀이

(1) $u' = e^{-x}$, $v = x^2$이라고 하면 $u = -e^{-x}$, $v' = 2x$이므로

준 식 $= -x^2e^{-x} - \int(-e^{-x}) \cdot 2x\,dx = -x^2e^{-x} + 2\int xe^{-x}\,dx$

$\int xe^{-x}\,dx$에서 다시 $u' = e^{-x}$, $v = x$라고 하면 $u = -e^{-x}$, $v' = 1$이므로

$\int xe^{-x}\,dx = -xe^{-x} - \int(-e^{-x})\,dx = -xe^{-x} - e^{-x} + C_1$

준 식 $= -x^2e^{-x} + 2(-xe^{-x} - e^{-x}) + 2C_1 = -(x^2 + 2x + 2)e^{-x} + C$

(2) $u' = \cos x$, $v = x^2$이라고 하면 $u = \sin x$, $v' = 2x$

준 식 $= x^2 \sin x - 2\int x \sin x\,dx$

$\int x \sin x\,dx$에서 다시 $u' = \sin x$, $v = x$라고 하면 $u = -\cos x$, $v' = 1$이므로

$\int x \sin x\,dx = -x\cos x - \int(-\cos x)\,dx = -x\cos x + \sin x + C_1$

준 식 $= x^2 \sin x - 2(-x\cos x + \sin x + C_1) = (x^2 - 2)\sin x + 2x\cos x + C$

(3) $u' = x$, $v = (\ln x)^2$이라고 하면 $u = \frac{1}{2}x^2$, $v' = 2\ln x \cdot \frac{1}{x}$

준식 $= \frac{1}{2}x^2(\ln x)^2 - \int x \ln x\,dx$

$\int x \ln x\,dx$에서 다시 $u' = x$, $v = \ln x$라고 하면 $u = \frac{1}{2}x^2$, $v' = \frac{1}{x}$이므로

$\int x \ln x\,dx = \frac{1}{2}x^2 \ln x - \int \frac{1}{2}x^2 \cdot \frac{1}{x}\,dx = \frac{1}{2}x^2 \ln x - \frac{1}{4}x^2 + C_1$

준식 $= \frac{1}{2}x^2(\ln x)^2 - \left(\frac{1}{2}x^2 \ln x - \frac{1}{4}x^2 + C_1\right) = \frac{1}{2}x^2\left\{(\ln x)^2 - \ln x + \frac{1}{2}\right\} + C$

(4) $u' = e^x$, $v = \cos x$라고 하면 $u = e^x$, $v' = -\sin x$이므로

$$I = \int e^x \cos x\, dx = e^x \cos x + \int e^x \sin x dx \qquad ①$$

$\int e^x \sin x\, dx$에서 $u' = e^x,\ v = \sin x$라고 하면 $u = e^x,\ v' = \cos x$이므로

$$\int e^x \sin x\, dx = e^x \sin x - \int e^x \cos x\, dx = e^x \sin x - I$$

①에 대입하면 $I = e^x \cos x + e^x \sin x - I \qquad \therefore 2I = e^x(\cos x + \sin x)$

$$\therefore \int e^x \cos x\, dx = \frac{1}{2} e^x (\sin x + \cos x) + C$$

5.1.9 역삼각함수를 포함하는 적분

역삼각함수의 도함수에 대응되는 적분 공식을 얻어 보자.

$$\frac{d}{dx} \sin^{-1} x = \frac{1}{\sqrt{1-x^2}}$$

이므로

$$\int \frac{1}{\sqrt{1-x^2}}\, dx = \sin^{-1} x + C$$

이다. 마찬가지로

$$\frac{d}{dx} \cos^{-1} x = \frac{-1}{\sqrt{1-x^2}}$$

이므로

$$\int \frac{1}{\sqrt{1-x^2}}\, dx = -\cos^{-1} x + C$$

이 된다. 유사한 방법을 사용하면 다음과 같은 두 공식을 얻을 수 있다.

$$\int \frac{1}{1+x^2}\,dx = \tan^{-1}x + C$$

$$\int \frac{1}{|x|\sqrt{x^2-1}}\,dx = \sec^{-1}x + C$$

예제 5-14

$\int \frac{1}{9+x^2}\,dx$ 를 구하여라.

풀이

피적분 함수는 $\tan^{-1}x$ 의 미분과 유사하다. 적분식을 다시 쓰면

$$\int \frac{1}{9+x^2}\,dx = \frac{1}{9}\int \frac{1}{1+\left(\frac{x}{3}\right)^2}\,dx$$

이다. $u = \frac{x}{3}$ 라 놓으면 $du = \frac{1}{3}\,dx$ 이므로

$$\int \frac{1}{9+x^2}\,dx = \frac{1}{9}\int \frac{1}{1+\left(\frac{x}{3}\right)^2}\,dx = \frac{1}{3}\int \frac{1}{1+\left(\frac{x}{3}\right)^2}\,\frac{1}{3}\,dx$$

$$= \frac{1}{3}\int \frac{1}{1+u^2}\,du = \frac{1}{3}\tan^{-1}u + C = \frac{1}{3}\tan^{-1}\left(\frac{x}{3}\right) + C$$

예제 5-15

$\int \frac{e^x}{1+e^{2x}}\,dx$를 구하여라.

풀이

부정적분을 직접 구할 수 없으므로 $e^{2x} = (e^x)^2$임에 착안하자. $u = e^x$라 놓으면 $du = e^x dx$이므로

$$\int \frac{e^x}{1+e^{2x}}\,dx = \int \frac{1}{1+(e^x)^2} e^x\,dx = \int \frac{1}{1+u^2}\,du = \tan^{-1}u + C = \tan^{-1}(e^x) + C$$

예제 5-16

$\int \frac{x}{\sqrt{1-x^4}}\,dx$를 구하여라.

풀이

적분을 다음과 같이 변형하자.

$$\int \frac{x}{\sqrt{1-x^4}}\,dx = \int \frac{x}{\sqrt{1-(x^2)^2}}\,dx$$

$u = x^2$이라 놓으면 $du = 2x\,dx$이므로

$$\int \frac{x}{\sqrt{1-x^4}}\,dx = \frac{1}{2}\int \frac{2x}{\sqrt{1-(x^2)^2}}\,dx = \frac{1}{2}\int \frac{1}{\sqrt{1-u^2}}\,du$$
$$= \frac{1}{2}\sin^{-1}u + C = \frac{1}{2}\sin^{-1}(x^2) + C$$

Integration Formulas (적분 공식)

▪ 기본 적분

$$\int k\,dx = kx + C \ (k : \text{상수})$$

$$\int x^n\,dx = \frac{1}{n+1}x^{n+1} + C,\ n \neq -1$$

$$\int \frac{1}{x}dx = \ln|x| + C$$

▪ 지수함수 적분

$$\int e^x dx = e^x + C$$

$$\int a^x dx = \frac{a^x}{\ln a} + C \quad (a > 0,\ a \neq 1)$$

▪ 삼각함수 적분

$$\int \cos x\,dx = \sin x + C$$

$$\int \sec^2 x\,dx = \tan x + C$$

$$\int \sec x \tan x\,dx = \sec x + C$$

$$\int \tan x\,dx = \ln|\sec x| + C$$
$$= -\ln|\cos x| + C$$

$$\int \sec x\,dx = \ln|\sec x + \tan x| + C$$

$$\int \sin^2 x\,dx = \int\left(\frac{1}{2} - \frac{1}{2}\cos 2x\right)dx$$
$$= \frac{1}{2}x - \frac{1}{4}\sin 2x + C$$

$$\int \sin x\,dx = -\cos x + C$$

$$\int \csc^2 x\,dx = -\cot x + C$$

$$\int \csc x \cot x\,dx = -\csc x + C$$

$$\int \cot x\,dx = \ln|\sin x| + C = -\ln|\csc x| + C$$

$$\int \csc x\,dx = \ln|\csc x - \cot x| + C$$

$$\int \cos^2 x\,dx = \int\left(\frac{1}{2} + \frac{1}{2}\cos 2x\right)dx$$
$$= \frac{1}{2}x + \frac{1}{4}\sin 2x + C$$

▪ 역 연쇄법칙을 사용한 적분

$$\int e^{kx}dx = \frac{1}{k}e^{kx} + C$$

$$\int \sin kx\,dx = -\frac{1}{k}\cos kx + C$$

$$\int \cos kx\,dx = \frac{1}{k}\sin kx + C$$

$$\int a^{kx}dx = \frac{1}{k}\frac{a^{kx}}{\ln a} + C$$

$$\int (kx+b)^n dx = \frac{1}{n+1} \cdot \frac{1}{k}(kx+b)^{n+1} + C$$

Integration Formulas (적분 공식)

■ 특별한 분수 적분

$$\int \frac{f'(x)}{f(x)}dx = \ln|f(x)| + C$$

■ 역 삼각함수 적분

$$\int \frac{dx}{\sqrt{1-x^2}} = \sin^{-1}x + C$$

$$\int \frac{dx}{\sqrt{a^2-x^2}} = \sin^{-1}\left(\frac{x}{a}\right) + C$$

$$\int \frac{dx}{x^2+1} = \tan^{-1}x + C$$

$$\int \frac{dx}{x^2+a^2} = \frac{1}{a}\tan^{-1}\left(\frac{x}{a}\right) + C$$

$$\int \frac{dx}{x\sqrt{x^2-1}} = \sec^{-1}|x| + C$$

연습문제 5.1

1. 부정적분을 구하여라.

(1) $\int \left(3t^2 + \frac{t}{2}\right) dt$

(2) $\int \left(\frac{1}{x^2} - x^2 - \frac{1}{3}\right) dx$

(3) $\int (\sqrt{x} + \sqrt[3]{x})\, dx$

(4) $\int \left(8y - \frac{2}{y^{\frac{1}{4}}}\right) dy$

(5) $\int 7 \sin \frac{\theta}{3}\, d\theta$

(6) $\int (-3 \csc^2 x)\, dx$

(7) $\int \frac{\csc\theta \cot\theta}{2}\, d\theta$

(8) $\int (e^{3x} + 5e^{-x})\, dx$

(9) $\int (4 \sec x \tan x - 2 \sec^2 x)\, dx$

(10) $\int (\sin 2x - \csc^2 x)\, dx$

(11) $\int \left(\frac{1}{x} - \frac{5}{x^2+1}\right) dx$

(12) $\int (1 + \tan^2 \theta)\, d\theta$

(힌트 : $1 + \tan^2\theta = \sec^2\theta$)

(13) $\int \cos\theta (\tan\theta + \sec\theta)\, d\theta$

(14) $\int \frac{dr}{(r+5)^2}$

(15) $\int x^3 (1 + x^4)^{-\frac{1}{4}}\, dx$

(16) $\int \sec^2 \frac{s}{10}\, ds$

(17) $\int \sin^2 \frac{x}{4}\, dx$

연습문제 5.1

2. 치환을 이용하여 다음 부정적분을 구하여라.

(1) $\int \theta \sqrt[4]{1-\theta^2}\, d\theta$

(2) $\int \dfrac{1}{\sqrt{x}\,(1+\sqrt{x})^2}\, dx$

(3) $\int \tan x\, dx$

(4) $\int x^{\frac{1}{2}} \sin(x^{\frac{3}{2}}+1)\, dx$

(5) $\int \dfrac{\sin(2t+1)}{\cos^2(2t+1)}\, dt$

(6) $\int \dfrac{1}{\theta^2} \sin\dfrac{1}{\theta} \cos\dfrac{1}{\theta}\, d\theta$

(7) $\int (\sin 2\theta) e^{\sin^2\theta}\, d\theta$

(8) $\int \dfrac{1}{\sqrt{x}\, e^{-\sqrt{x}}} \sec^2(e^{\sqrt{x}}+1)\, dx$

(9) $\int \dfrac{1}{x^2} e^{\frac{1}{x}} \sec(1+e^{\frac{1}{x}}) \tan(1+e^{\frac{1}{x}})\, dx$

(10) $\int \dfrac{dx}{x \ln x}$

(11) $\int \dfrac{5}{9+4r^2}\, dr$

(12) $\int \dfrac{e^{\sin^{-1}x}\, dx}{\sqrt{1-x^2}}$

(13) $\int \dfrac{(\sin^{-1}x)^2\, dx}{\sqrt{1-x^2}}$

(14) $\int \dfrac{dy}{(\tan^{-1}y)(1+y^2)}$

(15) $\int 2(\cos x)^{-\frac{1}{2}} \sin x\, dx$

(16) $\int (2\theta+1+2\cos(2\theta+1))\, d\theta$

(17) $\int \sqrt{t} \sin(2t^{\frac{3}{2}})\, dt$

(18) $\int e^x \sec^2(e^x-7)\, dx$

(19) $\int \sec^2(x) e^{\tan x}\, dx$

(20) $\int \dfrac{(\ln x)^{-3}}{x}\, dx$

(21) $\int \dfrac{3\, dr}{\sqrt{1-4(r-1)^2}}$

(22) $\int \dfrac{dx}{2+(x-1)^2}$

연습문제 5.1

(23) $\displaystyle\int \frac{dx}{(2x-1)\sqrt{(2x-1)^2-4}}$　　(24) $\displaystyle\int \frac{16x\,dx}{\sqrt{8x^2+1}}$

(25) $\displaystyle\int e^{\tan u}\sec^2 u\,du$　　(26) $\displaystyle\int \frac{2^{\sqrt{w}}\,dw}{2\sqrt{w}}$

(27) $\displaystyle\int \frac{2s\,ds}{\sqrt{1-s^4}}$　　(28) $\displaystyle\int \frac{6\,dx}{x\sqrt{25x^2-1}}$

3. 다음을 완전제곱으로 변경한 후 치환하여 적분하여라.

(1) $\displaystyle\int \frac{dt}{\sqrt{-t^2+4t-3}}$　　(2) $\displaystyle\int \frac{dx}{(x+1)\sqrt{x^2+2x}}$

4. 가분수함수를 변형하여 차수를 줄이고 치환하여 적분하여라.

(1) $\displaystyle\int \frac{x}{x+1}\,dx$　　(2) $\displaystyle\int \frac{4t^3-t^2+16t}{t^2+4}\,dt$

(3) $\displaystyle\int \frac{1-x}{\sqrt{1-x^2}}\,dx$　　(4) $\displaystyle\int \frac{x^3+x}{x-1}\,dx$

5. 부분적분법을 이용하여 적분을 구하여라.

(1) $\displaystyle\int x\sin\frac{x}{2}\,dx$　　(2) $\displaystyle\int x\ln x\,dx$

(3) $\displaystyle\int x^3e^x\,dx$　　(4) $\displaystyle\int \theta^2\sin 2\theta\,d\theta$

(5) $\displaystyle\int e^{2x}\cos 3x\,dx$

연습문제 5.1

6. 피적분함수를 부분분수의 합으로 나타내고 적분을 구하여라.

(1) $\int \frac{1}{1-x^2}\,dx$

(2) $\int \frac{1}{x^2+2x}\,dx$

(3) $\int \frac{x+4}{x^2+5x-6}\,dx$

(4) $\int \frac{1}{t^3+t^2-2t}\,dt$

5.2 정적분의 정의와 계산

5.2.1 정적분의 정의

함수 $f(x)$가 닫힌 구간 $[a, b]$에서 연속일 때, 닫힌 구간 $[a, b]$를 n등분하여 양끝점을 포함한 각 등분점의 x좌표를 차례로

$$x_0(=a), x_1, x_2, x_3, \dots, x_n(=b)$$

이라 할 때,

$$\lim_{n\to\infty}\sum_{k=1}^{n} f(x_k)\Delta x \text{ (단, } \Delta x = \frac{b-a}{n},\ x_k = a + k\Delta x)$$

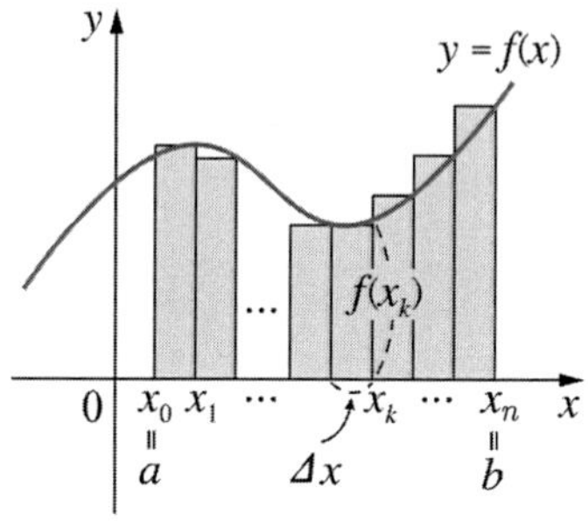

그림 5.1

의 값이 존재한다.(그림 5.1)

이 값을 함수 $f(x)$의 a에서 b까지의 정적분이라 하고, 기호로 $\int_a^b f(x)\,dx$로 나타낸다. 즉,

$$\int_a^b f(x)\,dx = \lim_{n\to\infty}\sum_{k=1}^{n} f(x_k)\Delta x$$

이 때, a를 아래끝, b를 위끝이라 한다.

참고 : 넓이의 유형

(1) 곡선 $y = f(x)$와 x축 및 두 직선 $x = a$, $x = b$ (단, $a < b$)로 둘러싸인 부분의 넓이를 S라 하면

(i) [그림 5.2]와 같이 닫힌 구간 $[a, b]$에서 $f(x) > 0$인 경우에는 $\int_a^b f(x)\,dx = S$

(ii) [그림 5.3]과 같이 닫힌 구간 $[a, b]$에서 $f(x) < 0$인 경우에는 $\int_a^b f(x)\,dx = -S$

(2) [그림 5.4]와 같이 닫힌 구간 $[a, b]$에서 $f(x) \geq 0$ $(a \leq x \leq c)$ 과 $f(x) \leq 0$ $(c \leq x \leq b)$을 모두 갖는 경우에는 곡선 $y = f(x)$와 x축 및 직선 $x = a$로 둘러싸인 부분의 넓이를 S_1이라 하고 곡선 $y = f(x)$와 x축 및 직선 $x = b$로 둘러싸인 부분의 넓이를 S_2라 하면 $\int_a^b f(x)\,dx = S_1 - S_2$

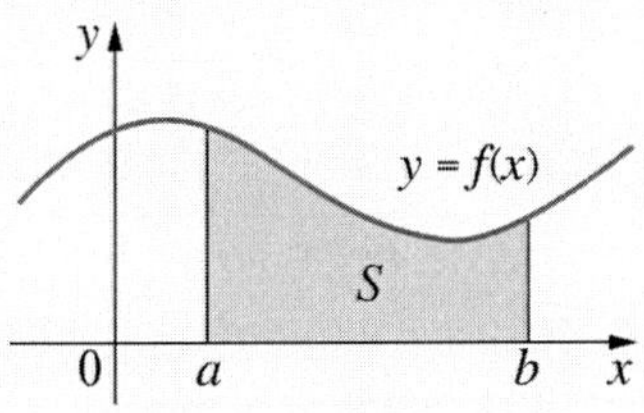

그림 5.2

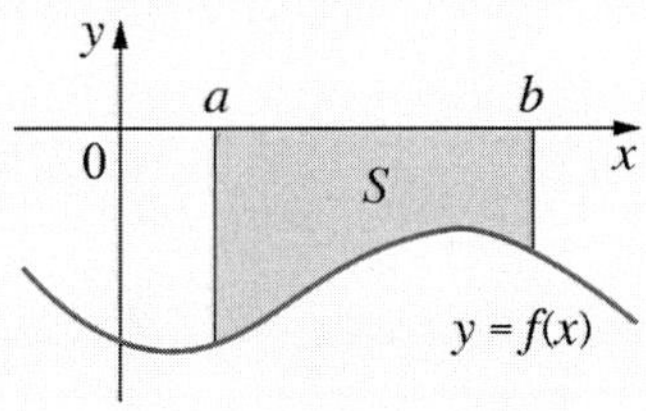

그림 5.3

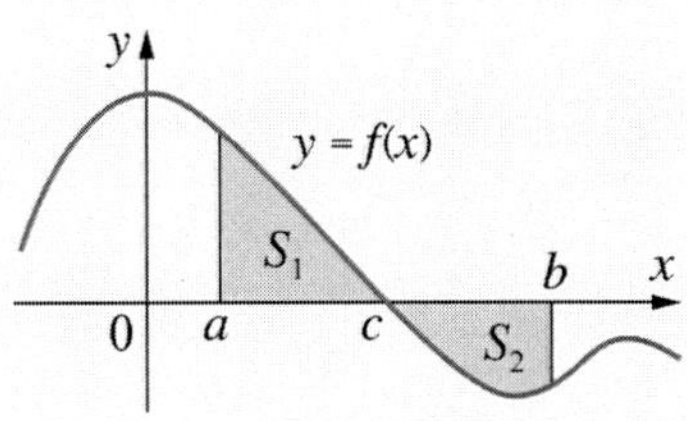

그림 5.4

5.2.2 정적분의 기본 정리

함수 $f(x)$가 닫힌 구간 $[a, b]$에서 연속이고, $F(x)$가 $f(x)$의 한 부정적분이면

$$\int_a^b f(x)\,dx = [F(x)]_a^b = F(b) - F(a)$$

증명

(i) $f(t) \geq 0$이고 곡선 $y = f(t)$와 두 직선 $t = a,\ t = x\ (a \leq x \leq b)$ 및 t축으로 둘러싸인 부분의 넓이를 $S(x)$라 하면

$$S(x) = \int_a^x f(t)\,dt$$

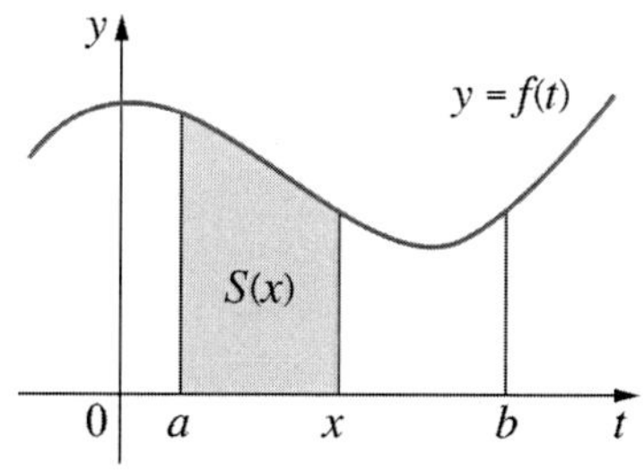

그림 5.5

이 때, $\triangle x > 0$이라 하면 함수 $f(t)$는 닫힌 구간 $[x, x + \triangle x]$에서 연속이므로 최댓값 M, 최솟값 m을 갖는다.

그러므로 $\triangle S = S(x + \triangle x) - S(x)$라 하면

$$m \cdot \triangle x \leq \triangle S \leq M \cdot \triangle x,\ m \leq \frac{\triangle S}{\triangle x} \leq M$$

$$\therefore \lim_{\triangle x \to 0} m \leq \lim_{\triangle x \to 0} \frac{\triangle S}{\triangle x} \leq \lim_{\triangle x \to 0} M$$

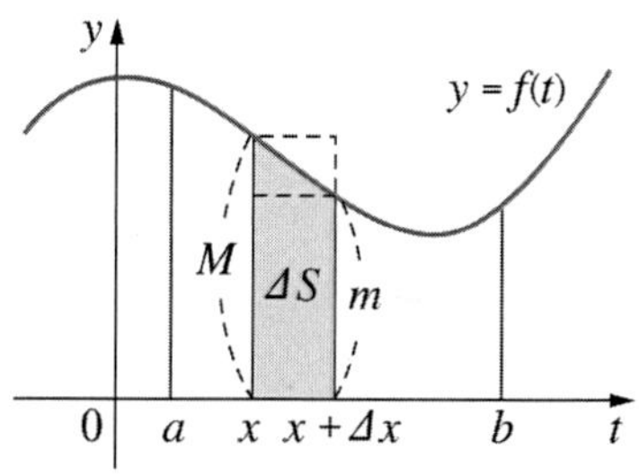

그림 5.6

여기에서 $\triangle x \to 0$이면 $m \to f(x)$, $M \to f(x)$이므로 $S'(x) = f(x)$, 즉 $\dfrac{d}{dx}\displaystyle\int_a^x f(t)\,dt = f(x)$

$S(x)$가 $f(x)$의 한 부정적분이므로 $f(x)$

의 또 다른 부정적분을 $F(x)$라 하면

$$S(x) = \int_a^x f(t)\,dt = F(x) + C \text{ (단, } C\text{는 적분상수)} \tag{1}$$

$S(a) = 0$이므로 $C = -F(a)$

(1)에서 $x = b$를 대입하고 적분변수 t를 x로 바꾸면

$$\int_a^b f(x)\,dx = F(b) - F(a) \tag{2}$$

(ii) $f(t) \leq 0,\ \Delta x < 0$일 때도 같은 방법으로 하면 위의 식이 성립한다.

이 때, (2)의 우변 $F(b) - F(a)$를 기호로 $[F(x)]_a^b$와 같이 나타낸다.

예제 5-17

다음 정적분의 값을 구하여라.

(1) $\displaystyle\int_0^1 x(1-x)\,dx$

(2) $\displaystyle\int_{-1}^1 x(1-x)^2\,dx$

(3) $\displaystyle\int_0^1 (x+1)(x^2-x+1)\,dx$

(4) $\displaystyle\int_{-1}^2 (y+1)(y^2-1)\,dy$

풀이

(1) $\displaystyle\int_0^1 (x-x^2)\,dx = \left[\frac{1}{2}x^2 - \frac{1}{3}x^3\right]_0^1 = \frac{1}{6}$

(2) $\displaystyle\int_{-1}^1 (x-2x^2+x^3)\,dx = \left[\frac{1}{2}x^2 - \frac{2}{3}x^3 + \frac{1}{4}x^4\right]_{-1}^1 = -\frac{4}{3}$

(3) $\displaystyle\int_0^1 (x^3+1)\,dx = \left[\frac{1}{4}x^4 + x\right]_0^1 = \frac{5}{4}$

(4) $\displaystyle\int_{-1}^2 (y^3+y^2-y-1)\,dy = \left[\frac{1}{4}y^4 + \frac{1}{3}y^3 - \frac{1}{2}y^2 - y\right]_{-1}^2 = \frac{9}{4}$

예제 5-18

다음 정적분의 값을 구하여라.

(1) $\displaystyle\int_1^4 \frac{(\sqrt{x}+1)^3}{\sqrt{x}}\,dx$　　(2) $\displaystyle\int_{-1}^2 \frac{x}{x^2-x-6}\,dx$

(3) $\displaystyle\int_0^{\pi}(e^{4x}-\sin^2 x)\,dx$

풀이

(1) $\displaystyle\int_1^4 \frac{(\sqrt{x}+1)^3}{\sqrt{x}}\,dx = \int_1^4 \frac{x\sqrt{x}+3x+3\sqrt{x}+1}{\sqrt{x}}\,dx = \int_1^4\left(x+3\sqrt{x}+3+\frac{1}{\sqrt{x}}\right)dx$

$\displaystyle = \left[\frac{x^2}{2}+2x\sqrt{x}+3x+2\sqrt{x}\right]_1^4 = \left(\frac{16}{2}+2\cdot 4\sqrt{4}+3\cdot 4+2\sqrt{4}\right)-\left(\frac{1}{2}+2+3+2\right) = \frac{65}{2}$

(2) $\displaystyle\int_{-1}^2 \frac{x}{x^2-x-6}\,dx = \int_{-1}^2 \frac{x}{(x-3)(x+2)}\,dx = \int_{-1}^2 \frac{1}{5}\left(\frac{3}{x-3}+\frac{2}{x+2}\right)dx$

$\displaystyle = \left[\frac{1}{5}(3\ln|x-3|+2\ln|x+2|)\right]_{-1}^2 = \frac{1}{5}\{(3\ln 1+2\ln 4)-(3\ln 4+2\ln 1)\}$

$\displaystyle = \frac{1}{5}(2\ln 4-3\ln 4) = -\frac{1}{5}\ln 4 = -\frac{2}{5}\ln 2$

(3) $\displaystyle\int_0^{\pi}(e^{4x}-\sin^2 x)\,dx = \int_0^{\pi}\left(e^{4x}-\frac{1-\cos 2x}{2}\right)dx$

$\displaystyle = \left[\frac{1}{4}e^{4x}-\frac{1}{2}x+\frac{1}{4}\sin 2x\right]_0^{\pi} = \left(\frac{1}{4}e^{4\pi}-\frac{\pi}{2}\right)-\left(\frac{1}{4}e^0\right) = \frac{1}{4}(e^{4\pi}-2\pi-1)$

5.2.3 정적분의 특성

다음 정적분에 관한 정리들은 중요하다.

(1) $\displaystyle\int_a^b kf(x)\,dx = k\int_a^b f(x)\,dx$ (k는 상수)

(2) $\displaystyle\int_a^a f(x)\,dx = 0$

(3) $\int_a^b f(x)\,dx = -\int_b^a f(x)\,dx$

(4) $\int_a^c f(x)\,dx + \int_c^b f(x)\,dx = \int_a^b f(x)\,dx \ (a < c < b)$

(5) $\int_a^b [f(x) \pm g(x)]\,dx = \int_a^b f(x)\,dx \pm \int_a^b g(x)\,dx$

예제 5-19

다음 정적분을 계산하여라.

(1) $\int_1^2 (\sqrt{x}+1)^3\,dx - \int_1^2 (\sqrt{x}-1)^3\,dx$

(2) $\int_0^1 (e^{2x} - \sin x)\,dx + \int_0^1 (e^{2x} + \sin x)\,dx$

(3) $\int_0^\pi (\sin x + \cos x)^2\,dx - \int_\pi^0 (\sin y - \cos y)^2\,dy$

풀이

(1) $\int_1^2 \{(\sqrt{x}+1)^3 - (\sqrt{x}-1)^3\}\,dx = \int_1^2 (6x+2)\,dx = \left[3x^2+2x\right]_1^2 = 11$

(2) $\int_0^1 \{(e^{2x} - \sin x) + (e^{2x} + \sin x)\}\,dx = \int_0^1 2e^{2x}\,dx = \left[e^{2x}\right]_0^1 = e^2 - 1$

(3) $\int_0^\pi (\sin x + \cos x)^2\,dx + \int_0^\pi (\sin x - \cos x)^2\,dx$

$= \int_0^\pi \{(\sin x + \cos x)^2 + (\sin x - \cos x)^2\}\,dx = \int_0^\pi 2(\sin^2 x + \cos^2 x)\,dx = \int_0^\pi 2\,dx$

$= \left[2x\right]_0^\pi = 2\pi$

예제 5-20

다음 정적분을 계산하여라.

(1) $\displaystyle\int_0^1 \frac{x^3}{x+1}\,dx+\int_0^1 \frac{1}{t+1}\,dt$ (2) $\displaystyle\int_0^{\ln 3} \frac{e^{3x}}{e^x+1}\,dx-\int_{\ln 3}^0 \frac{1}{e^t+1}\,dt$

풀이

(1) $\displaystyle\int_0^1 \frac{x^3}{x+1}\,dx+\int_0^1 \frac{1}{x+1}\,dx=\int_0^1 \frac{x^3+1}{x+1}\,dx=\int_0^1 \frac{(x+1)(x^2-x+1)}{x+1}\,dx$

$\displaystyle=\int_0^1 (x^2-x+1)\,dx=\left[\frac{1}{3}x^3-\frac{1}{2}x^2+x\right]_0^1=\frac{1}{3}-\frac{1}{2}+1=\frac{5}{6}$

(2) $\displaystyle\int_0^{\ln 3} \frac{e^{3x}}{e^x+1}\,dx+\int_0^{\ln 3} \frac{1}{e^t+1}\,dt=\int_0^{\ln 3} \frac{e^{3x}}{e^x+1}\,dx+\int_0^{\ln 3} \frac{1}{e^x+1}\,dx$

$\displaystyle=\int_0^{\ln 3} \frac{e^{3x}+1}{e^x+1}\,dx=\int_0^{\ln 3} \frac{(e^x+1)(e^{2x}-e^x+1)}{e^x+1}\,dx=\int_0^{\ln 3} (e^{2x}-e^x+1)\,dx$

$\displaystyle=\left[\frac{1}{2}e^{2x}-e^x+x\right]_0^{\ln 3}=\left(\frac{1}{2}e^{2\ln 3}-e^{\ln 3}+\ln 3\right)-\left(\frac{1}{2}-1\right)=2+\ln 3$

5.2.4 정적분의 치환적분법

닫힌 구간 $[\alpha, \beta]$에서 연속인 함수 $f(t)$에 대하여 닫힌 구간 $[a, b]$에서 미분가능한 함수 $t=g(x)$의 도함수 $g'(x)$가 닫힌 구간 $[a, b]$에서 연속이고 $g(a)=\alpha$, $g(b)=\beta$이면

$$\int_a^b f(g(x))g'(x)\,dx=\int_\alpha^\beta f(t)\,dt$$

설명 닫힌 구간 $[\alpha, \beta]$에서 연속인 함수 $f(t)$의 부정적분 중 하나를 $F(t)$라고 하면

$$\int_\alpha^\beta f(t)\,dt=[F(t)]_\alpha^\beta=F(\beta)-F(\alpha)$$

이 때, 닫힌 구간 $[a, b]$에서 미분가능한 함수 $t=g(x)$의 도함수 $g'(x)$가 닫힌 구간

$[a, b]$에서 연속이고 $g(a) = \alpha$, $g(b) = \beta$라고 하면 합성함수의 미분법에 의하여

$$\{F(g(x))\}' = F'(g(x))g'(x) = f(g(x))g'(x)$$

따라서 정적분의 기본 정리에 의하여

$$\int_a^b f(g(x))g'(x)\,dx = [F(g(x))]_a^b = F(g(b)) - F(g(a)) = F(\beta) - F(\alpha) = \int_\alpha^\beta f(t)\,dt$$

참고 : 삼각치환

(1) $\int_a^b \sqrt{k^2 - x^2}\,dx$는 $x = k\sin\theta \left(-\frac{\pi}{2} \le \theta \le \frac{\pi}{2}\right)$로 치환한다. (단, k는 상수)

(2) $\int_a^b \frac{1}{k^2 + x^2}\,dx$는 $x = k\tan\theta \left(-\frac{\pi}{2} \le \theta \le \frac{\pi}{2}\right)$로 치환한다. (단, k는 상수)

예제 5-21

다음 정적분의 값을 구하여라.

(1) $\int_0^{\sqrt{3}} x\sqrt{x^2+1}\,dx$

(2) $\int_0^{\frac{\pi}{2}} (\sin^3 x + 1)\cos x\,dx$

(3) $\int_0^{\frac{\pi}{2}} \sin x \cos 2x\,dx$

(4) $\int_0^{\frac{\pi}{2}} \frac{\sin^3 x}{1+\cos x}\,dx$

(5) $\int_0^{\frac{\pi}{2}} \frac{\cos x}{\sqrt{1+\sin x}}\,dx$

(6) $\int_{\ln 2}^{1} \frac{1}{e^x - e^{-x}}\,dx$

풀이

(1) $x^2 + 1 = t$라고 하면 $2x\,dx = dt$이고 $x = 0$일 때 $t = 1$, $x = \sqrt{3}$ 일 때 $t = 4$

$$\int_1^4 \frac{1}{2}\sqrt{t}\,dt = \left[\frac{1}{3}t\sqrt{t}\right]_1^4 = \frac{7}{3}$$

(2) $\sin x = t$라고 하면 $\cos x\,dx = dt$이고 $x = 0$일 때 $t = 0$, $x = \frac{\pi}{2}$일 때 $t = 1$

$$\int_0^1 (t^3+1)\,dt = \left[\frac{1}{4}t^4 + t\right]_0^1 = \frac{5}{4}$$

(3) $\cos x = t$라고 하면 $-\sin x\,dx = dt$이고 $x = 0$일 때 $t = 1$, $x = \frac{\pi}{2}$일 때 $t = 0$

$$\int_0^{\frac{\pi}{2}} (2\cos^2 x - 1)\sin x\,dx = \int_1^0 (2t^2-1)\cdot(-dt) = \left[\frac{2}{3}t^3 - t\right]_0^1 = -\frac{1}{3}$$

(4) $\cos x = t$라고 하면 $-\sin x\,dx = dt$이고 $x = 0$일 때 $t = 1$, $x = \frac{\pi}{2}$일 때 $t = 0$

$$\int_0^{\frac{\pi}{2}} \frac{\sin^2 x \sin x}{1+\cos x}\,dx = \int_1^0 \frac{(1-t^2)\cdot(-1)}{1+t}\,dt = \int_0^1 \frac{1-t^2}{1+t}\,dt = \int_0^1 (1-t)\,dt$$

$$= \left[t - \frac{1}{2}t^2\right]_0^1 = \frac{1}{2}$$

(5) $1+\sin x = t$라고 하면 $\cos x\,dx = dt$이고 $x = 0$일 때 $t = 1$, $x = \frac{\pi}{2}$일 때 $t = 2$

$$\int_1^2 \frac{1}{\sqrt{t}}\,dt = [2\sqrt{t}\,]_1^2 = 2(\sqrt{2}-1)$$

(6) $e^x = t$라고 하면 $e^x\,dx = dt$이고 $x = \ln 2$일 때 $t = 2$, $x = 1$일 때 $t = e$

$$\int_{\ln 2}^1 \frac{e^x}{e^{2x}-1}\,dx = \int_2^e \frac{dt}{t^2-1} = \frac{1}{2}\int_2^e \left(\frac{1}{t-1} - \frac{1}{t+1}\right)dt = \frac{1}{2}[\ln|t-1| - \ln|t+1|]_2^e$$

$$= \frac{1}{2}\ln\frac{3(e-1)}{e+1}$$

5.2.5 정적분의 부분적분법

두 함수 $f(x)$, $g(x)$가 미분가능하고, $f'(x)$, $g'(x)$가 닫힌 구간 $[a, b]$에서 연속일 때,

$$\int_a^b f'(x)g(x)\,dx = [f(x)g(x)]_a^b - \int_a^b f(x)g'(x)\,dx$$

설명 두 함수 $f(x)$, $g(x)$가 미분가능할 때, 두 함수의 곱 $f(x)g(x)$를 미분하면

$$\{f(x)g(x)\}' = f'(x)g(x)+f(x)g'(x)$$

이므로 $f(x)g(x)$는 $f'(x)g(x)+f(x)g'(x)$의 부정적분 중 하나이다.

$$\int_a^b \{f'(x)g(x)+f(x)g'(x)\}\,dx = [f(x)g(x)]_a^b$$

이므로 $\int_a^b f'(x)g(x)\,dx + \int_a^b f(x)g'(x)\,dx = [f(x)g(x)]_a^b$

$$\therefore \int_a^b f'(x)g(x)\,dx = [f(x)g(x)]_a^b - \int_a^b f(x)g'(x)\,dx$$

예제 5-22

다음 정적분의 값을 구하여라.

(1) $\int_0^{\pi} x(\sin x+\cos x)\,dx$ (2) $\int_1^2 \ln x^3\,dx$ (3) $\int_0^1 x\ln(2x+1)\,dx$

(4) $\int_e^{e^2} (\ln x)^2\,dx$ (5) $\int_e^{e^2} \frac{\ln x}{x^2}\,dx$ (6) $\int_0^{\pi} x^2\sin x\,dx$

풀이

(1) $\int_0^{\pi} x(\sin x+\cos x)\,dx = [x(-\cos x+\sin x)]_0^{\pi} - \int_0^{\pi}(-\cos x+\sin x)\,dx$

$$= \pi - [-\sin x-\cos x]_0^{\pi} = \pi-2$$

(2) $3\int_1^2 \ln x\,dx = 3\left([x\ln x]_1^2 - \int_1^2 x\cdot\frac{1}{x}\,dx\right) = 6\ln 2-3[x]_1^2 = 6\ln 2-3$

(3) $\int_0^1 x\ln(2x+1)\,dx = \left[\frac{1}{2}x^2\ln(2x+1)\right]_0^1 - \int_0^1 \frac{x^2}{2x+1}\,dx$

$$= \frac{1}{2}\ln 3 - \int_0^1\left\{\frac{1}{2}x-\frac{1}{4}+\frac{1}{4(2x+1)}\right\}dx = \frac{1}{2}\ln 3 - \left[\frac{1}{4}x^2-\frac{1}{4}x+\frac{1}{8}\ln(2x+1)\right]_0^1 = \frac{3}{8}\ln 3$$

(4) $\displaystyle\int_e^{e^2}(\ln x)^2dx = [x(\ln x)^2]_e^{e^2} - \int_e^{e^2} x\cdot 2\ln x\cdot\frac{1}{x}dx = 4e^2-e-2\left([x\ln x]_e^{e^2}-\int_e^{e^2}x\cdot\frac{1}{x}dx\right)$

$$= 4e^2-e-2\left\{(2e^2-e)-[x]_e^{e^2}\right\} = 2e^2-e$$

(5) $\displaystyle\int_e^{e^2}\frac{1}{x^2}\cdot\ln x\,dx = \left[-\frac{1}{x}\ln x\right]_e^{e^2} - \int_e^{e^2}\left(-\frac{1}{x}\cdot\frac{1}{x}\right)dx = \left(-\frac{2}{e^2}+\frac{1}{e}\right)+\left[-\frac{1}{x}\right]_e^{e^2} = \frac{2}{e}-\frac{3}{e^2}$

(6) $\displaystyle\int_0^{\pi}x^2\sin x\,dx = [-x^2\cos x]_0^{\pi} - \int_0^{\pi}(-2x\cos x)\,dx = \pi^2+2\left([x\sin x]_0^{\pi}-\int_0^{\pi}\sin x\,dx\right)$

$$= \pi^2+2[\cos x]_0^{\pi} = \pi^2-4$$

5.2.6 정적분으로 정의된 함수의 미분

$f(x)$가 연속함수일 때

(1) $\displaystyle\frac{d}{dx}\int_a^x f(t)\,dt = f(x)$ (단, a는 상수)

(2) $\displaystyle\frac{d}{dx}\int_{h(x)}^{g(x)} f(t)\,dt = f(g(x))g'(x) - f(h(x))h'(x)$

특히 $\displaystyle\frac{d}{dx}\int_x^{x+a} f(t)\,dt = f(x+a)-f(x)$ (단, a는 상수)

증명

(1) 함수 $f(x)$가 연속이고 $x > a$이면

$$\frac{d}{dx}\int_a^x f(t)\,dt = f(x)$$

가 성립한다는 것은 이미 앞 단원에서 공부하였다.

그런데 $\displaystyle\int f(x)\,dx = F(x)+C$라고 하면 $F'(x) = f(x)$이고 a, x의 값의 대소에 관계 없이 $\displaystyle\int_a^x f(t)\,dt = F(x)-F(a)$이므로

$$\frac{d}{dx}\int_a^x f(t)\,dt = \frac{d}{dx}\{F(x)-F(a)\} = F'(x)-0 = f(x)$$

따라서 a, x의 값의 대소에 관계없이 다음이 성립한다.

$$\frac{d}{dx}\int_a^x f(t)\,dt = f(x)$$

(2) 또, $\int_{h(x)}^{g(x)} f(t)\,dt = [F(t)]_{h(x)}^{g(x)} = F(g(x))-F(h(x))$이므로

$$\frac{d}{dx}\int_{h(x)}^{g(x)} f(t)\,dt = \frac{d}{dx}F(g(x))-\frac{d}{dx}F(h(x))$$

$$= F'(g(x))g'(x)-F'(h(x))h'(x) = f(g(x))g'(x)-f(h(x))h'(x)$$

예제 5-23

다음 각 함수를 x에 관하여 미분하여라.

(1) $y = \int_2^x (4t^3+2t^2-5t+1)\,dt$

(2) $y = \int_0^x e^t \sin t\,dt$

(3) $y = \int_0^x (x-t)\cos t\,dt$

풀이

(1) $y' = 4x^3+2x^2-5x+1$

(2) $y' = e^x \sin x$

(3) $y = \int_0^x (x-t)\cos t\,dt = \int_0^x x\cos t\,dt - \int_0^x t\cos t\,dt = x\int_0^x \cos t\,dt - \int_0^x t\cos t\,dt$이므로

$$y' = (x)'\int_0^x \cos t\,dt + x\left(\int_0^x \cos t\,dt\right)' - \left(\int_0^x t\cos t\,dt\right)'$$

$$= \int_0^x \cos t\,dt + x\cos x - x\cos x = [\sin t]_0^x = \sin x$$

예제 5-24

다음 각 함수를 x에 관하여 미분하여라.

(1) $y=\int_{x}^{x+2}(3t^2+4t)\,dt$

(2) $y=\int_{x}^{x+1}\ln t\,dt$ (단, $x>0$)

(3) $y=\int_{1}^{x^2}e^t\cos t\,dt$

(4) $y=\int_{-x}^{2x}\cos^2 t\,dt$

풀이

(1) $y'=\{3(x+2)^2+4(x+2)\}-(3x^2+4x)=12x+20$

(2) $y'=\ln(x+1)-\ln x=\ln\dfrac{x+1}{x}$

(3) $y'=e^{x^2}\cos x^2\cdot(x^2)'-e\cdot\cos 1\cdot(1)'=2xe^{x^2}\cos x^2$

(4) $y'=\cos^2 2x\cdot(2x)'-\cos^2(-x)\cdot(-x)'=2\cos^2 2x+\cos^2 x$

연습문제 5.2

1. 다음을 정적분하여라.

(1) $\displaystyle\int_0^2 x(x-3)\,dx$ (2) $\displaystyle\int_0^4 \left(3x-\frac{1}{4}x^3\right)dx$

(3) $\displaystyle\int_0^{\frac{\pi}{3}} 2\sec^2 x\,dx$ (4) $\displaystyle\int_0^{\frac{\pi}{4}} \tan^2 x\,dx$

(5) $\displaystyle\int_0^{\frac{\pi}{8}} \sin 2x\,dx$ (6) $\displaystyle\int_{\frac{\pi}{2}}^{\pi} \frac{\sin 2x}{2\sin x}\,dx$

(7) $\displaystyle\int_0^{\frac{1}{2}} \frac{4}{\sqrt{1-x^2}}\,dx$

2. 다음을 구하여라.

(1) $\displaystyle\frac{d}{dx}\int_0^{\sqrt{x}} \cos t\,dt$ (2) $\displaystyle\frac{d}{dx}\int_0^{x^3} e^{-t}\,dt$

(3) $\displaystyle\frac{d}{dx}\int_0^{x} \sqrt{1+t^2}\,dt$ (4) $\displaystyle\frac{d}{dx}\int_{\sqrt{x}}^{0} \sin(t^2)\,dt$

(5) $\displaystyle\frac{d}{dx}\int_0^{\sin x} \frac{dt}{\sqrt{1-t^2}}$ (6) $\displaystyle\frac{d}{dx}\int_0^{e^{x^2}} \frac{1}{\sqrt{t}}\,dt$

(7) $\displaystyle\frac{d}{dx}\int_0^{\sin^{-1}x} \cos t\,dt$ (8) $\displaystyle\frac{d}{dx}\int_{\frac{1}{x}}^{x} \frac{1}{t}\,dt$

(9) $\displaystyle\frac{d}{dy}\int_{\sqrt{y}}^{2\sqrt{y}} \sin t^2\,dt$ (10) $\displaystyle\frac{d}{dx}\int_{\frac{x^2}{2}}^{x^2} \ln\sqrt{t}\,dt$

(11) $\displaystyle\frac{d}{dx}\int_0^{\ln x} \sin e^t\,dt$

연습문제 5.2

3. 치환법을 이용하여 정적분을 구하여라.

(1) $\displaystyle\int_0^{\frac{\pi}{4}} \tan x \sec^2 x\, dx$

(2) $\displaystyle\int_{-1}^{1} \frac{5r}{(4+r^2)^2}\, dr$

(3) $\displaystyle\int_0^{\sqrt{3}} \frac{4x}{\sqrt{x^2+1}}\, dx$

(4) $\displaystyle\int_0^{\frac{\pi}{6}} (1-\cos 3t)\sin 3t\, dt$

(5) $\displaystyle\int_0^{2\pi} \frac{\cos x}{\sqrt{4+3\sin x}}\, dx$

(6) $\displaystyle\int_0^{\pi} 5(5-4\cos t)^{\frac{1}{4}} \sin t\, dt$

(7) $\displaystyle\int_0^{\frac{\pi}{4}} (1+e^{\tan\theta})\sec^2\theta\, d\theta$

(8) $\displaystyle\int_0^{\pi} \frac{\sin t}{2-\cos t}\, dt$

(9) $\displaystyle\int_2^{4} \frac{dx}{x(\ln x)^2}$

(10) $\displaystyle\int_0^{\ln\sqrt{3}} \frac{e^x\, dx}{1+e^{2x}}$

(11) $\displaystyle\int_0^{1} \frac{4\, ds}{\sqrt{4-s^2}}$

(12) $\displaystyle\int_{\sqrt{2}}^{2} \frac{\sec^2(\sec^{-1}x)\, dx}{x\sqrt{x^2-1}}$

(13) $\displaystyle\int_0^{\pi} \sin^2 5r\, dr$

(14) $\displaystyle\int_{\pi}^{3\pi} \cot^2 \frac{x}{6}\, dx$

(15) $\displaystyle\int_{-\frac{\pi}{3}}^{0} \sec x \tan x\, dx$

(16) $\displaystyle\int_0^{\frac{\pi}{2}} 5(\sin x)^{\frac{3}{2}} \cos x\, dx$

(17) $\displaystyle\int_1^{e} \frac{1}{x}(1+7\ln x)^{-\frac{1}{3}}\, dx$

(18) $\displaystyle\int_1^{8} \frac{\log_4\theta}{\theta}\, d\theta$

(19) $\displaystyle\int_1^{4} \frac{(\ln x)^3}{2x}\, dx$

(20) $\displaystyle\int_{\ln\left(\frac{\pi}{6}\right)}^{\ln\left(\frac{\pi}{2}\right)} 2e^v \cos e^v\, dv$

(21) $\int_{1}^{\sqrt{2}} x2^{(x^2)}\,dx$

(22) $\int_{0}^{\frac{\pi}{2}} 7^{\cos t}\sin t\,dt$

(23) $\int_{1}^{4} \frac{\ln 2\log_2 x}{x}\,dx$

(24) $\int_{0}^{2} \frac{\log_2(x+2)}{x+2}\,dx$

4. 다음 정적분을 구하여라.

(1) $\int_{\frac{\pi}{3}}^{\frac{\pi}{2}} x\sin x\,dx$

(2) $\int_{-1}^{1} xe^{x}\,dx$

(3) $\int_{1}^{e} x\ln x\,dx$

(4) $\int_{0}^{\frac{\pi}{2}} x^2\sin 2x\,dx$

(5) $\int_{0}^{1} \tan^{-1}x\,dx$

(6) $\int_{1}^{e} \ln x\,dx$

(7) $\int_{0}^{4} e^{\sqrt{x}}\,dx$

(8) $\int_{0}^{\pi} e^{x}\sin x\,dx$

연습문제 5.2

5. 다음을 적분하시오.

(1) $\displaystyle\int_{\frac{1}{2}}^{1} \frac{y+4}{y^2+y}dy$

(2) $\displaystyle\int \frac{dx}{x^2+2x}$

(3) $\displaystyle\int \frac{y-1}{y+1}dy$

(4) $\displaystyle\int \frac{x+4}{x^2+5x-6}dx$

(5) $\displaystyle\int \frac{dt}{t^2+t^2-2t}$

(6) $\displaystyle\int_{0}^{1} \frac{dx}{(x+1)(x^2+1)}$

5.3 정적분의 근사치와 평균값

정적분의 값의 근사치를 구하는 것을 항상 가능하다, 피적분 함수가 기본적인 함수의 식으로 표현되지 못할 때도 가능하다. f가 $[a,b]$에서 음수가 아니라면, $\int_a^b f(x)dx$를 $y=f(x)$의 아래, x-축 위, $x = a$와 $x = b$의 세로 선들로 둘러 쌓인 넓이이다. 그러면 정적분의 값의 근사값은 n 조각들로 나누고, 직사각형 또는 다른 기하학 도형들의 각 조각의 넓이의 근사치를 구하고 나서, 그 근사치들을 합하여 구할 수 있다. 이 부분에서 a에서부터 b까지의 구간을 넓이 $\triangle x$ 같은 n 조각들로 나눈 것이다.

5.3.1 직사각형 이용법

다음의 합계로 $\int_a^b f(x)dx$의 근사치를 구하는 방법은 다음과 같다.

(1) 왼쪽 합계$(L(n))$: $f(x_0)\triangle x+f(x_1)\triangle x+\cdots+f(x_{n-1})\triangle x$, 각 부분 구간의 왼쪽 끝 점의 f 값을 사용한다.

(2) 오른쪽 합계$(R(n))$: $f(x_1)\triangle x+f(x_2)\triangle x+\cdots+f(x_n)\triangle x$, 각 부분 구간의 오른쪽 끝의 f 값을 사용한다.

(3) 중간 합계$(M(n))$: $f(\frac{x_0+x_1}{2})\triangle x+f(\frac{x_1+x_2}{2})\triangle x+\ \cdots\ +f(\frac{x_{n-1}+x_n}{2})\triangle x$, 각 부분 구간의 중간 점에서의 f값을 사용한다.

예제 5-25

$\int_0^2 x^3 dx$ 의 근사치를 네 개의 부분 구간들을 사용하고 (1) 왼쪽 합계, (2) 오른쪽 합계, 그리고 (3) 중간점 합계를 계산하여 구하여라. 적분을 정확히 계산하여라.

풀이

여기서 $\Delta x = \dfrac{2-0}{4} = \dfrac{1}{2}$

(1) 왼쪽 합계를 위해서 우리는 $x = 0, \dfrac{1}{2}, 1$ 에서의 왼쪽 높이를 사용한다. 합계의 근사치는

$$L(4) = (0)^3 \cdot \frac{1}{2} + \left(\frac{1}{2}\right)^3 \cdot \frac{1}{2} + (1)^3 \cdot \frac{1}{2} + \left(\frac{3}{2}\right)^3 \cdot \frac{1}{2} = \frac{9}{4}$$

그림 5.7의 꺾인 선들은 사용된 직사각형들을 나타낸다.

(2) 오른쪽 합계를 위해서 $x = \dfrac{1}{2}, 1, \dfrac{3}{2}$ 에서의 오른쪽 높이를 사용한다. 합계의 근사치는

$$R(4) = \left(\frac{1}{2}\right)^3 \cdot \frac{1}{2} + (1)^3 \cdot \frac{1}{2} + \left(\frac{3}{2}\right)^3 \cdot \frac{1}{2} + (2)^3 \cdot \frac{1}{2} = \frac{25}{4}$$

이 합은 그림 5.7에 나온 둘러 쌓인 직사각형을 사용한다.

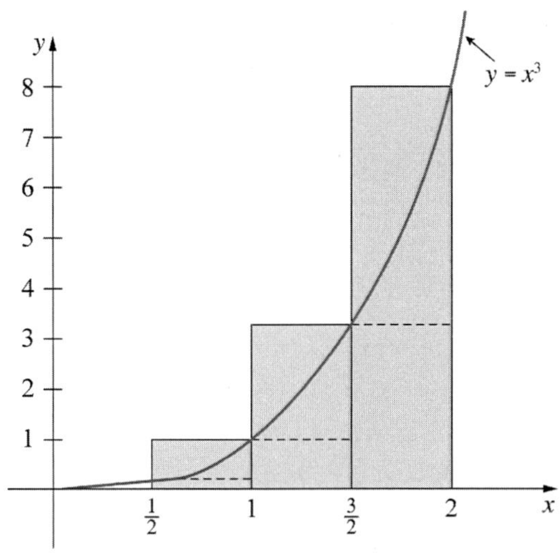

그림 5.7

(3) 중간점 합계는 그림 5.8에서 보면 부분 간격들의 중간 점들에서의 높이들을 사용한다.

$$M(4) = (\frac{1}{4})^3 \cdot \frac{1}{2} + (\frac{3}{4})^3 \cdot \frac{1}{2} + (\frac{5}{4})^3 \cdot \frac{1}{2} + (\frac{7}{4})^3 \cdot \frac{1}{2} = \frac{31}{8} \text{ 또는 } \frac{15.5}{4}$$

(4) $\int_0^2 x^3 dx$의 정확한 값은 $\frac{x^4}{4}\Big|_0^2$ 또는 4이기 때문에, 중간점의 합계는 세 근사치 중에 가장 정확하다.

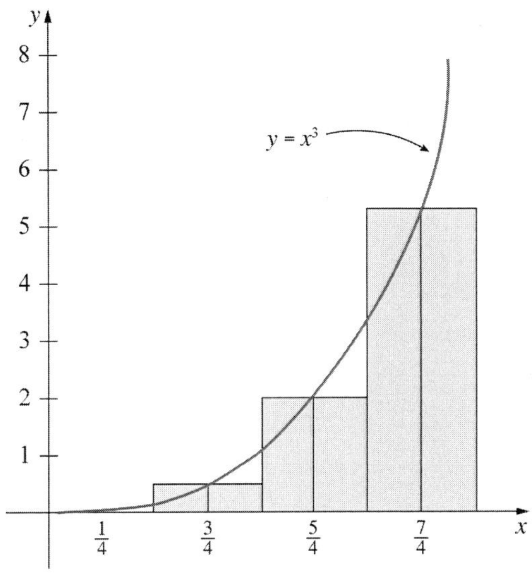

그림 5.8

5.3.2 사다리꼴 사용법

이제 사다리꼴을 사용하여 그림 5.9에 있는 조각들의 넓이를 찾는다. 사다리꼴의 높이가 $y_0, y_1, y_2, \cdots, y_n$ 그리고 밑변은 $\Delta x = h$으로 나타낸다.

다음 합계는 a에서부터 b까지의 f와 x-축 사이의 넓이의 근사치를 구한다.

$$\frac{y_0 + y_1}{2} \cdot h + \frac{y_1 + y_2}{2} \cdot h + \frac{y_2 + y_3}{2} \cdot h + \cdots + \frac{y_{n-1} + y_n}{2} \cdot h$$

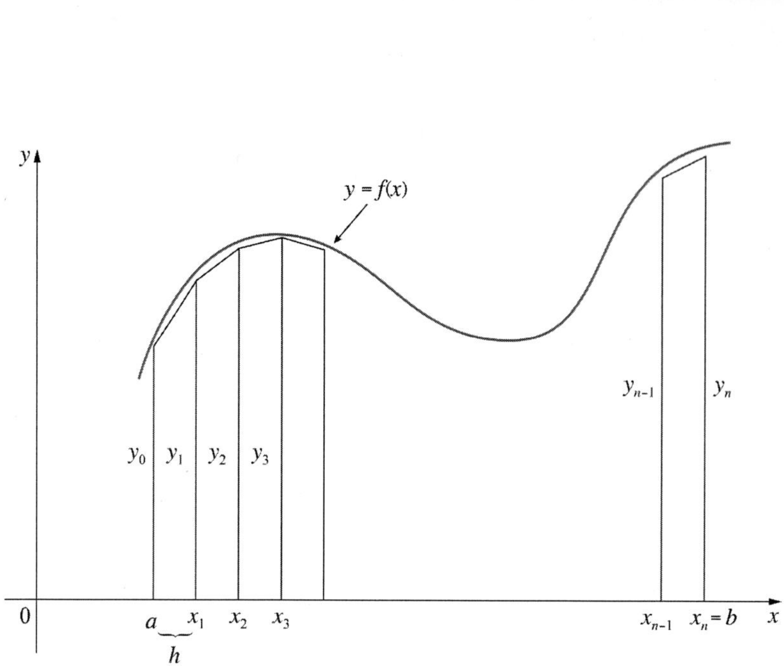

그림 5.9

공통 인수 $\frac{h}{2}$로 묶으면, 다음을 갖는다.

$$\frac{h}{2}(y_0 + y_1 + y_1 + y_2 + y_2 + y_3 + \cdots + y_{n-1} + y_n)$$

n을 부분 간격으로 두고 합계의 근사치를 구하기 위해 $T(n)$를 사용하면, 사다리꼴 법칙을 갖는다.

$$T(n) = \frac{h}{2}(y_0 + 2y_1 + 2y_2 + \cdots + 2y_{n-1} + y_n)$$

예제 5-26

$\int_0^2 x^3 dx$의 근사치를 구하기 위해 $T(4)$를 사용한다.

풀이

$h=\frac{1}{2}$ 이다.

$$T(4)=\frac{1/2}{2}(0^3+2(\frac{1}{2})^3+2(1)^3+2(\frac{3}{2})^3+2^3)=\frac{17}{4}$$

이것은 $L(4)$ 또는 $R(4)$보다 더 정확하지만, $M(4)$가 가장 정확한 근사값이다.

예제 5-27

1시간 동안 10분 간격으로 자동차의 속도계를 측정한 결과는 테이블에 주어졌다 $t=$ 시간, $v=$ 속도(시간 당 마일)

t	0	10	20	30	40	50	60
v	26	40	55	10	60	32	45

(1) 시간 동안 자동차의 속도를 나타낼 수 있는 그래프를 그려라

(2) $L(6)$, $R(6)$, $T(6)$를 사용해 운전한 거리의 근사값을 구하여라

풀이

(1) 그래프는 그림 5.10에 나온 그래프와 같이 속도 그래프에서 주어진 점들을 지나기만 하면 된다.

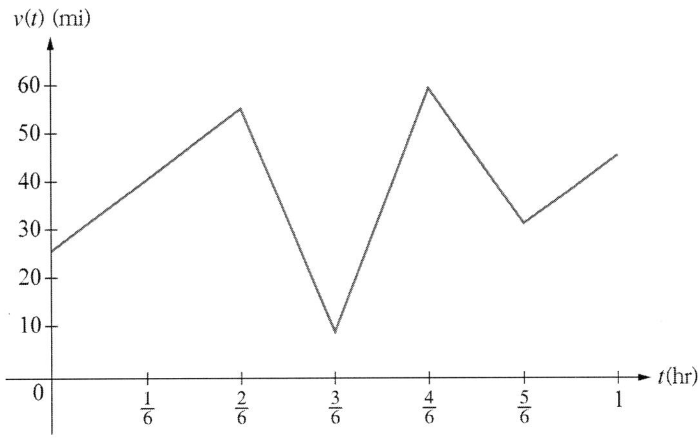

그림 5.10

(2) $L(6)=(26+40+55+10+60+32)\cdot\dfrac{1}{6}=37\dfrac{1}{6}$ 마일

$R(6)=(40+55+10+60+32+45)\cdot\dfrac{1}{6}=40\dfrac{1}{3}$ 마일

$T(6)=\dfrac{\frac{1}{6}}{2}(26+2\cdot 40+2\cdot 55+2\cdot 10+2\cdot 60+2\cdot 32+45)=38\dfrac{3}{4}$ 마일

예제 5-28

$f(t)$의 그래프는 그림 5.11에 주어졌다. $F(x)=\int_0^x f(t)\,dt$이면, 테이블의 $F(x)$의 값들을 채워라.

풀이

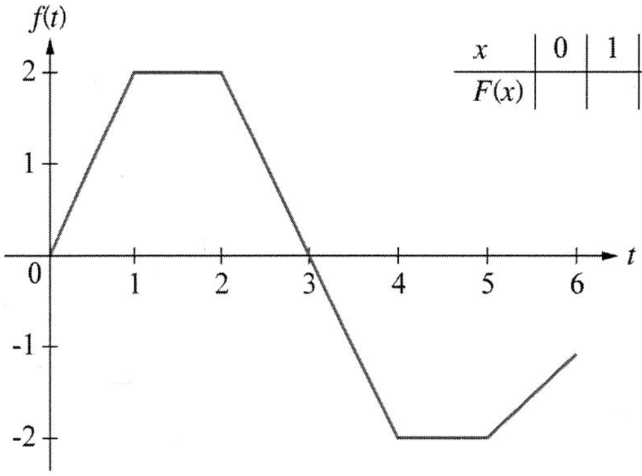

x	0	1	2	3	4	5	6
$F(x)$							

그림 5.11

올바른 부분들의 넓이를 찾아 $F(x)$를 찾는다. 예를 들어,

$F(0)=\int_0^0 f(5)\,dt=0$

$F(1)=\int_0^1 f(t)\,dt=\dfrac{1}{2}(1)(2)=1$ (삼각형의 넓이)

$F(2)=\int_0^2 f(t)\,dt=\dfrac{1}{2}(1)(2)=3$ (삼각형 더하기 직사각형)

그리고 $F(3) = \int_0^3 f(t)\,dt = \frac{1}{2}(3+1)(2) = 4$

$F(4)$, $F(5)$, $F(6)$을 계산하면 다음 표와 같다.

x	0	1	2	3	4	5	6
$F(x)$	0	1	3	4	3	1	-0.5

5.3.3 평균 값

함수 $y = f(x)$가 구간 $a \le x \le b$에서 연속적이라면, a에서부터 b까지의 f의 값의 평균을 다음과 같이 정의한다.

$$\frac{1}{b-a}\int_a^b f(x)dx$$

$$(f\text{의 평균값}) \cdot (b-a) = \int_a^b f(x)dx$$

$[a,b]$에서 모든 x가 $f(x) \ge 0$라면 우변은 $y = f(x)$ 곡선 아래, x-축의 위, 그리고 세로선 $x = a$와 $x = b$에 둘러 쌓인 넓이를 나타낸다. 좌변은 똑같은 바닥 $(b-a)$에 f의 평균 값이 높이인 직사각형의 넓이를 나타낸다. 그림 5.12를 보자.

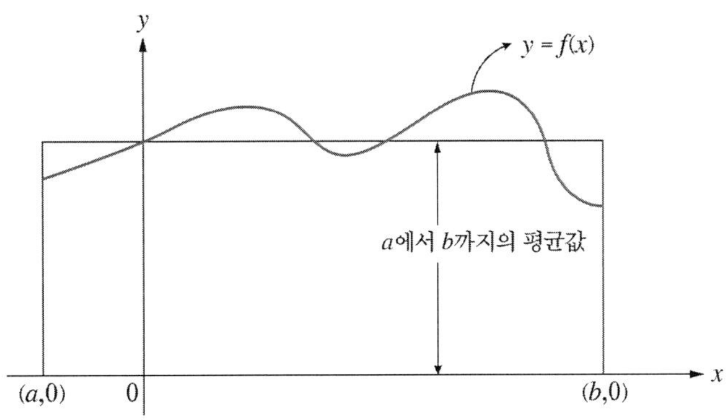

그림 5.12

예제 5-29

구간 [1, 4]에서 $f(x) = \ln x$의 평균 값을 구하여라.

풀이

$$\frac{1}{4-1}\int_1^4 \ln x\,dx = \frac{1}{3}(x\ln x - x)|_1^4 = \frac{4\ln 4 - 3}{3}$$

예제 5-30

[-2,2]에서 반원 $y = \sqrt{4-x^2}$ 의 좌표들의 평균 값을 구하여라.

풀이

$$\frac{1}{2-(-2)}\int_{-2}^{2}\sqrt{4-x^2}\,dx = \frac{1}{4}\,\frac{\pi(2^2)}{2} = \frac{\pi}{2}$$

정적분은 반지름이 2인 반원의 넓이와 정확히 같다는 사실을 사용하였다.

예제 5-31

그림 5.13a에 그래프로 나타나 있는 함수 $f(x)$의 다음 양들의 각각을 구하여라

($F'(x) = f(x)$라는 점을 유의하자).

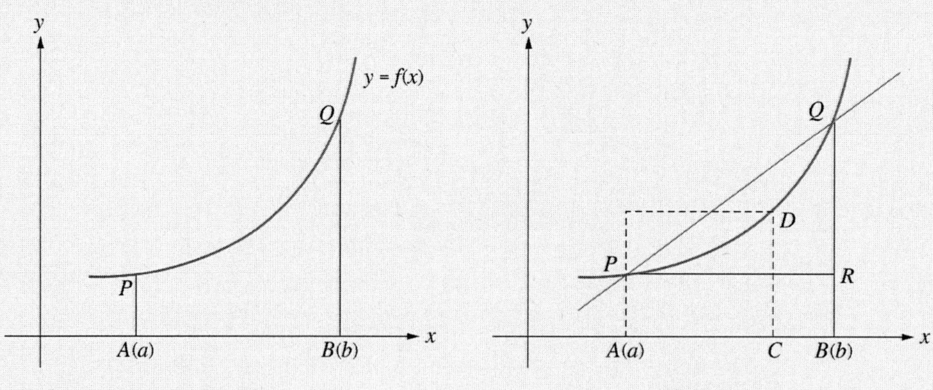

그림 5.13 a　　그림 5.13 b

(1) $f(b)-f(a)$

(2) $\dfrac{f(b)-f(a)}{b-a}$

(3) $F(b)-F(a)$

(4) $\dfrac{F(b)-F(a)}{b-a}$

풀이

그림 5.13b를 보자.

(1) $f(b)-f(a)=QR$의 길이.

(2) $\dfrac{f(b)-f(a)}{b-a}=\dfrac{RQ}{PR}=$할선 PQ의 기울기

(3) $F(b)-F(a)=\displaystyle\int_a^b f(x)dx=APDQB$의 넓이

(4) $\dfrac{F(b)-F(a)}{b-a}=[a, b]$에서의 f의 평균값 $=CD \cdot AB$ 또는 $CD(b-a)$이 $F(b)-F(a)$의 넓이와 같을 때, CD의 길이.

연습문제 5.3

1. 다음 주어진 간격에서 $f(x)$의 평균값을 구하여라.

(1) $f(x) = x^2 - 1$ $[0, \sqrt{3}]$

(2) $f(x) = (x-1)^2$ $[0, 3]$

(3) $f(x) = \sqrt{64 - x^2}$ $[-8, 8]$

(4) $f(x) = \cos x$ $\left[\frac{\pi}{3}, \frac{\pi}{2}\right]$

(5) $f(x) = \csc^2 x$ $\left[\frac{\pi}{6}, \frac{\pi}{4}\right]$

2. 다음을 구하여라.

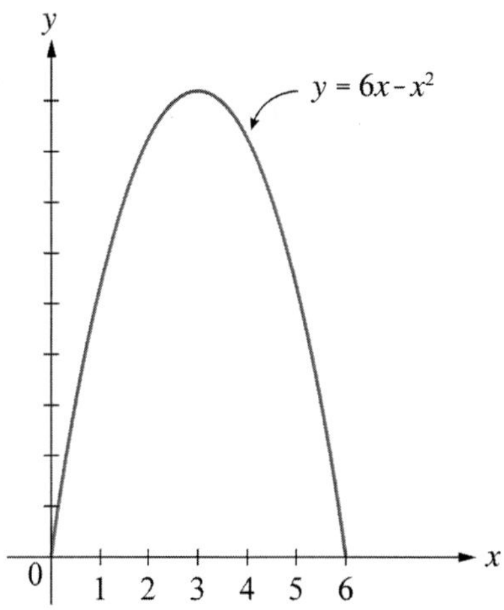

(1) $M(3)$을 이용하여, 가려진 영역의 대략적인 영역은?

(2) $T(6)$을 이용하여, 가려진 영역의 대략적인 영역은?

연습문제 5.3

3. 그래프는 1시간 동안 10분 간격으로 시간 당 마일의 자동차의 속도 $v(t)$를 나타낸다.

(1) 이동한 전체 거리의 왼쪽 합계와 오른쪽 합계를 구하여라.

(2) 가속도가 언제 가장 큰가?

(3) $t = 20$일 때 가속도를 계산하여라.

(4) 구간 $30 < t < 50$ 동안 자동차의 평균 속도를 을 계산하여라.

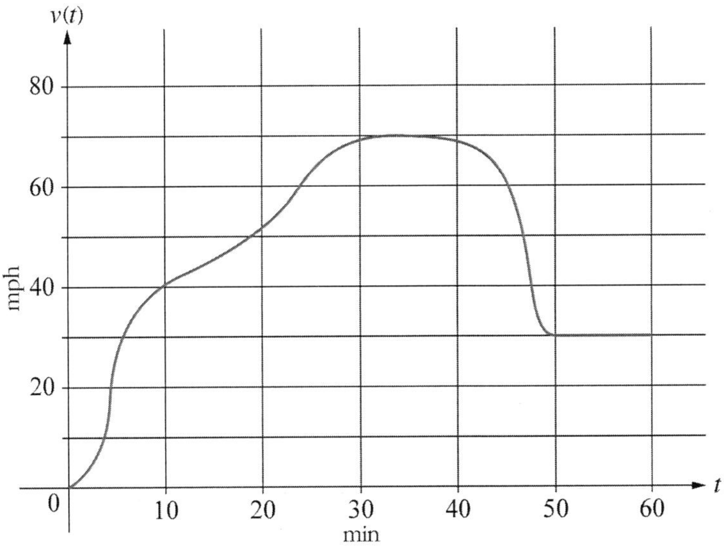

연습문제 5.3

4. $G(x)$의 그래프가 주어졌다, $G'(x) = g(x)$라면 다음을 구하여라.

(1) $g(b)$

(2) $\int_a^b G(x)dx$

(3) $\int_a^b g(x)dx$

(4) $\dfrac{\int_a^b g(x)dx}{b-a}$

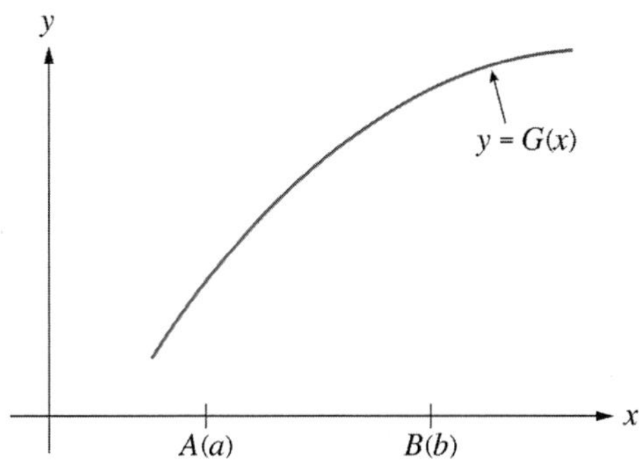

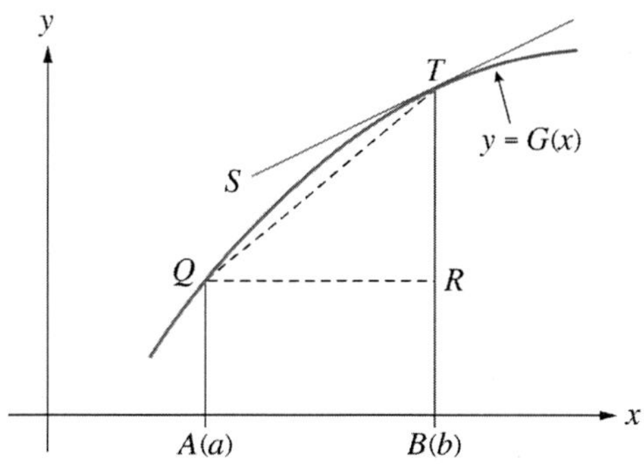

5. 함수 $y = 4 - x^2$ 에서 $x = 0$에서 $x = 2$까지 (1)L(4), (2) R(4), (3) M(4)을 구하여라.

(1) L(4)

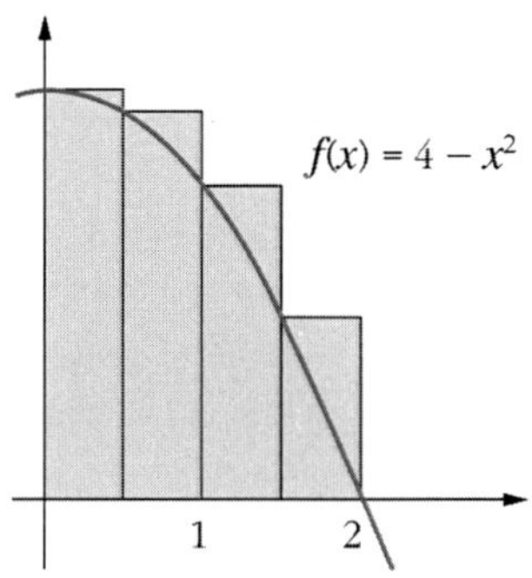

(2) R(4)

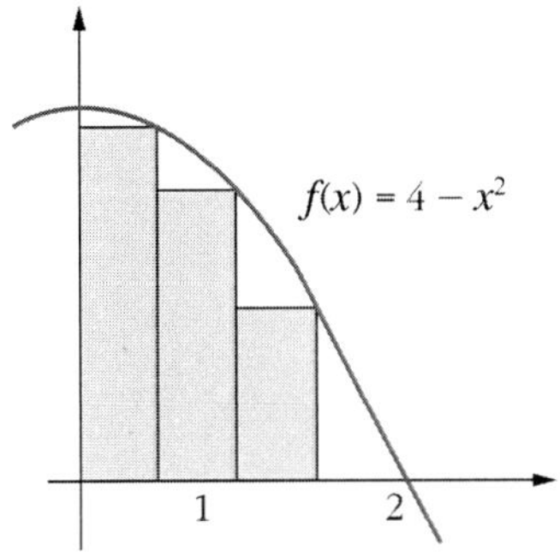

(3) M(4)

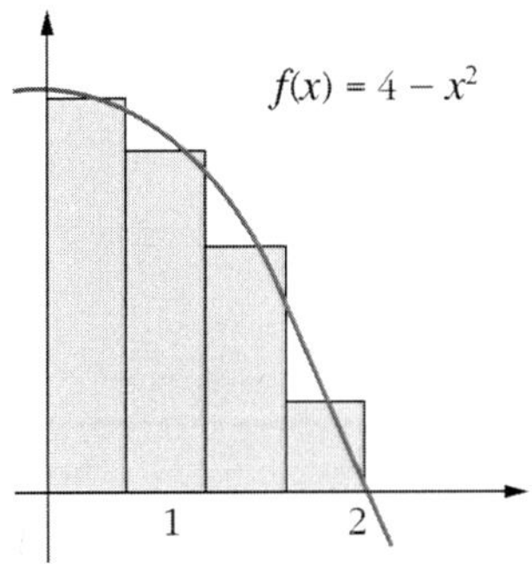

6. 함수 $\int_1^6 \frac{120}{x}dx$ 에서 $L(5)$, $R(5)$, $T(5)$을 구하여라.

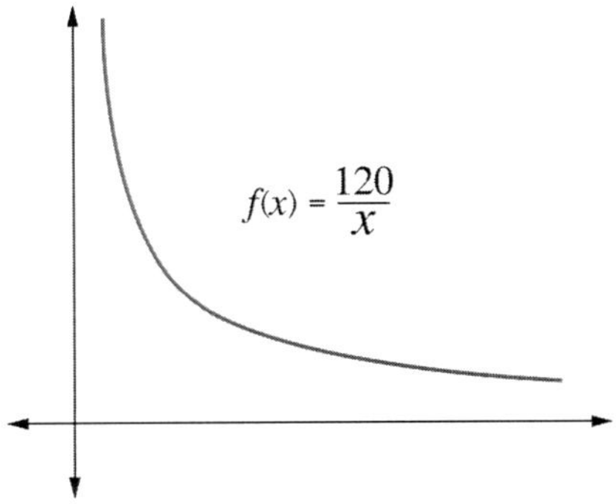

7. 함수 $y = \sin x$에서 $x = 0$에서 $x = \pi$까지 $T(6)$을 구하여라.

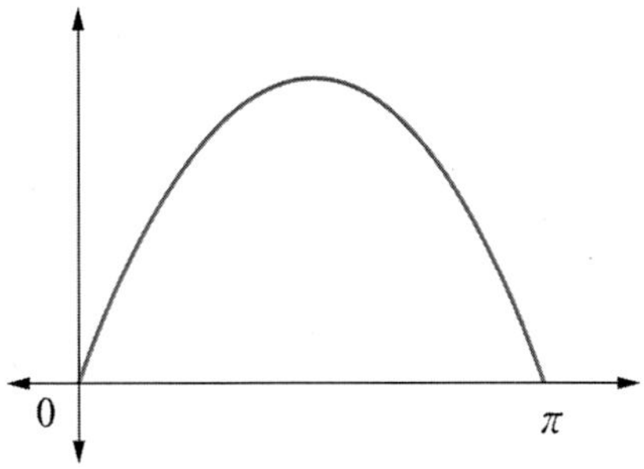

CHAPTER

6

정적분의 응용

정적분을 활용하여 넓이, 부피, 길이, 속도, 거리, 이상적분을 구하는 방법을 알아본다.

넓이를 구할 때는 하나의 함수와 x축 사이의 넓이, 두 함수 사이의 넓이를 구하는 방법을 살펴보고 부피를 구할 때는 수직단면을 이용하는 방법, 디스크, 와셔, 쉘 방법을 설명한다. 일직선을 따른 운동, 평면곡선을 따른 운동, 정적분의 최종변화 등을 학습한다.

6.1 넓이

6.1.1 축과 곡선사이의 넓이

넓이를 찾기 위해서는

(1) 주어진 영역과 전형적인 그래프를 그려라

(2) 전형적인 직사각형의 넓이의 식을 써라 그리고

(3) $n \to \infty$ 일 때 n개 넓이의 리만합의 정적분을 세워라.

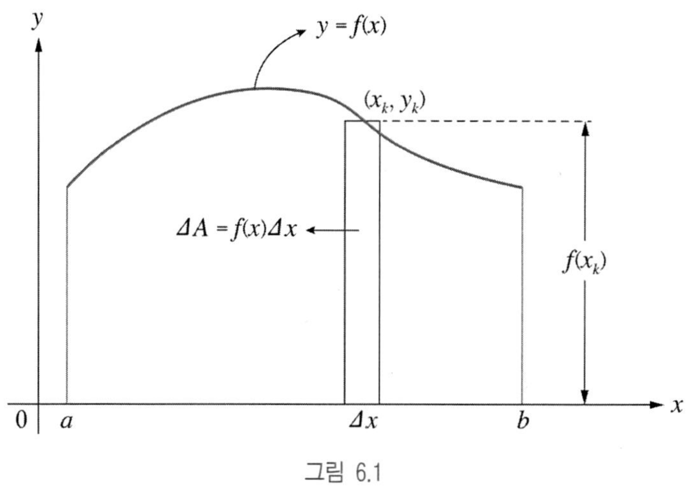

그림 6.1

그림 6.1에서처럼, $f(x)$가 $[a, b]$ 음수가 아니라면 $f(x_k)\Delta x$은 전형적인 직사각형의 넓

이로 여겨질 수 있고 x축으로 인해 제한된 넓이, 곡선, 수직선 $x=a$ 와 $x=b$는 다음과 같이 주어진다.

$$\lim_{n\to\infty}\sum_{k=1}^{n} f(x_k)\Delta x \text{ 그리고 } \int_a^b f(x)dx$$

예제 6-1

다음을 구하라.

(1) $y = x^2$, $y = 0$, $x = -1$, $x = 2$로 둘러싸인 면적은?

(2) $y = \dfrac{4}{x^2+4}$, x축, $x = -2$, $x = 2$로 둘러싸인 면적은?

(3) $y = \cot x$, $x = \dfrac{\pi}{4}$, $x = \dfrac{\pi}{2}$ x축으로 둘러싸인 면적은?

풀이

(1) $\displaystyle\int_{-1}^{2} x^2 dx = \left[\frac{1}{3}x^3\right]_{-1}^{2} = \frac{8}{3}+\frac{1}{3} = 3$

(2) $\displaystyle 2\int_0^2 \frac{4}{x^2+4}dx = 8\int_0^2 \frac{1}{4+x^2}dx = \frac{8}{4}\cdot 2\int_0^2 \frac{\frac{1}{2}}{1+\left(\frac{x}{2}\right)^2}dx = 4\left[\tan^{-1}\frac{x}{2}\right]_0^2$

$\displaystyle = 4\cdot(\tan^{-1}1-\tan^{-1}0) = 4\left(\frac{\pi}{4}\right) = \pi$

(3) $\displaystyle\int_{\frac{\pi}{4}}^{\frac{\pi}{2}} \cot dx = [\ln|\sin x|]_{\frac{\pi}{4}}^{\frac{\pi}{2}} = \ln 1 - \ln\frac{1}{\sqrt{2}} = \frac{1}{2}\ln 2$

■ $y = f(x)$와 x축으로 둘러싸인 면적

$f(x)$가 그림 6.2와 같다면 $f(x) = 0$인 x의 값을 찾고 $f(x)$가 어디에서 양수이고 음수인지 유의한다. 따라서 $x = a$에서 $x = b$까지의 넓이는 다음과 같다.

$$\int_a^c f(x)dx - \int_c^d f(x)dx + \int_d^b f(x)dx$$

$c < x < d$일 때 $f(x_k)\Delta x$는 음수이다.

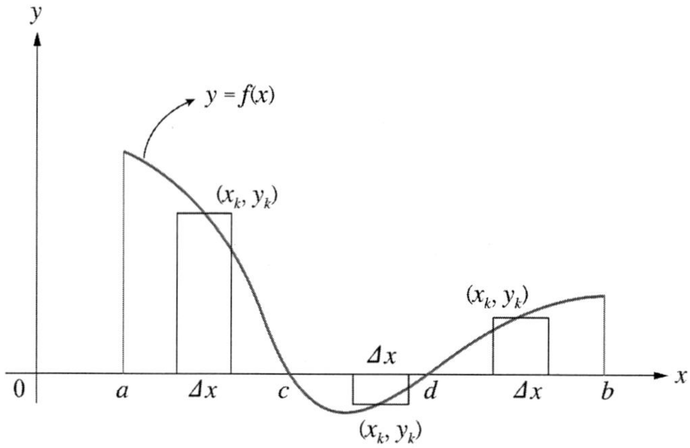

그림 6.2

예제 6-2

$y = x^3 - 2x^2 - 3x$, x축 으로 둘러싸인 면적은?

풀이

$y = x(x^2 - 2x - 3) = x(x+1)(x-3)$에서 그래프가

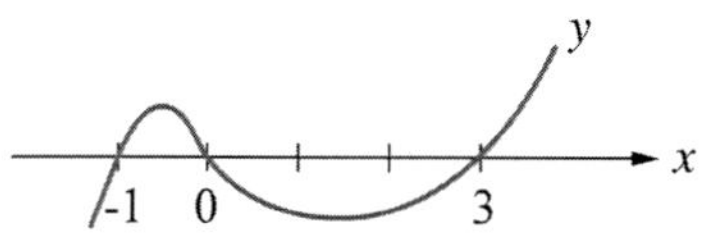

그림 6.3

이므로

$$\int_{-1}^{0}(x^3 - 2x^2 - 3x)dx - \int_0^3 (x^3 - 2x^2 - 3x)dx = \frac{71}{6}$$

예제 6-3

다음 각 곡선에 대하여 주어진 구간 안에서 곡선과 x축으로 둘러싸인 부분의 넓이 S를 구하여라.

(1) $y = \dfrac{1}{x}\ (1 \le x \le e)$ (2) $y = -\ln x\ (1 \le x \le e)$

풀이

(1) $y = \dfrac{1}{x}\,(1 \le x \le e)$에서 $y > 0$이므로

$$S = \int_1^e \frac{1}{x}\,dx = [\ln x]_1^e = 1$$

(2) $y = -\ln x\,(1 \le x \le e)$에서 $y \le 0$이므로

$$S = -\int_1^e (-\ln x)\,dx = \int_1^e \ln x\,dx = [x\ln x - x]_1^e = 1$$

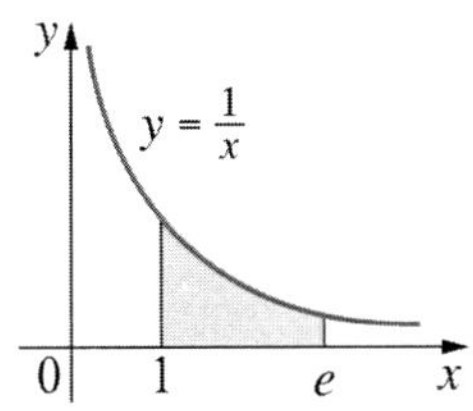

그림 6.4

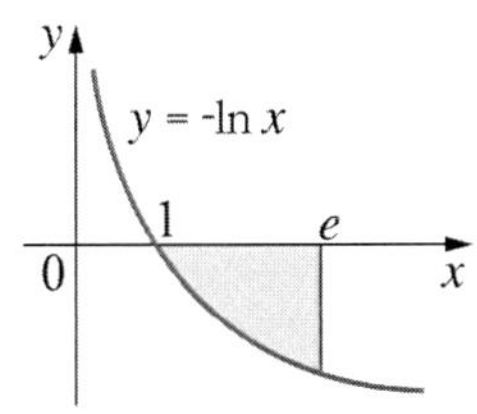

그림 6.5

■ $x = g(y)$와 y축으로 둘러싸인 면적

x가 y의 함수, $x = g(y)$라고 주어졌다면 y축, 곡선, 수직선 $x = a$와 $x = b$로 인해 제한된 넓이는 다음과 같다.

$$\lim_{n\to\infty}\sum_{k=1}^{n} g(y_k)\triangle y = \int_a^b g(y)dy$$

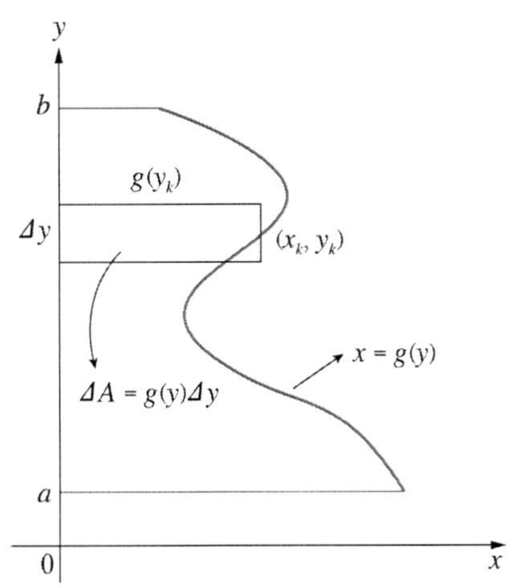

그림 6.6

예제 6-4

$x = y^2 - 1$, y축으로 둘러싸인 면적은?

풀이

$x = y^2 - 1$의 그래프가

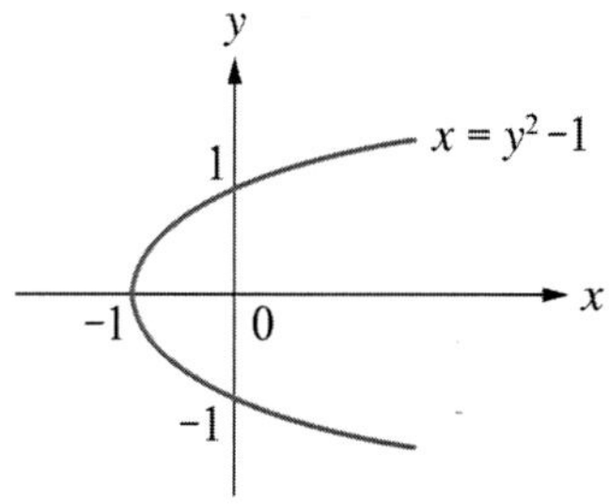

그림 6.7

이므로

$$-2\int_0^1 y^2 - 1\,dy = 2\int_0^1 (1-y^2)\,dy = 2\left[y - \frac{1}{3}y^3\right]_0^1 = 2\left(1-\frac{1}{3}\right) = \frac{4}{3}$$

예제 6-5

다음 곡선과 직선으로 둘러싸인 부분의 넓이를 구하여라.

(1) $y = \ln x$, x축, y축, $y = 1$ (2) $x = \sin y \ (0 \le y \le 2\pi)$, y축

풀이

준 도형의 넓이를 S라 하자.

(1) $y = \ln x$에서 $x = e^y$

$$S = \int_0^1 x\,dy = \int_0^1 e^y\,dy = [e^y]_0^1 = e - 1$$

(2) $0 \le y \le \pi$에서 $\sin y \ge 0$이고 $\pi \le y \le 2\pi$에서 $\sin y \le 0$이므로

$$S = \int_0^\pi x\,dy - \int_\pi^{2\pi} x\,dy = \int_0^\pi \sin y\,dy - \int_\pi^{2\pi} \sin y\,dy = [-\cos y]_0^\pi - [-\cos y]_\pi^{2\pi} = 4$$

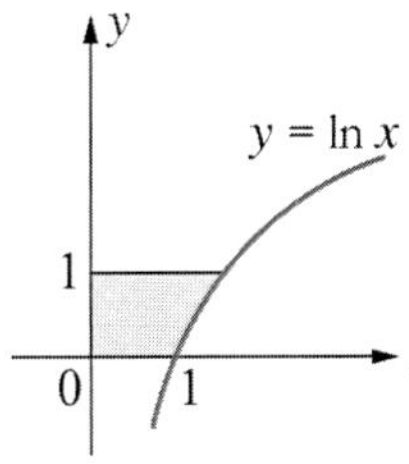

그림 6.8

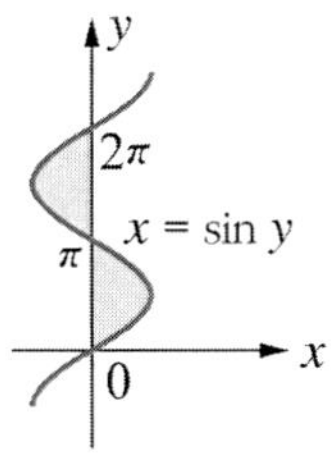

그림 6.9

6.1.2 곡선들 사이의 넓이

곡선 사이의 넓이를 찾으려면 (그림 6.10), 곡선들이 교차하는 교점들을 구한다. $x=a$와 $x=e$ 사이의$y=f(x)$와 y=$g(x)$ 두 곡선이 $(c,\ d)$에서 교차한다면 전체 넓이는 다음과 같다.

$$\int_a^c [f(x)-g(x)]dx+\int_c^e [g(x)-f(x)]dx$$

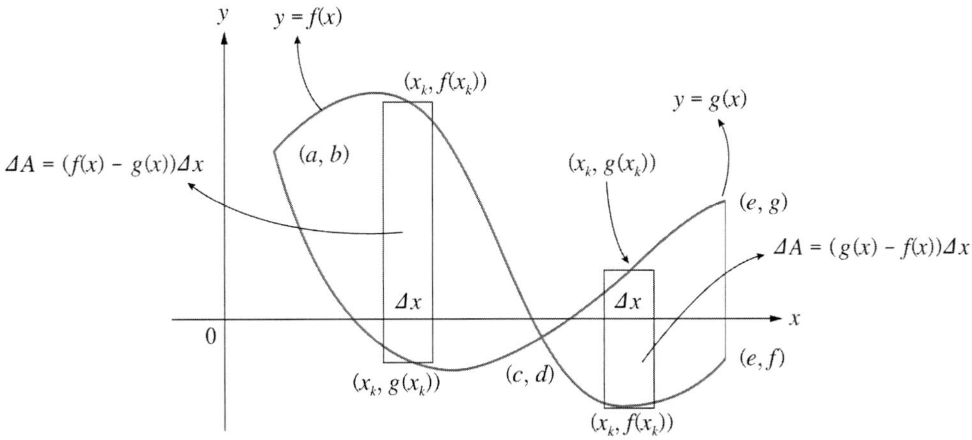

그림 6.10

예제 6-6

다음 직선과 곡선 또는 곡선과 곡선으로 둘러싸인 도형의 넓이를 구하여라.

(1) $y = x^2 - 1,\ y = -x^2 + 2x + 3$

(2) $y = xe^{-x},\ y = e^{-2}x$

(3) $y = \sin x,\ y = \cos x,\ \left[\frac{\pi}{4},\ \frac{5}{4}\pi\right]$

(4) $y^2 = x,\ y = -x + 2$

(5) $y = e^x,\ y = x,\ y = 1,\ y = 2$

풀이

(1) 구하는 넓이를 S라 하자.

두 곡선의 교점의 x좌표는

$x^2 - 1 = -x^2 + 2x + 3$에서 $(x+1)(x-2) = 0$

$\therefore\ x = -1, 2$

또, 구간 $[-1, 2]$에서

$-x^2 + 2x + 3 \geq x^2 - 1$

이므로

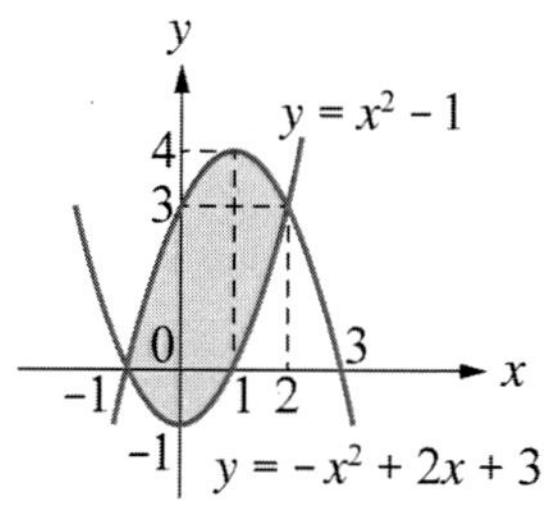

그림 6.11

$$S = \int_{-1}^{2} \{(-x^2+2x+3)-(x^2-1)\}\,dx = \int_{-1}^{2} (-2x^2+2x+4)\,dx$$

$$= \left[-\frac{2}{3}x^3 + x^2 + 4x\right]_{-1}^{2} = 9$$

(2) 곡선과 직선의 교점의 x좌표는

$xe^{-x} = e^{-2}x$에서 $x(e^{-x} - e^{-2}) = 0$

$\therefore\ x = 0, 2$

따라서 구하는 넓이를 S라 하면

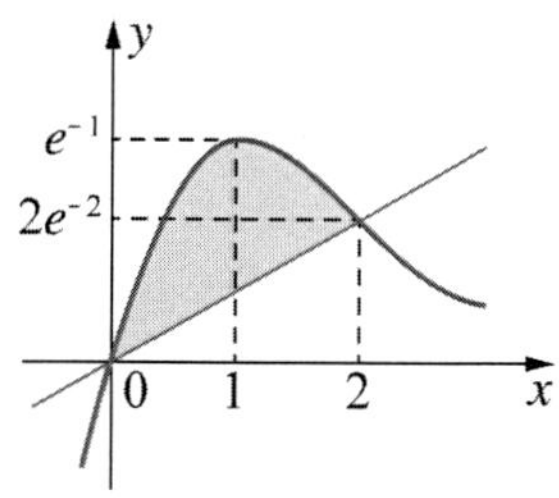

그림 6.12

$$S = \int_{0}^{2} (xe^{-x} - e^{-2}x)\,dx$$

$$= [-e^{-x}x]_0^2 - \int_0^2 (-e^{-x})\,dx - \left[\frac{1}{2e^2}x^2\right]_0^2 = 1 - \frac{5}{e^2}$$

(3) 구하는 넓이를 S라 하자.

두 곡선의 교점의 x좌표는

$\sin x = \cos x$에서 $x = \dfrac{\pi}{4},\ \dfrac{5}{4}\pi$

$$\therefore\ S = \int_{\frac{\pi}{4}}^{\frac{5}{4}\pi} (\sin x - \cos x)\,dx = \left[-\cos x - \sin x\right]_{\frac{\pi}{4}}^{\frac{5}{4}\pi} = 2\sqrt{2}$$

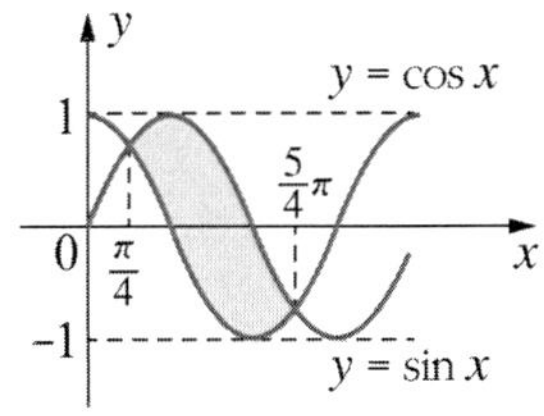

그림 6.13

(4) 곡선과 직선의 교점의 y좌표는

$y = -y^2+2$에서 $(y-1)(y+2) = 0$

$\therefore\ y = 1, -2$

또, $y^2 = x$에서 $x = y^2$,

$y = -x+2$에서 $x = 2-y$

이고 구간 $[-2, 1]$에서 $2-y \geq y^2$

이므로

$$S = \int_{-2}^{1} \{(2-y) - y^2\}\,dy = \left[2y - \frac{1}{2}y^2 - \frac{1}{3}y^3\right]_{-2}^{1} = \frac{9}{2}$$

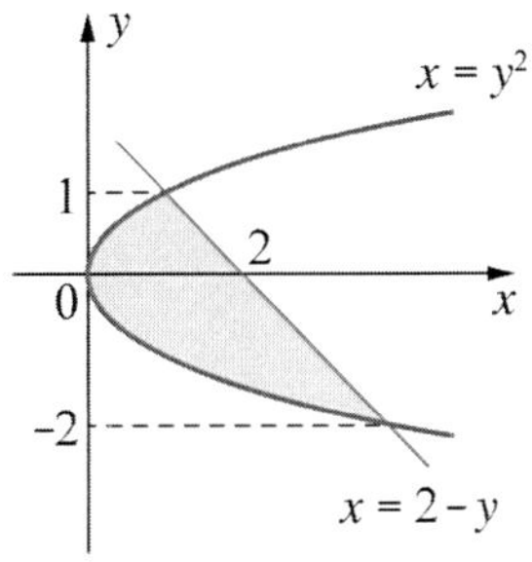

그림 6.14

(5) $y = e^x$에서 $x = \ln y$,

$y = x$에서 $x = y$

이고 구간 $[1, 2]$에서 $y \geq \ln y$이므로

$$S = \int_{1}^{2} (y - \ln y)\,dy = \left[\frac{1}{2}y^2 - (y\ln y - y)\right]_{1}^{2} = \frac{5}{2} - 2\ln 2$$

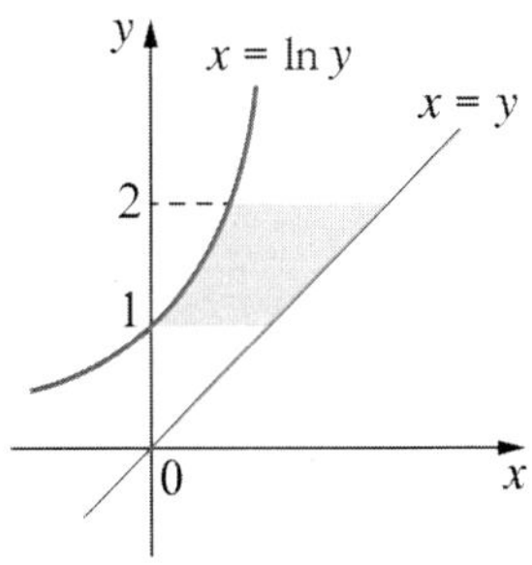

그림 6.15

연습문제 6.1

1. 주어진 범위에서 곡선과 x축으로 둘러싸인 영역의 넓이를 구하여라.

(1) $y = -x^2 - 2x,\ -3 \le x \le 2$

(2) $y = x^3 - 3x^2 + 2x,\ 0 \le x \le 2$

(3) $y = x^{\frac{1}{3}},\ -1 \le x \le 8$

(4) $y = x^3 - 4x,\ -2 \le x \le 2$

2. 직선과 곡선으로 둘러싸인 영역의 넓이를 구하여라.

(1) $y = x^2 - 2,\ y = 2$

(2) $y = x^4,\ y = 8x$

(3) $y = x^2,\ y = -x^2 + 4x$

(4) $y = x^4 - 4x^2 + 4,\ y = x^2$

(5) $x = 2y^2,\ x = 0,\ y = 3$

(6) $y^2 - 4x = 4,\ 4x - y = 16$

연습문제 6.1

3. 두 곡선으로 둘러싸인 영역의 넓이를 구하여라.

(1) $x+y^2=0$, $x+3y^2=2$

(2) $4x^2+y=4$, $x^4-y=1$

(3) $x+4y^2=4$, $x+y^4=1$, $x \geq 0$

(4) $y=2\sin x$, $y=\sin 2x$, $0 \leq x \leq \pi$

(5) $y=\sec^2 x$와 $y=\tan^2 x$, $x=-\dfrac{\pi}{4}$와 $x=\dfrac{\pi}{4}$

(6) $x=3\sin y\sqrt{\cos y}$와 $x=0$, $0 \leq y \leq \dfrac{\pi}{2}$

4. 곡선 사이의 넓이를 구하여라.

(1) 곡선 $x-y^3=0$과 직선 $x-y=0$으로 둘러싸인 프로펠러 모양의 넓이를 구하여라.

(2) 직선 $y=x$, 직선 $x=2$, 곡선 $y=\dfrac{1}{x^2}$, x축으로 둘러싸인 제 1사분면 내의 넓이를 구하여라.

(3) 곡선 $y=\ln x$와 $y=\ln 2x$사이와 $x=1$에서 $x=5$까지의 넓이를 구하여라.

(4) 곡선 $y=e^{2x}$, 곡선 $y=e^x$, 직선 $x=\ln 3$으로 하는 제 1사분면 영역의 넓이를 구하여라.

(5) 곡선 $y=\dfrac{2x}{(1+x^2)}$과 x축의 구간 $-2 \leq x \leq 2$ 사이에 놓여 있는 영역의 넓이를 구하여라.

6.2 부피

6.2.1 단면을 알 때의 입체의 부피

입체 단면의 넓이를 알고 그것이 x식으로 표현 될 수 있다면, 전형적인 조각의 부피ΔV를 구할 수 있다. 입체의 부피는 조각의 수를 무한개로 하여 얻어진다. 그림 6.16에서, $\Delta V = A(x)\Delta x$이기 위해 x축과 직각인 조각들을 이용한다. $A(x)$는 단면의 넓이이고 Δx는 조각의 두께이다. 따라서 부피 $V = \int_a^b A(x)dx$이다.

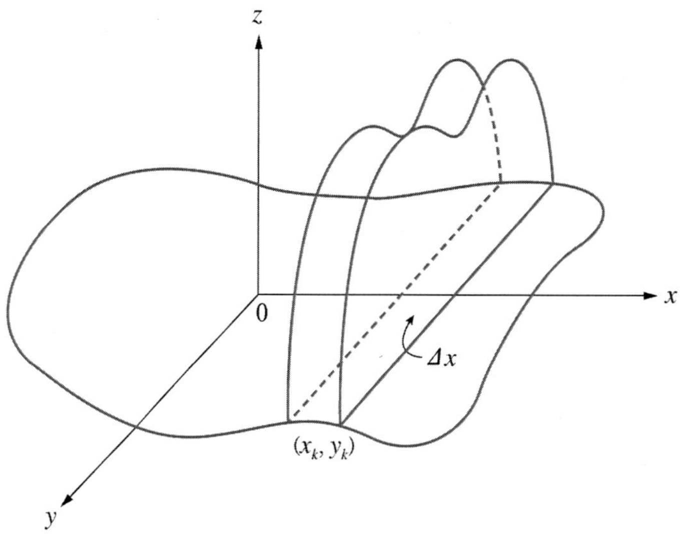

그림 6.16

예제 6-7

(1) 입체는 원 $x^2 + y^2 = 9$을 밑변으로 가지고 있으며, y축과 평행을 이루는 모든 단면은 정사각형이다. 입체의 부피를 찾아라.

(2) 회전체 밑면의 반지름은 a고 각 면이 지름에 수직으로 정사각형이다. 부피는?

(3) 회전체 밑면이 $x^2 = 8y, y = 4$로 둘러 싸이고 각 면이 y축에 수직으로 정삼각형이다. 부피는?

(4) 회전체 밑면이 $y = e^{-x}$, x축, y축, $x = 1$로 둘러 싸이고 각 면이 x축에 수직으로 정사각형이다. 부피는?

풀이

(1) 그림 6.17에서 부피의 요소는 $2y$의 면 길이와 Δx의 두께를 가진 정사각형 각기둥이다.

$\Delta V = (2y)^2 \Delta x = 4y^2 \Delta x = 4(9 - x^2)\Delta x$

y축 대칭을 사용하여 입체의 부피를 구하면,

$$V = 2\int_0^3 4(9 - x^2)dx = 8\int_0^3 (9 - x^2)dx$$

$$= 8(9x - \frac{x^3}{3})|_0^3 = 144$$

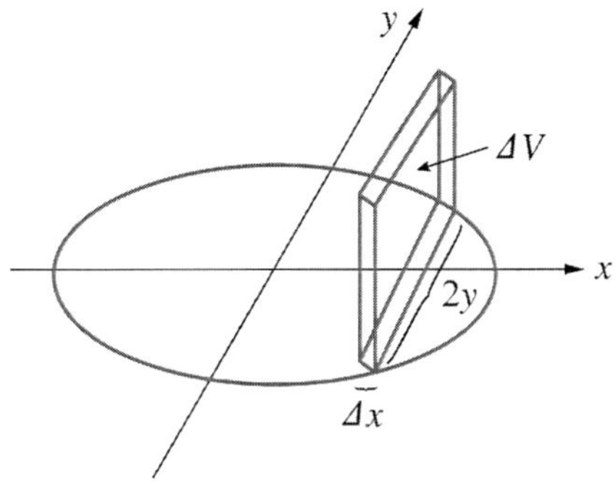

그림 6.17

(2) $8\int_0^a (a^2 - x^2)dx = \frac{16}{3}a^3$

(3) $8\sqrt{3}\int_0^4 ydy = 64\sqrt{3}$

(4) $\int_0^1 (e^{-x})^2 dx = \frac{1}{2}(1 - \frac{1}{e^2})$

6.2.2 회전체

회전체는 평면 영역을 회전축이라고 불리는 고정된 선 주위로 회전시켰을 때 얻을 수 있다. "디스크"와 "와셔"라고 회전체의 부피를 얻을 수 있는 두 가지의 주요한 방식이 있다.

■ 디스크

x축과 곡선으로 제한된 영역은 그림 6.18에 보이는 거와 같이 회전체를 이루며 x축 주위로 회전된다. 오른쪽 그림에서 보인 입체 디스크 ΔV (부피의 요소)를 이루는 아래그림의 영역의 "직사각형 모양의 조각"을 떠올린다.

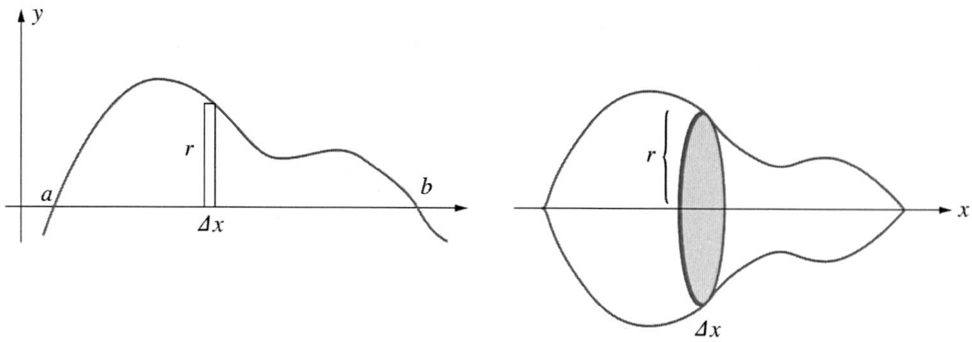

그림 6.18

이 디스크는 반지름이 r(직사각형 조각의 높이)이고 높이는 $\triangle x$(조각의 두께)인 원기둥이다. 그러므로,

$$\triangle V = \pi r^2 \triangle x \text{ 그리고 } V = \pi \int_a^b r^2 dx$$

예제 6-8

(1) 반지름 r의 구체의 부피를 구하라.

(2) 그림 6.19에 보이는 바와 같이 $y = x^2$, $x = 2$, $y = 0$로 제한된 영역이 $x = 2$ 선주위로 회전해 형성되는 입체의 부피를 찾아라.

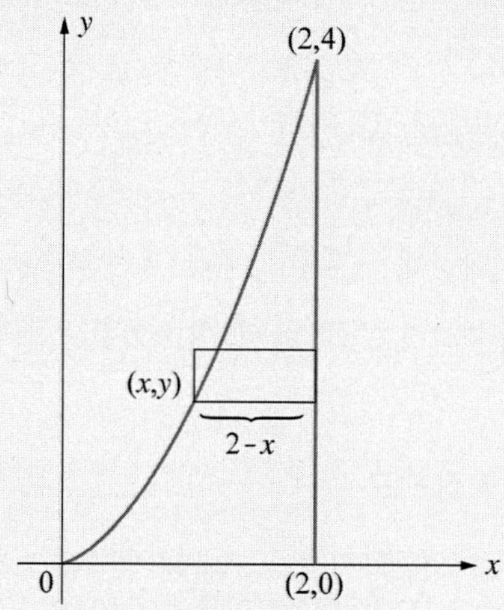

그림 6.19

풀이

(1) 영역이 반원으로 제한됐고 그것의 지름이 x축 주위로 회전한다면, 얻은 회전체는 그림 6.20 같이, 반지름 r의 구체이다.

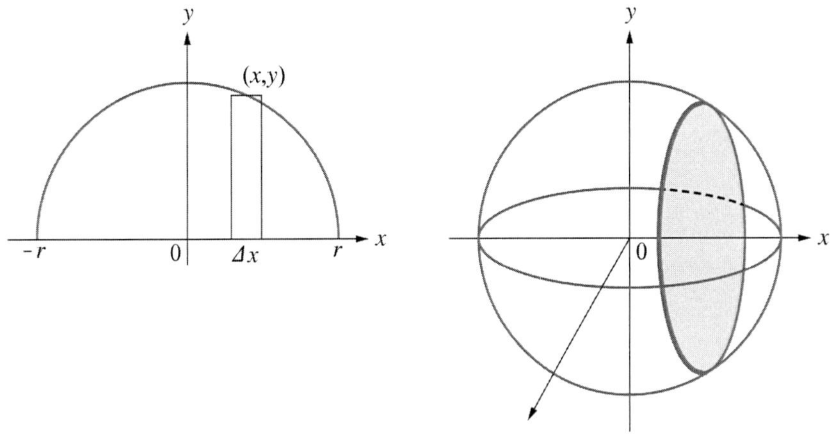

그림 6.20

전형적인 디스크의 부피 ΔV는 $\Delta V=\pi y^2 \Delta x$로 주어졌다. 원의 방정식은 $x^2+y^2=r^2$이다. 따라서

$$V=\int_{-r}^{r}\pi y^2 dx=\pi\int_{-r}^{r}(r^2-x^2)dx=\pi[r^2x-\frac{x^3}{3}]|_{-r}^{r}=\frac{4}{3}\pi r^3$$

(2) $r=2-x$

$$\Delta V=\pi(2-x)^2\Delta y$$

$$V=\pi\int_0^4(2-x)^2 dy=\pi\int_0^4(2-\sqrt{y})^2 dy=\frac{8\pi}{3}$$

▪ 와셔

와셔는 구멍이 있는 디스크이다. 부피는 중심이 같은 디스크 두개의 부피의 차이로 여겨질 수 있다. 예를 들자면, 그림 6.21에 보여지는 두 곡선 사이의 영역이 x축 주위로 회전하며 생기는 회전체의 부피를 생각해보자.

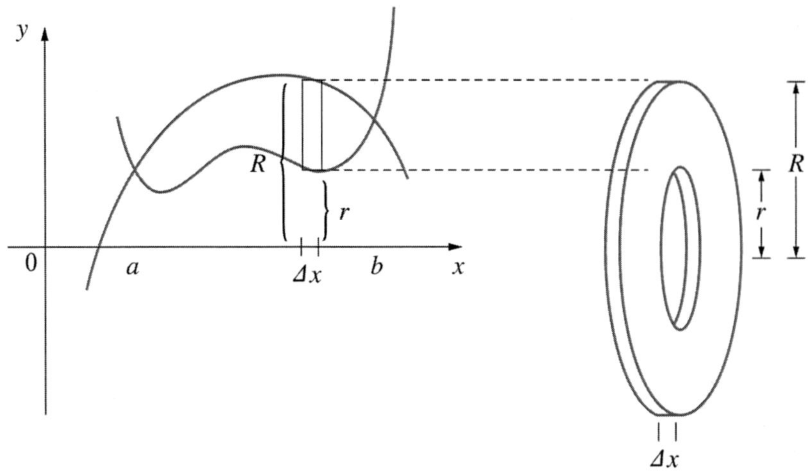

그림 6.21

이 와셔의 높이는 직사각형 조각의 두께 Δx이다, 와셔의 바깥쪽 반지름 R은 직사각형 조각 위까지의 거리이며, 안쪽 반지름 r은 직사각형 조각 밑까지의 거리이다. 그러므로,

$$\Delta V = \pi R^2 \Delta x - \pi r^2 \Delta x = \pi(R^2 - r^2)\Delta x \text{ 그리고 } V = \pi\int_a^b (R^2 - r^2)dx$$

예제 6-9

(1) $y = x^2$와 $y = 2x$로 제한된 영역이 x축 주위로 회전할 때 생기는 부피를 구하라.

(2) 그림 5.23에서 보여지는 바와 같이 $y = x^2$, $x = 2$, 그리고 $y = 0$로 제한된 영역이 y축 주위로 회전할 때 생기는 입체의 부피를 구하라.

풀이

(1) 그림 6.22에서 보여지는 거와 같이 곡선들은 원점과 (2, 4)에서 교차한다. 두 함수를 구분하기 위해 $(x,\ y_1)$를 선의 점으로 놓고 $(x,\ y_2)$를 포물선의 점으로 놓는 다는 걸 유의하자.

$R = y_1 = 2x$

$r = y_2 = x^2$

$$\triangle V = \pi(y_1^2 - y_2^2)\triangle x$$

$$V = \pi\int_0^2 (y_1^2 - y_2^2)dx = \pi\int_0^2 ((2x)^2 - (x^2)^2)dx = \frac{64\pi}{15}$$

(2) $R = 2$

$r = x$

$$\triangle V = \pi(2^2 - x^2)\triangle y$$

$$V = \pi\int_0^4 (2^2 - x^2)dy = \pi\int_0^4 (4 - y)dy = 8\pi$$

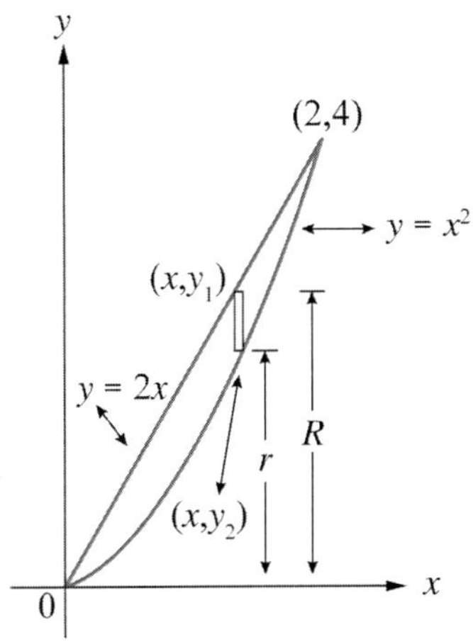

그림 6.22

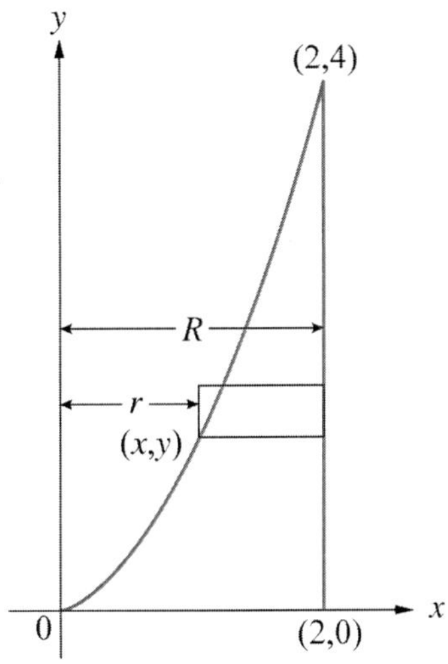

그림 6.23

6.2.3 쉘(껍데기)

원기둥형 쉘은 원기둥의 바깥 껍질이라고 여겨질 수 있다. 이것의 부피는 원기둥에서 이 껍질이 벗겨져 쫙 펴졌을 때의 직사각형 입체의 부피이다. 예를 들자면, 그림 6.24에 보여지는 두 곡선 사이의 영역이 y축 주위로 회전하며 생기는 회전체의 부피를 생각해보자.

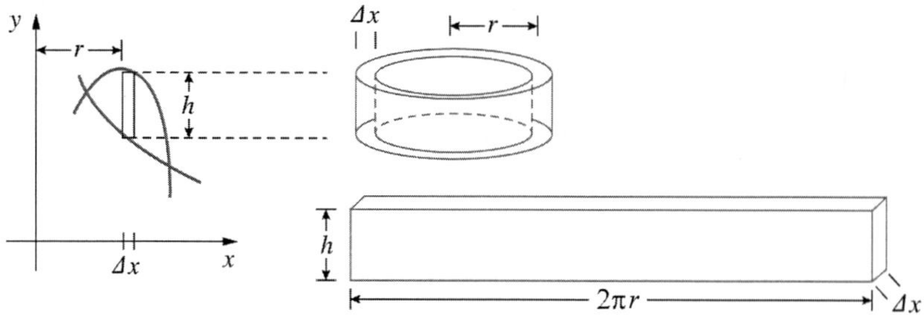

그림 6.24

이 쉘의 반지름 r은 축에서 직사각형 조각까지의 거리이고 높이는 직사각형 조각의 높이이다, h. 쉘이 풀려서 직사각형으로 펼쳐졌을 때, 이것의 길이는 원기둥의 원주 $2\pi r$이다. 이것의 높이는 원기둥의 높이 h이며, 이것의 두께는 직사각형 조각의 두께 Δx이다. 그러므로,

$$\Delta V = 2\pi rh\Delta x \quad \text{그리고} \quad V = 2\pi\int_a^b rh\,dx$$

예제 6-10

$y = x^2$와 $x = 2$, 그리고 $y = 0$으로 제한된 영역이 선 $x = 2$ 주위로 회전할 때 생기는 입체의 부피를 구하라.

풀이

그림 6.25을 보자.

$x = 2$ 주위로.

쉘 $r = 2 - x$ $h = y$

$\Delta V = 2\pi(2-x)y\Delta x = 2\pi(2-x)x^2\Delta x$

$2\pi\int_0^2 (2-x)x^2 dx = \frac{8\pi}{3}$

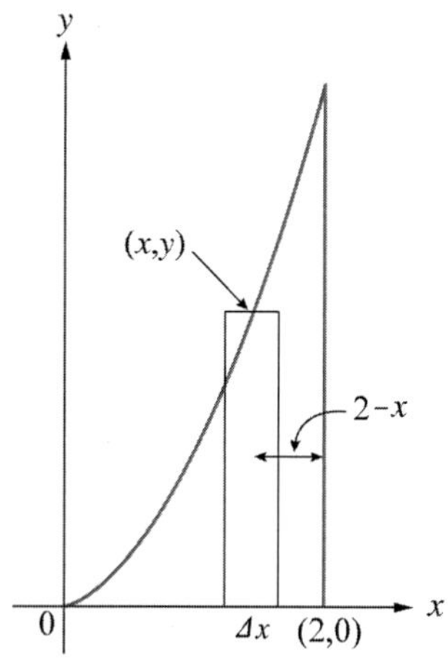

그림 6.25

예제 6-11

$y=3x-x^2$와 $y=x$로 제한된 영역이 y축 주위로 회전됐다. 입체의 부피를 구하라.

풀이

그림 6.26를 보자.

$\triangle V=2\pi x(y_2-y_1)\triangle x=2\pi x(2x-x^2)\triangle x$

$2\pi\int_0^2(2x^2-x^3)dx=\frac{8\pi}{3}$

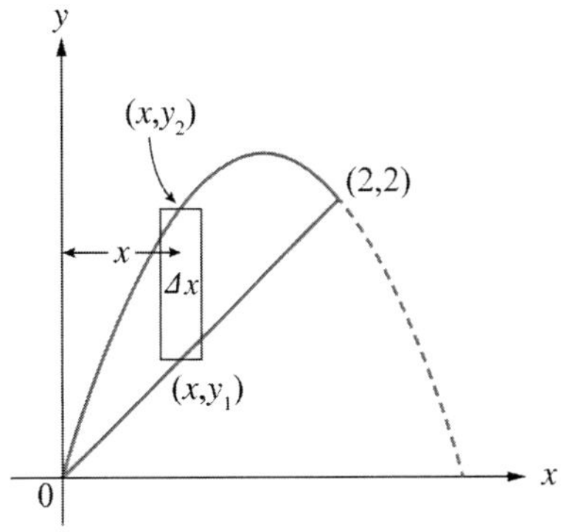

그림 6.26

예제 6-12

$y=x^2$와 $y=2x$로 제한된 영역이 x-축 주위로 회전했을 때 생기는 부피를 구하라.

풀이

그림 6.27에 보여지는 바와 같이 곡선들은 원점과 (2, 4)에서 교차한다. 두 함수를 구분하기 위해 (x_1, y)를 선의 점으로 놓고 (x_2, y)를 포물선의 점으로 놓는다는 걸 유의하자.

$r=y$

$h=x_2-x_1,\ \triangle V=2\pi y(x_2-x_1)\triangle y$

$V=2\pi\int_0^4 y(x_2-x_1)dy=2\pi\int_0^4 y(\sqrt{y}-\frac{y}{2})dy=\frac{64\pi}{15}$

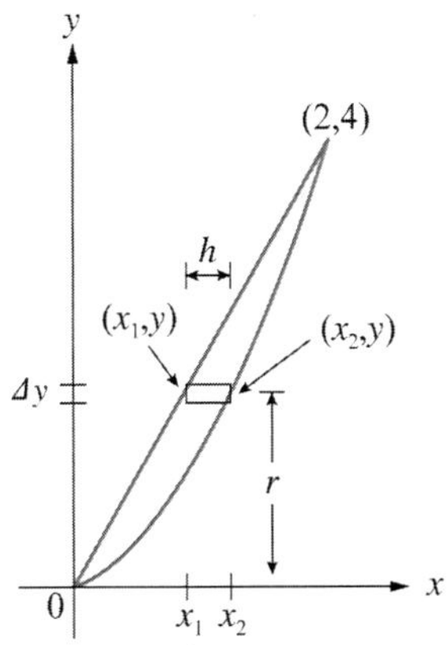

그림 6.27

연습문제 6.2

1. $x = -1$과 $x = 1$에서 x축에 수직인 평면들 사이에 입체가 놓여 있다. 다음의 각 경우에서 이들 평면 사이에 있고 x축에 수직인 절단면이 반원 $y = -\sqrt{1-x^2}$ 에서 반원 $y = \sqrt{1-x^2}$ 까지 닿아 있다. x축에 수직인 절단면의 넓이 $A(x)$의 공식을 구하여라.

(1) 절단면이 지름이 xy평면상에 놓여 있는 원반이다.

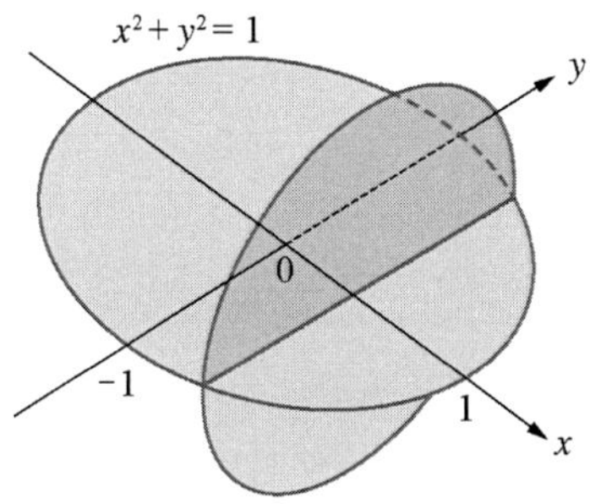

(2) 절단면이 밑변이 xy평면상에 놓여 있는 정사각형이다.

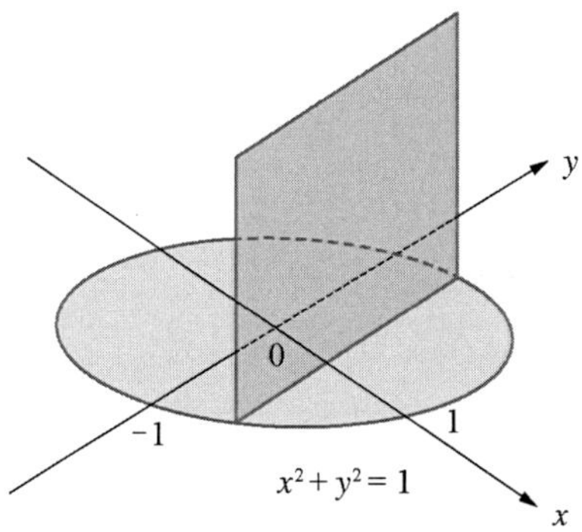

(3) 절단면이 대각선이 xy평면상에 놓여 있는 정사각형이다(정사각형의 대각선의 길이는 $\sqrt{2}\times$정사각형의 한 변의 길이이다).

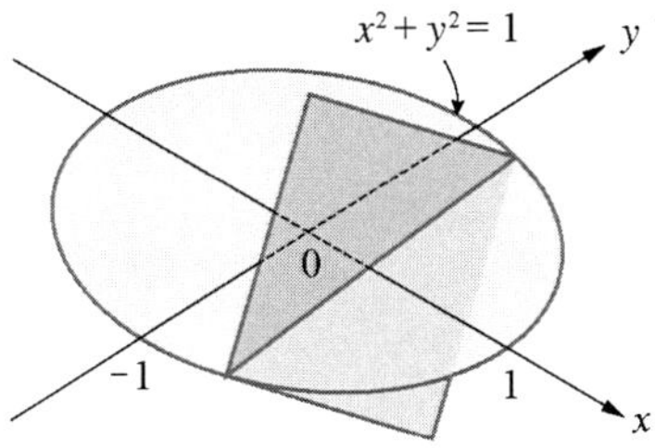

(4) 절단면이 밑변이 평면상에 놓여 있는 정삼각형이다.

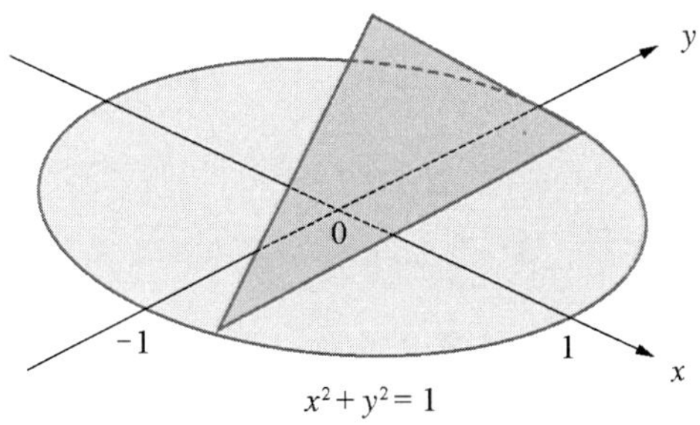

2. $x = -1$과 $x = 1$에서 축에 수직인 평면 사이에 입체가 놓여 있다. 구간 $0 \le x \le 4$ 상에 있고 x축에 수직인 절단면이 그것의 지름이 포물선 $y = x^2$에서 포물선 $y = 2 - x^2$까지 닿아 있는 원반이다. 부피를 구하여라.

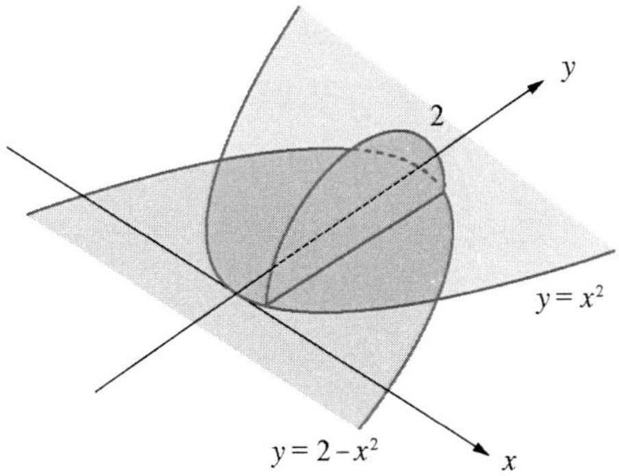

연습문제 6.2

3. 입체의 밑면이 직선 $x = 0$과 직선 $x = \pi$, x축, 그리고 곡선 $y = 2\sqrt{\sin x}$로 둘러싸인 영역이다. 부피를 구하여라.

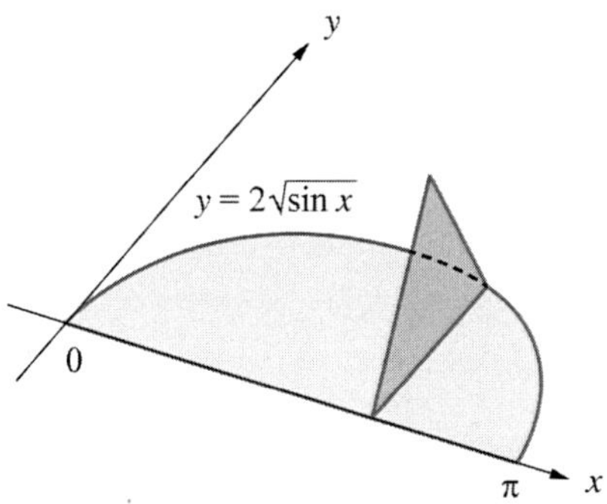

(1) x축에 수직인 절단면이 그림에서와 같이 밑변이 x축과 그 곡선 사이에 놓여 있는 정삼각형이다.

(2) 밑면이 x축과 그 곡선 사이에 놓여 있는 정사각형이다.

4. 직선과 곡선으로 둘러싸인 영역을 x축을 둘레로 회전하여 생기는 입체의 부피를 구하여라.

(1) $y = x^2$, $y = 0$, $x = 2$

(2) $y = \sqrt{\cos x}$, $0 \le x \le \frac{\pi}{2}$, $y = 0$, $x = 0$

(3) $y = e^{-x}$, $y = 0$, $x = 1$, $x = 0$

(4) 직선 $x = \frac{1}{4}$, 직선 $x = 4$, 곡선 $y = \frac{1}{(2\sqrt{x})}$, x축으로 둘러싸인 영역

(5) $y = x$, $y = 1$, $x = 0$

(6) $y = x^2 + 1$, $y = x + 3$

연습문제 6.2

5. 직선과 곡선으로 둘러싸인 영역을 y축을 둘레로 회전하여 생기는 입체의 부피를 구하여라.

(1) $x = \sqrt{5}\,y^2$, $x = 0$, $y = -1$, $y = 1$로 둘러싸인 영역

(2) $x = \sqrt{2\sin 2y}$, $0 \le y \le \frac{\pi}{2}$, $x = 0$으로 둘러싸인 영역

(3) 좌표축, 직선 $y = 3$, 곡선 $x = \frac{2}{\sqrt{y+1}}$로 둘러싸인 제 1사분면에 있는 영역

(4) $x = y^{\frac{3}{2}}$, $x = 0$, $y = 2$로 둘러싸인 영역

(5) 꼭지점이 $(1, 0)$, $(2, 1)$과 $(1, 1)$인 삼각형으로 둘러싸인 영역

(6) 위로는 포물선 $y = x^2$, 아래로는 x축, 오른쪽으론 직선 $y = 2$로 둘러싸인 제 1사분면에 있는 영역

6. $y = \sqrt{x}$와 직선 $y = 2$, $x = 0$으로 둘러싸인 영역을 다음 지시된 축 둘레로 회전하여 생기는 입체의 부피를 구하여라.

(1) x축 (2) y축

(3) 직선 $y = 2$ (4) 직선 $x = 4$

7. 포물선 $y = x^2$과 직선 $y = 1$로 둘러싸인 영역을다음 지시된 축 둘레로 회전하여 생긴 입체의 부피를 구하여라.

(1) 직선 $y = 1$ (2) 직선 $y = 2$

(3) 직선 $y = -1$

연습문제 6.2

8. 꼭지점이 $(1, 1)$, $(1, 2)$, $(2, 2)$인 삼각형 영역과 지시된 축을 둘레로 회전하여 생기는 입체의 부피를 구하여라. (쉘 방법으로 하시오)

(1) x축

(2) y축

(3) 직선 $x = \frac{10}{3}$

(4) 직선 $y = 1$

9. 곡선 $y = \sqrt{x}$과 곡선 $y = \frac{x^2}{8}$로 둘러싸인 영역을 지시된 축을 둘레로 회전하여 생기는 입체의 부피를 구하여라.

(1) x축

(2) y축

6.3 정적분의 활용

6.3.1 일직선을 따른 운동

입자 P의 일직선을 따라선 운동이, s가 시간 t때의 선의 고정된 점부터 P까지의 거리인, 방정식 $s=f(t)$로 주어졌다면, 시간 t때의 P의 속도와 가속도는 각각 이와 같이 주어진다.

$$v=\frac{ds}{dt} \text{ 그리고 } a=\frac{dv}{dt}=\frac{d^2s}{dt^2}$$

여기서 가속도로부터 속도를 알아내고, 속도로부터 거리를 알아내기 위해 적분법을 적용할 것이다. 입자 P는 연속함수인 $v(t)$의 속도로 가지고 있다면, 입자가 시간 t=a부터 t=b까지 움직인 거리는 속도의 정적분이다.

$$\int_a^b |v(t)|\,dt$$

예를 들어, 구간에 따른 속도가 다음과 같다하자.

$$\begin{array}{ll} a \le t \le c & v(t) \ge 0 \\ c \le t \le d & v(t) \le 0 \\ d \le t \le b & v(t) \ge 0 \end{array}$$

시간 구간 t=a부터 t=b까지의 전체 움직인 거리는 다음과 같다.

$$\int_a^c v(t)\,dt-\int_c^d v(t)\,dt+\int_d^b v(t)\,dt$$

$t=a$부터 $t=b$까지의 입자 위치의 최종 변화 또는 변위는 미적분의 기본정리로 인하여 다음과 같다.

$$\int_a^b v(t)\,dt$$

예제 6-13

물체가 일직선을 따라 $v(t)=t^3+3t^2$의 속도로 움직인다면, $t=1$와 $t=4$사이에 움직인 거리를 구하여라.

풀이

$$\int_1^4 (t^3+3t^2)dt=\left(\frac{t^4}{4}+t^3\right)\Big|_1^4=\frac{507}{4}$$

[1, 4]에서 모든 t에 $v(t)>0$란걸 유의하자.

예제 6-14

입자가 시간 t때의 속도가 $v(t)=6t^2-18t+12$로 x축을 따라 움직인다.

(1) $t=0$부터 $t=4$까지의 총 거리를 찾아라.

(2) $t=0$부터 $t=4$까지의 입자의 변위를 찾아라.

풀이

(1) $v(t)=6t^2-18t+12=6(t-1)(t-2)$이므로, 다음과 같다.

$t<1$ 이면, $v>0$

$1<t<2$ 이면, $v<0$

$2<t$ 이면, $v>0$

그러므로, $t=0$부터 $t=4$까지 총 거리는

$$\int_0^1 v(t)\,dt-\int_1^2 v(t)\,dt+\int_2^4 v(t)\,dt=34$$

(2) $t=0$부터 $t=4$까지의 입자의 변위를 찾기 위해선,

$$\int_0^4 v(t)\,dt = \int_0^4 (6t^2-18t+12)\,dt = (2t^3-9t^2+12t)\Big|_0^4 = 128-144+48=32$$

예제 6-15

시간 t때의 선을 따라 움직이는 물체의 가속도는 $a=\sin t$이다 $t=0$일 때 물체는 멈춰있다.

$t=0$ 부터 $t=\dfrac{5\pi}{6}$ 까지 이 물체가 움직이는 거리 s를 찾아라.

풀이

$a=\dfrac{d^2s}{dt^2}=\dfrac{dv}{dt}=\sin t$ 이므로

$v(t)=\dfrac{ds}{dt}=\displaystyle\int \sin t\,dt;$ $\qquad v(t)=-\cos t+C$

또한, $v(0)=0$는 $C=1$. $v(t)=1-\cos t$ 모든 t에서 $v(t)\ge 0$. 그러므로, 움직인 거리는

$\displaystyle\int_0^{5\pi/6}(1-\cos t)dt=\frac{5\pi}{6}-\frac{1}{2}$ 이다.

6.3.2 평면 곡선을 따라선 운동

입자 P의 곡선을 따른 운동이 매개 방정식 $x=x(t)$와 $y=y(t)$로 주어졌다면, 시간 t때 위치 벡터 R, 속도 벡터 v, 가속도 벡터 a는 다음과 같다.

$$\mathrm{R}=x\,\mathrm{i}+y\mathrm{j}$$

$$\mathrm{v}=\frac{dR}{dt}=\frac{dx}{dt}\mathrm{i}+\frac{dy}{dt}\mathrm{j}=v_x\mathrm{i}+v_y\mathrm{j}$$

$$a=\frac{d^2R}{dt^2}=\frac{dv}{dt}=\frac{d^2x}{dt^2}\mathrm{i}+\frac{d^2y}{dt^2}\mathrm{j}=a_x\mathrm{i}+a_y\mathrm{j}$$

R, v, 그리고 a의 수직, 수평 방향의 성분은 각각 상응하는 벡터의 계수 i와 j로 주어진다.

v의 기울기는 $\frac{dy}{dx} = \frac{\frac{dy}{dt}}{\frac{dx}{dt}}$, 속력 |v|는 다음과 같다.

$$|\mathrm{v}| = \sqrt{\left(\frac{dx}{dt}\right)^2 + \left(\frac{dy}{dt}\right)^2}$$

는 입자의 속도이고, 속도 벡터는 진로의 접선이다. a의 기울기는 $\frac{d^2y}{dt^2} / \frac{d^2x}{dt^2}$ 이다. t_1부터 t_2까지 입자가 움직인 거리는 다음과 같이 주어졌다.

$$\int_{t_1}^{t_2} |\mathrm{v}|\, dt = \int_{t_1}^{t_2} \sqrt{(\frac{dx}{dt})^2 + (\frac{dy}{dt})^2}\, dt$$

예제 6-16

발사체가 원점으로부터 올려본각 α과 초속 v_0로 발사된다고 가정하자. 비행 경로의 매개 방정식을 찾아라.

풀이

다음과 같은 처음 조건들이 있다.

위치 $x(0) = 0, y(0) = 0.$

속도 $\frac{dx}{dt}(0) = v_0 \cos\alpha,\ \frac{dy}{dt}(0) = v_0 \sin\alpha$

중력에 의한 가속도를 의미하는 방정식으로 시작한다.

가속도 $\frac{d^2x}{dt^2} = 0,\ \frac{d^2y}{dt^2} = -g,\ \frac{dx}{dt} = C_1,\ \frac{dy}{dt} = -gt + C_2,$

위의 초기조건에 의해서

$c_1 = v_0 \cos\alpha,\ c_2 = \sqrt{0}\, sin\alpha,\ x = (v_0 \cos\alpha)t + C_3,\ y = -\frac{1}{2}gt^2 + (v_0 \sin\alpha)t + C_4$이다. 시간 t때의 위치는 $x(0) = 0$는 $C_3 = 0$, $y(0) = 0$는 $C_4 = 0$ 이므로 매개 방정식은

$x = (v_0 \cos\alpha)t,\ y = -\frac{1}{2}gt^2 + (v_0 \sin\alpha)t$ 이다.

예제 6-17

입자 $P(x, y)$가 곡선을 따라 이렇게 움직인다.

$\frac{dx}{dt} = 2\sqrt{x}$ 그리고 $t \geq 0$일 시간 일 때 $\frac{dy}{dt} = \frac{1}{x}$

$t = 0$, $x = 1$ 그리고 $y = 0$일 때, 운동의 매개 방정식을 찾아라.

풀이

$\frac{dx}{\sqrt{x}} = 2\,dt$이므로, $2\sqrt{x} = 2t + C$를 갖기 위해 적분하고, $x(0) = 1$이므로 $C = 2$이다. $\sqrt{x} = t+1$이다. 그리고

$x = (t+1)^2$

$\frac{dy}{dt} = \frac{1}{x} = \frac{1}{(t+1)^2}$ 이다. 그러므로 $dy = \frac{dt}{(t+1)^2}$ 이다. 그리고

$y = -\frac{1}{t+1} + C'$

$y(0) = 0$ 이므로, $C' = 1$이고,

$y = 1 - \frac{1}{t+1} = \frac{t}{t+1}$ 이 된다.

그러므로 매개 방정식은

$x = (t+1)^2$ 그리고 $y = \frac{t}{t+1}$ 이다.

예제 6-18

예제 6.17의 입자는 일 초 동안, $0 \leq t \leq 1$, 운동한다. t=1일 때 이것의 위치, 속도, 속력, 그리고 가속도 그리고 움직인 총 거리를 찾아라.

풀이

예제 6.17에서 결과, $P(t) = \left((t+1)^2, \frac{t}{t+1}\right)$를 얻었다.

$t = 1$때의 위치는 $P(1) = (4, \frac{1}{2})$이다.

$P(t)$로부터 속도 벡터는 다음과 같다.

$$v = \frac{dx}{dt}i + \frac{dy}{dt}j = 2(t+1)i + \frac{1}{(t+1)^2}j$$

$t=1$일 때 입자의 속도는 $v = 4i + 1/4j$ 이다.

속력은 속도 벡터의 규모이다, 그러므로 1초 후 입자의 속력은

$$|v| = \sqrt{4^2 + (\frac{1}{4})^2} \approx 4.008 \text{ 단위/초}$$

$t=1$일 때의 입자의 가속도 벡터는

$$a = \frac{d^2x}{dt^2}i + \frac{d^2y}{dt^2}j = 2i - \frac{2}{(t+1)^3}j$$

$t=1$일때 입자의 가속도 벡터는 $a = 2i - \frac{1}{4}j$

구간 $0 \le t \le 1$에서 입자가 움직인 거리는

$$\int_0^1 \sqrt{(\frac{dx}{dt})^2 + (\frac{dy}{dt})^2}\, dt = \int_0^1 \sqrt{[2(t+1)]^2 + [\frac{1}{(t+1)^2}]^2}\, dt \approx 3.057\text{단위이다.}$$

예제 6-19

입자 $P(x, y)$가 곡선을 따라 움직이며 이것의 가속도는 다음과 같다.

$$a = -4\cos 2t\, i - 2\sin t\, j \qquad (-\frac{\pi}{2} \le t \le \frac{\pi}{2})$$

$t=0$일 때, 입자는 $\frac{dx}{dt} = 0$와 $\frac{dy}{dt} = 2$로써, (1, 0)에 위치해있다.

(1) 임의의 시간 t의 위치 벡터 R을 찾아라.

(2) 입자의 경로의 매개 방정식을 찾고 P의 경로를 식별하라.

풀이

(1) $v = (-2\sin 2t + C_1)i + (2\cos t + C_2)j$, 그리고 $t=0$ 일 때 $v = 2j$ 이므로, $C_1 = C_2 = 0$이라고 따른다. 그러므로 $v = -2\sin 2t i + 2\cos t j$. 또한 $R = (\cos 2t + C_3)i + (2\sin t + C_4)j$ 그리고 $t=0$일 때 $R = i$ 이므로, $c_3 = c_4 = 0$라고 본다. 따라서

$R = \cos 2t i + 2\sin t j$

(2) (1)에서 운동의 매개 방정식은 삼각함수 항등에 의해

$x=1-2\sin^2, y=2\sin t$이고,

$x=1-2\sin^2 t=1-\frac{y^2}{2}$이다.

6.3.3 리만합의 다른 응용들

정적분을 이용해 수많은 양(quantity)들을 계산하기 위해 리만합을 만들기를 계속한다. 이와 같은 예제들은 주어진 구간(또는 영역, 링, 입체)을 n으로 동일하게 나누고, 각각 조그맣게 나누어진 부분 구간에서 양의 근사치를 구한 다음, 이 작은 양들을 같이 더한다. 마지막으로, $n\to\infty$ 일수록, 원하는 양을 동등한 정적분으로 대체한다.

예제 6-20

2인치의 반지름을 가진 원기둥형 관에서 물이 흘러나온다. 시간 t때 물은 초 당 $v(t)$인치의 속도로 흘러나온다. 관으로부터 첫 3분동안 흘러나온 물의 양을 v(t)식의 정적분으로 구하라.

풀이

3분이 180초 이므로, $[0,180]$을 길이 Δt의 n부분 구간들로 나눈다. Δt초에, 물은 관에서 대략 $v(t)\,\Delta t$인치정도 흘러나왔다. 단면은 $4\pi\, in^2$의 넓이를 가지고 있으므로, (그림 6.28), Δt초에 흘러나온 양은 $4\pi\, in^2\ (v(t)\, in./\text{sec})(\Delta t\ \text{sec})=4\pi v(t)\ \ \Delta t\, in.^3$.

관으로부터 흘러나온 물 n양들의 합은, $n\to\infty$ 일수록,

$\int_0^{180} 4\pi\, v(t)\, dt$이다.

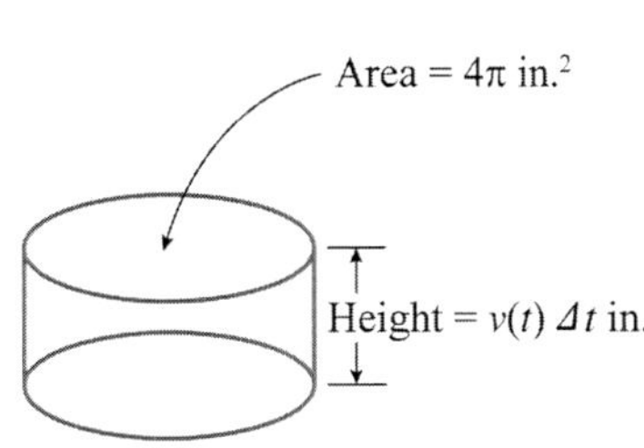

그림 6.28

예제 6-21

디즈니 월드로 향하는 간선도로 10마일 구간의 차들의 교통량(마일 당 차의 수)은 대략 $f(x) = 200[4 - \ln(2x+3)]$이다. x는 디즈니 월드 입구에서부터 마일 단위로의 거리이다. 10마일 구간의 차들의 총 수를 구하라.

풀이

[0, 10]구간을 너비 Δx로 n개의 동일한 부분구간으로 나누자. 각 부분구간의 차들의 수는 대략 교통량 $f(x)$ 곱하기 Δx이다. $f(x) = 200[4 - \ln(2x+3)]$이다. $\sum f(x)\Delta x$. $n \to \infty$ 일수록 (또는 $\Delta x \to 0$ 일수록), 리만합은 이 정적분에 다가간다.

$$\int_0^{10} 200[4 - \ln(2x+3)]dx = 3118$$

예제 6-22

2000년에 세계적으로 연간 사용한 석유는 대략 770억 배럴이었다. 년간 급격한 석유 사용 증가율은 2%였다. 대략 총 1020억 배럴의 기름이 있다면 2000년 이후로 몇 년 동안 쓰기에 충분한가?

풀이

해(2000년 후)의 Δt번째 부분인데 주어진 2000년에 연간 소비 그리고 예상된 소비의 급격한 증가율, 예기된 소비는 $770e^{0.02t}\Delta t$역 배럴이다. n연간의 사용되는 총 석유는 $\int_0^n 770e^{0.02t}dt$ 억 배럴이다. 이 적분은 1020억 배럴과 같아야 한다.
따라서

$$38500e^{0.02t}\Big|_0^n = 1020,\ 38500(e^{0.02n} - 1) = 1020,\ e^{0.02n} - 1 = \frac{1020}{38500},\ e^{0.02n} = 1 + \frac{102}{3850},$$

$$0.02n = \ln\left(1 + \frac{102}{3850}\right),\ n = \frac{1}{0.02}\ln\left(1 + \frac{102}{3850}\right) \simeq 11.75\text{년}$$

6.3.4 정적분의 최종량

f가 연속 함수이고 $f(t)=\dfrac{dF}{dt}$라면

$$\int_a^b f(t)dt = F(b)-F(a)$$

구간의 양의 변화율의 정적분은 구간의 양의 최종량 그러므로, $F(b)-F(a)$는 $F(t)$의 t가 a에서 b의 최종 변화이다.

예제 6-23

$G(t)$가 시간 t의 인구의 증가율이라고 하자. 총인구를 구하여라.

풀이

$t=a$와 $t=b$ 사이의 총 인구는 $\int_a^b G(t)\,dt$이다.

예제 6-24

경제학자는 한계 생산비를 특정한 생산 수준에서 하나를 더 생산하는 비용이라고 일컫는다. $C(x)$가 생산 수준 x의 비용이라면 $C'(x)$는 그 생산 수준의 한계 비용이라고 보여질 수 있다. 한계 비용이 달러단위로, x개의 유닛이 생산 될 때, 유닛 당 $\dfrac{1}{x}$이라면, 생산이 50에서 75 유닛으로 늘어날 경우 총 비용을 구하여라.

풀이

$$\int_{50}^{75}\frac{1}{x}dx \ \simeq \ 0.41$$

예제 6-25

t분 후에 화학품이 분 당 $10e^{-t}$그램의 속도로 분해되고 있다면, 첫 3분동안 분해되는 양을 구하여라.

풀이

$\int_0^3 10e^{-t}dt \approx 9.5g$이다.

예제 6-26

환경 보호국의 공무원이 지금부터 t년 후 공기의 특정한 오염 물질의 레벨이 매년 (0.3 +0.4t)피피엠의 속도(ppm/년)로 올라간다고 어림했다. 이 어림에 따르면, 두번째 해의 오염 물질의 최종 레벨을 구하여라.

풀이

$\int_1^2 (0.3+0.4t)dt \cong 0.9ppm$.

예제 6-27

유행병이 도시에 주 당 $f(t)$명의 속도로 퍼진다고 가정하자. 첫주에서 두 번째 주동안 환자 수의 총인원를 구하여라.

풀이

$\int_1^2 f(t)\,dt$

6.3.5 호의 길이

함수 $y=f(x)$의 적분이 구간 $a \le x \le b$사이 연속의 함수라면, $x=a$인 점에서 $x=b$인 점까지의 $y=f(x)$ 곡선의 호의 길이 s는 이와 같다.

$$s=\int_a^b \sqrt{1+(\frac{dy}{dx})^2}\,dx$$

함수 $x=g(y)$의 적분이 구간 $c \le y \le d$사이 연속의 함수라면, $y=c$에서 $y=d$ 까지의 호의 길이 s는 이와 같다.

$$s=\int_c^d \sqrt{1+(\frac{dx}{dy})^2}\,dy$$

곡선이 방정식 $x=x(t)$와 $y=y(t)$로 매개로 설명된다면, 함수 $x(t)$와 $y(t)$의 적분이 $[t_a,\ t_b]$에서 연속이라면, (그리고 곡선이 교차하지 않는다면), $t=t_a$부터 $t=t_b$까지의 호의 길이는 다음과 같다.

$$s=\int_{t_a}^{t_b} \sqrt{(\frac{dx}{dt})^2+(\frac{dy}{dt})^2}\,dt$$

예제 6-28

(1) 소수 점 이하 세자리까지, $y=x^{3/2}$의 $x=1$부터 $x=8$ 까지의 호의 길이를 찾아라.

(2) 소수 점 이하 세자리까지, $y=0$부터 $y=1$까지 $(x-2)^2=4y^3$ 곡선의 길이를 찾아라.

(3) 시간 t에 입자의 위치$(x,\ y)$는 $x=t^2$와 $y=\frac{t^3}{3}-t$로 매개로 주어졌다. $t=1$와 $t=2$사이에서 입자가 움직인 거리를 찾아라.

(4) $x=0$부터 $x=\frac{\pi}{3}$까지의 $y=\ln\sec x$의 호의 길이를 찾아라.

풀이

(1) 여기는 $\frac{dy}{dx}=\frac{3}{2}x^{1/2}$

$$s=\int_1^8 \sqrt{1+\frac{9}{4}x}\,dx \approx 22.803$$

(2) $(x-2)=2y^{3/2}$, $\frac{dx}{dy}=3y^{1/2}$

$$s=\int_0^1 \sqrt{1+9y}\,dy=2.268=2.268$$

(3) $dx=2t\,dt$이고 $dy=(t^2-1)\,dt$ 이다.

$\sqrt{\left(\frac{dx}{dt}\right)^2+\left(\frac{dy}{dt}\right)^2}=\sqrt{4t^2+t^4-2t^2+1}$ 이므로

$$s=\int_1^2 \sqrt{(t^2+1)^2}\,dt=\int_1^2 (t^2+1)\,dt \;=\frac{t^3}{3}+t\Big|_1^2=\frac{10}{3}$$

(4) $\frac{dy}{dx}=\frac{\sec x\tan x}{\sec x}$

$$s=\int_0^{\pi/3} \sqrt{1+\tan^2 x}\,dx=\int_0^{\pi/3} \sec x\,dx=\ln(\sec x+\tan x)\Big|_0^{\pi/3}=\ln(2+\sqrt{3})$$

6.3.6 이상 적분

이상 적분에는 두 가지 종류가 있다.

(1) 함수는 연속이지만 적분구간이 유한하지 않는 경우

(2) $f(x)$가 적분구간은 유한하나, $x=c$, $a\le c\le b$에서 불연속점을 가지는 경우

$\int_a^b f(x)dx$ 식의 적분

종류 (1)의 이상적분 예

$$\int_0^\infty \frac{dx}{\sqrt[3]{x+1}};\qquad \int_1^\infty \frac{dx}{x};\qquad \int_{-\infty}^\infty \frac{dx}{a^2+x^2};\qquad \int_{-\infty}^0 e^{-x}dx;$$

종류 (2)의 이상적분 예

$$\int_0^1 \frac{dx}{x};\qquad \int_1^2 \frac{dx}{(x-1)^n}\qquad \int_{-1}^1 \frac{dx}{1-x^2};$$

$$\int_0^2 \frac{x}{\sqrt{4-x^2}}dx; \qquad \int_\pi^{2\pi} \frac{dx}{1+\sin x}; \qquad \int_{-1}^2 \frac{dx}{x(x-1)^2};$$

이상 적분은 두 종류에 모두 속하는 경우가 있다.

$$\int_0^\infty \frac{dx}{x}; \qquad \int_0^\infty \frac{dx}{\sqrt{x+x^4}}; \qquad \int_{-\infty}^1 \frac{dx}{\sqrt{1-x}};$$

종류(1)의 경우, 적분구간이 유한하지 않은 이상 적분은 다음과 같이 극한으로 계산한다.

$$\int_a^\infty f(x)dx = \lim_{b\to\infty}\int_a^b f(x)dx$$

단, $[a, b]$에서 f는 연속이다.

우변이 극한치가 존재한다면, 좌변의 이상 적분은 수렴한다고 말한다. 우변의 극한치가 존재하지 않으면, 이 이상 적분이 발산한다고 말한다.

이상적분은 다음 예시들에서 설명하고 있다.

예제 6-29

다음을 적분하여라.

(1) $\displaystyle\int_1^\infty \frac{1}{x^2}dx$

(2) $\displaystyle\int_0^\infty \frac{dx}{x^2+9}$

(3) $\displaystyle\int_0^\infty \frac{dy}{e^y}$

(4) $\displaystyle\int_{-\infty}^0 \frac{dz}{(z-1)^2}$

(5) $\displaystyle\int_{-\infty}^0 e^{-x}dx$

(6) $\displaystyle\int_0^\infty \cos x\, dx$

풀이

(1) $\int_1^{\infty}\frac{1}{x^2}dx=\lim_{b\to\infty}\int_1^b x^{-2}dx=\lim_{b\to\infty}-(\frac{1}{b}-1)=1$

주어진 적분은 1으로 수렴한다. 그림 6.29에서, $\int_1^{\infty}\frac{dx}{x^2}$을 x축 위와, $x=1$, $y=\frac{1}{x^2}$ 곡선 밑의 넓이로 해석한다.

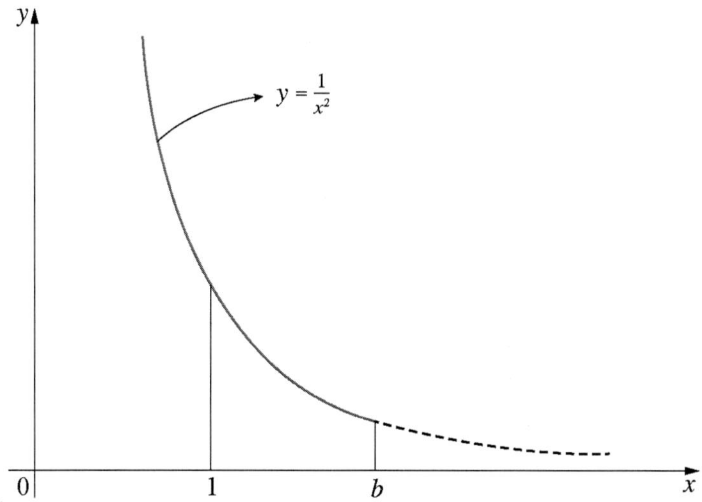

그림 6.29

(2) $\int_0^{\infty}\frac{dx}{x^2+9}=\lim_{b\to\infty}\int_0^b\frac{dx}{x^2+9}=\lim_{b\to\infty}\frac{1}{3}\tan^{-1}\frac{x}{3}\Big|_0^b=\lim_{b\to\infty}\frac{1}{3}\tan^{-1}\frac{b}{3}=\frac{1}{3}\cdot\frac{\pi}{2}=\frac{\pi}{6}$

(3) $\int_0^{\infty}\frac{dy}{e^y}=\lim_{b\to\infty}\int_0^b e^{-y}dy=\lim_{b\to\infty}-(e^{-b}-1)=1$

(4) $\int_{-\infty}^0\frac{dz}{(z-1)^2}=\lim_{b\to-\infty}\int_b^0(z-1)^{-2}dz=\lim_{b\to\infty}-\frac{1}{z-1}\Big|_b^0$

$=\lim_{b\to\infty}-(-1-\frac{1}{b-1})=1$

(5) $\int_{-\infty}^0 e^{-x}dx=\lim_{b\to-\infty}-e^{-x}\Big|_b^0=\lim_{b\to-\infty}-(1-e^{-b})=+\infty$. 발산한다.

(6) $\int_0^{\infty}\cos x\,dx=\lim_{b\to\infty}\sin x\Big|_b^0=\lim_{b\to\infty}\sin b$. 이 극한치는 ($\sin b$는 $b\to\infty$일 때 -1과 1사이 값을 가진다) 존재하지 않으므로 주어진 적분은 발산한다.

종류(2)의, 함수가 불연속점을 가지고 있는 이상 적분은 다음과 같이 다뤄진다.

f가 $x=a$일 때 $f(x)=\infty$이거나 $f(x)=-\infty$일 때, $\int_a^b f(x)dx$를 $\lim_{k\to a^+}\int_k^b f(x)dx$으로 푼다. 주어진 적분은 극한치의 존재 여부에 따라 수렴하거나 발산한다. f가 b에서 불연속점을 가진다면, $\int_a^b f(x)dx$를 $\lim_{k\to b^-}\int_a^k f(x)dx$으로 푼다. 주어진 적분은 극한치의 존재 여부에 따라 수렴하거나 발산한다. 피적분 함수가 적분 구간 $(a<c<b)$ 사이 안쪽의 점 c에서 불연속점을 가진다면,

$$\int_a^b f(x)dx=\lim_{k\to c^-}\int_a^k f(x)dx+\lim_{m\to c^+}\int_m^b f(x)dx$$

이다. 이상 적분은 극한치 두 개 다 존재해야만 수렵한다. 어느 극한치도 존재하지 않으면, 이상 적분은 발산한다고 판정한다.

예제 6-30

다음을 적분하여라.

(1) $\int_0^1 \frac{dx}{\sqrt[3]{x}}$

(2) $\int_0^1 \frac{dx}{x^3}$

(3) $\int_0^2 \frac{dx}{(x-1)^{2/3}}$

(4) $\int_2^3 \frac{dt}{(3-t)^2}$

(5) $\int_{-2}^2 \frac{dx}{x^2}$

풀이

(1) $\int_0^1 \frac{dx}{\sqrt[3]{x}}=\lim_{k\to 0^+}\int_k^1 x^{-1/3}dx=\lim_{k\to 0^+}\frac{3}{2}x^{2/3}\Big|_k^1=\lim_{k\to 0^+}\frac{3}{2}(1-k^{2/3})=\frac{3}{2}$

그림 6.30에서, 이 적분을 $y=\frac{1}{\sqrt[3]{x}}$ 밑과 $x=1$ 왼쪽으로의 첫번째 사분면 넓이로 해석한다.

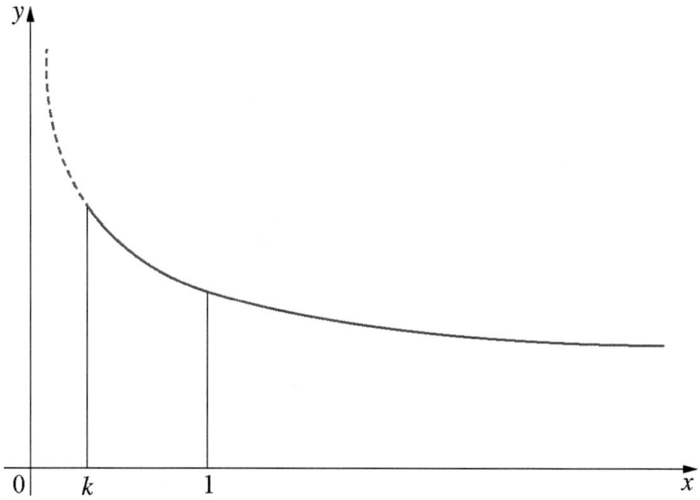

그림 6.30

(2) $\int_0^1 \frac{dx}{x^3} = \lim_{k\to 0^+}\int_k^1 x^{-3}dx = \lim_{k\to 0^+} -\frac{1}{2x^2}\Big|_k^1 = \lim_{k\to 0^+} -\frac{1}{2}(1-\frac{1}{k^2}) = \infty$. 발산한다.

(3) $\int_0^2 \frac{dx}{(x-1)^{2/3}} = \lim_{k\to 1^-}\int_0^k (x-1)^{-2/3}dx + \lim_{m\to 1^+}\int_m^2 (x-1)^{-2/3}dx$

$$= \lim_{k\to 1^-} 3(x-1)^{1/3}\Big|_0^k + \lim_{m\to 1^+} 3(x-1)^{1/3}\Big|_m^2 = 3(0+1)+3(1-0)=6$$

(4) $\int_2^3 \frac{dt}{(3-t)^2} = \lim_{k\to 3^-} -\int_2^k (3-t)^{-2}(-dt) = \lim_{k\to 3^-} \frac{1}{3-t}\Big|_2^k = +\infty$, 발산한다.

(5) $\int_{-2}^2 \frac{dx}{x^2} = \lim_{k\to 0^-}\int_{-2}^k x^{-2}dx + \lim_{m\to 0^+}\int_m^2 x^{-2}dx$

$$= \lim_{k\to 0^-} -\frac{1}{x}\Big|_{-2}^k + \lim_{m\to 0^+} -\frac{1}{x}\Big|_m^2$$ 극한치가 존재하지 않는다. 발산한다.

연습문제 6.3

1. 다음을 구하여라.

   (1) 한 개의 입자는 그것의 위치가 $s = t^3 - 6t^2 + 9t + 3$에 의해 주어진 방법으로 선을 따라 움직인다. 언제 그 움직임의 방향이 바뀌는가?

   (2) 몸은 속도 v와 시간 t가 $v = 4t^3 + 3t^2 + 5$에서 주어진 직선을 따라 움직인다. 몸이 $t = 0$부터 $t = 2$까지 간 거리는?

   (3) 한 입자는 $v = 3t^2 - 6t$의 속도로 선을 따라 움직인다. $t = 0$부터 $t = 3$까지 간 총 거리는?

   (4) 직선에서 움직이는 입자의 가속도는 $a = \cos t$에 의해 주어졌고, $t = 0$일 때 입자는 멈춰있다. $t = 0$부터 $t = 2$까지 간 거리는?

   (5) 허리케인의 최악의 4시간 동안 시간당 바람 속도는 $v(t) = 5t - t^2 + 100$, $0 \le x \le 4$에 의해 주어진다. 이 기간 동안 평균 바람 속도는?

2. 주어진 곡선 $\mathrm{v} = t\mathrm{i} - (1-t)\mathrm{j}$을 움직이는 입자의 속도는 v, 시간은 t이다. $t = 0$일 때 입자는 $(0, 1)$에 있다.

   (1) t시에 벡터 R의 위치는?

   (2) $t = 2$일 때 가속도는?

   (3) 입자의 속력이 최소일 때 t는?

3. 항상 위치벡터와 속도벡터가 수직인 방향으로 곡선을 따라 움직인다. 그 입자가 $(4, 3)$을 지난다면 곡선의 방정식은?

연습문제 6.3

4. 한 입자의 가속도는 $a = e^{-t}\mathrm{i} + e^{t}\mathrm{j}$ 로 주어졌다. $t = 0$일 때, 그 입자는 $\mathrm{v} = 2\mathrm{i}$ 인 속력을 갖는다. 그러면 그 속력 벡터는?

5. 한 입자의 속도는 $(3 - e^{-t})\mathrm{i} + (e^{t} - 1)\mathrm{j}$ 로 주어졌다. $t = 0$일 때, 그 입자는 $(1, 2)$에 있다. t시간에 R의 위치는?

6. 현재 세계 인구가 60억이고, 지금으로부터 t년 인구가 $P(t) = 6e^{0.024t}$ 로 계산된다고 가정하자. 이 가정에 기초해서 다음 25년 뒤 평균 세계 인구는 대략 얼마인가? (단위 : 10억명)

7. 양 $Q(t)$는 1년당 5%의 비율로 늘어나고 있고 Q는 이제 Q_0과 같다. 그러면 t년에 Q는?

8. 한 개의 돌이 처음의 96ft/sec 속도로 위로 던져졌다.
처음 2초동안 $a(t) = -32ft/\mathrm{sec}^2$라 주어진 평균 속도는?

9. 정맥 주사 투여 후 t시간에 환자의 혈압에서 약의 양을 $\dfrac{30}{(t+1)^2}$ mg로 가정하자. 최초 4시간 동안 평균 양은?

10. 기름이 $1000e^{-0.3t}gal/hr$의 속도로 탱크에서 나오고 있다. 8시간 동안 흘러나온 기름의 총 양은 대략 얼마인가?

연습문제 6.3

11. 어떤 공장에서 하루당 $\frac{\sqrt{t}}{180}$ 톤의 폐수를 버린다. 7주 동안 버린 폐수의 양은?

12. $160^\circ F$에 달궈진 물체를 $45^\circ F$인 냉장고에 넣었다. 냉장고의 냉각속도는 분당 $(-9e^{-0.08t})^\circ F$이다. 20분 후에 물체의 온도는?

13. 오염물질을 주당 $te^{-0.3t}$톤 배출한다고 할 때 오염물질이 9톤이 되기까지 얼마가 걸리는가?

14. 시간당 $(-0.1t^2-0.3t+2)$갤런씩 물이 샌다고 할 때 3시간 동안 물이 샌 양은?

15. 박테리아는 한 시간에 $1000e^{0.03t}$씩 증가한다고 한다. 두 시간 동안 증가한 박테리아 수의 양은?

16. 매개변수 곡선의 길이를 구하여라.

(1) $x = 1-t,\ y = 2+3t,\ -\frac{2}{3} \le t \le 1$

(2) $x = t^3,\ y = \frac{3t^2}{2},\ 0 \le t \le \sqrt{3}$

(3) $x = \frac{(2t+3)^{\frac{3}{2}}}{3},\ y = \frac{2t+t^2}{2},\ 0 \le t \le 3$

연습문제 6.3

(4) $x = e^t - t,\ y = 4e^{\frac{t}{2}},\ 0 \le t \le 3$

(5) $x = e^t \cos t,\ y = e^t \sin t,\ 0 \le t \le \pi$

(6) 사이클로이드 $x = a(\theta - \sin\theta),\ y = a(1-\cos\theta),\ 0 \le \theta \le 2\pi$의 한 호의 길이를 구하여라.

17. 이상적분을 구하여라.

(1) $\displaystyle\int_0^\infty \frac{dx}{x^2+1}$

(2) $\displaystyle\int_{-1}^1 \frac{dx}{x^{\frac{2}{3}}}$

(3) $\displaystyle\int_{-\infty}^{-2} \frac{2\,dx}{x^2-1}$

(4) $\displaystyle\int_{-\infty}^\infty \frac{2x\,dx}{(x^2+1)^2}$

(5) $\displaystyle\int_0^\infty \frac{dx}{(1+x)\sqrt{x}}$

(6) $\displaystyle\int_{-\infty}^0 \theta e^\theta\, d\theta$

(7) $\displaystyle\int_0^1 x\ln x\, dx$

(8) $\displaystyle\int_1^2 \frac{ds}{s\sqrt{s^2-1}}$

(9) $\displaystyle\int_{-1}^\infty \frac{d\theta}{\theta^2+5\theta+6}$

(10) $\displaystyle\int_0^{\frac{\pi}{2}} \tan\theta\, d\theta$

(11) $\displaystyle\int_0^{\ln 2} x^{-2} e^{-\frac{1}{x}}\, dx$

(12) $\displaystyle\int_{-1}^1 \ln|x|\, dx$

(13) $\displaystyle\int_2^\infty \frac{dv}{\sqrt{v-1}}$

(14) $\displaystyle\int_1^\infty \frac{\sqrt{x+1}}{x^2}\, dx$

CHAPTER

7

수열과 급수

무한수열과 급수에 관한 정리는 중요한 응용으로 미분 가능 함수 $f(x)$를 x의 멱급수로 표현하는 법을 알게 된다. 그러면 다항식에서의 계산법이나, 미분법, 적분법을 보다 일반적인 함수까지 적용 가능해진다. 또 sin 함수나 cos 함수들 또는 e^x, $\ln x$등 무한히 전개되는 함수로 표현할 수 있다. 이 방법은 함수를 연구하는데 강력한 도구가 될 것이다.

7.1 무한수열

7.1.1 무한수열의 정의

무한수열은 정의역이 양의 정수들의 집합인 함수이다. 간단하게 a_n로 쓰여 진다.

(i) 수열 $1, \frac{1}{2}, \frac{1}{3}, \cdots, \frac{1}{n}, \cdots$은 n이 한없이 커질 때, a_n 은 한없이 0에 가까워진다. 이와 같이 수열 $\{a_n\}$에서 n이 한없이 커질 때, a_n이 일정한 값 L에 한없이 가까워지면, 수열 $\{a_n\}$은 L에 수렴한다고 하고 L을 수열 $\{a_n\}$의 극한값 또는 극한이라고 한다. 이를 기호로는 다음과 같이 나타낸다.

$$n \to \infty \text{ 일 때, } a_n \to L \text{ 또는 } \lim_{n \to \infty} a_n = L$$

(ii) 수열 $1^2, 2^2, 3^2, \cdots, n^2, \cdots$과 같이 수열 $\{a_n\}$에서 n에서 n이 한없이 커질 때 a_n이 한없이 커지면, 수열 $\{a_n\}$은 양의 무한대로 발산한다. 또는 $\{a_n\}$의 극한은 ∞ 이다고 하고 다음과 같이 나타낸다.

$$n \to \infty \text{ 일 때 } a_n \to \infty \text{ 또는 } \lim_{n \to \infty} a_n = \infty$$

(iii) 수열 $2-1^2,\ 2-2^2,\ 2-3^2,\ \cdots,\ 2-n^2,\ \cdots$과 같이 수열 $\{a_n\}$에서 n이 한없이 커

질 때 a_n이 음수로서 그 절댓값이 한없이 커지면, 수열 $\{a_n\}$은 음의 무한대로 발산한다. 또는 $\{a_n\}$의 극한은 $-\infty$이다고 하고 다음과 같이 나타낸다.

$n\to\infty$일 때 $a_n\to-\infty$ 또는 $\lim_{n\to\infty} a_n = -\infty$

(iv) 수열 $1,\ -1,\ 1,\ -1,\ \cdots,\ (-1)^{n-1},\ \cdots$은 n이 한없이 커질 때 항의값의 절댓값은 1이고 그 부호는 번갈아 변한다. 이와 같이 수열 $n\to\infty$일 때 $a_n\to\pm 1$ 또는 $\lim_{n\to\infty} a_n = \pm 1$인 경우를 진동한다고 하고, 이때 $n\to\infty$일 때 a_n 또는 $\lim_{n\to\infty} a_n$의 극한은 없다고 한다. (ii), (iii), (iv)와 같이 수렴하지 않는 수열은 모두 발산한다고 한다.

예제 7-1

다음 무한수열의 수렴, 발산을 조사하고, 수렴하면 그 극한값을 구하여라.

(1) $1, \frac{4}{3}, \frac{9}{5}, \frac{16}{7}\cdots$

(2) $\frac{1^2+1}{1}, \frac{2^2+1}{1+2}, \frac{3^2+1}{1+2+3}, \cdots$

(3) $(\log 1-\log 2), (\log 2-\log 3), (\log 3-\log 4), \dots$

풀이

(1) $a_n = \frac{n^2}{1+(n-1)2} = \frac{n^2}{2n-1}$

$\lim_{n\to\infty} a_n = \lim_{n\to\infty}\frac{n^2}{2n-1} = \infty$(발산)

(2) $1+2+3+\cdots+n = \frac{n(n+1)}{2}$ 이므로 $a_n = \frac{2(n^2+1)}{n(n+1)}$

$\lim_{n\to\infty} a_n = \lim_{n\to\infty}\frac{2(n^2+1)}{n^2+n} = \lim_{n\to\infty}\frac{2(1+\frac{1}{n^2})}{1+\frac{1}{n}} = 2$(수렴)

(3) $a_n = \log n - \log(n+1)$

$\lim_{n\to\infty} a_n = \lim_{n\to\infty}\log\frac{n}{n+1} = \log 1 = 0$(수렴)

예제 7-2

다음 극한을 구하여라.

(1) $\lim_{n\to\infty}(\sqrt{n+1}-\sqrt{n-1})$

(2) $\lim_{n\to\infty}\frac{n}{\sqrt{n^2-1}-\sqrt{n}}$

(3) $\lim_{n\to\infty}(3+2n-n^3)$

(4) $\lim_{n\to\infty}\frac{3n^4+5}{4n^4-7n^2+9}$

풀이

(1) $$\lim_{n\to\infty}(\sqrt{n+1}-\sqrt{n-1})=\lim_{n\to\infty}\frac{(\sqrt{n+1}-\sqrt{n-1})(\sqrt{n+1}+\sqrt{n-1})}{(\sqrt{n+1}+\sqrt{n-1})}$$

$$=\lim_{n\to\infty}\frac{2}{(\sqrt{n+1}+\sqrt{n-1})}=0$$

(2) $$\lim_{n\to\infty}\frac{n}{\sqrt{n^2-1}-\sqrt{n}}=\lim_{n\to\infty}\frac{n(\sqrt{n^2-1}+\sqrt{n})}{(\sqrt{n^2-1}-\sqrt{n})(\sqrt{n^2-1}+\sqrt{n})}=\lim_{n\to\infty}\frac{n(\sqrt{n^2-1}+\sqrt{n})}{n^2-1-n}=1$$

(3) $\lim_{n\to\infty}(3+2n-n^3)=\lim_{n\to\infty}n^3(\frac{3}{n^3}+\frac{2}{n^2}-1)=-\infty$ (발산)

(4) $\lim_{n\to\infty}\frac{3n^4+5}{4n^4-7n^2+9}=\frac{3}{4}$

7.1.2 무한등비수열

무한등비수열 $\{r^n\}$의 수렴과 발산은 다음과 같다.

$r>1$일 때	$\lim_{n\to\infty}r^n=\infty$	(발산)
$r=1$일 때	$\lim_{n\to\infty}r^n=1$	(수렴)
$\lvert r\rvert<1$일 때	$\lim_{n\to\infty}r^n=0$	(수렴)
$r\le-1$일 때	$\lim_{n\to\infty}r^n$은 진동	(발산)

설명

무한등비수열 $\{r^n\}$: $r,\ r^2,\ r^3,\ \cdots,\ r^{n-1},\ r^n,\ \cdots$ 에서

(1) $r>1$일 때

일반적으로 $(1+h)^n>1+nh(n\ge 2)$

가 성립하므로 여기에서 $r=1+h\ (h>0)$로 놓으면 $r^n>1+nh$

그런데 $\lim_{n\to\infty}(1+nh)=\infty$ 이므로 $\lim_{n\to\infty}r^n=\infty$

(2) $r=1$일 때

모든 n에 대하여 $r^n=1$이므로 $\lim_{n\to\infty}r^n=\lim_{n\to\infty}1=1$

(3) $|r|<1$일 때

$r=0$인 경우 : 모든 n에 대하여 $r^n=0$이므로 $\lim_{n\to\infty}r^n=\lim_{n\to\infty}0=0$

$r\neq 0$인 경우 : $r=\frac{1}{t}$로 놓으면 $|t|>1$이므로

$$\lim_{n\to\infty}|r^n|=\lim_{n\to\infty}\left|\frac{1}{t^n}\right|=\lim_{n\to\infty}\left|\frac{1}{t}\right|^n=0 \qquad \therefore \lim_{n\to\infty}r^n=0$$

(4) $r\le -1$일 때

$r=-1$인 경우 : 이 수열은 $-1,\ 1,\ -1,\ 1,\ \cdots$ 이므로 진동한다.

$r<-1$인 경우 : $|r|>1$이므로 $\lim_{n\to\infty}|r^n|=\infty$

그런데 r^n의 부호는 교대로 변하므로 이 수열은 진동한다.

예제 7-3

다음 극한값을 구하여라.

(1) $\lim_{n\to\infty}\dfrac{3^{n+1}+2^n}{2^{2n}-3^n}$

(2) $\lim_{n\to\infty}\dfrac{r^n}{1+r^n}$ (단 $r\neq-1$)

풀이

(1) $\lim_{n\to\infty}\dfrac{3\cdot 3^n+2^n}{4^n-3^n}=\lim_{n\to\infty}\dfrac{3(\frac{3}{4})^n+(\frac{2}{4})^n}{1-(\frac{3}{4})^n}=0$

(2) $|r|<1,\ \lim_{n\to\infty}r^n=0,\ \lim_{n\to\infty}\dfrac{r^n}{1+r^n}=0$

$r=1,\ \lim_{n\to\infty}r^n=1,\ \lim_{n\to\infty}\dfrac{r^n}{1+r^n}=\dfrac{1}{2}$

$|r|>1,\ \lim_{n\to\infty}|r|^n=\infty,\ \lim_{n\to\infty}\dfrac{r^n}{1+r^n}=1$

예제 7-4

일반항이 다음과 같은 수열의 극한을 구하여라.

(1) $\dfrac{2^n}{3^n-1}$

(2) $\dfrac{(-3)^n}{2^n-1}$

(3) $\dfrac{\sqrt{5^n}+1}{2^n}$

풀이

(1) $\lim_{n\to\infty}\dfrac{2^n}{3^n-1}=0$

(2) $\lim_{n\to\infty}\dfrac{(-3)^n}{2^n-1}=\pm\infty$ 없다(진동)

(3) $\lim_{n\to\infty}\dfrac{\sqrt{5^n}+1}{2n}=\infty$

예제 7-5

다음 극한값을 구하여라.

(1) $\lim_{n\to\infty}\frac{1}{n}\cos n\theta$ (2) $\lim_{n\to\infty}\frac{1}{n}\sin\frac{n\pi}{2}$

풀이

(1) $-1\le\cos n\theta\le 1$이고 $-\frac{1}{n}\le\frac{1}{n}\cos n\theta\le\frac{1}{n}$이므로 샌드위치 정리에 의하여

$$\lim_{n\to\infty}\frac{1}{n}\cos n\theta=0$$

(2) $-1\le\sin\frac{n\pi}{2}\le 1$이고 $-\frac{1}{n}\le\frac{1}{n}\sin\frac{n\pi}{2}\le\frac{1}{n}$이므로 샌드위치 정리에 의하여

$$\lim_{n\to\infty}\frac{1}{n}\sin\frac{n\pi}{2}=0$$

연습문제 7.1

1. 다음 무한수열의 수렴, 발산을 조사하여라.

(1) $a_n = \dfrac{1-5n^4}{n^4+8n^3}$　　(2) $a_n = \dfrac{n^2-2n+1}{n-1}$

(3) $a_n = \dfrac{(-1)^{n+1}}{2n-1}$　　(4) $a_n = \sqrt{\dfrac{2n}{n+1}}$

(5) $a_n = \dfrac{n}{2^n}$　　(6) $a_n = (1+\dfrac{7}{n})^n$

(7) $a_n = \dfrac{n!}{n^n}$

2. 다음 수열이 수렴하는지 또는 발산하는지를 판정하여라.

(1) $a_n = \dfrac{3n^2+1}{2n^2-1}$　　(2) $a_n = \dfrac{n^2+1}{n+1}$

(3) $a_n = \dfrac{n+2}{3n-1}$　　(4) $a_n = (-1)^n\dfrac{n+2}{3n-1}$

(5) $a_n = (-1)^n\dfrac{n^2+2}{n^2+4}$　　(6) $a_n = \cos\pi n$

(7) $a_n = ne^{-n}$　　(8) $a_n = \dfrac{e^n+2}{e^{2n}-1}$

(9) $a_n = \dfrac{3^n}{e^n+1}$　　(10) $a_n = \dfrac{\cos n}{n!}$

연습문제 7.1

3. 일반항이 다음과 같은 수열의 극한을 구하여라.

(1) $\dfrac{2^n}{3^n - 1}$

(2) $\dfrac{(-3)^n}{2^n - 1}$

(3) $\dfrac{\sqrt{5^n} + 1}{2^n}$

(4) $\dfrac{1 - r^n}{1 + r^n}$ (단, $r \neq -1$)

(5) $\dfrac{a^{n+1} + b^{n+1}}{a^n + b^n}$ (단, $a > 0,\ b > 0$)

7.2 무한급수

7.2.1 무한급수의 정의

무한수열 $\{a_n\}$에서 각항 $a_1, a_2, a_3, \ldots$의 합 $a_1 + a_2 + a_3 + \cdots$을 무한급수 또는 간단히 급수라 하며, a_n을 제 n항 또는 일반항이라고 부른다. 또 $S_n = a_1 + a_2 + a_3 + \cdots + a_n$을 무한급수의 $a_1 + a_2 + a_3 + \cdots$의 제 n항까지의 합집합이라고 한다. 그리고 부분합 S_n의 극한 S가 존재하면, 즉 $\lim_{n\to\infty} S_n = S$이면 무한급수 $a_1 + a_2 + a_3 + \cdots$은 수렴한다고 하고, S를 그 합이라고 한다. 급수 $a_1 + a_2 + a_3 + \cdots$이 수렴하지 않는 경우는 발산한다고 한다. 앞으로 $a_1 + a_2 + a_3 + \cdots$의 급수를 $S = a_1 + a_2 + a_3 + \cdots$ 또는 $S = \sum_{n=1}^{\infty} a_n$로 나타내고, 수렴하는 경우에는 S는 급수를 나타내는 동시에 그 합도 나타내는 것으로 한다.

예제 7-6

다음 무한급수의 수렴, 발산을 조사하고 수렴하면 합을 구하여라.

(1) $\frac{1}{2}+\frac{1}{4}+\frac{1}{8}+\frac{1}{16}+\cdots+\frac{1}{2^n}+\cdots$

(2) $\frac{1}{\sqrt{2}+1}+\frac{1}{\sqrt{3}+\sqrt{2}}+\frac{1}{\sqrt{4}+\sqrt{3}}+\cdots+\frac{1}{\sqrt{n+1}+\sqrt{n}}+\cdots$

풀이

(1) $S_n = \frac{1}{2}+\frac{1}{4}+\frac{1}{8}+\frac{1}{16}+\cdots+\frac{1}{2^n} = 1-(\frac{1}{2})^n$

$\lim_{n\to\infty} S_n = 1$(수렴)

(2) $\frac{1}{\sqrt{n+1}+\sqrt{n}} = \frac{\sqrt{n+1}-\sqrt{n}}{(\sqrt{n+1}+\sqrt{n})(\sqrt{n+1}-\sqrt{n})} = \sqrt{n+1}-\sqrt{n}$

$S_n = (\sqrt{2}-1)+(\sqrt{3}-\sqrt{2})+\cdots(\sqrt{n+1}-\sqrt{n}) = -1+\sqrt{n+1}$

$\lim_{n\to\infty} S_n = \lim_{n\to\infty}(\sqrt{n+1}-1) = \infty$(발산)

예제 7-7

다음 무한급수의 합을 구하여라.

(1) $\displaystyle\sum_{n=1}^{\infty}\frac{1}{n(n+2)}$

(2) $\displaystyle\sum_{n=1}^{\infty}\frac{1}{1+2+3+\cdots+n}$

(3) $1+\dfrac{1}{3}+\dfrac{1}{6}+\dfrac{1}{10}+\dfrac{1}{15}+\cdots$

풀이

(1) $S_n=\displaystyle\sum_{k=1}^{n}\frac{1}{k(k+2)}=\sum_{k=1}^{n}\frac{1}{2}\left(\frac{1}{k}-\frac{1}{k+2}\right)=\frac{1}{2}\left(\frac{1}{1}+\frac{1}{2}-\frac{1}{n+1}-\frac{1}{n+2}\right)$

$\displaystyle\lim_{n\to\infty}S_n=\frac{1}{2}\left(1+\frac{1}{2}\right)=\frac{3}{4}$

(2) $S_n=\displaystyle\sum_{k=1}^{n}\frac{1}{1+2+3+\cdots+k}=\sum_{k=1}^{n}\frac{2}{k(k+1)}=\sum_{k=1}^{n}2\left(\frac{1}{k}-\frac{1}{k+1}\right)=2\left(1-\frac{1}{n+1}\right)$

$\displaystyle\lim_{n\to\infty}S_n=2$

(3) $\displaystyle\frac{1}{a_n}=1+\sum_{k=1}^{n-1}(k+1)=\frac{n(n+1)}{2}$

$S_n=\displaystyle\sum_{k=1}^{n}a_k=\sum_{k=1}^{n}\frac{2}{k(k+1)}=\sum_{k=1}^{n}2\left(\frac{1}{k}-\frac{1}{k+1}\right)=2\left(1-\frac{1}{n+1}\right)$

$\displaystyle\lim_{n\to\infty}S_n=2$

7.2.2 무한 급수의 수렴성과 발산성에 대한 정리

다음 정리들은 중요하다.

정리 1. $\sum a_k$가 수렴한다면, $\displaystyle\lim_{n\to\infty}a_n=0$

정리 2. $\displaystyle\sum_{k=1}^{\infty}a_k$ 그리고 $\displaystyle\sum_{k=m}^{\infty}a_k$($m$은 양수이다) 둘 다 수렴하거나 또는 발산한다.

정리 3. $\sum_{k=1}^{\infty} a_k$ 그리고 $\sum_{k=m}^{\infty} ca_k (c \neq 0)$ 둘 다 수렴하거나 또는 둘 다 발산한다.

정리 4. $\sum a_k$ 그리고 $\sum b_k$이 둘다 수렴한다면, $\sum (a_k + b_k)$도 수렴한다.

정리 5. 수렴하는 급수의 항들이 다시 배열한다면, 새로운 급수는 수렴한다.

정리 6. $\lim_{n \to \infty} a_n \neq 0$이라면, $\sum a_n$은 발산한다.

예제 7-8

$\sum \frac{n}{2n+1}$ 은 수렴하는가 발산하는가?

풀이

$\lim_{n \to \infty} \frac{n}{2n+1} = \frac{1}{2} \neq 0$이므로 발산한다.

정리 7. $|r| < 1$ 일 경우에 한해서만 기하급수 $\sum ar^{n-1}$은 수렴한다.

$|r| < 1$ 라면, 합은 $\frac{a}{(1-r)}$ 이다.

예제 7-9

무한등비급수 $1 + r + r^2 + \cdots + r^{n-1} + \cdots$ 의 수렴, 발산을 조사하라.

풀이

$S_n = 1 + r + r^2 + \cdots + r^{n-1}$에서 $S_n = \frac{1-r^n}{1-r} = \frac{1}{1-r} - \frac{r^n}{1-r}$

1) $|r| < 1$이면 $\lim_{n \to \infty} r^n = 0$. 따라서 $\lim_{n \to \infty} S_n = S = \frac{1}{1-r}$

2) $r > 1$이면 $\lim_{n \to \infty} r^n = \infty$. 따라서 $\lim_{n \to \infty} S_n = \infty$ 발산한다.

3) $r = 1$이면 $\lim_{n \to \infty} S_n = \infty$, 발산한다.

4) $r < -1$이면 $\lim_{n\to\infty} S_{2n} = -\infty$, $\lim_{n\to\infty} S_{2n+1} = \infty$ 발산한다.

5) $r = -1$이면 $S_n = 1-1+1-\cdots(-1)^{n-1}$이므로 $\lim_{n\to\infty} S_{2n} = 0$, $\lim_{n\to\infty} S_{2n+1} = 1$, 발산한다.

예제 7-10

다음 무한 등비급수의 합을 구하여라.

(1) $\lim_{n\to\infty}\sum_{k=0}^{n}(1-\sqrt{2})^k$ (2) $\sum_{n=1}^{\infty}4^{n-1}(\frac{1}{3})^{2n}$

(3) $1-\frac{1}{4}+\frac{1}{16}-\frac{1}{64}+\cdots+(-1)^{n-1}(\frac{1}{4})^{n-1}+\cdots$

(4) $1-\frac{1}{\sqrt{2}}+\frac{1}{2}-\frac{1}{2\sqrt{2}}+\cdots+(-1)^{n-1}(\frac{1}{\sqrt{2}})^{n-1}+\cdots$

(5) $\cos 30+\cos^3 30+\cos^5 30+\cdots \cos^{2n-1}30+\cdots$

(6) $\log_9\sqrt{3}+\log_9\sqrt{\sqrt{3}}+\log_9\sqrt{\sqrt{\sqrt{3}}}+\cdots$

풀이

(1) $\lim_{n\to\infty}\sum_{k=0}^{n}(1-\sqrt{2})^k = 1+(1-\sqrt{2})+(1-\sqrt{2})^2+\cdots$

이것은 첫째항이 1이고, 공비가 $1-\sqrt{2}$ 인 무한등비급수이고 $|1-\sqrt{2}|<1$이므로

$$\lim_{n\to\infty}\sum_{k=0}^{n}(1-\sqrt{2})^k = \frac{1}{1-(1-\sqrt{2})} = \frac{1}{\sqrt{2}} = \frac{\sqrt{2}}{2}$$

(2) $\sum_{n=1}^{\infty}4^{n-1}(\frac{1}{3})^{2n} = \sum_{n=1}^{\infty}4^{n-1}(\frac{1}{9})^{n} = \sum_{n=1}^{\infty}\frac{1}{9}(\frac{4}{9})^{n-1} = \frac{1}{9}\frac{1}{1-(4/9)} = \frac{1}{5}$

(3) $a=1,\ r=-\frac{1}{4}$ 이므로 $\frac{1}{1-\left(-\frac{1}{4}\right)} = \frac{4}{5}$

(4) $a=1,\ r=-\frac{1}{\sqrt{2}}$ 이므로 $\frac{1}{1-\left(-\frac{1}{\sqrt{2}}\right)} = 2-\sqrt{2}$

(5) $a=\frac{\sqrt{3}}{2},\ r=\frac{3}{4}$ 이므로 $\frac{\sqrt{3}/2}{1-\frac{3}{4}} = 2\sqrt{3}$

(6) $a=\frac{1}{4},\ r=\frac{1}{2}$ 이므로 $\frac{1/4}{1-\frac{1}{2}} = \frac{1}{2}$

연습문제 7.2

1. 급수의 합을 구하여라.

(1) $\sum_{n=0}^{\infty}(\frac{1}{2^n}+\frac{(-1)^n}{5^n})$

(2) $\sum_{n=1}^{\infty}\frac{4}{(4n-3)(4n+1)}$

(3) $\sum_{n=1}^{\infty}(\frac{1}{\ln(n+2)}-\frac{1}{\ln(n+1)})$

(4) $\sum_{n=1}^{\infty}(\tan^{-1}(n)-\tan^{-1}(n+1))$

(5) $\sum_{n=1}^{\infty}(-1)^{n+1}\frac{3}{2^n}$

(6) $\sum_{n=0}^{\infty}e^{-2n}$

(7) $\sum_{n=0}^{\infty}\frac{2^n-1}{3^n}$

(8) $\sum_{n=1}^{\infty}\ln(\frac{n}{n+1})$

2. 수렴하기 위한 x의 범위를 구하고 그 때 합을 구하라.

(1) $\sum_{n=0}^{\infty}3(\frac{x-1}{2})^n$

(2) $\sum_{n=0}^{\infty}(-1)^n(x+1)^n$

(3) $\sum_{n=0}^{\infty}\sin^n x$

3. 다음 급수의 수렴, 발산 여부를 판정하여라. 주어진 급수가 수렴하면 그 합을 구하여라.

(1) $\sum_{k=0}^{\infty}3\left(\frac{1}{5}\right)^k$

(2) $\sum_{k=0}^{\infty}\frac{1}{2}(3)^k$

(3) $\sum_{k=1}^{\infty}\frac{3k}{k+4}$

(4) $\sum_{k=1}^{\infty}\frac{2k+1}{k^2(k+1)^2}$

(5) $\sum_{k=0}^{\infty}(-1)^k(\frac{3}{2})^k$

(6) $\sum_{k=0}^{\infty}(-1)^k\frac{3}{2^k}$

7.3 음이 아닌 급수의 수렴성 검정

급수 $\sum a_n$은 모든 n에서 $a_n \geq 0$라면, 음이 아닌 급수라고 정의한다.

7.3.1 적분판정법 검정

$f(x)$가 연속, 양수, 감소하는 함수이고 $f(n) = a_n$이라면, $\sum a_n$이 수렴하기 위한 필요충분조건은 이상적분 $\int_1^{\infty} f(x)dx$이 수렴하는 경우에만 한해서 수렴한다.

예제 7-11

$\sum \frac{n}{n^2+1}$은 수렴하는가?

풀이

$$\int_1^{\infty} \frac{xdx}{x^2+1} = \lim_{b\to\infty}\int_1^b \frac{x\,dx}{x^2+1} = \lim_{b\to\infty}\frac{1}{2}\ln(x^2+1)|_1^b = \infty$$

따라서 $\sum \frac{n}{n^2+1}$은 발산한다.

예제 7-12

$\sum \frac{n}{e^n}$의 수렴성을 검정 하여라.

풀이

$$\int_1^{\infty} \frac{x}{e^x}dx = \lim_{b\to\infty}\int_1^b xe^{-x}dx = \lim_{b\to\infty}(-\frac{1+b}{e^b} + \frac{2}{e}) = \frac{2}{e}$$

그러므로 $\sum \frac{n}{e^n}$은 수렴한다.

7.3.2 p-급수 검정

p-급수 $\sum_{n=1}^{n} \frac{1}{n^p}$는 $p>1$일 때 수렴하고 $p \le 1$일 때 발산한다.

이것은 적분 검정과 $\int_1^\infty \frac{1}{x^p}dx$ 형태의 이상적분으로부터 알 수 있다.

예제 7-13

$1+\frac{1}{2^2}+\frac{1}{3^2}+\cdots$ 은 $p=2$인 p-급수이다. p-급수 검정으로 인해 수렴한다.

예제 7-14

$\sum \frac{1}{\sqrt{n}}$ 은 $p=\frac{1}{2}$ 인 p-급수이므로 발산한다.

7.3.3 비교 검정

$\sum a_n$의 일반항들을 수렴하는지 발산하는지 밝혀진 급수의 일반 항들과 비교한다.

(1) $\sum u_n$이 수렴하고 $a_n \le u_n$라면, $\sum a_n$은 수렴한다.

(2) $\sum u_n$이 발산하고 $a_n \ge u_n$라면, $\sum a_n$은 발산한다.

예제 7-15

$\sum \frac{1}{1+n^4}$ 은 수렴하는가 발산하는가?

풀이

$\frac{1}{1+n^4} < \frac{1}{n^4}$ 이고 $p-$급수 $\sum \frac{1}{n^4}$는 수렴하므로 수렴한다.

예제 7-16

$\frac{1}{\sqrt{2}} + \frac{1}{\sqrt{5}} + \frac{1}{\sqrt{8}} + \cdots + \frac{1}{\sqrt{3n-1}}$ 는 발산하는가?

풀이

$\frac{1}{\sqrt{3n-1}} > \frac{1}{\sqrt{3n}} = \frac{1}{\sqrt{3}\,n^{1/2}}$ p-급수에서 $\sum \frac{c}{n^p}$

위는 $c = \frac{1}{\sqrt{3}}$ 이고 $p = \frac{1}{2}$ 인 발산하는 급수 $\sum \frac{c}{n^p}$ 의 일반항이다.

따라서 발산한다.

예제 7-17

$\sum \frac{1}{n^n}$ 은 수렴하는가?

풀이

$\sum \frac{1}{n^n} = 1 + \frac{1}{2^2} + \frac{1}{3^3} + \cdots$는 $n > 2$일 때, $\frac{1}{n^n} < \frac{1}{2^n}$ 이므로 수렴한다.

$\sum \frac{1}{2^n}$ 은 $r = \frac{1}{2}$ 인 수렴하는 기하 급수이다.

7.3.4 극한 비교 검정

모든 $n \geq N$ (N은 정수)에 대하여 $a_n > 0$, $b_n > 0$이라 하자.

1. $\lim_{n\to\infty}\frac{a_n}{b_n}=c>0$이면, $\sum a_n$과 $\sum b_n$은 수렴과 발산을 같이 한다.

2. $\lim_{n\to\infty}\frac{a_n}{b_n}=0$이고 $\sum b_n$이 수렴하면, $\sum a_n$도 수렴한다.

3. $\lim_{n\to\infty}\frac{a_n}{b_n}=\infty$이고 $\sum b_n$이 발산하면, $\sum a_n$도 발산한다.

예제 7-18

$\sum\frac{1}{2n+1}$이 수렴하는가 발산하는가?

풀이

이 급수는 발산하는 조화급수로 보여진다. $\frac{1}{2n+1}<\frac{1}{n}$이므로 비교검정이 안된다.

극한 비교 검정은 다음과 같다.

$$\lim_{n\to\infty}\frac{\frac{1}{2n+1}}{\frac{1}{n}}=\frac{1}{2}$$

$\sum\frac{1}{n}$이 발산하므로 $\sum\frac{1}{2n+1}$도 극한 비교 검정으로 발산한다.

예제 7-19

급수 $\sum_{n=1}^{\infty}\frac{2n^2+3n}{\sqrt{5+n^5}}$의 수렴, 발산을 판정하여라.

풀이

분자의 최고차항은 $2n^2$이고 분모의 최고차항은 $\sqrt{n^5}=n^{\frac{5}{2}}$이므로

$$a_n=\frac{2n^2+3n}{\sqrt{5+n^5}},\ b_n=\frac{2n^2}{n^{\frac{5}{2}}}=\frac{2}{n^{\frac{1}{2}}}$$

$$\lim_{n\to\infty}\frac{a_n}{b_n}=\lim_{n\to\infty}\frac{2n^2+3n}{\sqrt{5+n^5}}\frac{n^{\frac{1}{2}}}{2}=\lim_{n\to\infty}\frac{2n^{\frac{5}{2}}+3n^{\frac{3}{2}}}{2\sqrt{5+n^5}}=\lim_{n\to\infty}\frac{2+\frac{3}{n}}{2\sqrt{\frac{5}{n^5}+1}}=\frac{2+0}{2\sqrt{0+1}}=1$$

$\sum\frac{2}{\sqrt{n}}$ 이 발산하므로 $\sum_{n=1}^{\infty}\frac{2n^2+3n}{\sqrt{5+n^5}}$ 도 극한비교검정으로 발산한다.

7.3.5 비판정법

$\lim_{n\to\infty}\frac{a_{n+1}}{a_n}=L$이라고 하자. $\sum a_n$ 은 $L<1$ 일 때 수렴하고 $L>1$일 때 발산한다. $L=1$ 이라면 판정불가이다.

예제 7-20

$\sum\frac{1}{n!}$ 의 수렴, 발산을 판정하여라.

풀이

$\sum\frac{1}{n!}$ 에서,

$$\lim_{n\to\infty}\frac{a_{n+1}}{a_n}=\lim_{n\to\infty}\frac{n!}{(n+1)!}=0$$

이 급수는 비검정으로 수렴한다.

예제 7-21

급수 $\sum_{n=1}^{\infty}(-1)^n \frac{n^3}{3^n}$ 이 절대수렴함을 보여라.

풀이

$a_n = (-1)^n \frac{n^3}{3^n}$ 이라 놓으면

$$\left|\frac{a_{n+1}}{a_n}\right| = \left|\frac{\frac{(-1)^{n+1}(n+1)^3}{3^{n+1}}}{\frac{(-1)^n n^3}{3^n}}\right| = \frac{(n+1)^3}{3^{n+1}}\frac{3^n}{n^3} = \frac{1}{3}\left(\frac{n+1}{n}\right)^3 \to \frac{1}{3} < 1$$

비판정법에 의하여 주어진 급수는 절대수렴한다. 따라서 수렴한다.

예제 7-22

$\sum \frac{n^n}{n!}$ 의 수렴, 발산을 조사하라.

풀이

$\frac{a_{n+1}}{a_n} = \frac{(n+1)^n}{n^n}$, $\lim_{n\to\infty}\left(\frac{n+1}{n}\right)^n = e$, $e > 1$이므로 $\sum \frac{n^n}{n!}$ 은 비 검정으로 발산한다.

7.3.6 n근수 검정

$\lim_{n\to\infty} \sqrt[n]{a_n} = L$라고 하자. 그러면 $\sum a_n$ 은 $L < 1$ 일 때 수렴하고 $L > 1$일 때 발산한다.

$L = 1$ 이라면, 이 검정은 판정불가이다.

예제 7-23

급수 $\sum(\frac{n}{2n+1})^n$ 은 수렴하는가?

풀이

급수 $\sum(\frac{n}{2n+1})^n$는 n근수 검정으로 수렴한다. $\lim_{n\to\infty}\sqrt[n]{(\frac{n}{2n+1})^n}=\lim_{n\to\infty}\frac{n}{2n+1}=\frac{1}{2}$

예제 7-24

급수 $\sum_{n=1}^{\infty}(\frac{2n+3}{3n+2})^n$ 의 수렴, 발산을 판정하여라.

풀이

$a_n=(\frac{2n+3}{3n+2})^n$이라 하면 $\sqrt[n]{|a_n|}=\frac{2n+3}{3n+2}=\frac{2+\frac{3}{n}}{3+\frac{2}{n}}\to\frac{2}{3}<1$

급수 $\sum_{n=1}^{\infty}(\frac{2n+3}{3n+2})^n$는 n근수검정으로 수렴한다.

7.3.7 교대 급수

음이 아닌 급수에 적용 될 수 있는 모든 검정은 모든 항이 음수인 급수에 쓰여질 수 있다. 여기서 교대 급수라고 불리는 부호가 섞인 급수 유형 한 가지만 고려한다.

$$1-\frac{1}{2}+\frac{1}{3}-\frac{1}{4}+\cdots$$

위는 교대 조화 급수이다.

■ 교대 급수 검정

교대 급수는 다음과 같을 때 수렴한다.

(1) 모든 n에서 $a_{n+1} < a_n$

(2) $\lim_{n \to \infty} a_n = 0$

예제 7-25

교대 조화 급수 $\sum \frac{(-1)^{n+1}}{n}$의 수렴, 발산을 판정하여라.

풀이

(1) 모든 n에서 $\frac{1}{n+1} < \frac{1}{n}$

(2) $\lim_{n \to \infty} \frac{1}{n} = 0$이므로 교대급수검정으로 수렴한다.

예제 7-26

급수 $\frac{1}{2} - \frac{2}{3} + \frac{3}{4} - \cdots$의 수렴, 발산을 판정하여라.

풀이

$\lim_{n \to \infty} \frac{n}{n+1}$이 0이 아니고 1이므로 발산한다.

예제 7-27

$\sum \frac{1}{1+n^4}$은 수렴하는가 발산하는가?

풀이

$\frac{1}{1+n^4} < \frac{1}{n^4}$이고 p-급수 $\sum \frac{1}{n^4}$는 수렴하므로 수렴한다.

연습문제 7.3

1. 다음 급수의 수렴, 발산을 조사하시오

(1) $\sum_{n=1}^{\infty}\frac{3}{\sqrt{n}}$

(2) $\sum_{n=2}^{\infty}\frac{\ln n}{n}$

(3) $\sum_{n=0}^{\infty}\frac{-2}{n+1}$

(4) $\sum_{n=2}^{\infty}\frac{\sqrt{n}}{\ln n}$

(5) $\sum \cos n\pi$

(6) $\sum_{n=1}^{\infty}\frac{e^n}{1+e^{2n}}$

(7) $\sum_{n=1}^{\infty}\frac{8\tan^{-1}n}{1+n^2}$

(8) $\sum_{n=1}^{\infty}\frac{\sin^2 n}{2^n}$

(9) $\sum_{n=1}^{\infty}(\frac{n}{3n+1})^n$

(10) $\sum_{n=1}^{\infty}\frac{(\ln n)^2}{n^3}$

(11) $\sum_{n=1}^{\infty}\frac{1}{1+\ln n}$

(12) $\sum\left(1-\frac{1}{n}\right)^n$

(13) $\sum_{n=1}^{\infty}\frac{1}{3^{n-1}+1}$

(14) $\sum_{n=1}^{\infty}\frac{10n+1}{n(n+1)(n+2)}$

(15) $\sum_{n=1}^{\infty}\frac{1}{1+2+3+\cdots+n}$

(16) $\sum_{n=1}^{\infty}\frac{n^{\sqrt{2}}}{2^n}$

(17) $\sum_{n=1}^{\infty}\frac{n^{10}}{10^n}$

(18) $\sum_{n=1}^{\infty}(1-\frac{3}{n})^n$

(19) $\sum_{n=1}^{\infty}(\frac{1}{n}-\frac{1}{n^2})$

(20) $\sum_{n=1}^{\infty}\frac{(n+1)(n+2)}{n!}$

(21) $\sum_{n=1}^{\infty}\frac{n!}{(2n+1)!}$

(22) $\sum_{n=1}^{\infty}\frac{n!\ln n}{n(n+2)!}$

7.4 멱급수

x가 변수이면 다음 무한급수를 멱급수라고 한다.

$$\sum_{k=0}^{\infty} a_k x^k = a_0 + a_1 x + a_2 x^2 + \cdots \tag{1}$$

a_k는 상수이다. 일반적으로 다음 무한급수를 중심a인 멱급수라 한다,

$$\sum_{k=0}^{\infty} a_k (x-a)^k = a_0 + a_1(x-a) + a_2(x-a)^2 + \cdots \tag{2}$$

위의 멱급수 (1)이 $|x|<r$일 때 수렴하고 $|x|>r$일 때 발산한다면, r은 수렴 반경이라고 부른다. (2)가 $|x-a|<r$일 때 수렴하고 $|x-a|>r$일 때 발산한다면 r은 멱급수 (2)의 수렴 반경이다. (1), (2)가 수렴하는가를 살펴보기 위해서 비판정법을 이용하여 다음의 몇가지 예를 생각해보자.

예제 7-28

다음 급수가 수렴하는 모든 x를 찾아라.

$1 + x + x^2 + x^3 + ..$

풀이

비 검정에 의하여, 다음과 같다면 급수는 수렴한다.

$$\lim_{n\to\infty}\left|\frac{a_{n+1}}{a_n}\right| = \lim_{n\to\infty}|x| = |x| < 1$$

수렴 반경은 1이다. $x=1$ 일 때, $1+1+1+\cdots$ 이 되고 발산한다. $x=-1$일 때, $1-1+1-1+\cdots$ 이 되고 발산한다. 수렴 구간은 $-1<x<1$

예제 7-29

$\sum_{n=1}^{\infty} \frac{(-1)^{n-1}x^{n-1}}{n+1}$ 이 수렴하는 x의 범위를 구하여라.

풀이

$$\lim_{n\to\infty}\left|\frac{a_{n+1}}{a_n}\right| = \lim_{n\to\infty}|x| = |x| < 1$$

수렴 반경은 1이다. $x=1$일 때, 수렴하는 $\frac{1}{2}-\frac{1}{3}+\frac{1}{4}\cdots$ 교대 급수를 갖는다. $x=-1$이면 발산하는 급수 $\frac{1}{2}+\frac{1}{3}+\frac{1}{4}+\cdots$ 이다. 이 급수는 $-1<x\le 1$이면 수렴한다.

예제 7-30

모든 x에서 $\sum_{n=1}^{\infty} \frac{x^n}{n!}$ 은 수렴하는가?

풀이

$$\lim_{n\to\infty}\left|\frac{a_{n+1}}{a_n}\right| = \lim_{n\to\infty}\frac{|x|}{n+1} = 0$$

이것은 모든 x에서 1보다 작다. 급수는 $-\infty<x<\infty$일 때 수렴한다.

예제 7-31

다음 수렴 발산을 조사하여라.

(1) $\sum_{n=1}^{\infty} n!x^n$

(2) $\sum_{n=1}^{\infty} \frac{(x-2)^n}{n^2}$

(3) $\sum_{n=1}^{\infty} \frac{x^n}{2^n}\frac{n^n}{n!}$

(4) $\sum_{n=1}^{\infty} \frac{n\cdot 2^n}{x^n}$

풀이

(1) $\lim_{n\to\infty}\left|\frac{a_{n+1}}{a_n}\right| = \lim_{n\to\infty}(n+1)x = \infty$이므로 $x=0$일 때 수렴한다.

(2) $\lim_{n\to\infty}\left|\frac{a_{n+1}}{a_n}\right| = |x-2| < 1$

$x=1$일 때 $\sum\frac{(-1)^n}{n^2}$이 되고 수렴한다.

$x=3$일 때 $\sum\frac{1}{n^2}$이 되고 수렴한다.

따라서 수렴구간은 $1 \leqq x \leqq 3$이다.

(3) $\lim_{n\to\infty}\left|\frac{a_{n+1}}{a_n}\right| = \lim_{n\to\infty}\left|\frac{x}{2}\left(\frac{n+1}{n}\right)^n\right|$

$= \lim_{n\to\infty}\left|\frac{x}{2}\left(1+\frac{1}{n}\right)^n\right|$

$= \left|\frac{x}{2}\cdot e\right| < 1$

수렴구간은 $-\frac{2}{e} < x < \frac{2}{e}$

(4) $\lim_{n\to\infty}\left|\frac{a_{n+1}}{a_n}\right| = \left|\frac{2}{x}\right| < 1$

$\left|\frac{2}{x}\right| < 1 \to |x| > 2$

$x=2$일 때 $1+1+1+1\ldots$

발산, $x=-2$일 때 $1+1+1+1\cdots$

발산이므로

수렴구간은 $|x|>2$이다.

연습문제 7.4

1. 다음 멱급수의 수렴구간을 구하고, 멱급수가 나타내는 함수를 구하여라.

(1) $\sum_{k=0}^{\infty}(x+2)^k$ (2) $\sum_{k=0}^{\infty}(2x-1)^k$

(3) $\sum_{k=0}^{\infty}(-1)^k\left(\frac{x}{2}\right)^k$

2. 다음 멱급수의 수렴반경과 수렴구간을 구하여라.

(1) $\sum_{k=0}^{\infty}\frac{2^k}{k!}(x-2)^k$ (2) $\sum_{k=1}^{\infty}\frac{(-1)^k}{k3^k}(x-1)^k$

(3) $\sum_{k=1}^{\infty}\frac{1}{k}(x-1)^k$ (4) $\sum_{k=0}^{\infty}\frac{k!}{(2k)!}x^k$

3. 급수의 수렴구간을 구하여라.

(1) $\sum_{n=0}^{\infty}(-1)^n(4x+1)^n$ (2) $\sum_{n=1}^{\infty}\frac{x^n}{n\sqrt{n}\,3^n}$

(3) $\sum_{n=0}^{\infty}\frac{x^{2n+1}}{n!}$ (4) $\sum_{n=0}^{\infty}\frac{n(x+3)^n}{5^n}$

(5) $\sum_{n=1}^{\infty}(1+\frac{1}{n})^n x^n$ (6) $\sum_{n=1}^{\infty}\frac{(-1)^{n+1}(x+2)^n}{n2^n}$

연습문제 7.4

4. 급수의 수렴구간과 그 안에서 x의 함수로서 합을 구하여라.

(1) $\sum_{n=0}^{\infty} \frac{(x-1)^{2n}}{4^n}$

(2) $\sum_{n=0}^{\infty} (\frac{\sqrt{x}}{2} - 1)^n$

(3) $\sum_{n=0}^{\infty} (\frac{x^2+1}{3})^n$

7.5 테일러 급수

7.5.1 테일러 급수와 맥로린 급수

주어진 함수를 멱급수로 전개하는 이유는 무엇인가? 이 절에서 그 해답을 찾을 것이다.. 즉 멱급수는 그 자체로도 공부할 가치가 있을 뿐만 아니라, 초월함수(삼각함수, 지수함수, 로그함수 등)와 같이 함수값을 대수적으로 구하기 어려운 함수의 근사값을 구하는 데 유용하게 이용된다.

멱급수 $\sum_{k=0}^{\infty} c_k(x-a)^k$이 수렴반경 $r>0$을 갖는다고 가정해 보자. 앞에서 살펴본 것처럼 이 급수는 구간 $(a-r,\ a+r)$의 모든 점 x에서 어떤 함수 $f(x)$에 절대 수렴한다. 즉, 구간 $(a-r,\ a+r)$의 모든 점 x에 대하여

$$f(x)=\sum_{k=0}^{\infty} c_k(x-a)^k = c_0+c_1(x-a)+c_2(x-a)^2+c_3(x-a)^3+\cdots$$

이다. 항별로 미분하면

$$f'(x)=\sum_{k=0}^{\infty} c_k k(x-a)^{k-1} = c_1+2c_2(x-a)+3c_3(x-a)^2+4c_4(x-a)^3+\cdots$$

가 되고 다시 한번 미분하면, 구간 $(a-r,\ a+r)$의 모든 점 x에 대하여

$$f''(x)=\sum_{k=0}^{\infty} c_k k(k-1)(x-a)^{k-2} = 2c_2+3\cdot 2c_3(x-a)+4\cdot 3c_4(x-a)^2+\cdots$$

그리고

$$f'''(x) = \sum_{k=0}^{\infty} c_k k(k-1)(k-2)(x-a)^{k-3} = 3 \cdot 2c_3 + 4 \cdot 3 \cdot 2c_4(x-a) + \cdots$$

이다.

계속 미분을 하여 얻은 멱급수는 구간 $(a-r,\ a+r)$의 모든 점 x에 대하여 수렴한다. 위의 각 도함수에 $x=a$를 대입하면

$$\begin{aligned} f(a) &= c_0 \\ f'(a) &= c_1 \\ f''(a) &= 2c_2 \\ f'''(a) &= 3!\,c_3 \\ &\vdots \end{aligned}$$

이다. 일반적으로 다음 식을 얻는다.

$$f^{(k)}(a) = k!\,c_k$$

c_k에 대하여 풀면

$$c_k = \frac{f^{(k)}(a)}{k!},\ k = 0,\ 1,\ 2,\ \cdots\ \left(\text{단, } f^{(0)}(a) = f(a)\right)$$

이다. 따라서, 만약 멱급수 $\sum_{k=0}^{\infty} c_k(x-a)^k$이 수렴반경 $r > 0$을 갖는다면, 이 급수는 어떤 함수 $f(x)$에 수렴하고 $f(x)$는 다음과 같다.

$$f(x) = \sum_{k=0}^{\infty} c_k(x-a)^k = \sum_{k=0}^{\infty} \frac{f^{(k)}(a)}{k!}(x-a)^k,\quad x \in (a-r,\ a+r)$$

연속 미분가능한 함수 $f(x)$로부터 다음과 같은 멱급수

$$f(x) = \sum_{k=0}^{\infty} \frac{f^{(k)}(a)}{k!}(x-a)^k$$
$$= f(a) + f'(a)(x-a) + \frac{f''(a)}{2!}(x-a)^2 + \cdots + \frac{f^{(n)}(a)}{n!}(x-a)^n + \cdots$$

을 구할 수 있다. 이것을 함수 f의 테일러 급수(Taylor series)라고 한다.

$a=0$에서의 테일러 급수를 맥로린(Maclaurin) 급수라 한다. 즉, 맥로린급수

$$f(x) = \sum_{k=0}^{\infty} \frac{f^{(k)}(0)}{k!}x^k$$
$$= f(0) + f'(0)x + \frac{f''(0)}{2!}x^2 + \cdots + \frac{f^{(n)}(0)}{n!}x^n + \cdots$$

이다.

예제 7-32

$f(x) = e^x$의 맥로린 급수를 찾아라.

풀이

모든 n에서 $f'(x) = e^x, \cdots, f^{(n)}(x) = e^x, \cdots$이다.

$f'(0) = 1, \cdots, f^{(n)}(0) = 1, \cdots,$ 이며 계수 $c_n = \frac{1}{n!}$이 된다.

$$e^x = 1 + x + \frac{x^2}{2!} + \frac{x^3}{3!} + \cdots + \frac{x^n}{n!} + \cdots$$

예제 7-33

$f(x)=\sin x$ 의 맥로린 급수를 찾아라.

풀이

$f(x)=\sin x \qquad f(0)=0$

$f'(x)=\cos x \qquad f'(0)=1$

$f''(x)=-\sin x \qquad f''(0)=0$

$f'''(x)=-\cos x \qquad f^{(3)}(0)=-1$

$f^{(4)}(x)=\sin x \qquad f^{(4)}(0)=0$

$\vdots \qquad \vdots$

$$\sin x = x-\frac{x^3}{3!}+\frac{x^5}{5!}-\cdots+(-1)^{n-1}\frac{x^{2n-1}}{(2n-1)!}+\cdots$$

예제 7-34

$f(x)=\dfrac{1}{1-x}$ 의 맥로린 급수를 찾아라.

풀이

$f(x)=(1-x)^{-1} \qquad f(0)=1$

$f'(x)=(1-x)^{-2} \qquad f'(0)=1$

$f''(x)=2(1-x)^{-3} \qquad f''(0)=2$

$\cdots \qquad \cdots$

$f^{(n)}(x)=n!(1-x)^{-(n+1)} \qquad f^{(n)}(0)=n!$

$$\frac{1}{1-x}=1+x+x^2+x^3+\cdots+x^n+\cdots$$

예제 7-35

$x=1$에 대한 함수 $f(x)=\ln x$의 테일러 급수를 찾아라.

풀이

$$f(x)=\ln x \qquad f(1)=\ln 1=0$$

$$f'(x)=\frac{1}{x} \qquad f'(1)=1$$

$$f''(x)=-\frac{1}{x^2} \qquad f''(1)=-1$$

$$\cdots \qquad \cdots$$

$$f^{(n)}(x)=\frac{(-1)^{n-1}(n-1)!}{x^n} \qquad f^{(n)}(1)=(-1)^{n-1}(n-1)!$$

$$\ln x=(x-1)-\frac{(x-1)^2}{2}+\frac{(x-1)^3}{3}-\frac{(x-1)^4}{4}+\cdots+\frac{(-1)^{n-1}(x-1)^n}{n}+\cdots$$

다음은 앞으로의 참고를 위하여 앞 절에서 구한 몇가지 중요한 맥로린 급수를 나열한 것이다.

〈표 7.1〉

함수	맥로린 급수	수렴구간
$\sin x$	$x-\frac{x^3}{3!}+\frac{x^5}{5!}-\cdots+\frac{(-1)^{n-1}x^{2n-1}}{(2n-1)!}+\cdots$	$-\infty<x<\infty$
$\cos x$	$1-\frac{x^2}{2!}+\frac{x^4}{4!}-\cdots+\frac{(-1)^{n-1}x^{2n-2}}{(2n-2)!}+\cdots$	$-\infty<x<\infty$
e^x	$1+x+\frac{x^2}{2!}+\frac{x^3}{3!}+\cdots+\frac{x^n}{n!}+\cdots$	$-\infty<x<\infty$
$\ln(1+x)$	$x-\frac{x^2}{2}+\frac{x^3}{3}-\cdots+\frac{(-1)^{n-1}x^n}{n}+\cdots$	$-1<x\le 1$
$\tan^{-1}x$	$x-\frac{x^3}{3}+\frac{x^5}{5}-\cdots+\frac{(-1)^{n-1}x^{2n-1}}{2n-1}+\cdots$	$-1\le x\le 1$

7.5.2 테일러와 맥로린 다항식

점 $x=a$의 함수 $f(x)$는 순서 n의 테일러 다항식 $P_n(x)$으로 접근 될 수 있다.

$$f(x) \cong P_n(x) = f(a) + f'(a)(x-a) + \frac{f''(a)}{2!}(x-a)^2 + \cdots + \frac{f^{(n)}(a)}{n!}(x-a)^n$$

$a=0$인 특정한 경우에는, x에 접근하는 n차 맥로린 다항식은

$P_n(x) = f(0) + f'(0)x + \frac{f''(0)}{2!}x^2 + \cdots + \frac{f^{(n)}(0)}{n!}x^n$ 이다.

예제 7-36

$f(x) = e^{-x}$가 0일 때의 4차 테일러 다항식을 찾아라.

풀이

처음 미분계수 4개는 $-e^{x}$, e^{-x}, $-e^{-x}$,그리고 e^{-x}이다. $a=0$에서, 이것들은 각각 -1, 1, -1, 그리고 1와 같다. 4차 접근 테일러 다항식은 다음과 같다.

$$e^{-x} \approx 1 - x + \frac{1}{2!}x^2 - \frac{1}{3!}x^3 + \frac{1}{4!}x^4$$

$x=0.25$이면 이것을 가진다.

$$e^{-0.25} \approx 1 - 0.25 + \frac{1}{2!}(0.25)^2 - \frac{1}{3!}(0.25)^3 + \frac{1}{4!}(0.25)^4$$

$$\approx 0.7788$$

이 $e^{-0.25}$의 접근은 네 자리까지 맞다.

그림 7.1에서 $f(x)$와 테일러 다항식의 그래프를 보자.

$$P_0(x) = 1$$

$$P_1(x) = 1 - x$$

$$P_2(x) = 1 - x + \frac{x^2}{2!}$$

$$P_3(x) = 1 - x + \frac{x^2}{2!} - \frac{x^3}{3!}$$

$$P_4(x) = 1 - x + \frac{x^2}{2!} - \frac{x^3}{3!} + \frac{x^4}{4!}$$

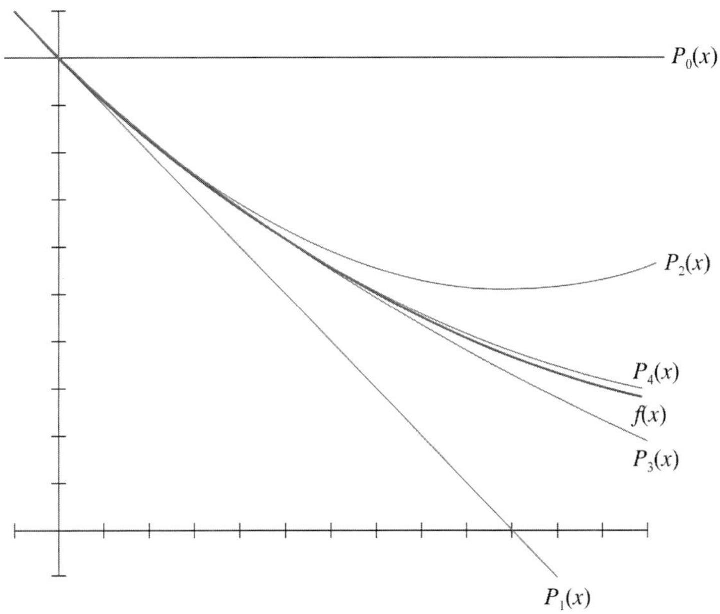

그림 7.1

예제 7-37

(1) $x = 0$일 때 $f(x) = \sin x$의 테일러 다항식 P_1, P_3, P_5, 그리고 P_7을 찾아라.

(2) $[-2\pi,\ 2\pi] \times$[-2,2]에서 $f(x)$와 다항식 4개 모두를 그려라.

(3) 다항식 4개를 각각 사용하여 $\sin\frac{\pi}{3}$의 근사치를 구하여라.

풀이

(1) 0의 $\sin x$ 함수의 미분계수는 다음 표에 주어져 있다.:

미분계수 순서	0	1	2	3	4	5	6	7
$\sin x$의 미분	$\sin x$	$\cos x$	$-\sin x$	$-\cos x$	$\sin x$	$\cos x$	$-\sin x$	$-\cos x$
x=0 일 때	0	1	0	−1	0	1	0	−1

$$P_1(x) = x$$

$$P_3(x) = x - \frac{x^3}{3!}$$

$$P_5(x) = x - \frac{x^3}{3!} + \frac{x^5}{5!}$$

$$P_7(x) = x - \frac{x^3}{3!} + \frac{x^5}{5!} - \frac{x^7}{7!}$$

(2) 그림 7.2a는 $\sin x$와 다항식 4개의 그래프를 나타낸다. 그림 7.2b에서 $\sin x$와 $P_7(x)$의 그래프만 본다. 이것은 $P_7(x)$가 얼마나 가까이 sin곡선을 따르는지 보여준다.

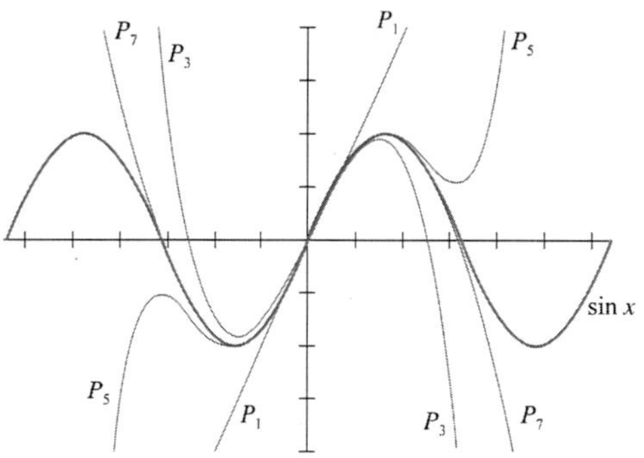

[−2π,2π] × [−2,2]

그림 7.2a

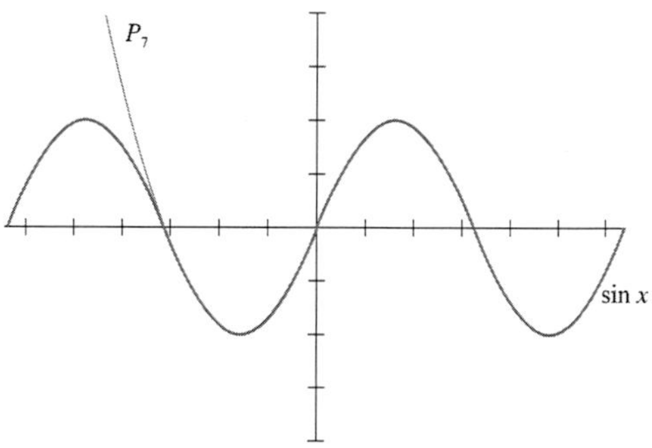

[−2π,2π] × [−2,2]

그림 7.2b

(3) 소수 점 이하 네자리까지, $\sin\frac{\pi}{3} = 0.8660$ 이므로 $\frac{\pi}{3}$ 에서 다항식들을 계산하면 다음과 같다.

$$P_1\left(\frac{\pi}{3}\right) = 1.0471,\ P_3\left(\frac{\pi}{3}\right) = 0.8558,\ P_5\left(\frac{\pi}{3}\right) = 0.8663,\ P_7\left(\frac{\pi}{3}\right) = 0.8660$$

P_7가 소수 점 이하 네 자리까지 맞다고 본다.

예제 7-38

(1) $x=1$에서 $f(x)=\ln x$로 생상되는 차수 0, 1, 2, 그리고 3의 다항식들을 구하라.

(2) 똑같은 도표에 f와 다항식 4개를 그려라.

(3) P_2를 사용하여, $\ln 1.3$의 근사치를 구하고 오차를 찾아라.

풀이

(1) $x=1$에서 $\ln x$의 미분계수는 다음 표에 주어져 있다:

미분계수 순서	0	1	2	3
$\ln x$의 미분계수	$\ln x$	$\frac{1}{x}$	$-\frac{1}{x^2}$	$\frac{2}{x^3}$
$x=1$일 때 미분계수	0	1	-1	2

표로부터 이것들을 갖는다.

$$P_0(x)=0,\ P_1(x)=(x-1),\ P_2(x)=(x-1)-\frac{(x-1)^2}{2},\ P_3(x)=(x-1)-\frac{(x-1)^2}{2}+\frac{(x-1)^3}{3}$$

(2) 그림 7.3는 $\ln x$와 위 다항식 4개의 그래프를 나타낸다.

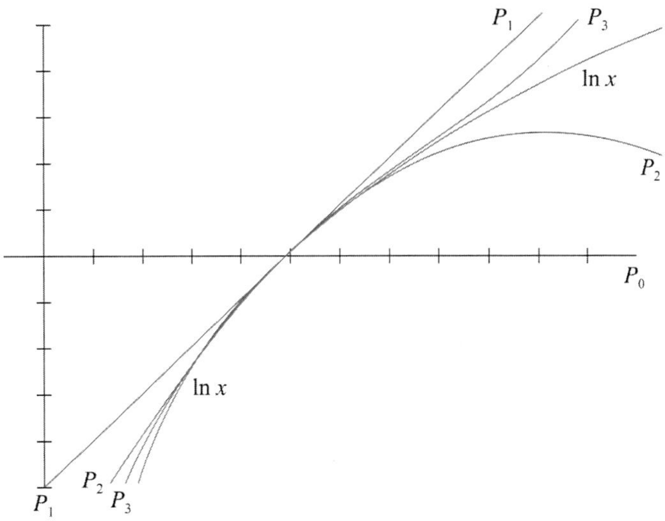

[0,2.5] × [−1,1]

그림 7.3

(3) $\ln 1.3 \approx P_2(1.3) = (1.3-1) - \dfrac{(1.3-1)^2}{2} = 0.3 - 0.045 = 0.255.$

$R_2(1,3) < \left|\dfrac{(1.3-1)^3}{3}\right| = 0.009$

7.5.3 Lagrange 오차 범위

테일러 다항식을 사용해 함수의 근사치를 구할 때, 나머지(오차)가 얼마나 클 수 있는지 아는 것이 중요하다. 원하는 x 값에서 테일러 급수가 교대한다면 처음 생략된 항이 오차의 상한이 된다. 테일러 급수가 교대급수가 아닌 경우에는 Lagrange 오차 범위에 적용한다.

테일러의 정리: 함수 f와 처음 $(n+1)$ 미분계수들은 $|x\text{-}a| < r$ 구간에서 연속적이라면, 이 구간의 각 x에서

$$f(x) = f(a) = f'(a)(x-a) + \frac{f''(a)}{2!}(x-a)^2 + \cdots + \frac{f^{(n)}(a)}{n!}(x-a)^n + R_n(x)$$

그리고

$$R_n(x) = \frac{f^{(n+1)}(c)(x-a)^{n+1}}{(n+1)!}$$

그리고 c는 a와 x사이의 어떤 숫자이다. $R_n(x)$는 Lagrange 나머지라고 불린다.

따라서 Lagrange 오차 범위는 $R_n(x) < \max\left|\dfrac{f^{(n+!)}(c)(x-a)^{n+1}}{(n+1)!}\right|$ 이다.

예제 7-39

e^x을 맥로린 급수를 사용하여 오차를 어림하라.

풀이

$$e^x = 1 + x + \frac{x^2}{2!} + \cdots + \frac{x^n}{n!} + \cdots$$

Lagrange 오차 범위는

$$R_n(x) < \max\left|\frac{e^c(x)^{n+1}}{(n+1)!}\right| \qquad (0 < c < x)$$

e를 어림하기 위해선, $x = 1$를 쓴다. $0 < c < 1$에서, e^x의 최대값은 e다.

$e \approx 1 + \frac{1}{2!} + \frac{1}{3!} + \cdots + \frac{1}{n!}$ 그리고 오차는 $\frac{e}{(n+1)!}$보다 작다.

예제 7-40

$\ln(1+x)$의 맥로린 급수 그리고 연관된 Lagrange 오차 범위를 찾아라.

풀이

$f(0) = 0$ $\qquad$ $f(x) = \ln(1+x)$

$f'(x) = \frac{1}{1+x}$ $\qquad$ $f'(0) = 1$

$f''(x) = -\frac{1}{(1+x)^2}$ $\qquad$ $f''(0) = -1$

$f'''(x) = \frac{2}{(1+x)^3}$ $\qquad$ $f'''(0) = 2$

$\cdots$

$f^{(n)}(x) = \frac{(-1)^{n-1}(n-1)!}{(1+x)^n}$ $\qquad$ $f^{(n)}(0) = (-1)^{n-1}(n-1)!$

$f^{(n+1)}(x) = \frac{(-1)^n n!}{(1+x)^{n+1}}$

$$\ln(1+x) = x - \frac{x^2}{2} + \frac{x^3}{3} - \frac{x^4}{4} + \cdots + (-1)^{n-1} \cdot \frac{x^n}{n} + R_n(x),$$

Lagrange 오차 범위는

$$R_n(x) < \max\left|\frac{(-1)^n}{(1+c)^{n+1}} \cdot \frac{x^{n+1}}{n+1}\right|.$$

예제 7-41

$f(x) = \cos(x + \frac{\pi}{4})$의 제3차 맥로린 다항식을 찾고 $f(0.1)$을 어림잡을 때의 오차의 상한치를 찾아라.

풀이

먼저 $x=0$에서 계산된 미분계수들의 표를 만들면 계수를 준다.

n	$f^{(n)}(x)$	$f^{(n)}(0)$	$c_n = \frac{f^{(n)}(0)}{n!}$
0	$\cos(x+\frac{\pi}{4})$	$\frac{\sqrt{2}}{2}$	$\frac{\sqrt{2}}{2}$
1	$-\sin(x+\frac{\pi}{4})$	$-\frac{\sqrt{2}}{2}$	$-\frac{\sqrt{2}}{2}$
2	$-\cos(x+\frac{\pi}{4})$	$-\frac{\sqrt{2}}{2}$	$-\frac{\sqrt{2}}{2 \cdot 2!}$
3	$\sin(x+\frac{\pi}{4})$	$\frac{\sqrt{2}}{2}$	$\frac{\sqrt{2}}{2 \cdot 3!}$

$$P_3(x) = \frac{\sqrt{2}}{2} - \frac{\sqrt{2}}{2}x - \frac{\sqrt{2}}{2 \cdot 2!}x^2 + \frac{\sqrt{2}}{2 \cdot 3!}x^3$$

이것은 $x=1$의 교대 급수가 아니므로, Lagrange 오차범위를 사용해야 한다.

$$R_3(x) < \max\left|\frac{f^{(4)}(c)}{4!}x^4\right|, \quad x=0.1 \text{ 그리고 } 0 < c < 0.1$$

$f^{(4)}(c) = \cos(c+\frac{\pi}{4})$가 $0 < c < 0.1$구간에서 감소하고 그것의 최대값은 $c=0$에 생긴다는 것을 유의하자.

$$R_3(x) < \max\left|\frac{\cos(c+\frac{\pi}{4})}{4!}x^4\right| = \frac{\cos(0+\frac{\pi}{4})}{4!}0.1^4 = \frac{\sqrt{2}}{2 \cdot 4! \cdot 10^4}$$

7.5.4 멱급수 계산

함수의 멱급수 전개식(expansion)은 수렴 구간 안에 위치한 x값들의 함수로 간주한다. 그것들은 더해지거나, 빼지거나, 곱해지거나, 나눠지거나, 미분되거나, 또는 적분될 수 있다. 멱급수는 함수 값들의 근사치를 구하고, 부정의 형태의 극한치의 값을 구하며 정적분을 어림하는데 유용하다.

예제 7-42

$\dfrac{1}{\sqrt{e}}$를 소수 점 이하 4자리까지 계산하라.

풀이

맥로린 급수를 쓸 수 있다.

$$e^x = 1 + x + \frac{x^2}{2!} + \frac{x^3}{3!} + \frac{x^4}{4!} + \cdots,$$

그리고 $x = -\dfrac{1}{2}$라고 하면 다음을 갖는다.

$$\begin{aligned} e^{-1/2} &= 1 - \frac{1}{2} + \frac{1}{4 \cdot 2} - \frac{1}{8 \cdot 3!} + \frac{1}{16 \cdot 4} - \frac{1}{32 \cdot 5!} + R_5 \\ &= 1 - 0.50000 + 0.12500 - 0.02083 + 0.00260 - 0.00026 + R_5 \\ &= 0.60651 + R_5 \end{aligned}$$

$R_5 < \dfrac{1}{64 \cdot 6!} < 0.00003$ 이므로 $\dfrac{1}{\sqrt{e}} = 0.6065$이다.

예제 7-43

$|x| < 0.02$이고 근사 공식이 다음과 같다면 오차를 어림하라.

$$\sqrt{1+x} = 1 + \frac{x}{2}$$

풀이

$f(x)=\sqrt{1+x}$ 로 생성된 맥로린 급수의 처음 항들을 얻는다.

$$f(x)=\sqrt{1+x} \qquad f(0)=1$$

$$f'(x)=\frac{1}{2}(1+x)^{-\frac{1}{2}} \qquad f'(0)=\frac{1}{2}$$

$$f''(x)=-\frac{1}{4}(1+x)^{-\frac{3}{2}} \qquad f''(0)=-\frac{1}{4}$$

$$f'''(x)=\frac{3}{8}(1+x)^{-\frac{5}{2}} \qquad f'''(0)=\frac{3}{8}$$

그렇다면

$$\sqrt{1+x}=1+\frac{x}{2}-\frac{1}{4}\cdot\frac{x^2}{2}+\frac{3}{8}\cdot\frac{x^3}{6}\cdots$$

여기서 $|R_1|$은 $\left|\frac{f''(c)x^2}{2!}\right|$, $|c|<0.02$이므로 $0<c<0.02$이다.

$$|R_1|<\frac{(0.02)^2}{8(1+0.02)^{3/2}}<0.00005$$

예제 7-44

$\lim_{x\to 0}\frac{\sin x}{x}$ 을 계산하기 위해 급수를 사용하라.

풀이

$$\sin x=x-\frac{x^3}{3!}+\frac{x^5}{5!}-\cdots$$

$$\lim_{x\to 0}\frac{\sin x}{x}=\lim_{x\to 0}\left(1-\frac{x^2}{3!}+\frac{x^4}{5!}-\cdots\right)=1$$

예제 7-45

$\lim_{x\to 0}\frac{\ln(x+1)}{3x}$ 을 계산하기 위해 급수를 사용하라.

풀이

$$\lim_{x\to 0}\frac{x-\frac{x^2}{2}+\frac{x^3}{3}-\frac{x^4}{4}+\cdots}{3x}=\lim_{x\to 0}\frac{1}{3}-\frac{x}{6}+\frac{x^2}{9}-\cdots=\frac{1}{3}$$

예제 7-46

$\lim_{x\to 0}\frac{e^{-x^2}-1}{x^2}$ 을 계산하기 위해 급수를 사용하라.

풀이

$$\lim_{x\to 0}\frac{e^{-x^2}-1}{x^2}=\lim_{x\to 0}\frac{(1-x^2+\frac{x^4}{2!}-\frac{x^6}{3!}+\ldots)-1}{x^2}=\lim_{x\to 0}(-1+\frac{x^2}{2!}-\frac{x^4}{3!}+\ldots)=-1$$

예제 7-47

$\int_0^{0.1}e^{-x^2}dx$ 를 소수 점 이하 4자리까지 계산하기 위해 급수를 사용하라.

풀이

$\int e^{-x^2}dx$ 에서 e^u 의 급수를 쓸 수 있다. u를 $(-x^2)$로 대신하고 항들을 적분한다.

$$e^{-x^2}=1-x^2+\frac{x^4}{2!}-\frac{x^6}{3!}+\cdots$$

$$\int_0^{0.1}e^{-x^2}dx=x-\frac{x^3}{3}+\frac{x^5}{5\cdot 2!}-\frac{x^7}{7\cdot 3!}+\cdots\Big|_0^{0.1}=0.1-\frac{0.001}{3}+\frac{0.00001}{10}-\frac{0.0000001}{42}+\cdots$$

$$=0.1-0.00033+0.000001+R_6=0.09967+R_6$$

이것은 수렴하는 교대급수이므로, $|R_6|<\frac{10^{-7}}{42}$ 이것은 네 번째 소수 점 이하 자리에 영향을 미치지 않는다.

$$\int_0^{0.1}e^{-x^2}dx=0.0997$$

연습문제 7.5

1. a에서 f의 3단계 테일러 다항식을 구하여라.

(1) $f(x)=\ln x,\quad a=1$ (2) $f(x)=1/x,\quad a=2$

(3) $f(x)=\sin x,\quad a=\pi/4$

2. 주어진 함수의 맥크로린 급수를 구하여라.

(1) e^{-x} (2) $\dfrac{1}{1+x}$

(3) $\sin 3x$ (4) $7\cos(-x)$

3. $x=a$일 때 f의 테일러급수를 구하여라.

(1) $f(x)=x^3-2x+4,\quad a=2$ (2) $f(x)=x^4+x^2+1,\quad a=-2$

(3) $f(x)=1/x^2,\quad a=1$ (4) $f(x)=e^x,\quad a=2$

4. 치환을 이용하여 함수의 $x=0$에서 테일러급수를 구하여라.

(1) e^{-5x} (2) $\cos\sqrt{x+1}$

5. 곱을 이용하여 $x=0$에서 테일러급수를 구하여라.

(1) xe^x (2) $x\cos\pi x$

(3) $\dfrac{x^2}{1-2x}$ (4) $\dfrac{1}{(1-x)^2}$

연습문제 7.5

6. 급수를 이용하여 오차가 10^{-3}보다 작도록 적분값을 계산하여라

(1) $\displaystyle\int_0^{0.2} \sin x^2 dx$

(2) $\displaystyle\int_0^{0.2} \frac{e^{-x}-1}{x} dx$

(3) $\displaystyle\int_0^{0.1} \frac{\sin x}{x} dx$

(4) $\displaystyle\int_0^{1} \frac{1-\cos x}{x^2} dx$

7. 다음 부정형의 극한값을 구하여라.

(1) $\displaystyle\lim_{x\to 0} \frac{e^x-(1+x)}{x^2}$

(2) $\displaystyle\lim_{t\to 0} \frac{1-\cos t-(t^2/2)}{t^4}$

(3) $\displaystyle\lim_{y\to 0} \frac{y-\tan^{-1} y}{y^3}$

(4) $\displaystyle\lim_{x\to \infty} x^2(e^{-1/x^2}-1)$

(5) $\displaystyle\lim_{x\to 0} \frac{\ln(1+x^2)}{1-\cos x}$

(6) $\displaystyle\lim_{x\to 2} \frac{x^2-4}{\ln(x-1)}$

CHAPTER

8

편미분

지금까지 우리는 독립변수가 한 개인 함수에 대해서만 그들의 도함수와 처분을 구하는 방법과 이의 응용을 알아 보았다. 본장과 다음 장에서는 독립변수가 2개 이상인 함수 즉 다변수함수를 대상으로 하여 이들의 도함수 및 적분을 구하는 방법과 그의 응용을 알아 보기로 한다.

8.1 다변수함수

지금까지 우리는 독립변수가 한 개인 함수에 대해서만 그들의 도함수와 처분을 구하는 방법과 이의 응용을 알아보았다. 본장과 다음 장에서는 독립변수가 2개 이상인 함수 즉 다변수함수를 대상으로 하여 이들의 도함수 및 적분을 구하는 방법과 그의 응용을 알아보기로 한다.

8.1.1 2변수 또는 3변수 함수

xy-좌표평면 위의 점 $P(x,y)$는 간단히 (x,y)로 쓰고, 3차원 공간 안의 점 $P(x,y,z)$는 (x, y, z)라고 쓴다. D가 xy-좌표명면의 부분집할일 때, D의 각 점 (x,y)에 대해 실수 $f(x,y)$를 대응시키는 함수관계를 2변수 함수라 한다. 이때, E는 함수 f의 정의역이라고 하고, 함수의 값 $f(x,y)$들의 집합은 치역이라 한다.

예제 8-1

주어진 함수에 대하여 $f(2,-1)$과 정의역, 치역을 구하여라

$$f(x,y) = \cos(x+2y)$$

풀이

$f(2,-1) = \cos(2-2) = \cos 0 = 1$

정의역은 $x+2y$가 모든 실수이고, 치역은 $-1 \le f(x,y) \le 1$이다.

예제 8-2

다음 함수의 정의역을 구하고 정의역의 그래프를 그려라.

(1) $f(x,y) = \sqrt{xy}$

(2) $f(x,y) = \ln(9-x^2-9y^2)$

(3) $f(x,y) = \dfrac{\sqrt{y-x^2}}{1-x^2}$

(4) $f(x,y,z) = \sqrt{1-x^2-y^2-z^2}$

풀이

(1) $xy \geq 0$이므로 $D=\{(x,y) \mid xy \geq 0\}$

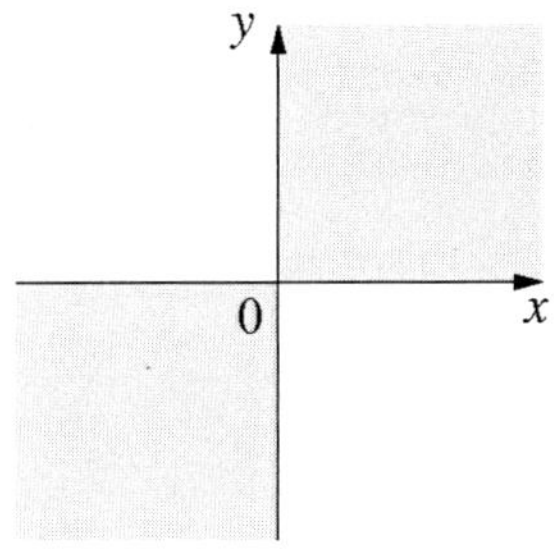

그림 8.1

(2) $9-x^2-9y^2>0$, $D=\left\{(x,y) \mid \frac{1}{9}x^2+y^2<1\right\}$

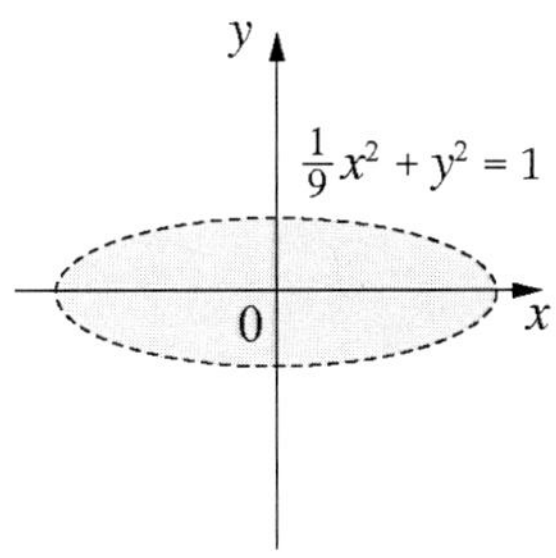

그림 8.2

(3) $y-x^2 \geq 0,\ 1-x^2 \neq 0 \iff y \geq x^2, x \neq \pm 1$

$D=\{(x,\,y) \mid y \geq x^2,\ x \neq \pm 1\}$

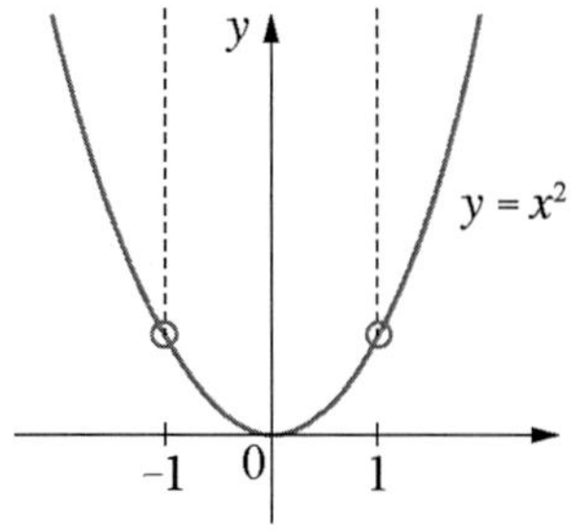

그림 8.3

(4) $1-x^2-y^2-z^2 \geq 0 \Rightarrow x^2+y^2+z^2 \leq 1$

$D=\{(x,y,z) \mid x^2+y^2+z^2 \leq 1\}$

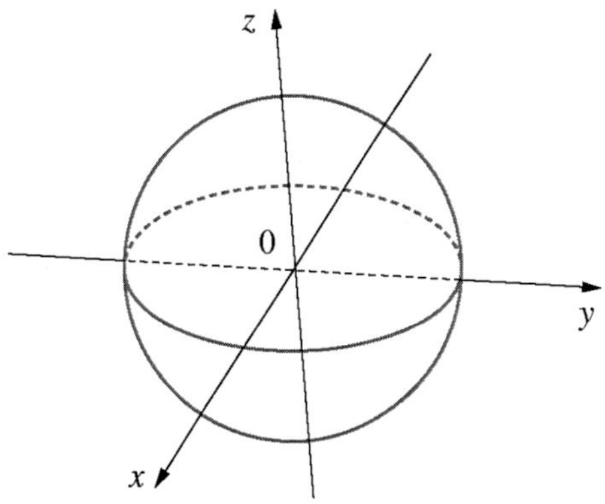

그림 8.4

8.1.2 그래프 ; 등위선과 등위면

우선 $xy-$평면의 부분집합 D위에서 정의된 2변수 함수 f부터 생각하여 보자. 이 함수 f의 그래프라 하면, 방정식 $z=f(x,y)$, $(x,y) \in D$ 의 그래프, 즉 이 방정식을 만족하는 점 (x,y,z)의 집합을 말한다.

예제 8-3

함수 $f(x,y) = 3 - 6x - 4y$의 그래프를 그려라

풀이

주어진 함수의 정의역은 $xy-$평면 전체이다. f의 그래프 평면 : $z = 12 - 6x - 4y$이며 절편은 $x = 2, y = 3, z = 12$이다.

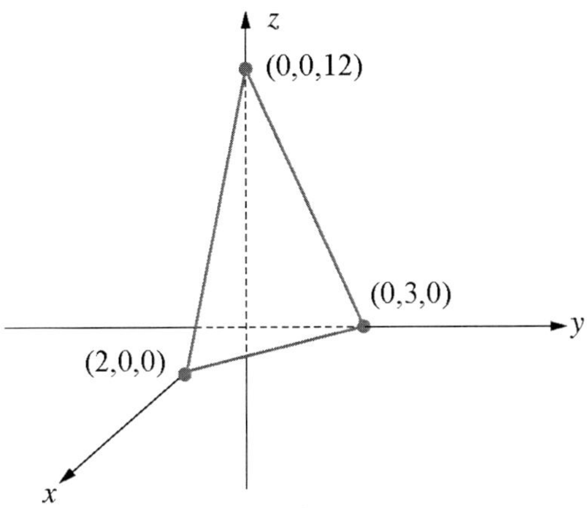

그림 8.5

예제 8-4

함수 $f(x,y) = \sqrt{r^2 - (x^2 + y^2)}$ 의 그래프를 그려라.

풀이

정의역은 $r^2 - (x^2 + y^2) \geq 0$ 에서

$D = \{(x,y) \mid x^2 + y^2 \leq r^2\}$ 에서만 정의된다.

이 함수의 그래프는 $z = \sqrt{r^2 - (x^2 + y^2)}$ (그림 8.6),

즉 구 $x^2 + y^2 + z^2 = r^2$의 위쪽 반이다.

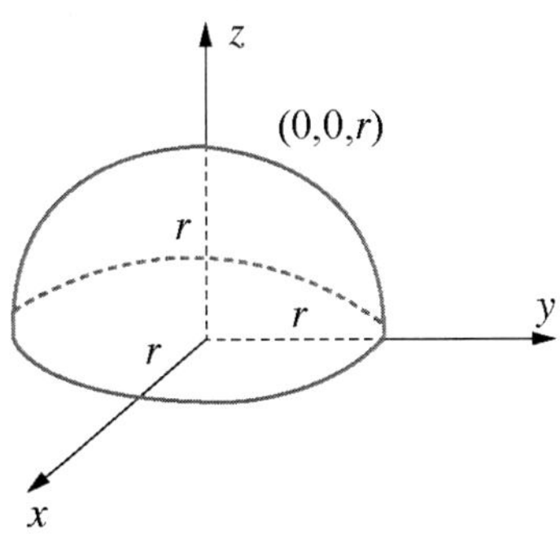

그림 8.6

■ 등위선과 등위면

실제의 상황에서 2변수 함수의 그래프를 그리는 것은 쉽지 않으며 또, 그려진 그래프를 알아보는 것도 쉽지 않다. 이를 쉽게 하기 위하여 지도에서의 등고선의 아이디어를 쓰면 좋다. 즉 2변수 함수 $f(x,y)$가 $xy-$평면의 부분집합에 정의되어 있으면, 어느 점에서 $f(x,y)$의 값이 되는 실수 c에 대하여 $f(x,y)=c$로 정의되는 곡선을 그린다. 이런 곡선을 f의 등위선이라 한다. 등위선은 정의에서 보는 바와 같이 f의 그래프와 수평인 평면 $z=c$와의 교선을 xy-평면에 사영한 것이다.

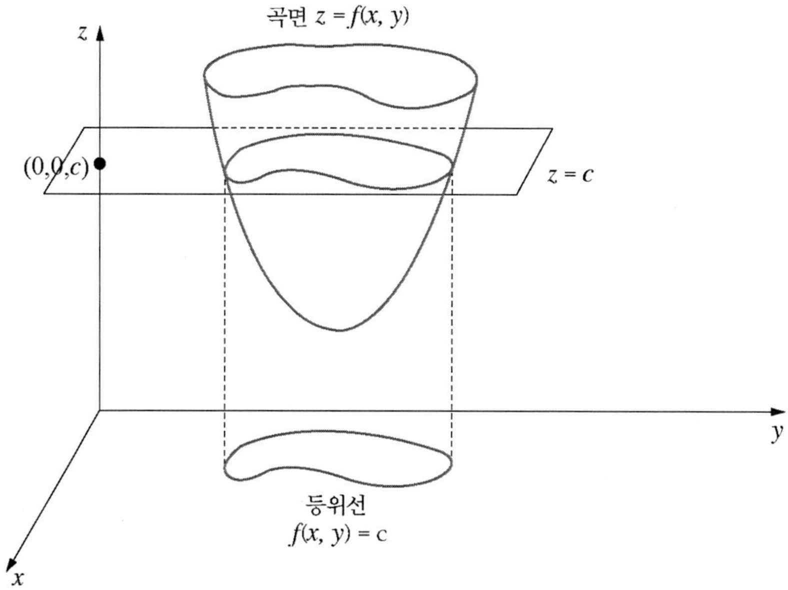

그림 8.7

등위선 $f(x,y)=c$는 f의 정의역에 포함되어 있고 등위선 위에서의 f의 값은 어디서나 상수 c이다. 이 등위선을 적당히 그려놓고 값을 붙여 놓으면 함수의 값의 변동을 비교적 잘 알 수 있다.

예제 8-5

등위선을 몇 개만 보여주고, 다음함수의 등고선 그래프를 그려라.

(1) $f(x,y) = x^3 - y$ (2) $f(x,y) = \ln(x^2 + 4y^2)$

(3) $f(x,y) = xy$

풀이

(1) $x^3 - y = c,\ y = x^3 - c$

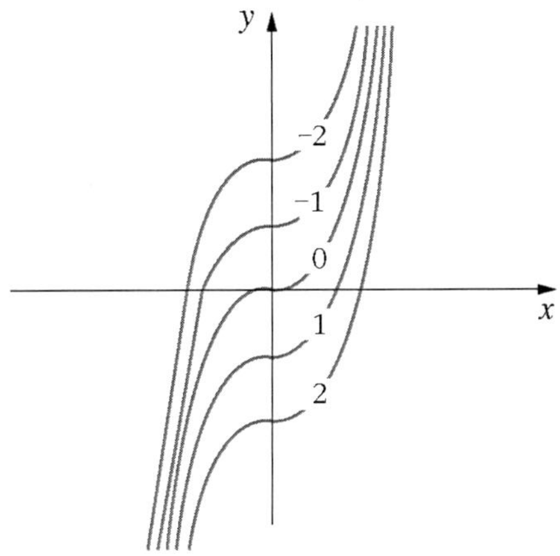

그림 8.8

(2) $\ln(x^2 + 4y^2) = c,\ x^2 + 4y^2 = e^c$

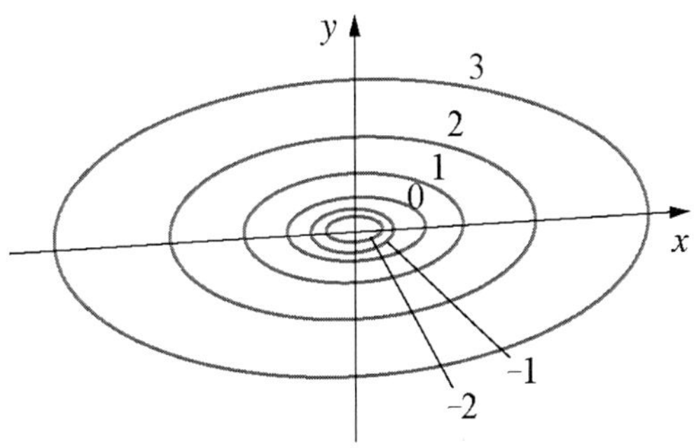

그림 8.9

(3) $xy = c, y = \dfrac{c}{x}$

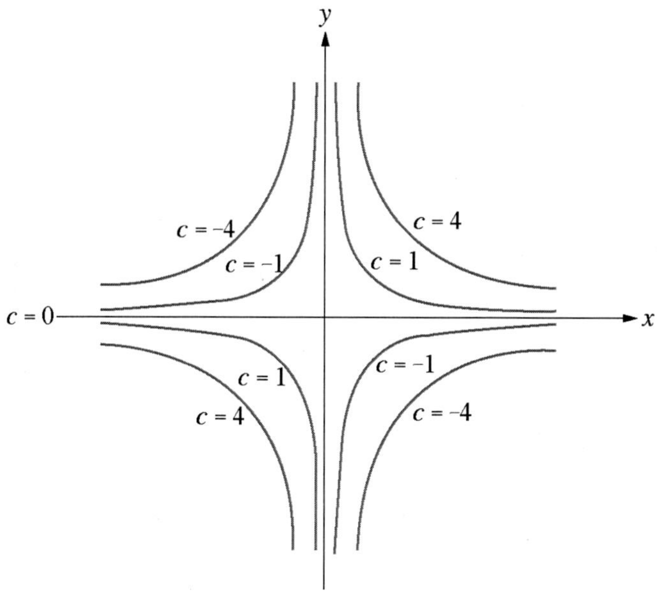

등위선 $xy = c$

그림 8.10

연습문제 8.1

1. $f(x,y) = 1 + \sqrt{4 - y^2}$ 이라 하자.

(1) $f(3,1)$을 구하여라.

(2) $f(x,y)$의 정의역을 구하여라.

(3) $f(x,y)$의 치역을 구하여라.

2. $f(x,y,z) = x^3y^2z\sqrt{10 - x - y - z}$ 이라 하자.

(1) $f(1,2,3)$을 구하여라.

(2) f의 정의역을 구하여라.

3. 다음 함수의 정의역을 구하고, 정의역의 그래프를 그려라.

(1) $f(x,y) = \sqrt{x+y}$

(2) $f(x,y) = \sqrt{x^2 - y^2}$

(3) $f(x,y) = \sqrt{y} + \sqrt{25 - x^2 - y^2}$

(4) $f(x,y) = \arcsin(x^2 + y^2 - 2)$

4. 다음 함수의 등위선 몇 개만 보여주고, 등고선을 그려라.

(1) $f(x,y) = (y - 2x)^2$

(2) $f(x,y) = \sqrt{x} + y$

(3) $f(x,y) = ye^x$

(4) $f(x,y) = \sqrt{y^2 - x^2}$

8.2 극한과 연속

8.1.1 극한

일반적으로, (x, y)가 정의역 안에 있는 임의의 경로를 따라 (a, b)에 가까이 갈 때, $f(x, y)$가 L에 가까이 가면,

$$\lim_{(x,y)\to(a,b)} f(x, y) = L$$

이라 쓴다. 점(x, y)를 점 (a, b)와 같게 하지는 않고 충분히 가깝게만 함으로서 $f(x, y)$를 L에 가깝게 할 수 있는 것이다. 보다 정확한 정의는 다음과 같다.

$$\lim_{\substack{x\to a\\ y\to b}} f(x, y) = L \text{은 } (x, y)\to(a, b) \text{일 때 } f(x, y)\to L$$

과 같다.

예제 8-6

$\displaystyle\lim_{(x,y)\to(0,0)} \frac{x^2-y^2}{x^2+y^2}$ 이 존재하지 않음을 보여라.

풀이

x축을 따라 $(0,0)$에 접근하여 보자. $y=0$이므로 $x\neq 0$인 모든 x에서 $f(x,0)=x^2/x^2=1$이다. 따라서 $(x,y)\to(0,0)$이면 $f(x,y)\to 1$이다. 다음 $x=0$으로 놓고 y축을 따라 접근하여 보자. $y\neq 0$인 모든 y에 대해서 $f(0,y)=-y^2/y^2=-1$이다. $(x,y)\to(0,0)$이면 $f(x,y)\to -1$. 따라서 존재하지 않는다.

예제 8-7

$f(x,y)=\dfrac{xy}{x^2+y^2}$ 일 때 $\lim\limits_{(x,y)\to(0,0)} f(x,y)$는 존재하는가?

풀이

$y=0$ 이면 $f(x,0)=0/x^2=0$이다. 따라서 $f(x,y)\to 0$. $x=0$ 이면 $f(0,y)=0/y^2=0$이다. 따라서 $f(x,y)\to 0$. 직선 $y=x$를 따라 $(0,0)$으로 접근해보자. 그러면 $f(x,y)\to\dfrac{1}{2}$. 따라서 존재하지 않는다.

예제 8-8

$\lim\limits_{(x,y)\to(3,4)} [e^{xy}\sin\dfrac{\pi y}{8}+x^2y\ln\sqrt{y-x}]$를 구하여라.

풀이

$$\begin{aligned}
&\lim_{(x,y)\to(3,4)} [e^{xy}\sin\frac{\pi y}{8}+x^2y\ln\sqrt{y-x}] \\
&\quad= \lim_{(x,y)\to(3,4)} e^{xy}\sin\frac{\pi y}{8}+\lim_{(x,y)\to(3,4)} x^2y\ln\sqrt{y-x} \\
&\quad= (\lim_{(x,y)\to(3,4)} e^{xy})(\lim_{(x,y)\to(3,4)} \sin\frac{\pi y}{8})+(\lim_{(x,y)\to(3,4)} x^2y)(\lim_{(x,y)\to(3,4)} \ln\sqrt{y-x}) \\
&\quad= (e^{12})(1)+(36)(\ln 1)=e^{12}
\end{aligned}$$

8.2.2 연속

1변수 연속함수들의 극한 계산은 쉽다는 것을 상기하자. 그 극한값 계산은 직접 값을 대입함으로써 얻을 수 있다. 연속함수를 정의하는 성질은 $\lim\limits_{x\to a} f(x)=f(a)$이기 때문이다. 2변수 함수의 연속성도 역시 직접 값을 대입하는 특징으로서 정의될 수 있다.

2변수 함수 f에 대하여 만일 $\lim_{(x,y)\to(a,b)} f(x,y) = f(a,b)$가 성립하면 f는 (a,b)에서 연속이라고 한다. 모든 점 (a,b)에서 f가 연속이면, f는 연속이라고 한다.

예제 8-9

$\lim_{(x,y)\to(1,2)} (x^2y^3 - x^3y^2 + 3x + 2y)$를 계산하여라.

풀이

$$\lim_{(x,y)\to(1,2)} (x^2y^3 - x^3y^2 + 3x + 2y) = 1^2 \cdot 2^3 - 1^3 \cdot 2^2 + 3 \cdot 1 + 2 \cdot 2 = 11$$

예제 8-10

함수 $f(x,y) = \dfrac{x^2 - y^2}{x^2 + y^2}$는 어디에서 연속인가?

풀이

함수 f는 $(0,0)$에서 불연속이다. 왜냐하면 그 점에서 정의되지 않기 때문이다. f는 유리함수이므로, 정의역 $D = \{(x,y) | (x,y) \neq (0,0)\}$에서 연속이다.

예제 8-11

다음 함수는 점 $(0,0)$에서 연속인가?

$$g(x) = \begin{cases} \dfrac{x^2 - y^2}{x^2 + y^2}, & (x,y) \neq (0,0) \\ 0, & (x,y) = (0,0) \end{cases}$$

풀이

g가 $(0,0)$에서 정의되었지만 $\lim_{(x,y)\to(0,0)} g(x,y)$가 존재하지 않으므로 여전히 불연속이다.

예제 8-12

다음 함수는 연속함수인가?

$$f(x,y)=\begin{cases}\dfrac{3x^2y}{x^2+y^2}, & (x,y)\neq(0,0)\\ 0, & (x,y)=(0,0)\end{cases}$$

풀이

$(x,y)\neq(0,0)$일 때 f가 연속일 것을 알고 있다. 이것은 유리함수이기 때문이다.

또한 $\lim_{(x,y)\to(0,0)}\dfrac{3x^2y}{x^2+y^2}=0=f(0,0)$이다. 그러므로 f는 $(0,0)$에서 연속이고, 따라서 R^2위에서 연속이다.

연습문제 8.2

1. 극한을 구하여라.

(1) $\lim_{(x,y)\to(5,-2)} (x^5 + 4x^3y - 5xy^2)$

(2) $\lim_{(x,y)\to(2,1)} \frac{4-xy}{x^2+3y^2}$

(3) $\lim_{(x,y)\to(0,0)} \frac{y^4}{x^4+3y^4}$

(4) $\lim_{(x,y)\to(0,0)} \frac{xy\cos y}{3x^2+y^2}$

(5) $\lim_{(x,y)\to(0,0)} \frac{xy}{\sqrt{x^2+y^2}}$

(6) $\lim_{(x,y)\to(0,0)} \frac{x^2ye^y}{x^4+4y^2}$

(7) $\lim_{(x,y)\to(0,0)} \frac{x^2+y^2}{\sqrt{x^2+y^2+1}-1}$

(8) $\lim_{(x,y,z)\to(3,0,1)} e^{-xy}\sin(\pi z/2)$

(9) $\lim_{(x,y,z)\to(0,0,0)} \frac{xy+yz^2+xz^2}{x^2+y^2+z^4}$

(10) $\lim_{(x,y,z)\to(0,0,0)} \frac{2x^2+3xy+4y^2}{3x^2+5y^2}$

2. 연속인 집합을 구하여라.

(1) $f(x,y) = \frac{1}{x^2-y}$

(2) $f(x,y) = \arctan(x+\sqrt{y})$

(3) $g(x,y) = \ln(x^2+y^2-4)$

(4) $f(x,y,z) = \frac{\sqrt{y}}{x^2-y^2+z^2}$

(5) $f(x,y) = \begin{cases} \frac{x^2y^3}{2x^2+y^2} & \text{만약}(x,y) \neq (0,0) \\ 1 & \text{만약}(x,y) \neq (0,0) \end{cases}$

연습문제 8.2

3. 다음 극한을 계산하여라

(1) $\displaystyle\lim_{(x,y)\to(1,3)} \frac{x^2 y}{4x^2 - y}$

(2) $\displaystyle\lim_{(x,y,z)\to(1,0,2)} \frac{4xz}{y^2 + z^2}$

(3) $\displaystyle\lim_{(x,y)\to(0,0)} \frac{4xy}{3y^2 - x^2}$

(4) $\displaystyle\lim_{(x,y)\to(0,0)} \frac{\sqrt[3]{x}\, y^2}{x + y^3}$

(5) $\displaystyle\lim_{(x,y)\to(0,0)} \frac{2x^2 \sin y}{2x^2 + y^2}$

(6) $\displaystyle\lim_{(x,y,z)\to(0,0,0)} \frac{3x^3}{x^2 + y^2 + z^2}$

4. 주어진 함수가 연속인 모든 점을 결정하여라.

(1) $f(x,y) = 4xy + \sin 3x^2 y$

(2) $f(x,y) = \sqrt{9 - x^2 - y^2}$

(3) $f(x,y) = \ln(3 - x^2 + y)$

(4) $f(x,y,z) = \dfrac{x^3}{y} + \sin z$

(5) $f(x,y,z) = \sqrt{x^2 + y^2 + z^2 - 4}$

8.3 편도함수

8.3.1 편미분

x, y의 함수 $z=f(x,y)$에 대하여 $y=b$로서 일정하다면 $z=f(x,y)$는 x만의 함수로 생각할 수 있으며, 또한 $x=a$로 일정하다면 $z=f(x,y)$는 y만의 함수로 간주할 수 있다.

따라서 x만의 함수 $f(x,b)$가 $x=a$에서 미분가능하다면 도함수의 정의에 의하여

$\frac{\partial}{\partial x}f(a,b)=\lim_{h\to 0}\frac{f(a+h,b)-f(a,b)}{h}$ 이고, 이 극한값은 (a,b)에서 x에 관한 편미분계수(partial differential coefficient)라 하고, $f_x(a,b)$로 나타낸다. 마찬가지로 y만의 함수 $f(a,y)$가 $y=b$에서 미분가능하다면 (a,b)에서 y에 관한 편미분계수 $f_y(a,b)$는 $\frac{\partial}{\partial y}f(a,b)=\lim_{h\to 0}\frac{f(a,b+h)-f(a,b)}{h}$ 로 나타낸다.

편도함수는 다음과 같은 기하학적 의미를 가진다. 지금 2변수 함수 $z=f(x,y)$를 생각해 보자. 평면 $y=b$와의 곡면 $z=f(x,y)$와 공통부분을 곡선 QPR로 나타내자.

점 P에서 $\frac{\partial f}{\partial x}$의 값은 곡선 QPR의 점 P에서의 접선 l의 기울기를 표시한다.(그림 8.11) 또 비슷하게 곡면 $z=f(x,y)$가 평면 $x=k$로 잘렸을 때 생긴 곡선 LPM에서 $f_y(k,y)$는 점 $(k,y,f(k,y))$에서의 접선 l의 기울기를 표시한다.(그림 8.12)

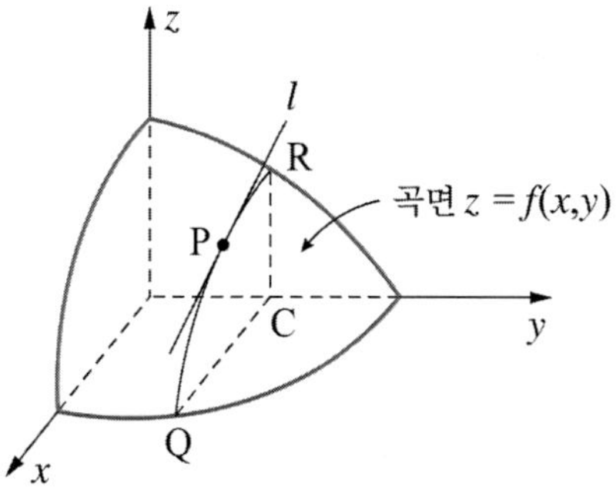

그림 8.11

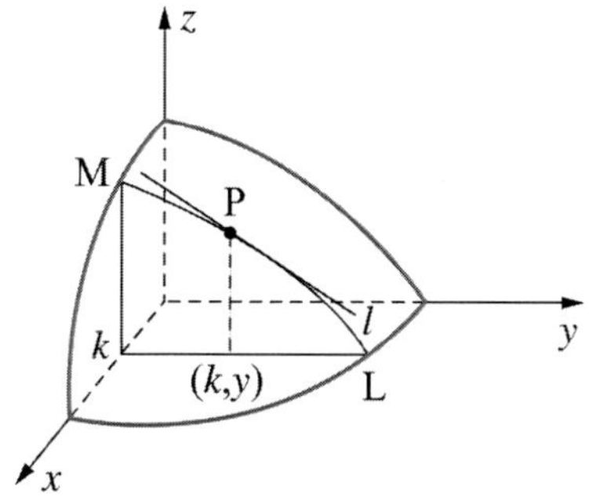

그림 8.12

$z=f(x,y)$의 편도함수를 구하는 규칙

1. f_x를 구하기 위해서 y를 상수로 보고 x에 관해 미분한다.
2. f_y를 구하기 위해서 x를 상수로 보고 y에 관해 미분한다.

예제 8-13

$f(x,y)=x^3+x^2y^3-2y^2$일 때, $f_x(2,1)$, $f_y(2,1)$을 구하여라.

풀이

y를 상수로 생각하고 x에 관하여 미분하면,$f_x(x,\ y)=3x^2+2xy^3$,

$f_x(2,1)=3(2^2)+2(2)(1^3)=16$

x를 상수로 생각하고 y에 관하여 미분하면,$f_y(x,\ y)=3x^2y^2-4y$,

$f_y(2,1)=3(2^2)(1^2)-4(1)=8$

예제 8-14

$f(x,y)=\sin(\frac{x}{1+y})$일 때 $\frac{\partial f}{\partial x}$, $\frac{\partial f}{\partial y}$를 구하여라.

풀이

1변수 함수에 관한 연쇄법칙을 이용하면

$$\frac{\partial f}{\partial x}=\cos(\frac{x}{1+y})\frac{d}{dx}(\frac{x}{1+y})=\cos(\frac{x}{1+y})(\frac{1}{1+y}),$$

$$\frac{\partial f}{\partial y}=\cos(\frac{x}{1+y})\frac{d}{dy}(\frac{x}{1+y})=-\cos(\frac{x}{1+y})(\frac{x}{(1+y)^2}).$$

이다.

예제 8-15

$f(x, y, z) = e^{xy}\ln z$일 때, f_x, f_y, f_z를 구하여라.

풀이

y와 z를 상수로 생각하고 x에 관하여 미분하면, $f_x = ye^{xy}\ln z$,

x와 z를 상수로 생각하고 y에 관하여 미분하면, $f_y = xe^{xy}\ln z$,

x와 y를 상수로 생각하고 z에 관하여 미분하면, $f_z = \dfrac{e^{xy}}{z}$이다.

예제 8-16

전기회로에서 세 개의 저항이 병렬로 연결되어 있다고 하자. 저항이 각각 R_1, R_2, R_3 음이라고 하면, 회로에 걸리는 저항은 $R = \dfrac{R_1R_2R_3}{R_1R_2 + R_1R_3 + R_2R_3}$이다. 편도함수 $\dfrac{\partial R}{\partial R_1}$을 계산하고 해석하여라. 또, 이 편도함수를 참고하여 편도함수 $\dfrac{\partial R}{\partial R_2}$와 $\dfrac{\partial R}{\partial R_3}$를 써보아라.

풀이

$$\frac{\partial R}{\partial R_1} = \frac{R_2R_3(R_1R_2 + R_1R_3 + R_2R_3) - R_1R_2R_3(R_2 + R_3)}{(R_1R_2 + R_1R_3 + R_2R_3)^2}$$

$$= \frac{R_2^2R_3^2}{(R_1R_2 + R_1R_3 + R_2R_3)^2} = \left(\frac{R}{R_1}\right)^2$$

인데 이것은 R_2, R_3가 고정저항일 때 변화하는 저항 R_1에 대한 저항의 변화율이다.
주어진 저항함수는 R_1, R_2, R_3에 대한 대칭성이 있으므로, 서로의 역할을 아무리 바꾸어 편도함수를 구하면 $\dfrac{\partial R}{\partial R_2} = \left(\dfrac{R}{R_2}\right)^2$, $\dfrac{\partial R}{\partial R_3} = \left(\dfrac{R}{R_3}\right)^2$을 얻을 수 있다.

예제 8-17

병렬 전기저항기 R_1, R_2, R_3 옴의 저항기들을 병렬로 연결하여 R옴을 만들도록 했을 때 R의 값은 다음 식으로부터 구할 수 있다.

$$\frac{1}{R}=\frac{1}{R_1}+\frac{1}{R_2}+\frac{1}{R_3}$$

$R_1=30, R_2=45, R_3=90$ 옴일 때 $\frac{\partial R}{\partial R_2}$ 값을 구하여라.

풀이

$\frac{\partial R}{\partial R_2}$ 를 구하기 위하여 R_1과 R_2를 상수로 취급하고 식의 양변을 R_2로 미분한다.

$$\frac{\partial}{\partial R_2}\left(\frac{1}{R}\right)=\frac{\partial}{\partial R_2}\left(\frac{1}{R_1}+\frac{1}{R_2}+\frac{1}{R_3}\right)$$

$$-\frac{1}{R^2}\frac{\partial R}{\partial R_2}=0-\frac{1}{R_2^2}+0$$

$$\frac{\partial R}{\partial R_2}=\frac{R^2}{R_2^2}=\left(\frac{R}{R_2}\right)^2$$

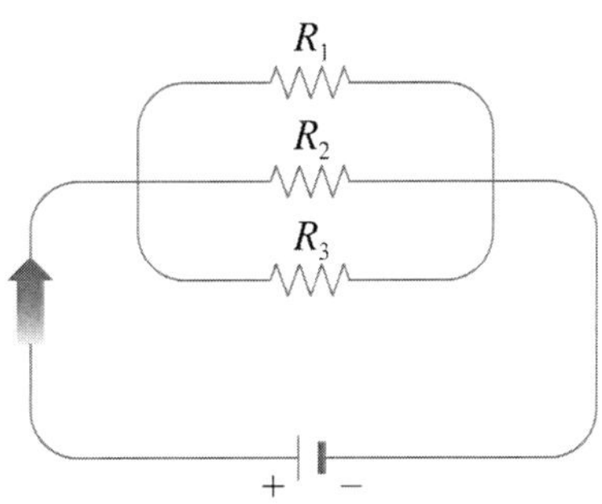

그림 8.13

$R_1=30, R_2=45, R_3=90$을 대입하면

$$\frac{1}{R}=\frac{1}{30}+\frac{1}{45}+\frac{1}{90}=\frac{3+2+1}{90}=\frac{1}{15}$$

따라서 $R=15$이고,

$$\frac{\partial R}{\partial R_2}=\left(\frac{15}{45}\right)^2=\frac{1}{9}$$

8.3.2 고계편도함수

f가 2변수함수이면 편도함수 f_x와 f_y도 또한 2변수 함수이므로, 그것들의 편도함수 $(f_x)_x, (f_x)_y, (f_y)_x, (f_y)_y$도 생각할 수 있고, 이것들을 f의 2계편도함수라 부른다. $z=f(x,y)$이면 이계편도함수는 다음과 같다.

$$(f_x)_x = f_{xx} = \frac{\partial^2 f}{\partial x^2} = \frac{\partial^2 z}{\partial x^2} \qquad (f_y)_x = f_{yx} = \frac{\partial^2 f}{\partial x\,\partial y} = \frac{\partial^2 z}{\partial x\,\partial y}$$

$$(f_x)_y = f_{xy} = \frac{\partial^2 f}{\partial y\,\partial x} = \frac{\partial^2 z}{\partial y\,\partial x} \qquad (f_y)_y = f_{yy} = \frac{\partial^2 f}{\partial y^2} = \frac{\partial^2 z}{\partial y^2}$$

그러므로 f_{xy}(또는 $\frac{\partial^2 f}{\partial y \partial x}$) 표기법은 우선 x에 관하여 미분하고 다음으로 y에 관하여 미분하는 것이고, 반면 f_{yx}는 우선 y에 관하여 미분하고 다음으로 x에 관하여 미분하는 것이다.

예제 8-18

$f(x, y) = x^3 + x^2y^3 - 2y^2$의 2계편도함수를 구하여라.

풀이

$$f_x = 3x^2 + 2xy^3 \qquad f_y = 3x^2y^2 - 4y$$

$$f_{xx} = \frac{\partial^2 f}{\partial x^2} = \frac{\partial^2 z}{\partial x^2} = 6x + 2y^3 \qquad f_{yx} = \frac{\partial^2 f}{\partial x\,\partial y} = \frac{\partial^2 z}{\partial x\,\partial y} = 6xy^2$$

$$f_{xy} = \frac{\partial^2 f}{\partial y\,\partial x} = \frac{\partial^2 z}{\partial y\,\partial x} = 6xy^2 \qquad f_{yy} = \frac{\partial^2 f}{\partial y^2} = \frac{\partial^2 z}{\partial y^2} = 6x^2y - 4$$

이다.

예제 8-19

$f(x, y, z) = xyze^{-x-y-z}$일 때, f_{xyz}를 구하여라.

풀이

$$f_x(x, y, z) = yze^{-x-y-z} - xyze^{-x-y-z} = (1-x)yze^{-x-y-z}$$

$$f_{xy}(x,y,z) = (1-x)(1-y)ze^{-x-y-z}$$

$$f_{xyz}(x,y,z) = (1-x)(1-y)(1-z)e^{-x-y-z}$$

예제 8-20

함수 $f(x,y)=x^2y-y^3+\ln x$의 모든 이계편도함수를 구하여라.

풀이

일계편도함수는 $\frac{\partial f}{\partial x}=2xy+\frac{1}{x}$이고, $\frac{\partial f}{\partial y}=x^2-3y^2$이다. 따라서

$$\frac{\partial^2 f}{\partial x^2}=\frac{\partial}{\partial x}\left(\frac{\partial f}{\partial x}\right)=\frac{\partial}{\partial x}\left(2xy+\frac{1}{x}\right)=2y-\frac{1}{x^2}$$

$$\frac{\partial^2 f}{\partial x \partial y}=\frac{\partial}{\partial x}\left(\frac{\partial f}{\partial y}\right)=\frac{\partial}{\partial x}(x^2-3y^2)=2x$$

이고 마지막으로

$$\frac{\partial^2 f}{\partial y^2}=\frac{\partial}{\partial y}\left(\frac{\partial f}{\partial y}\right)=\frac{\partial}{\partial y}(x^2-3y^2)=-6y$$ 이다.

8.3.3 연쇄법칙

이 절에서는 도함수나 편도함수들은 모두 연속이라고 가정한다.

▪ 정리 8.1

$z=f(x,y)$가 x, y에 관하여 편미분가능한 함수이고, $x=g(t)$와 $y=h(t)$가 t에 대하여 미분가능하면

$$\frac{dz}{dt}=\frac{\partial f}{\partial x}\frac{dx}{dt}+\frac{\partial f}{\partial y}\frac{dy}{dt}$$

이다. 다음 나뭇가지 도표로 이해하면 편리하다.

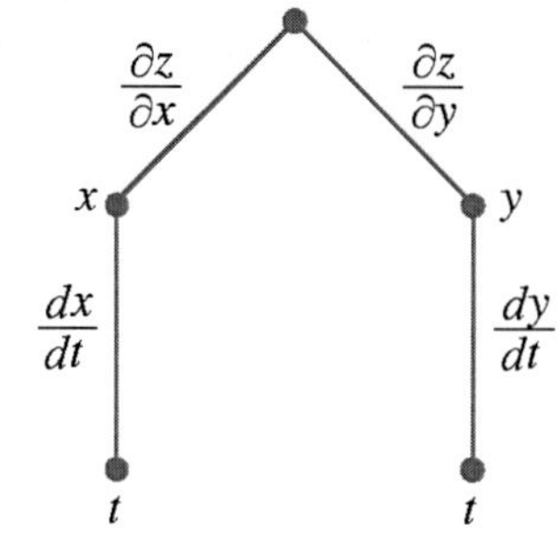

그림 8.14

예제 8-21

$x = \sin t, y = e^t$일 때, $z = x^2 y + 3xy^4$에 대한 $\frac{dz}{dt}$를 구하여라.

풀이

$\frac{dx}{dt} = \cos t, \frac{dy}{dt} = e^t$

$\frac{dz}{dx} = 2xy + 3y^4, \frac{dz}{dy} = x^2 + 12xy^3$

$\frac{dz}{dt} = \frac{\partial f}{\partial x}\frac{dx}{dt} + \frac{\partial f}{\partial y}\frac{dy}{dt} = (2xy + 3y^4)\cos t + (x^2 + 12xy^3)e^t$

$= (2\sin t + 3e^{3t})e^t \cos t + (\sin^2 t + 12\sin t e^{3t})e^t$이다.

예제 8-22

$x = \sin 2t, y = \cos t$이고, $z = x^2 y + 3xy^4$일 때 $t = 0$에서 $\frac{dz}{dt}$를 구하여라.

풀이

연쇄법칙에 의하여

$$\frac{dz}{dt} = \frac{\partial f}{\partial x}\frac{dx}{dt} + \frac{\partial f}{\partial y}\frac{dy}{dt} = (2xy + 3y^4)(2\cos 2t) + (x^2 + 12xy^3)(-\sin t)$$

여기서 x, y를 다시 로 바꾸어 쓸 필요 없이, $t=0$일 때 $x=\sin 0=0, y=\cos 0=1$이므로

$$\frac{dz}{dt}=(0+3)(2\cos 0)+(0+0)(-\sin 0)=6$$

■ 정리 8.2

$z=f(x, y),\ x=g(s, t),\ y=h(s, t)$가 모두 편미분 가능한 함수이면

$$\frac{\partial z}{\partial s}=\frac{\partial z}{\partial x}\frac{\partial x}{\partial s}+\frac{\partial z}{\partial y}\frac{\partial y}{\partial s},\ \frac{\partial z}{\partial t}=\frac{\partial z}{\partial x}\frac{\partial x}{\partial t}+\frac{\partial z}{\partial y}\frac{\partial y}{\partial t}$$

이다.

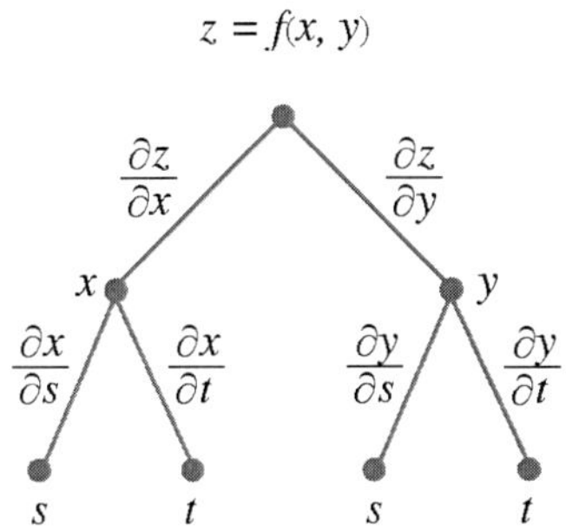

그림 8.15

예제 8-23

$z=e^x \sin y, x=uv^2, y=u^2v$일 때, $\frac{\partial z}{\partial u}, \frac{\partial z}{\partial v}$를 구하여라.

풀이

$$\frac{\partial z}{\partial u}=\frac{\partial z}{\partial x}\frac{\partial x}{\partial u}+\frac{\partial z}{\partial y}\frac{\partial y}{\partial u}=e^x\sin y\cdot v^2+e^x\cos y\cdot 2uv$$

$$=(v^2\sin u^2v+2uv\cos u^2v)e^{uv^2}$$

$$\frac{\partial z}{\partial v}=\frac{\partial z}{\partial x}\frac{\partial x}{\partial v}+\frac{\partial z}{\partial y}\frac{\partial y}{\partial v}=e^x\sin y\cdot 2uv+e^x\cos y\cdot u^2$$

$$=(2uv\sin u^2v+u^2\cos u^2v)e^{uv^2}$$ 이다.

예제 8-24

$z=x^2+y^2,\ x=s+t,\ y=s-t; s=2, t=-1$ 에서 $\frac{\partial z}{\partial s}, \frac{\partial z}{\partial t}$ 를 구하여라. 주어진 s와 t의 값에 대하여 편도함수을 구하여라.

풀이

연쇄법칙을 이용하면

$$z=x^2+y^2; x=s+t, y=s-t$$

$$\frac{\partial z}{\partial s}=\frac{\partial z}{\partial x}\frac{\partial x}{\partial s}+\frac{\partial z}{\partial y}\frac{\partial y}{\partial s}=2x+2y=4s$$

$$\frac{\partial z}{\partial t}=\frac{\partial z}{\partial x}\frac{\partial x}{\partial t}+\frac{\partial z}{\partial y}\frac{\partial y}{\partial t}=2x+2y(-1)=4t$$

$s=2, t=-1$일 때 $\frac{\partial z}{\partial s}=8, \frac{\partial z}{\partial t}=-4.$

■ 정리 8.3

$w=f(x,y,z)$가 편미분가능하고, x, y, z 모두 u, v에 관하여 편미분 가능한 함수이면

$$\frac{\partial w}{\partial u}=\frac{\partial w}{\partial x}\frac{\partial x}{\partial u}+\frac{\partial w}{\partial y}\frac{\partial y}{\partial u}+\frac{\partial w}{\partial z}\frac{\partial z}{\partial u},\ \frac{\partial w}{\partial v}=\frac{\partial w}{\partial x}\frac{\partial x}{\partial v}+\frac{\partial w}{\partial y}\frac{\partial y}{\partial v}+\frac{\partial w}{\partial z}\frac{\partial z}{\partial v}$$

이다.

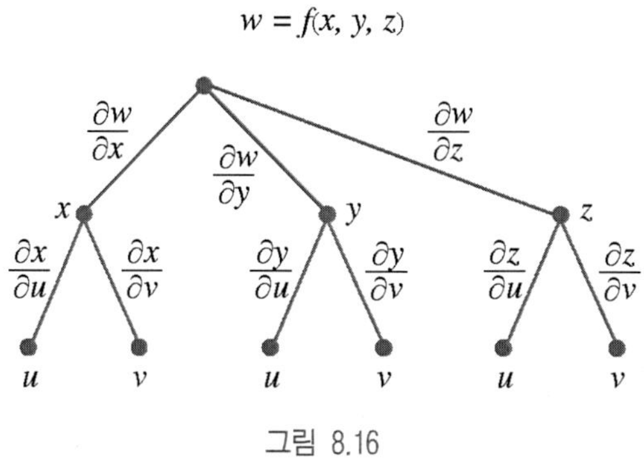

그림 8.16

예제 8-25

$w = x + 2y + z^2,\ x = \dfrac{r}{s},\ y = r^2 + \ln s,\ z = 2r$일 때 $\dfrac{\partial w}{\partial r},\ \dfrac{\partial w}{\partial s}$를 r과 s에 관한 함수로 나타내어라.

풀이

$$\frac{\partial w}{\partial r} = \frac{\partial w}{\partial x}\frac{\partial x}{\partial r} + \frac{\partial w}{\partial y}\frac{\partial y}{\partial r} + \frac{\partial w}{\partial z}\frac{\partial z}{\partial r} = (1)(\frac{1}{s}) + (2)(2r) + (2z)(2) = \frac{1}{s} + 12r$$

$$\frac{\partial w}{\partial s} = \frac{\partial w}{\partial x}\frac{\partial x}{\partial s} + \frac{\partial w}{\partial y}\frac{\partial y}{\partial s} + \frac{\partial w}{\partial z}\frac{\partial z}{\partial s} = (1)(-\frac{r}{s^2}) + (2)(\frac{1}{s}) + (2z)(0) = \frac{2}{s} - \frac{r}{s^2}$$

예제 8-26

$x = rse^t, y = rs^2e^{-t}, z = r^2 s\sin t$이고, $u = x^4y + y^2z^3$이면 $r = 2, s = 1, t = 0$에서 $\dfrac{\partial u}{\partial s}$의 값을 구하여라.

풀이

$$\frac{\partial u}{\partial s} = \frac{\partial u}{\partial x}\frac{\partial x}{\partial s} + \frac{\partial u}{\partial y}\frac{\partial y}{\partial s} + \frac{\partial u}{\partial z}\frac{\partial z}{\partial s}$$

$$= (4x^3y)(re^t) + (x^4 + 2yz^3)(2rse^{-t}) + (3y^2z^2)(r^2\sin t)$$

$r = 2, s = 1, t = 0$ 일 때 $x = 2, y = 2, z = 0$이므로

$$\frac{\partial u}{\partial s} = (64)(2) + (16)(4) + (0)(0) = 192$$

예제 8-27

$V = IR$을 만족하는 전기회로에서 건전지가 방전됨에 따라 전압 V가 서서히 감소한다. 동시에 저항 R은 저항기가 뜨거워짐에 따라서 서서히 증가한다.

방정식 $\frac{dV}{dt} = \frac{\partial V}{\partial I}\frac{dI}{dt} + \frac{\partial V}{\partial R}\frac{dR}{dt}$ 을 이용하여 $R = 600$ohm, $I = 0.04$amp, $dR/dt = 0.5$ ohm/sec, $dv/dt = -0.01$volt/sec일 때 순간적으로 전압이 어떻게 변하는지 구하여라.

풀이

$$V = IR \Rightarrow \frac{\partial V}{\partial I} = R, \frac{\partial V}{\partial R} = I; \frac{dV}{dt} = \frac{\partial V}{\partial I}\frac{dI}{dt} + \frac{\partial V}{\partial R}\frac{dR}{dt} = R\frac{dI}{dt} + I\frac{dR}{dt} \Rightarrow -0.01\text{volt/sec}$$

$$= (600 ohms)\frac{dI}{dt} + (0.04 amps)(0.5 ohms/\text{sec}) \Rightarrow \frac{dI}{dt} = -0.00005\text{amps/sec}$$

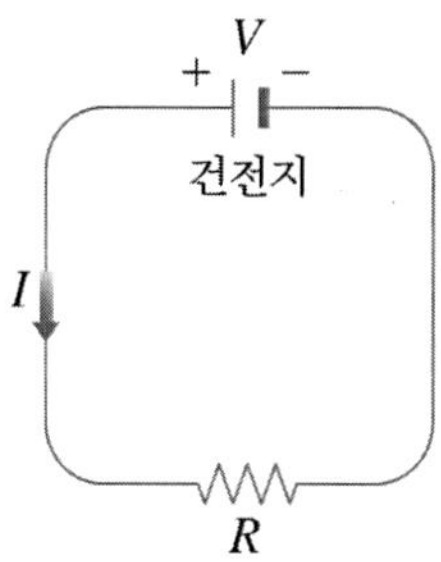

그림 8.17

연습문제 8.3

1. 도함수를 구하여라.

(1) $f(x, y) = 3x - 2y^4$

(2) $z = xe^{3y}$

(3) $f(x, y) = \dfrac{x-y}{x+y}$

(4) $w = \sin\alpha\cos\beta$

(5) $f(r, s) = r\ln(r^2 + s^2)$

(6) $f(x, y, z) = xz - 5x^2y^3z^4$

(7) $w = \ln(x + 2y + 3z)$

(8) $u = xy\sin^{-1}(yz)$

2. 도함수를 구하여라.

(1) $f(x, y) = 3xy^4 + x^3y^2$; f_{xxy}, f_{yyy}

(2) $f(x, y, z) = \cos(4x + 3y + 2z)$; f_{xyz}, f_{yzz}

(3) $u = e^{r\theta}\sin\theta$; $\dfrac{\partial^3 u}{\partial r^2 \partial\theta}$

(4) $w = \dfrac{x}{y + 2z}$; $\dfrac{\partial^3 w}{\partial z\,\partial y\,\partial x}, \dfrac{\partial^3 w}{\partial x^2\,\partial y}$

3. 체인 방법을 이용하여 $\dfrac{dw}{dt}$ 혹은 $\dfrac{\partial z}{\partial s}$, $\dfrac{\partial z}{\partial t}$ 를 구하여라.

(1) $w = x^2y + xy^2, x = 2 + t^4, y = 1 - t^3$

(2) $w = xe^{y/z}, x = t^2, y = 1 - t, z = 1 + 2t$

(3) $z = x^2y^3, x = s\cos t, y = s\sin t$

(4) $z = \sin\theta\cos\phi, \theta = st^2, \phi = s^2t$

연습문제 8.3

4. 다음을 구하여라.

(1) $w=(x+y+z)^2$, $x=r-s$, $y=\cos(r+s)$, $z=\sin(r+s)$일 때, $r=1$, $s=-1$에서 $\partial w/\partial r$을 구하여라.

(2) $w=xy+\ln z$, $x=v^2/u$, $y=u+v$, $z=\cos u$일 때, $u=-1$, $v=2$에서 $\partial w/\partial v$를 구하여라.

(3) $w=x^2+(y/x)$, $x=u-2v+1$, $y=2u+v-2$일 때, $u=0$, $v=0$에서 $\partial w/\partial v$를 구하여라.

(4) $z=\sin xy+x\sin y$, $x=u^2+v^2$, $y=uv$일 때, $u=0$, $v=1$에서 $\partial z/\partial u$를 구하여라.

5. 모든 일계편도함수를 구하여라.

(1) $f(x,y)=x^3-4xy^2+y^4$

(2) $f(x,y)=x^2e^y-4y$

(3) $f(x,y)=x^2\sin xy-3y^3$

(4) $f(x,y)=4e^{x/y}-\dfrac{y}{x}$

(5) $f(x,y,z)=3x\sin y+4x^3y^2z$

6. 제시된 편도함수를 구하여라.

(1) $f(x,y)=x^3-4xy^2+3y;\ \dfrac{\partial^2 f}{\partial x^2}, \dfrac{\partial^2 f}{\partial y^2}, \dfrac{\partial^2 f}{\partial y \partial x}$

(2) $f(x,y)=x^4-3x^2y^3+5y;\ f_{xx}, f_{xy}, f_{xyy}$

연습문제 8.3

(3) $f(x,y,z) = x^3y^2 - \sin yz \,; f_{xx}, f_{yz}, f_{xyz}$

(4) $f(x,y,z) = e^{2xy} - \dfrac{z^2}{y} + xz\sin y \,:\, f_{xx}, f_{yy}, f_{yyzz}$

(5) $f(w,x,y,z) = w^2xy - e^{wz}; f_{ww}, f_{wxy}, f_{wwxyz}$

7. 화학반응에서 온도 T, 엔트로피 S, 깁스(Gibbs)의 자유 에너지 G, 엔달피 H 사이에는 $G = H - TS$인 관계가 있다.

$\dfrac{\partial(G/T)}{\partial T} = -\dfrac{H}{T^2}$가 성립함을 보여라.

8. $V = IR$을 만족하는 회로에서 건전지가 닳음에 따라 전압 V는 서서히 떨어지고, 동시에 저항기가 가열됨에 따라 저항은 증가한다.

$$\frac{dV}{dt} = \frac{\partial V}{\partial I}\frac{dI}{dt} + \frac{\partial V}{\partial R}\frac{dR}{dt}$$

를 이용하여 $R = 600, I = 0.04$ 암페어, $\dfrac{dR}{dt} = 0.5$옴/초, $\dfrac{dV}{dt} = -0.01$볼트/초일때 전류는 어떻게 변하는지를 구하여라.

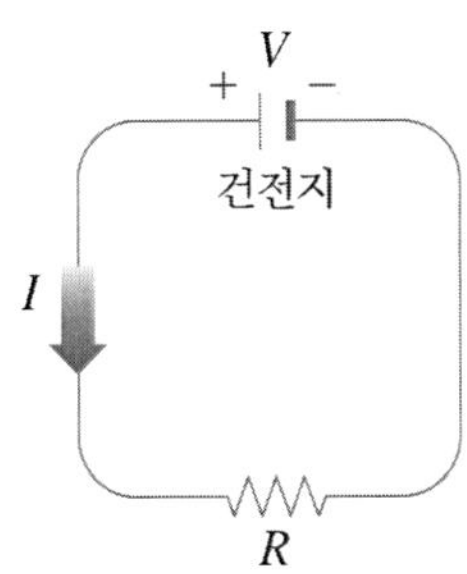

8.4 극대값과 극소값

4장에서 본 것과 같이, 극대값과 극소값을 구하는데 도함수를 주로 사용해 왔다. 이번 8.4에서는, 이변함수의 극대·극소값을 편도함수를 이용하여 어떻게 찾는지를 알아보자.

중심 (a, b)로 하는 어떤 원판 안의 모든 점 (x, y)에서 $f(x, y) \le f(a, b)$이면 이변수 함수는 극대값을 가진다. 값 $f(a, b)$는 극대값이라 한다. 그러한 원판 안의 모든 점 (x, y)에서 $f(x, y) \ge f(a, b)$는 극소값이다.

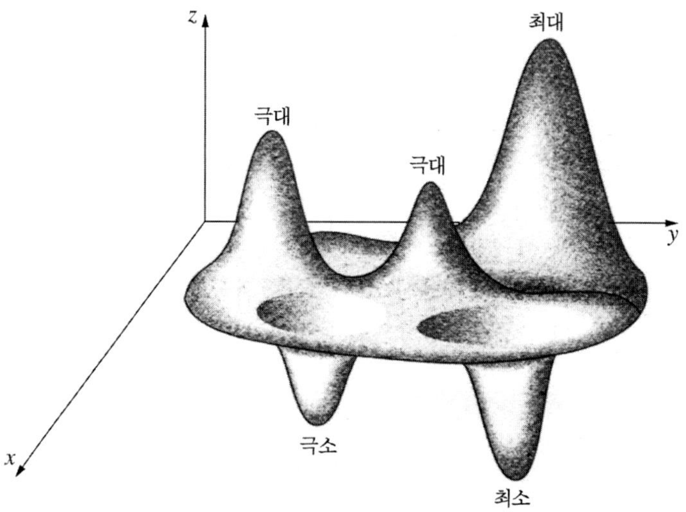

그림 8.18

여러 개의 극대값과 극소값을 가지는 함수의 그래프는 그림 8.18과 같이 그려진다. 극대값을 산의 맨 꼭대기의 점으로 극소값을 계곡의 맨 아래의 점으로 생각할 수 있다.

만약 f가 (a, b)에서 극값(극대값 또는 극소값)을 가지며 편도함수가 (a, b)에서 존재하면, $f_x(a, b) = 0$이고 $f_y(a, b) = 0$이다.

접평면에, $f_x(a, b)=0, f_y(a, b)=0$라 두면, $z=z_0$를 얻는다. 따라서 기하학적인 해석을 하면 극값을 갖는 점에서 곡면 f가 접평면을 가지면 그 접평면은 수평이 된다.

$f_x(a, b)=0, f_y(a, b)=0$ 또는 이러한 편도함수가 존재하지 않는 그러한 점 (a, b)는 f의 임계점이라 부른다. f가 (a, b)에서 극값을 가지면, (a, b)는 f의 그래프로부터 이러한 사실들이 기하학적으로 확인된다. 즉, f의 그래프는 그림 8.19에 보여지는 바와 같이 극소점 $(1, 3, 4)$로 하는 회전포물면이다.

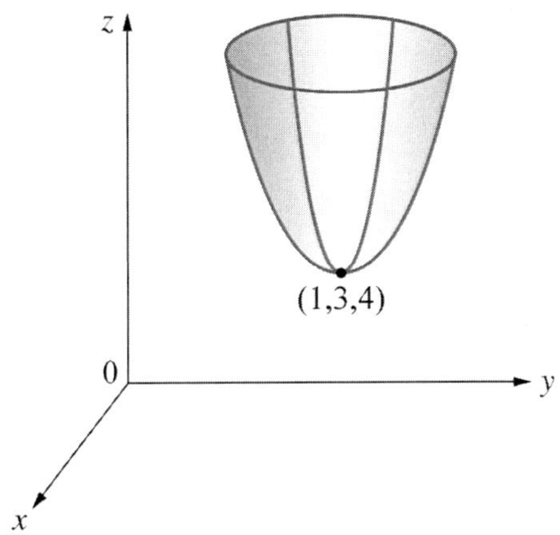

그림 8.19

예제 8-28

$f(x, y)=y^2-x^2$의 극값을 구하여라.

풀이

$f_x=-2x, f_y=2y$이므로 유일한 임계점은 $(0, 0)$이다. x축 위의 모든 점은 $y=0$로 표현된다. 따라서 $f(x, 0)=-x^2<0$이다. 한편 y축 위의 모든 점은 $x=0$로 표현된다. 따라서 $f(0, y)=y^2>0$이다. 따라서 중심 $(0, 0)$를 갖는 원판 내의 점들에 대해서, 함수 f가 양의 값을 취하기도 하고, 음의 값을 취하기로 한다.

따라서 $f(0, 0)=0$는 f에 대한 극값이 될수 없고, 그러므로 f는 극값을 가지지 않는다.

예제 8.28은 임계점에서 함수가 반드시 최대 또는 최소값을 갖지 않아도 된다는 사실을 설명한다. 그림 8.20은 어떻게 이것이 가능한지 보여준다. f의 그래프는 쌍곡포물면 $z=y^2-x^2$이고, 이것은 원점에서 수평의 접평면을 가진다. $f(0,0)=0$ x축 방향에선는 최대이나, y축 방향에서는 최소라는 것을 볼 수 있다. 원점 근방에서 그래프는 말안장 모양을 하며, 따라서 $(0,0)$은 f의 말안장 점(saddle point)이라고 한다.

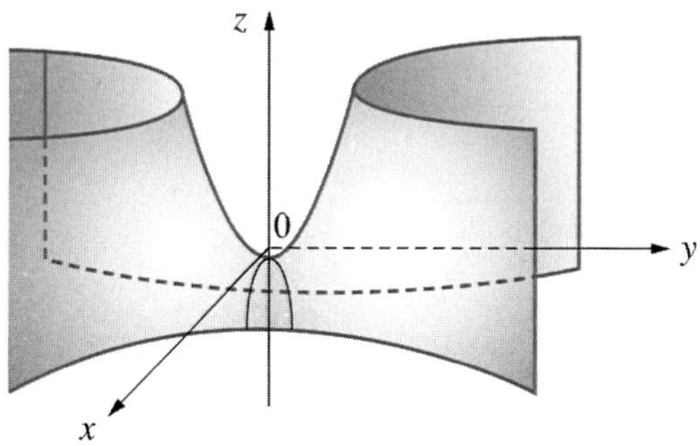

그림 8.20

■ 이계 도함수 판정법

임계점에 함수가 극값을 갖는지 안 갖는지 결정하는 방법이 필요하다.

중심 (a, b)로 하는 원판에서 f의 이계편도함수가 연속이고 $f_x(a, b)=0$, $f_y(a, b)=0$ 즉 (a, b)는 f의 임계점이라 하자.

$$D=D(a, b)=f_{xx}(a, b)f_{yy}(a, b)-[f_{xy}(a, b))]^2$$

(a) $D>0$, $f_{xx}(a, b)>0$ 이면 $f(a, b)$는 극소값

(b) $D>0$, $f_{xx}(a, b)<0$ 이면 $f(a, b)$는 극대값

(c) $D<0$ 이면 $f(a, b)$는 극값이 아니다.

(c)경우에 (a, b)는 말안장점이고, f의 그래프는 (a, b)에서 그 접평면이 교차한다.

$D=0$이면, 이것만으로 판단할 수 없다. f는 $(a,\ b)$에서 극대점 혹은 극소점을 갖던지, $(a,\ b)$는 말안장점이다.

D에 관한 공식을 기억하기 좋게 하기 위해 이것은 행렬식으로 쓰면 도움이 된다.

$$D=\begin{vmatrix} f_{xx} & f_{xy} \\ f_{yx} & f_{yy} \end{vmatrix}=f_{xx}f_{yy}-(f_{xy})^2$$

예제 8-29

$f(x,\ y)=x^4+y^4-4xy+1$의 극값을 구하여라

풀이

첫째로 임계점을 찾는다.

$$f_x=4x^3-4y \qquad\qquad f_y=4y^3-4x$$

이러한 편도함수를 똑같이 0으로 놓으면 다음의 식을 얻는다.

$$x^3-y=0 \qquad\qquad y^3-x=0$$

이 식을 풀기 위해 첫 번째 식으로부터 $y=x^3$을 두 번째 식에 대입한다.

$$0=x^9-x=x(x^8-1)=x(x^4-1)(x^4+1)=x(x^2-1)(x^2+1)(x^4+1)$$

그러면 여기에 세 개의 실근이 있다. $x=0,\ -1,\ 1$ 세 개의 임계점은 $(0,0),\ (1,\ 1),\ (-1,\ -1)$이다. 다음은 이계편도함수와 $D(x,y)$를 계산한다.

$$f_{xx}=12x^2 \qquad f_{xy}=-4 \qquad f_{yy}=12y^2$$
$$D(x,\ y)=f_{xx}f_{yy}-(f_{xy})^2=144x^2y^2-16$$

$D(0,0)=-16<0$이므로 이계도함수 판정법의 (c)경우로부터 원점은 말안장점이다. 즉 $(0,0)$에서 f는 극값을 갖지 않는다. $D(1,1)=128>0,\ f_{xx}(1,1)=12>0$ 이므로 (a)로부터 $f(1,1)=-1$은 극소값이다. 이와 같이 $D(-1,\ -1)=128>0,\ f_{xx}(-1,\ -1)=12>0$이므로 $f(-1,\ -1)=-1$은 극소값이다. f의 그래프와 이에 대한 등위곡선은 그림 8.21에 보여진다.

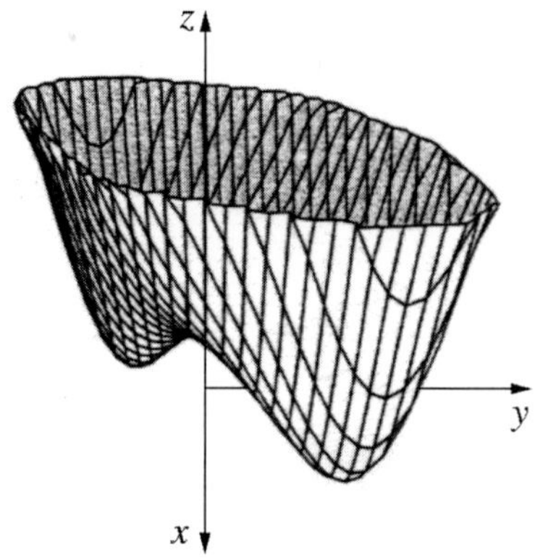

그림 8.21

예제 8-30

점 $(1,\ 0,\ -2)$와 평면 $x+2y+z=4$ 사이의 최소거리를 구하여라

풀이

임의 점 (x, y, z)에서 $(1, 0, -2)$까지의 거리는

$$d=\sqrt{(x-1)^2+y^2+(z+2)^2}$$

이다. 그러나 점 (x, y, z)가 평면 $x+2y+z=4$ 위에 있다면, $z=4-x-2y$이고,

$d=\sqrt{(x-1)^2+y^2+(6-x-2y)^2}$ 을 얻는다.

d를 간단히 하면,

$$d^2=f(x,\ y)=(x-1)^2+y^2+(6-x-2y)^2$$

식을 풀면

$$f_x=2(x-1)-2(6-x-2y)=4x+4y-14=0$$
$$f_y=2y-4(6-x-2y)=4x+10y-24=0$$

유일한 임계점을 $\left(\frac{11}{6},\ \frac{5}{3}\right)$이다. $f_{xx}=4, f_{xy}=4, f_{yy}=10$이므로 $D(x,\ y)=f_{xx}f_{yy}-(f_{xy})^2=24>0$

이고, $f_{xx}>0$이면, 이계도함수를 이용하여 f는 $\left(\frac{11}{6},\ \frac{5}{3}\right)$에서 극소값을 갖는다. 직관적으로 극소값

이 최소값이라는 것을 알 수 있다. 왜냐하면 $(1, 0, -2)$에 가장 가까운 주어진 평면 위의 점이 있기 때문이다. $x=\frac{11}{6}$ 이고 $y=\frac{5}{3}$ 이면

$$d=\sqrt{(x-1)^2+y^2+(6-x-2y)^2}=\sqrt{\left(\frac{5}{6}\right)^2+\left(\frac{5}{3}\right)^2+\left(\frac{5}{6}\right)^2}=5\sqrt{6}/6$$

이다. 점 $(1, 0, -2)$에서 평면 $x+2y+z=4$까지의 최단거리는 $5\sqrt{6}/6$이다.

예제 8-31

뚜껑이 없는 직육면체 모양의 상자를 $12m^2$ 넓이의 판지로 만들려고 한다.
이 상자의 체적의 최대값을 구하여라.

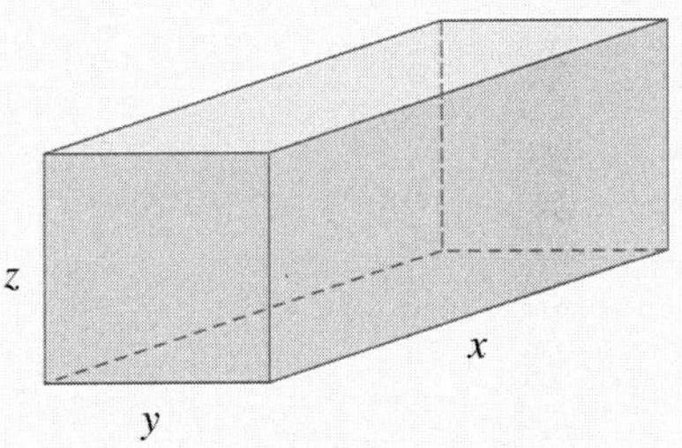

그림 8.22

풀이

길이, 폭, 높이를 x, y, z라 하자(그림 8.22), 그러면 상자의 체적은

$$V=xyz$$

이다.

상자의 네 옆면과 바닥면의 넓이가 $2xz+2yz+xy=12$라는 사실을 이용하여 V를 x와 y의 이변 함수로 표현한다.

z에 관해 이 식을 풀면 $z=(12-xy)/[2(x+y)]$을 얻을 수 있고, V에 대한 표현은

$$V=xy\frac{12-xy}{2(x+y)}=\frac{12xy-x^2y^2}{2(x+y)}$$

이다.

편도함수를 계산하면

$$\frac{\partial V}{\partial x}=\frac{y^2(12-2xy-x^2)}{2(x+y)^2} \qquad \frac{\partial V}{\partial y}=\frac{x^2(12-2xy-y^2)}{2(x+y)^2}$$

이다.

만약 V가 최대이면, $\partial V/\partial x=\partial V/\partial y=0$이고 $x=0$ 또는 $y=0$ 이면 $V=0$ 이다. 그래서 다음 방정식을 풀자

$$12-2xy-x^2=0 \qquad 12-2xy-y^2=0$$

이것들은 $x^2=y^2$이고 $x=y$이다. 두 식에 $x=y$를 대입하면 $12-3x^2=0$을 얻으며, 이것은 $x=2$, $y=2$, $z=(12-2\cdot 2)/2(2+2)=1$을 얻는다.

이계도함수 판정법에 의해서, $V=2\cdot 2\cdot 1=4m^3$가 최대값이다.

■ 유계인 폐집합에서 최대 · 최소값

단일변수함수 f에 관한 극값정리에 의해, 폐구간 $[a, b]$에서 f가 연속이면, f는 최대값과 최소값을 갖는다.

임계점에서 뿐만 아니라 양 끝 점 a, b에서 f의 값들을 계산함으로써 극값을 구할 수 있다. 이변함수에 대해서도 비슷한 방법이 있다. 폐구간이 그 종점을 포함하는 것처럼 R^2에서 폐집합은 모든 경계점을 포함한다. 예를 들어

$$D=\{(x, y)\,|\,x^2+y^2 \le 1\}$$

는 곡선 $x^2+y^2=1$ 위와 내부의 모든 점으로 구성된 폐집합이다. 폐집합과 유계집합의 용어를 사용하여, 이차원에서 극값정리를 표현할 수 있다.

> R^2상의 유계인 폐집합 D에서 f가 연속이면 f가 최대값 $f(x_1, y_1)$과 최소값 $f(x_2, y_2)$를 D안 점 (x_1, y_1), (x_2, y_2)에서 갖는다.

(x, y)에서 f가 극값을 가지면 (x_1, y_1)는 임계점 또는 D의 경계점이다.

유계인 폐집합 D에서 연속함수 f의 최대 · 최소값을 구하기 위해

(1) D에서 f의 임계점에서 f의 값을 구한다.

(2) D의 경계에서 f의 극값을 구한다.

(1)과 (2)로부터의 가장 큰 값은 최대값, 가장 작은 값은 최소값이다.

예제 8-32

$D = [(x, y) | 0 \le x \le 3,\ 0 \le y \le 2]$ 에서 함수 $f(x, y) = x^2 - 2xy + 2y$의 최대값과 최소값을 구하라.

풀이

f는 다항식이므로 D에서 연속이다. 따라서 최대값과 최소값이 있다고 말해준다. 첫 번째 단계에 의해 먼저 임계점을 찾는다. 이것은

$$f_x = 2x - 2y = 0 \text{와 } f_y = -2x + 2 = 0$$

에서 생기며, 유일한 임계점은 $(1, 1)$이다. 그 f의 값은 $f(1, 1) = 1$이다.

두 번째 단계에서 네 개의 선분 L_1, L_2, L_3, L_4로 구성된 D의 경계에서 f의 값을 찾는다. L_1에서 $y = 0$이고,

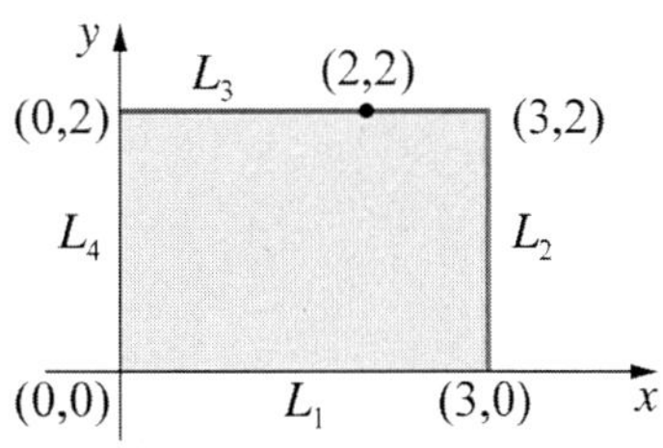

그림 8.23

$$f(x, 0) = x^2 \qquad 0 \le x \le 3$$

이다.

이것의 x의 증가함수이고, 따라서 이것의 최소값은 $f(0, 0) = 0$이고, 최대값은 $f(3, 0) = 9$이다.

L_2에서 $x = 3$이고

$$f(3, y) = 9 - 4y \qquad 0 \le y \le 2$$

이다. 이것은 y의 감소함수이고, 이것의 최대값은 $f(3, 0)=9$이고 최소값은 $f(3, 2)=1$이다. L_3에서 $y=2$이고, $f(x, 2)=x^2-4x+4 \qquad 0 \le x \le 3$

이다. $f(x, 2)=(x-2)^2$이므로 함수의 최소값은 $f(2, 2)=0$이고 최대값은 $f(0, 2)=4$임을 안다. 마지막으로 L_4에서 $x=0$이고

$$f(0, y)=2y \qquad 0 \le y \le 2$$

이다. 최대값 $f(0, 2)=4$이다. 최소값 $f(0, 0)=0$이다. 따라서 최소값은 0이고 최대값은 9이다. 세 번째 단계에서 임계점에서의 값 $f(1, 1)=1$과 이러한 값들을 비교해본다. 그리고 최대값은 D에서 $f(3, 0)=9$이고, 최소값은 $f(0, 0)=f(2, 2)=0$임을 알 수 있다. 그림 8.24는 f의 그래프를 보여준다.

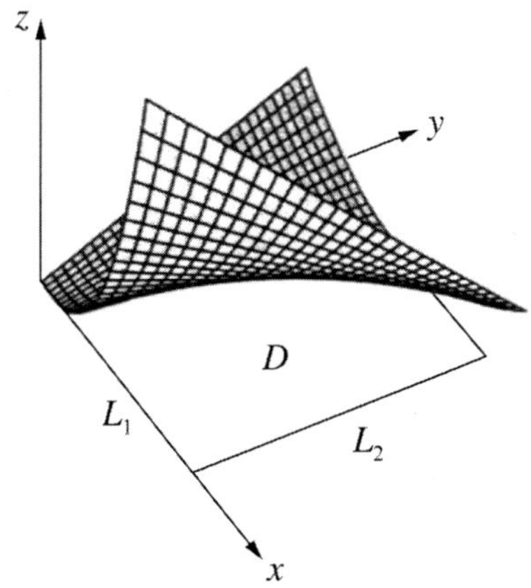

그림 8.24

연습문제 8.4

1. 연속인 2계도함수를 갖는 함수 f가 임계점으로 $(1, 1)$을 가질 때, 다음 각 경우 f에 대하여 알 수 있는 것은 무엇인가?

   (1) $f_{xx}(1, 1)=4,\ f_{xy}(1, 1)=1,\ f_{yy}(1, 1)=2$

   (2) $f_{xx}(1, 1)=4,\ f_{xy}(1, 1)=3,\ f_{yy}(1, 1)=2$

2. 연속인 2계도함수를 갖는 함수 g가 임계점으로 (0, 2)을 가질 때, 다음 각 경우 g에 대하여 알 수 있는 것은 무엇인가?

   (1) $g_{xx}(0, 2)=-1,\ g_{xy}(0, 2)=6,\ g_{yy}(0, 2)=1$

   (2) $g_{xx}(0, 2)=-1,\ g_{xy}(0, 2)=2,\ g_{yy}(0, 2)=-8$

   (3) $g_{xx}(0, 2)=4,\ g_{xy}(0, 2)=6,\ g_{yy}(0, 2)=9$

3. 다음 함수들의 극댓값, 극솟값, 말안장점을 구하여라.

   (1) $f(x,y)=9-2x+4y-x^2-4y^2$

   (2) $f(x,y)=x^2+y^2+x^2y+4$

   (3) $f(x,y)=xy-2x-y$

   (4) $f(x,y)=x^3-12xy+8y^3$

   (5) $f(x,y)=e^{4y-x^2-y^2}$

4. 집합 D상에서 다음 함수의 최댓값과 최솟값을 구하여라.

   (1) $f(x,y)=1+4x-5y$ 이고 D는 꼭짓점이 $(0,0)$, $(2,0)$, $(0,3)$ 으로 이루어진 폐삼각형 영역

   (2) $f(x,y)=x^2+y^2+x^2y+4,\quad D=\{(x,y)\mid |x|\le 1,\ |y|\le 1\}$

   (3) $f(x,y)=x^4+y^4-4xy+2,\quad D=\{(x,y)\mid 0\le x\le 3,\ 0\le y\le 2\}$

CHAPTER

9

이중적분

이 절에서는 일변수 함수의 적분, 즉 $\int_a^b f(x)dx$의 정의를 다시 살펴본 후에 이변수 함수의 새로운 적분을 정의한다. 일변수 함수와 이변수 함수의 적분을 비교해 보면 비슷한 전개 과정과 공통된 응용 분야를 발견하게 될 것이다. 이변수 함수의 새로운 적분의 계산을 다룰 것이다.

9.1 이중적분

9.1.1 이중적분

이 절에서 이중적분을 반복적분으로 표현하고, 두 개의 단순적분을 계산하여 구하는 방법을 배울 것이다. f가 직사각형 $R=[a,b]\times[c,d]$에서 적분 가능한 2변수함수라고 하자. x를 고정하고 $f(x,y)$를 $y=c$에서 $y=d$까지 y에 관해 적분한 것을 $\int_c^d f(x,y)dy$로 나타내기로 하자. 이것을 y에 관한 적분이라 한다. $\int_c^d f(x,y)dy$는 x의 값에 따라 정해지는 값이므로 x의 함수이다. $A(x)=\int_c^d f(x,y)dy$라 하자. 함수 $A(x)$를 $x=a$에서 $x=b$까지 x에 관하여 적분하면 $\int_a^b A(x)dx=\int_a^b[\int_c^d f(x,y)dy]dx$라 쓰고, 이것은 먼저 c에서 d까지 y에 관하여 적분한 뒤 a에서 b까지 x에 관하여 적분하는 것을 의미한다.

마찬가지로 반복적분 $\int_c^d\int_a^b f(x,y)dxdy=\int_c^d[\int_a^b f(x,y)dx]dy$는 먼저 a에서 b까지 x에 관하여 적분한 뒤 얻어진 함수를 c에서 d까지 y에 관하여 적분하는 것을 의미한다.

예제 9-1

반복적분을 계산하여라.

(1) $\int_0^3 \int_1^2 x^2 y dy dx$ (2) $\int_1^2 \int_0^3 x^2 y dx dy$

풀이

(1) x를 상수로 보고 안쪽 적분을 하면,

$$\int_1^2 x^2 y dy = \left[x^2 \frac{1}{2} y^2\right]_1^2 = x^2\left(\frac{2^2}{2}\right) - x^2\left(\frac{1^2}{2}\right) = \frac{3}{2}x^2$$

$A(x) = \frac{3}{2}x^2$이 되고 이것을 $x=0$부터 $x=3$까지 적분한다.

$$\int_0^3 \int_1^2 x^2 y dy dx = \int_0^3 \frac{3}{2} x^2 dx = \frac{27}{2}$$

(2) 이번에는 x에 대해 적분을 먼저한다.

$$\int_1^2 \int_0^3 x^2 y dx dy = \int_1^2 \left[\int_0^3 x^2 y dx\right] dy = \int_1^2 9y dy = \frac{27}{2}$$

■ 직사각형 영역에서 이중적분

f가 직사각형 $R = \{(x,y) | a \le x \le b, c \le y \le d\}$상에서 연속이면 다음 식이 성립한다.

$$\iint_R f(x,y)\, dA = \int_a^b \int_c^d f(x,y)\, dy dx = \int_c^d \int_a^b f(x,y)\, dx dy$$

f가 직사각형 $R = \{(x,y) | a \le x \le b, c \le y \le d\}$상에서 연속이면 다음 식이 성립한다.

$$\iint_R f(x,y)\, dA = \int_a^b \int_c^d f(x,y)\, dy dx = \int_c^d \int_a^b f(x,y)\, dx dy$$

일반적으로 f가 R상에서 유계(bounded)이고 f가 매끄러운 곡선의 유한개의 점에서만 불연속이며 반복적분이 존재하면, 위의 식이 성립한다.

예제 9-2

$R=\{(x,y)|0\le x\le 2, 1\le y\le 2\}$에 대하여 이중적분 $\int\int_R (x-3y^2)dydx$를 계산하여라.

풀이

$$\int\int_R (x-3y^2)dydx = \int_0^2\int_1^2 (x-3y^2)dydx = \int_0^2 (x-7)dx = -12$$

예제 9-3

$\int\int_R y\sin(xy)dydx,\ R=[1,2]\times[0,\pi]$를 계산하여라.

풀이

$$\int\int_R y\sin(xy)dydx = \int_0^\pi\int_1^2 y\sin(xy)dxdy = \int_0^\pi(-\cos 2y+\cos y)dy = 0$$

예제 9-4

영역 $R=\{(x,y)|0\le x\le 2, 1\le y\le 4\}$에서 $\int_R\int(6x^2+4xy^3)dA$을 계산하여라.

풀이

$$\int_R\int(6x^2+4xy^3)dA = \int_1^4\int_0^2(6x^2+4xy^3)dxdy = \int_1^4\left[\int_0^2 6x^2+4xy^3dx\right]dy$$

$$= \int_1^4\left(6\frac{x^3}{3}+4\frac{x^2}{2}y^3\right)_{x=0}^{x=2}dy = \int_1^4(16+8y^3)dy$$

$$= \left(16y+8\frac{y^4}{4}\right)_1^4$$

$$= [16(4)+2(4)^4]-[16(1)+2(1)^4] = 558$$

9.1.2 일반영역위에서 반복적분

영역 D이 사각형이 아닌 폐곡선으로 주어진다면 영역 D을 포함하는 좌표축에 평행한 직선으로 둘러싸인 사각형을 생각한다. 이를 위하여 다음과 같은 폐곡선을 다루어 보자. 폐구간 $[a, b]$에서 연속인 함수 $g_1(x), g_2(x)$에 대하여 영역 D이

$\{(x, y) | a \le x \le b, g_1(x) \le y \le g_2(x)\}$라 하면, 다음 그림과 같은 유형(형태 I 영역)들을 생각할 수 있다.(그림 9.1)

$$\int\int_D f(x, y)\, dydx = \int_a^b \int_{g_1(x)}^{g_2(x)} f(x, y)\, dy\, dx$$

와 같이 적분 할 수 있다. 또한 D이 $D = \{(x, y) | h_1(y) \le x \le h_2(y), c \le y \le d\}$이면 (형태 II 영역) 앞에서와 동일한 방법으로

$$\int\int_D f(x, y)\, dA = \int_c^d \int_{h_1(y)}^{h_2 y)} f(x, y)\, dx\, dy$$

와 같이 영역 D에서의 중적분을 구할 수 있다.(그림 9.2)

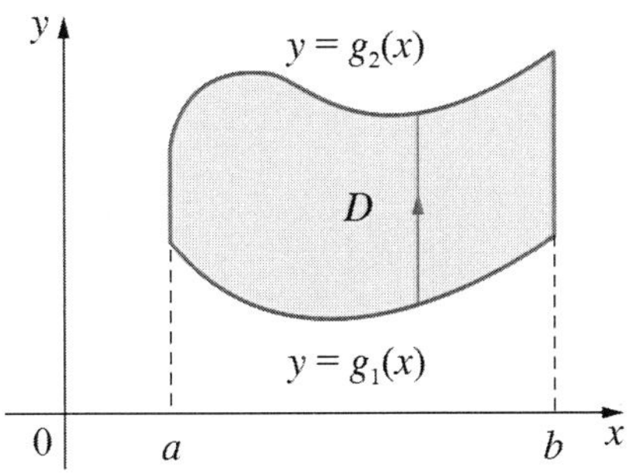

그림 9.1

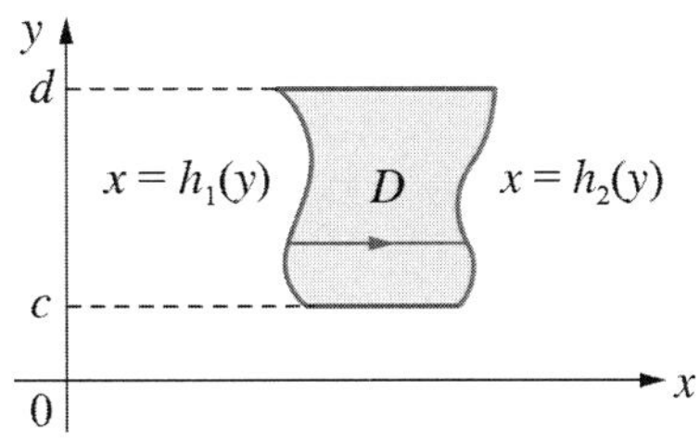

그림 9.2

예제 9-5

세 직선 $y=x, y=0, x=4$로 만들어지는 영역 R의 경우 $\int_R\int(4e^{x^2}-5\sin y)dA$을 계산하여라.

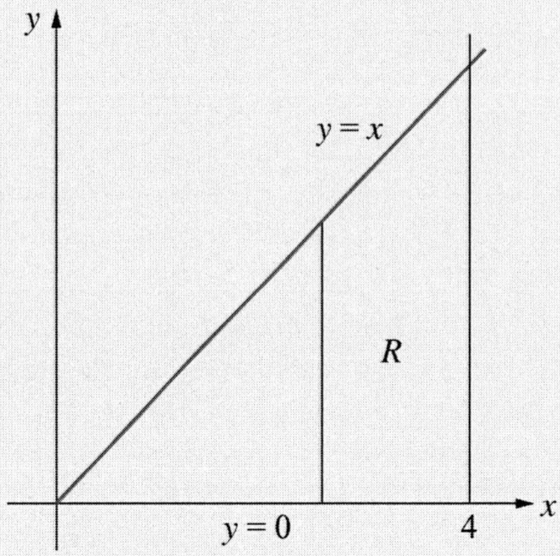

그림 9.3

풀이

$$\int_R\int(4e^{x^2}-5\sin y)dA=\int_0^4\int_0^x(4e^{x^2}-5\sin y)dydx$$

$$=\int_0^4(4ye^{x^2}+5\cos y)|_{y=0}^{y=x}dx$$

$$=\int_0^4[(4xe^{x^2}+5\cos x)-(0+5\cos 0)]dx$$

$$=\int_0^4(4xe^{x^2}+5\cos x-5)dx$$

$$=(2e^{x^2}+5\sin x-5x)|_0^4$$

$$=2e^{16}+5\sin 4-22\approx 1.78\times 10^7$$

예제 9-6

포물면 $z = x^2 + y^2$ 아래에 있고, 직선 $y = 2x$와 포물선 $y = x^2$에 의해 둘러쌓인 xy평면에의 영역 D위에 있는 입체의 부피를 구하여라.

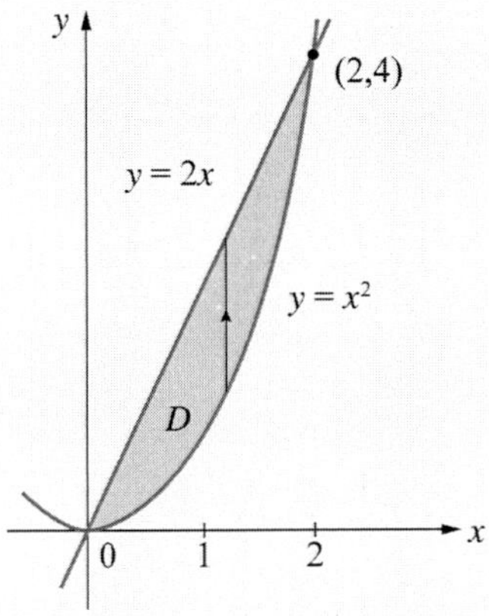

그림 9.4

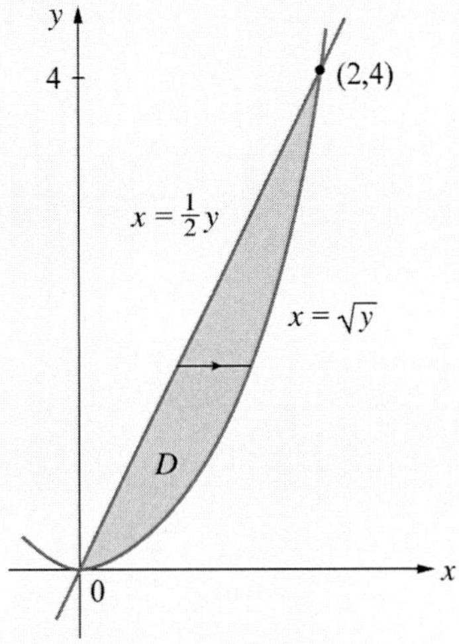

그림 9.5

풀이

그림 9.4로부터 D는 형태 I 영역임을 알 수 있다. 즉,

$$D = \{(x,y) | 0 \le x \le 2, x^2 \le y \le 2x\}$$

따라서 구하는 부피는

$$V = \int\int_D (x^2 + y^2) dA = \int_0^2 \int_{x^2}^{2x} (x^2 + y^2) dy dx$$

$$= \int_0^2 \left[x^2 y + \frac{y^3}{3} \right]_{y=x^2}^{y=2x} dx = \int_0^2 \left[x^2(2x) + \frac{(2x)^3}{3} - x^2 x^2 - \frac{(x^2)^3}{3} \right] dx$$

$$= \int_0^2 \left(-\frac{x^6}{3} - x^4 + \frac{14x^3}{3} \right) dx = \left[-\frac{x^7}{21} - \frac{x^5}{5} + \frac{7x^4}{6} \right]_0^2 = \frac{216}{35}$$

그림 9.5로부터 D는 형태 II 영역으로 쓰일 수 있음을 알 수 있다.

$$D = \left\{ (x,y) | 0 \le x \le 4, \frac{y}{2} \le x \le \sqrt{y} \right\}$$

따라서 구하는 부피는

$$V = \int\int_D (x^2+y^2)dA = \int_0^4 \int_{\frac{y}{2}}^{\sqrt{y}} (x^2+y^2)dxdy$$

$$= \int_0^4 \left[\frac{x^3}{3}+y^2x\right]_{x=\frac{y}{2}}^{x=\sqrt{y}} dy = \int_0^4 \left(\frac{y^{\frac{3}{2}}}{3}+y^{\frac{5}{2}}-\frac{y^3}{24}-\frac{y^3}{2}\right)dy$$

$$= \left[\frac{2}{15}y^{\frac{5}{2}}+\frac{2}{7}y^{\frac{7}{2}}-\frac{13}{96}y^4\right]_0^4 = \frac{216}{35}$$

예제 9-7

직선 $y = x - 1$과 포물선 $y^2 = 2x + 6$에 의해 둘러싸인 영역 D에 대해서 $\int\int_D xydA$를 구하여라.

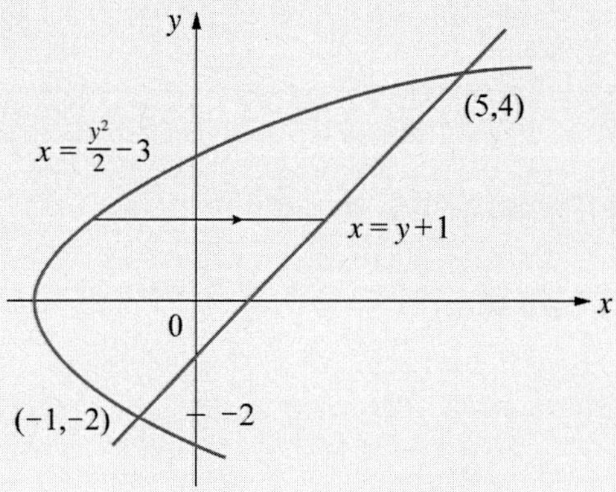

그림 9.6

풀이

$$D = \left\{(x,y) \mid -2 \le y \le 4, \frac{y^2}{2} - 3 \le x \le y+1\right\}$$

$$\int\int_D xydA = \int_{-2}^4 \int_{\frac{y^2}{2}-3}^{y+1} xydxdy = \int_{-2}^4 \left[\frac{x^2}{2}y\right]_{x=\frac{y^2}{2}-3}^{x=y+1} dy = \frac{1}{2}\int_{-2}^4 y\left[(y+1)^2-(\frac{y^2}{2}-3)^2\right]dy$$

$$= \frac{1}{2}\int_{-2}^4 \int\left(-\frac{y^5}{4}+4y^3+2y^2-8y\right)dy = \frac{1}{2}\left[-\frac{y^6}{24}+y^4+2\frac{y^3}{3}-4y^2\right]_{-2}^4 = 36$$

연습문제 9.1

1. 다음을 이중적분하여라.

(1) $\int_1^3 \int_0^1 (1+4xy)dxdy$

(2) $\int_0^{\pi/2} \int_0^{\pi/2} \sin x \cos y \, dydx$

(3) $\int_1^4 \int_1^2 (\frac{x}{y}+\frac{y}{x})dydx$

(4) $\int_0^2 \int_0^{\pi} r\sin^2\theta d\theta dr$

2. 다음을 반복적분하여라.

(1) $\int_0^1 \int_0^{2x} (x+2y)dydx$

(2) $\int_0^1 \int_0^{2y} (4x\sqrt{y}+y)dxdy$

(3) $\int_0^2 \int_0^{2y} e^{y^2} dxdy$

(4) $\int_1^4 \int_0^{1/x} \cos xy \, dydx$

3. 다음 이중적분을 계산하여라.

(1) $\iint_R (x^2-2y)dydx$, $R=\{(x,y) \mid 0 \le x \le 2, \ -1 \le y \le 1\}$

(2) $\iint_R 4xe^{2y}dydx$, $R=\{(x,y) \mid 2 \le x \le 4, \ 0 \le y \le 1\}$

(3) $\iint_R (1-ye^{xy})dydx$, $R=\{(x,y) \mid 0 \le x \le 2, 0 \le y \le 3\}$

4. 다음 반복적분을 계산하여라.

(1) $\int_0^2 \int_0^y 2e^{y^2} dxdy$

(2) $\int_0^1 \int_0^x 3xe^{x^3} dydx$

9.2 극좌표에서 이중적분

$\iint_R f(x, y)dA$를 계산할 대, 적분영역 R을 극좌표계로 변환하여 구하면 편리할 때가 종종 있다. 이러한 경우에는 직교좌표계와 극좌표계의 관계, 즉

$$x = r\cos\theta,\ \ y = r\sin\theta$$
$$r = x^2 + y^2,\ \ \theta = \tan^{-1}\frac{y}{x} \tag{1}$$

를 이용한다. 예를 들어 극좌표계의 적분영역 R이

$$R = [(r, \theta) \mid a \leq r \leq b,\ \ \alpha \leq \theta \leq \beta]$$

라 하고 $\iint_R f(x, y)dA$를 계산한다고 하자. 그러면 적분영역 R을

$$a = r_0 < r_1 < r_2 < \cdots < r_{i-1} < r_i < \cdots < r_m = b$$
$$\alpha = \theta_0 < \theta_1 < \theta_2 < \cdots < \theta_{j-1} < \theta_j < \cdots < \theta_n = \beta$$

와 같이 분할하여

$$R_{ij} = [(r, \theta) \mid r_{i-1} \leq r \leq r_i,\ \theta_{j-1} \leq \theta \leq \theta_j]$$

라 하자.

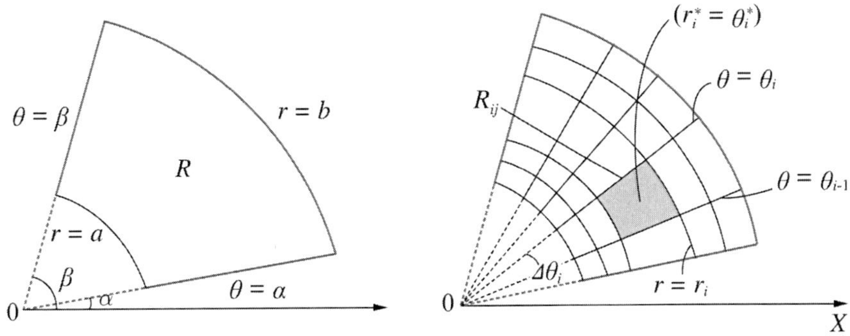

그림 9.7

그리고 $\Delta r_i = r_i - r_{i-1}$, $\Delta \theta_j = \theta_j - \theta_{j-1}$, R_{ij}의 면적을 ΔA_{ij}라 하면

$$\Delta A_{ij} = \frac{1}{2}[(r_{i-1} + \Delta r_i)^2 - r_{i-1}^2]\Delta \theta_j = \left(r_{i-1} + \frac{1}{2}\Delta r_i\right)\Delta r_i \Delta \theta_j$$

이다. 이 때, R_{ij} 내부의 한 점 (r^*_i, θ^*_j)를 취하면 식 (1)에 의하여

$$f(x, y) = f(r\cos\theta, r\sin\theta)$$

이므로

$$\sum_{i=1}^{m}\sum_{j=1}^{n} f(r^*_{i-1}\cos\theta^*_j, r^*_{i-1}\sin\theta^*_j)\Delta A_{ij}$$
$$= \sum_{j=1}^{n}\sum_{i=1}^{m} f(r^*_{i-1}\cos\theta^*_j,\ r^*_{i-1}\sin\theta^*_j)\left(r_{i-1} + \frac{1}{2}\Delta r_i\right)\Delta r_i \Delta \theta_j \qquad (2)$$

이고 직고좌표계에서와 같이 $m, n \to \infty$ 이라 하면 $\Delta r_i \to 0$, $\Delta \theta_j \to 0$ 이다.

따라서 식 (1)의 극한이 존재한다면 중적분의 정의로부터

$$\iint_R f(x,\,y)dA = \lim_{m\to\infty,\,n\to\infty}\sum_{j=1}^{n}\sum_{i=1}^{m} f(r^*_{i-1}\cos\theta^*_j,\; r^*_{i-1}\sin\theta^*_j)$$

$$\left(r_{i-1} + \frac{1}{2}\triangle r_i\right)\triangle r_i \triangle\theta_j$$

$$= \int_{\alpha}^{\beta}\int_{a}^{b} f(r\cos\theta,\; r\sin\theta)r\,dr\,d\theta$$

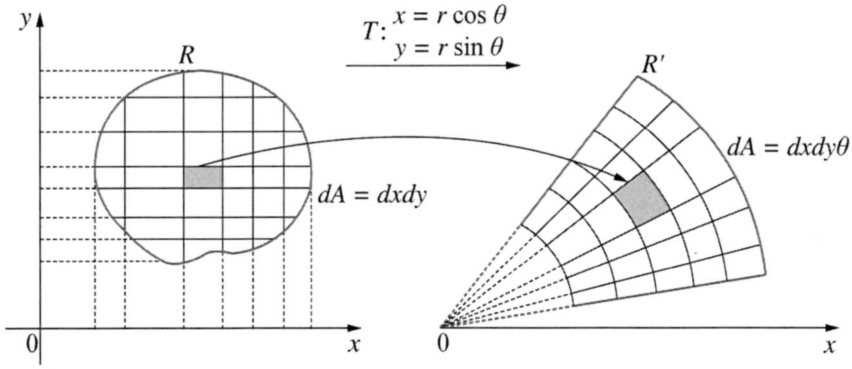

그림 9.8

가 된다. 즉 적분영역 R에서의 중적분을 극좌표계로 변환하여 적분한 결과는 다음과 같다.

$$\iint_R f(x,\,y)dA = \iint_R f(x,\,y)dx\,dy$$

$$= \iint_R f(r\cos\theta,\; r\sin\theta)r\,dr\,d\theta \qquad (3)$$

여기서 R'은 R에 일대일 대응을 이루는 극좌표계의 폐영역이다.

형태면에서 두 적분을 비교할 수 있다.

$x = r\cos\theta,\quad y = r\sin\theta$

라 하면 $dx\,dy$는 그림 9.8에서와 같이

$$dx\,dy = r\,dr\,d\theta$$

로 변경되는 것을 알 수 있다.

예제 9-8

원 $x^2+y^2=1$, $x^2+y^2=4$에 의해 둘러싸이고 x축 위쪽 반 평면에 있는 영역을 R이라 할 때 $\int\int_R (3x+4y^2)dxdy$를 계산하여라.

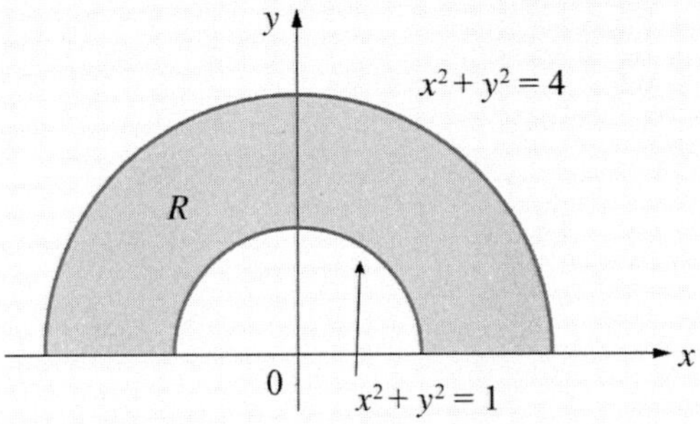

그림 9.9

풀이

$$\int\int_R (3x+4y^2)dydx = \int_0^\pi \int_1^2 (3r\cos\theta + 4r^2\sin^2\theta\ )rdrd\theta = \int_0^\pi (7\cos\theta + 15\sin^2\theta)d\theta = \frac{15\pi}{2}$$

예제 9-9

$x^2+y^2=1$, $x^2+y^2=9$로 둘러싸인 제 1 사분면 R에서 $\int\int_R e^{x^2+y^2}dxdy$를 구하여라.

풀이

적분영역 R을 극좌표로 변형하면

$$R' = \left\{(r,\theta)|1 \le r \le 3, 0 \le \theta \le \frac{\pi}{2}\right\}$$

이고 $dxdy = rdrd\theta, x^2+y^2=r^2$ 이므로

$$\int\int_R e^{x^2+y^2}dxdy = \int\int_{R'} e^{r^2}rdrd\theta = \frac{1}{2}\int_0^{\frac{\pi}{2}}\int_1^3 2re^{r^2}drd\theta = \frac{1}{2}\int_0^{\frac{\pi}{2}}(e^9-e)d\theta = \frac{\pi(e^9-e)}{4}$$

이다.

예제 9-10

정규분포 확률밀도함수 $f(x) = \dfrac{1}{\sqrt{2\pi}\,\sigma}e^{-(x-\mu)^2/2\sigma^2}$ 일 때, X는 정규분포를 따른다고 한다.

$y=f(x)$ 아래의 면적이 1임을 보여라.

풀이

$I=\int_{-\infty}^{\infty} e^{-x^2}dx$ 이라면

$$I^2 = \int_{-\infty}^{\infty} e^{-x^2}dx\int_{-\infty}^{\infty} e^{-y^2}dy = \int_{-\infty}^{\infty}\int_{-\infty}^{\infty} e^{-(x^2+y^2)}dxdy$$

$x=r\cos\theta,\ y=r\sin\theta$인 극좌표로 변수변환하면

$$I^2 = \int_0^{2\pi}d\theta\int_0^{\infty} re^{-r^2}dr = -\frac{1}{2}\int_0^{2\pi}d\theta\int_0^{\infty} -2re^{-r^2}dr$$

$$= -\frac{1}{2}\int_0^{2\pi}d\theta\left[e^{-r^2}\right]_0^{\infty} = \frac{1}{2}\int_0^{2\pi}d\theta = \pi$$

따라서 $I=\int_{-\infty}^{\infty} e^{-x^2}dx = \sqrt{\pi}$

$y=\dfrac{x-\mu}{\sqrt{2}\,\sigma}$ 이라면, $dy=\dfrac{1}{\sqrt{2}\,\sigma}dx,\ dx = \sqrt{2}\,\sigma\,dy$ 에서

$$\int_{-\infty}^{\infty}\frac{1}{\sqrt{2\pi}\,\sigma}e^{-(x-\mu)^2/2\sigma^2}dx = \int_{-\infty}^{\infty}\frac{1}{\sqrt{\pi}}e^{-y^2}dy$$

$$= \frac{1}{\sqrt{\pi}}\int_{-\infty}^{\infty} e^{-y^2}dy$$

$$= \frac{1}{\sqrt{\pi}}\sqrt{\pi} = 1$$

따라서 $f(x)$는 확률밀도함수이다.

예제 9-11

영역 R은 중심이 원점이고 반지름이 2인 원이다. $\int\int_R (x^2+y^2+3)dydx$을 계산하여라.

풀이

$$\int\int_R (x^2+y^2+3)dydx = \int_0^{2\pi}\int_0^2 (r^2+3)rdrd\theta = \int_0^{2\pi}\int_0^2 (r^3+3r)drd\theta$$

$$= \int_0^{2\pi}\left[\left(\frac{2^4}{4}+3\frac{2^2}{2}-0\right)\right]d\theta = 10\int_0^{2\pi} d\theta = 20\pi$$

예제 9-12

xy평면 위의 원 기둥 $x^2+y^2=4$의 외부와 포물면 $z=9-x^2-y^2$의 내부가 이루는 입체의 체적을 구하여라.

풀이

$$V=\int\int_R (9-x^2-y^2)dydx = \int_0^{2\pi}\int_2^3 (9-r^2)rdrd\theta = \int_0^{2\pi}\int_2^3 (9r-r^3)drd\theta = \frac{25}{2}\pi$$

예제 9-13

반복적분 $\int_{-1}^1\int_0^{\sqrt{1-x^2}} x^2(x^2+y^2)^2dydx$을 계산하여라.

풀이

$$\int_{-1}^1\int_0^{\sqrt{1-x^2}} x^2(x^2+y^2)^2dydx = \int\int_R x^2(x^2+y^2)^2dA = \int_0^{\pi}\int_0^1 r^7\cos^2\theta drd\theta$$

$$= \frac{1}{8}\int_0^{\pi}\frac{1}{2}(1+\cos 2\theta)d\theta = \frac{\pi}{16}$$

연습문제 9.2

1. 극 좌표계를 사용하여 이중적분을 계산하여라.

(1) R이 $x^2+y^2 \le 9$일 때, $\displaystyle\int\int_R \sqrt{x^2+y^2}\,dA$

(2) R이 $x^2+y^2 \le 4$일 때, $\displaystyle\int\int_R e^{-x^2-y^2}dA$

(3) R이 $r=2-\cos\theta$의 내부일 때, $\displaystyle\int\int_R ydA$

(4) R이 $x^2+y^2=9$의 내부일 때, $\displaystyle\int\int_R (x^2+y^2)dA$

2. 직교 좌표계를 극 좌표계로 변환하여 반복적분을 계산하여라.

(1) $\displaystyle\int_{-2}^{2}\int_{-\sqrt{4-x^2}}^{\sqrt{4-x^2}} \sqrt{x^2+y^2}\,dydx$

(2) $\displaystyle\int_{0}^{2}\int_{-\sqrt{4-x^2}}^{\sqrt{4-x^2}} e^{-x^2-y^2}dydx$

(3) $\displaystyle\int_{0}^{2}\int_{0}^{\sqrt{8-x^2}} (x^2+y^2)^{3/2}dydx$

(4) 작은 동물 종의 개체군 밀도가 $f(x,y)=20{,}000e^{-x^2-y^2}$일 때 영역 $x^2+y^2=1$에서 개체군수를 구하여라.

3. 적절한 좌표계를 사용하여 주어진 입체의 체적을 구하여라.

(1) $z=x^2+y^2$ 아래, $z=0$ 위, $x^2+y^2=9$ 내부.

(2) $z=\sqrt{x^2+y^2}$ 아래, $z=0$ 위, $x^2+y^2=4$ 내부.

9.3 삼중적분

중적분의 개념을 삼중적분으로 일반화할 수 있다. 이제 $\mu = f(x, y, z)$가 공간상의 직육면체 B에서 x, y, z 각각에 대하여 연속이라 하자.

그리고 직육면체 $B = \{(x, y, z) | a \le x \le b, c \le y \le d, r \le z \le s\}$

를 x, y, z축 방향으로 각각 l, m, n개로 분할하여 만들어지는 부분 직육면체를

$B_{ijk} = [x_{i-1}, x_i] \times [y_{j-1}, y_j] \times [z_{k-1}, z_k]$ 라고 하면 직육면체 B는 lmn개의 작은 직육면체들로 분할된다. (그림 9.10 참조)

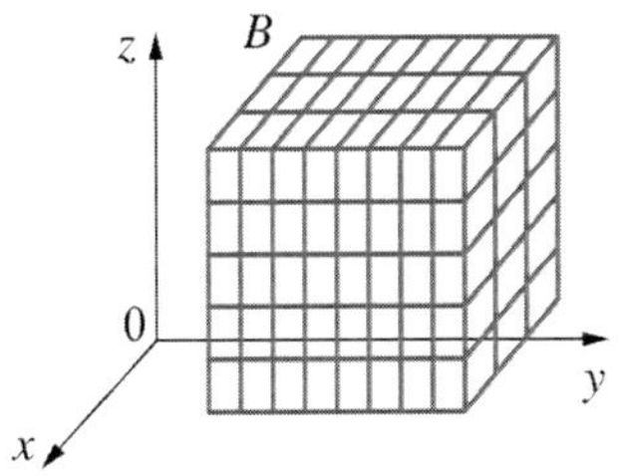

그림 9.10(a)

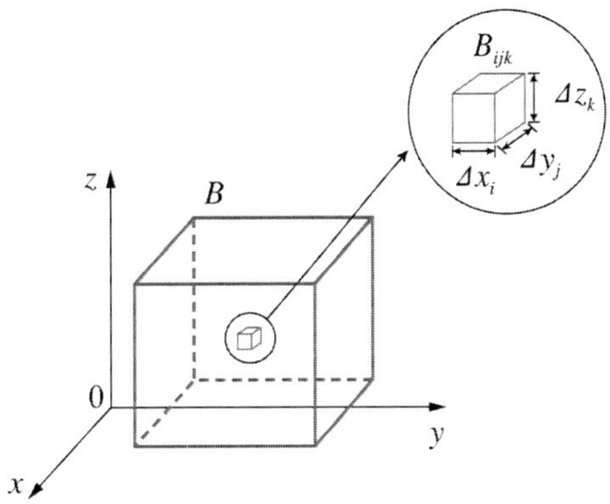

그림 9.10(b)

이 때, B_{ijk}의 부피는 $\Delta V_{ijk} = \Delta x_i \Delta y_j \Delta z_k$이다.

이제 B_{ijk} 내부의 임의의 점 $(x_{ijk}^*, y_{ijk}^*, z_{ijk}^*)$에 대한 $\sum_{i=1}^{l}\sum_{j=1}^{m}\sum_{k=1}^{n} f(x_{ijk}^*, y_{ijk}^*, z_{ijk}^*)\Delta V$에 대하여 $l, m, n \to \infty$일 때, 유한 확정값에 수렴한다면 그 수렴값을 3중적분(tripleintegral)이라 한다. 즉,

$$\iiint_B f(x, y, z)dV = \iiint_B f(x, y, z)\,dxdydz$$

$$= \lim_{l, m, n \to \infty} \sum_{i=1}^{l}\sum_{j=1}^{m}\sum_{k=1}^{n} f(x_i^*, y_j^*, z_k^*)\Delta V_{ijk}$$

그리고 이러한 3중적분의 계산도 역시 2중적분의 계산 방법에 따른다.

중적분과 같이 삼중적분을 계산하는 실제적인 방법은 다음과 같이 삼중적분을 반복적분으로 표현하는 것이다.

f가 $B=[a,\ b]\times[c,\ d]\times[r,\ s]$ 위에서 적분가능한 경우,

$$\iiint_B f(x,\ y,\ z)dV=\int_r^s\int_c^d\int_a^b f(x,\ y,\ y)\,dx\,dy\,dz$$

예제 9-14

$B=\{(x,y,z)\,|\,0\le x\le 1,\ -1\le y\le 2,\ 0\le z\le 3\}$일 때 $\int\int\int_B xyz^2dxdydz$를 계산하여라.

풀이

$$\int_0^3\int_{-1}^2\int_0^1 xyz^2dxdydz=\int_0^3\frac{3z^2}{4}dz=\frac{27}{4}$$

예제 9-15

$Q=\{(x,y,z)|1\le x\le 2,0\le y\le 1,0\le z\le \pi\}$에서

삼중적분 $\int\int_Q\int 2xe^y\sin z\,dxdydz$을 계산하여라.

풀이

$$\int_0^\pi\int_0^1\int_1^2 2xe^y\sin z dxdydz=\int_0^\pi\int_0^1 x^2e^y\sin z x^2|_{x=1}^{x=2}dydz=3\int_0^\pi e^y\sin z e^y|_{y=0}^{y=1}dz$$

$$=3(e-1)\int_0^\pi\sin z dz=3(e^1-1)(-\cos z)|_{z=0}^{z=\pi}=3(e-1)(-\cos\pi+\cos 0)=6(e-1)$$

■ 일반영역에서의 삼중적분

이 적분은 f가 연속이고 E의 경계가 그럴듯하게 원활한(reasonably smooth) 경우에 존재한다. 이 삼중적분은 본질적으로 중적분의 성질과 같다. 연속함수 f와 간단한 형태의 영역들에 대해 우리의 관심을 두겠다.

$$E = \left((x,\ y,\ z) \mid (x,\ y) \in D, \phi_1(x,\ y) \le z \le \phi_2(x,\ y), \phi_1, \phi_2 \text{ 연속}\right)$$

D는 그림 9.11에서처럼 E의 xy-평면으로의 정사영이다. 우리는 위의 E영역을 형태 1인 입체영역이라 한다.

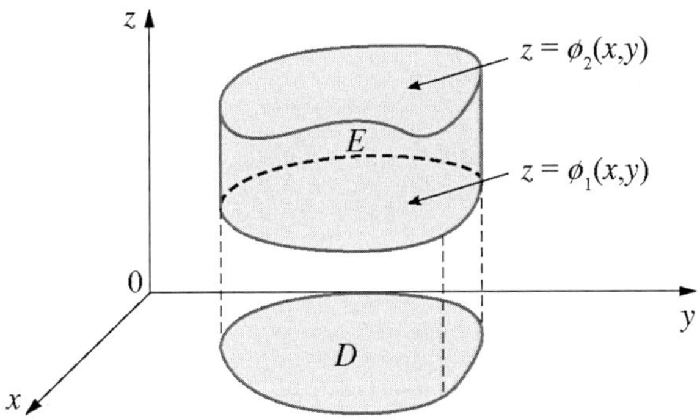

그림 9.11

이때는 다음과 같이 된다.

$$\iiint_E f(x,\ y,\ z)\,dV = \iint_D \left[\int_{\phi_1(x,y)}^{\phi_2(x,y)} f(x,\ y,\ z)\,dz\right] dA$$

특히, 정사영 D가 형태 Ⅰ인 평면영역인 경우(그림 9.12),

$$E = \{(x,\ y,\ z) | a \le x \le b, g_1(x) \le y \le g_2(x), \phi_1(x,y) \le z \le \phi_2(x,y)\}$$

이고,

$$\iiint_E f(x,\ y,\ z)dV = \int_a^b \int_{g_1(x)}^{g_2(x)} \int_{\phi_1(x,y)}^{\phi_2(x,y)} f(x,y,z)\,dz\,dy\,dx$$

가 된다.

한편, D가 형태 II인 평면영역인 경우(그림 9.13)

$$\iiint_E f(x,\ y,\ z)dV = \int_c^d \int_{h_1(y)}^{h_2(y)} \int_{\phi_1(x,y)}^{\phi_2(x,y)} f(x,y,z)\,dz\,dx\,dy$$

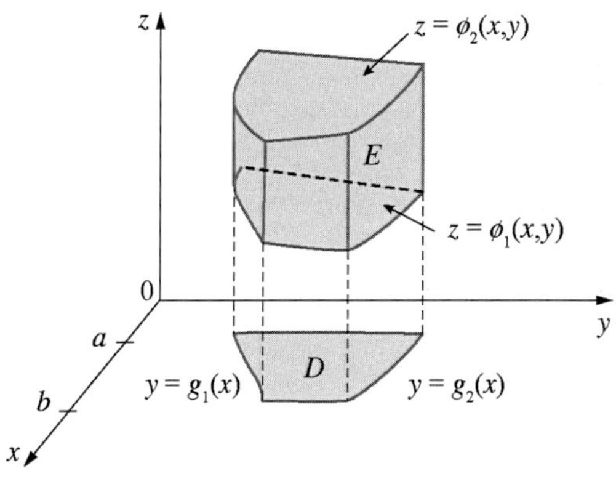

그림 9.12

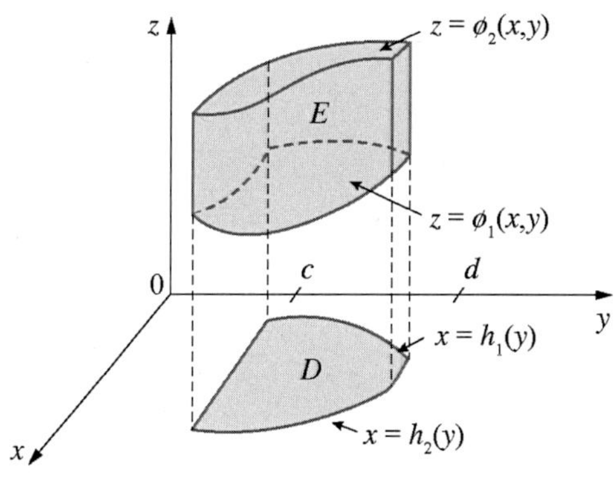

그림 9.13

예제 9-16

E가 평면들 $x=0,\ y=0,\ z=0$ 그리고 $x+y+z=1$에 의해 유계된 사면체인 경우 $\iiint z\,dV$를 계산하여라.

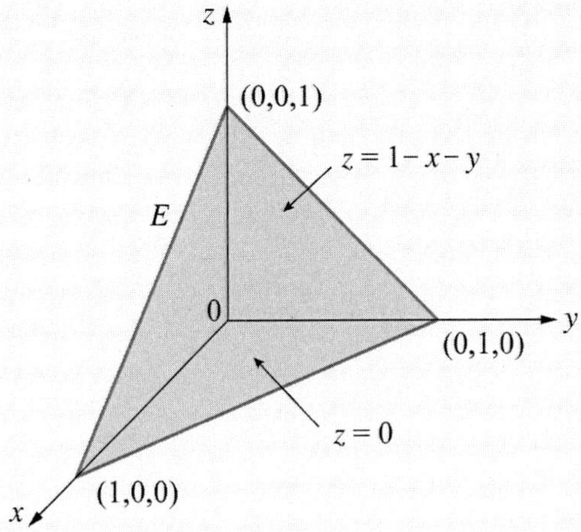

그림 9.14(a)

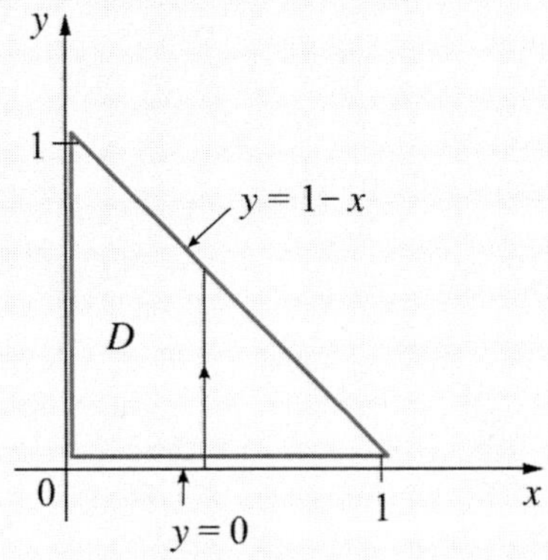

그림 9.14(b)

풀이

그림 9.14에서,

$$\iiint_E z\,dV = \int_0^1\int_0^{1-x}\int_0^{1-x-y} z\,dz\,dy\,dx$$

$$= \int_0^1\int_0^{1-x}\left[\frac{z^2}{2}\right]_{z=0}^{z=1-x-y} dy\,dx$$

$$= \frac{1}{2}\int_0^1\int_0^{1-x}(1-x-y)^2\,dy\,dx$$

$$= \frac{1}{2}\int_0^1\left[-\frac{(1-x-y)^3}{3}\right]_{y=0}^{y=1-x} dx$$

$$= \frac{1}{6}\int_0^1(1-x)^3dx = \frac{1}{6}\left[-\frac{(1-x)^4}{4}\right]_0^1 = \frac{1}{24}$$

예제 9-17

E는 곡선 $y=x^2$와 $x=y^2$에 의해 둘러싸인 xy평면 위와 $z=x+y$ 아래에 놓여 있는 경우 $\iiint xy\, dV$ 를 구하여라.

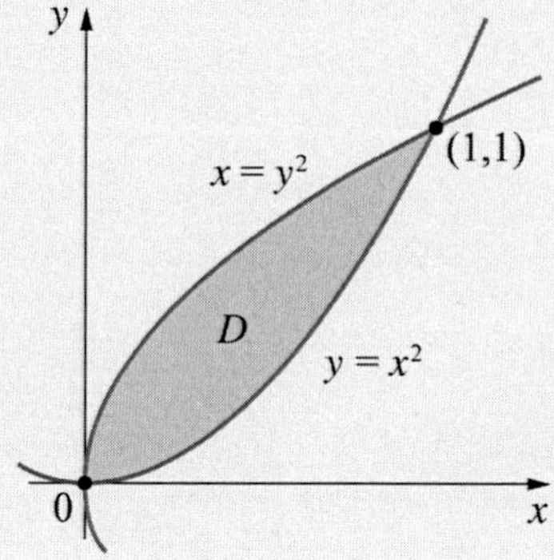

그림 9.15

풀이

그림 9.15에서

$$\iiint_E xy\, dV = \int_0^1 \int_{x^2}^{\sqrt{x}} \int_0^{x+y} xy\, dz\, dy\, dx = \int_0^1 \int_{x^2}^{\sqrt{x}} xy(x+y)\, dy\, dx$$

$$= \int_0^1 \int_{x^2}^{\sqrt{x}} (x^2y + xy^2)\, dy\, dx = \int_0^1 \left[\frac{1}{2}x^2y^2 + \frac{1}{3}xy^3 \right]_{y=x^2}^{y=\sqrt{x}} dx$$

$$= \left[\frac{1}{6}x^4 + \frac{2}{21}x^{7/2} - \frac{1}{14}x^7 - \frac{1}{24}x^8 \right]_0^1 = \frac{1}{8} + \frac{2}{21} - \frac{1}{14} - \frac{1}{24} = \frac{3}{28}$$

연습문제 9.3

1. 삼중적분 $\iiint_B f(x, y, z)dV$을 계산하여라.

(1) $f(x, y, z,) = 2x + y - z$

$B = \left\{ \begin{array}{l} (x, y, z) | 0 \le x \le 2, \\ -2 \le y \le 2, 0 \le z \le 2 \end{array} \right\}$

(2) $f(x, y, z,) = \sqrt{y} - 3z^2$

$B = \left\{ \begin{array}{l} (x, y, z) | 2 \le x \le 3, 0 \le y \le 1, \\ -1 \le z \le 1 \end{array} \right\}$

2. 다음을 삼중적분 하여라.

(1) $\int_0^1 \int_0^z \int_0^{x+z} 6xz \, dydxdz$

(2) $\int_0^3 \int_0^1 \int_0^{\sqrt{1-z^2}} ze^y \, dxdzdy$

(3) $\int_0^{\pi/2} \int_0^y \int_0^x \cos(x + y + z) \, dzdxdy$

(4) $\iiint_E 2x \, dzdxdy$

$E = \left\{ \begin{array}{l} (x, y, z) 0 \le y \le 2, 0 \le x \le \sqrt{4 - y^2} \\ , 0 \le z \le y \end{array} \right\}$

3. 다음을 삼중적분 하여라.

(1) $\iiint_E 2x \, dzdxdy$

$E = \left\{ \begin{array}{l} (x,y,z) 0 \le y \le 2, 0 \le x \le \sqrt{4 - y^2} \\ , 0 \le z \le y \end{array} \right\}$

연습문제 9.3

(2) $\iiint_E 6xy\,dV$, E는 곡선 $y=\sqrt{x}$와 $y=0$, $x=1$에 의해 둘러싸인 xy평면의 위와 평면 $z=1+x+y$ 아래에 놓여있는 부분

4. xy 좌표평면과 평면 $2x+y+z=4$에 의하여 둘러싸인 사면체의 부피를 구하여라.

5. 적분값을 구하시오.

(1) $\int_0^1\int_0^1\int_0^1 (x^2+y^2+z^2)\,dzdydx$

(2) $\int_1^e\int_1^e\int_1^e \frac{1}{xyz}\,dxdydz$

(3) $\int_0^1\int_0^\pi\int_0^\pi y\sin z\,dxdydz$

(4) $\int_0^3\int_0^{\sqrt{9-x^2}}\int_0^{\sqrt{9-x^2}} dzdydx$

(5) $\int_0^1\int_0^{2-x}\int_0^{2-x-y} dzdydx$

(6) $\int_0^\pi\int_0^\pi\int_0^\pi \cos(u+v+w)\,dudvdw$

(7) $\int_1^e\int_1^e\int_1^e \ln r\ln s\ln t\,dtdrds$

9.4 원주좌표에 의한 삼중적분

평면기하에서 어떤 곡선과 영역을 보다 편리하게 설명하기 위하여 극좌표계를 소개한 바 있다. 삼차원 공간에서는 일반적으로 나타나는 어떤 곡면과 입체를 편리하게 설명하게 해주면서 극좌표계와 유사한 두 좌표계가 있다. 이들은 부피와 삼중적분을 계산할 때 특히 유용하다.

원주좌표계(cylindrical coordinate system) 에서는 삼차원 공간의 점 P를 순서조 $(r,\ \theta,\ z)$로 나타낸다. 이때 r과 θ는 xy-평면위의 P의 사영의 극좌표이고 z는 xy-평면에서 P까지의 방향이 주어진 거리이다. (그림 9.16 참조)

원주좌표를 직교좌표로 변환하기 위해서는 방정식

$$x = r\cos\theta \qquad y = r\sin\theta \qquad z = z$$

를 이용하고, 직교좌표를 원주좌표로 변환하기 위하여는

$$r^2 = x^2 + y^2 \qquad \tan\theta = \frac{y}{x} \qquad z = z$$

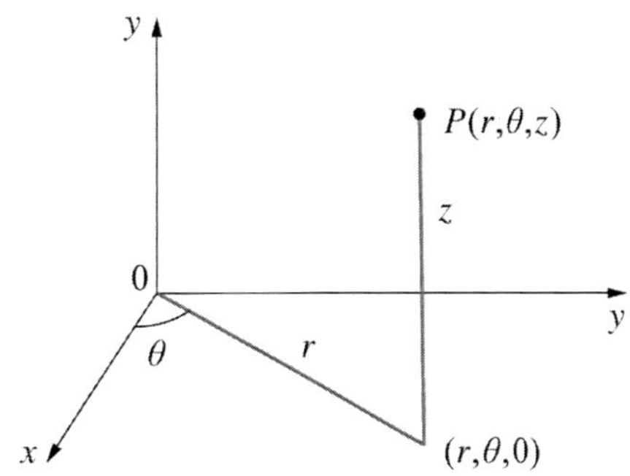

그림 9.16

를 이용한다. 9.2절에서 어떤 중적분은 극좌표를 사용하여 더 쉽게 계산되어졌다. 이절에서는, 어떤 삼중적분들이 원주좌표 또는 구면좌표를 사용하여 더 쉽게 계산된다는 것을 알 수 있다.

예제 9-18

(1) 원주좌표가 $(2,\ \frac{\pi}{4},\ 1)$인 점을 그리고, 그 직교좌표를 구하여라.

(2) 원주좌표가 $(4,\ -\frac{\pi}{3},\ 5)$인 점을 그리고, 그 직교좌표를 구하여라.

풀이

(1) $x=2\cos(\pi/4)=\sqrt{2}, y=2\sin(\pi/4)=\sqrt{2}, z=1$이다. 직교좌표$(\sqrt{2}, \sqrt{2}, 1)$

(2)$x=4\cos(-\pi/3)=2, y=4\sin(-\pi/3)=-2\sqrt{3}, z=5$이다. 직교좌표$(2, -2\sqrt{3}, 5)$

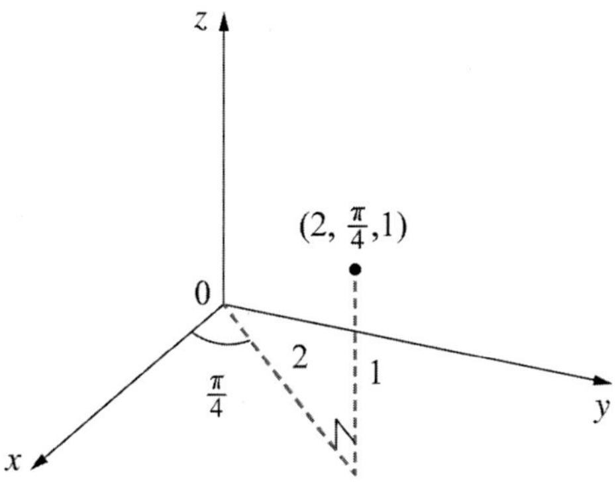

그림 9.17

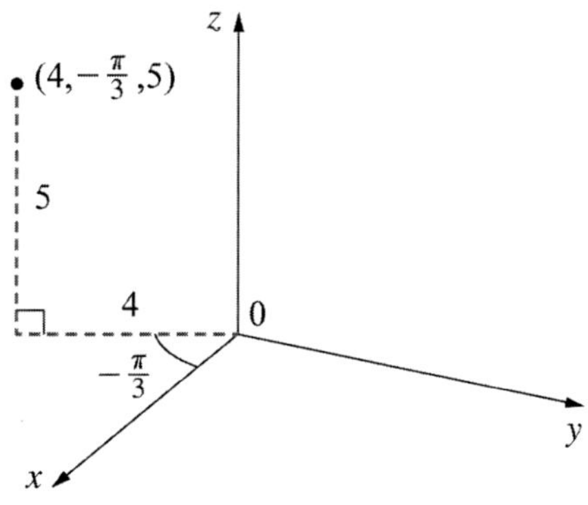

그림 9.18

예제 9-19

(1) 직교좌표가 $(1, -1, 4)$인 점의 원주좌표를 구하여라.

(2) 직교좌표가 $(-1, -\sqrt{3}, 2)$인 점의 원주좌표를 구하여라.

풀이

(1) $r=\sqrt{1^2+(-1)^2}=\sqrt{2},\ \tan\theta=-\dfrac{1}{1}=-1,\quad \theta=2n\pi+\dfrac{7}{4}\pi,\ z=4$

이 얻어진다. 따라서 하나의 원주좌표는 $(\sqrt{2}, \dfrac{7}{4}\pi, 4)$

(2) $r=\sqrt{(-1)^2+(-\sqrt{3})^2}=2,\ \tan\theta=\dfrac{-\sqrt{3}}{-1}=\sqrt{3},\ \theta=2n\pi+\dfrac{4}{3}\pi$

이다. 따라서 하나의 원주좌표는 $(2, \dfrac{4}{3}\pi, 2)$

■ 원주좌표에 의한 삼중적분

E가 형태 1의 영역이고 xy-평면으로의 E의 정사영 D가 극좌표로 쉽게 표현되어진다고 하자(그림 9.19) 특히, f가 연속함수이고

$$E = \{(x,\ y,\ z) \mid (x,\ y) \in D,\ \phi_1(x,\ y) \le z \le \phi_2(x,\ y)\}$$
$$D = \{(r,\ \theta) \mid \alpha \le \theta \le \beta, h_1(\theta) \le r \le h_2(\theta)\}$$

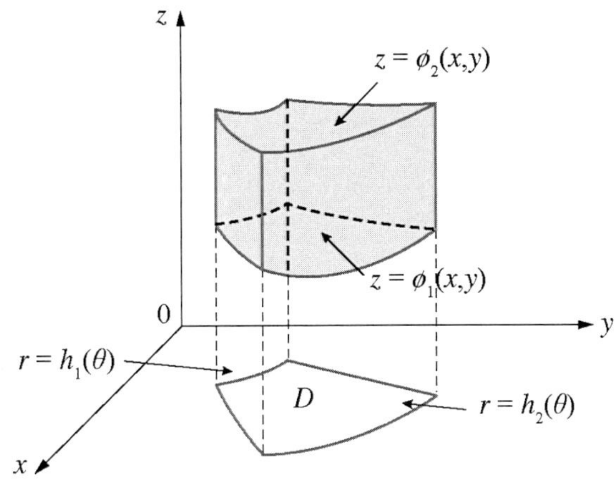

그림 9.19

라면 그림 9.19로부터

$$\iiint_E f(x,\ y,\ z)dV = \int_\alpha^\beta \int_{h_1(\theta)}^{h_2(\theta)} \int_{\phi_1(r\cos\theta,\, r\sin\theta)}^{\phi_2(r\cos\theta,\, r\sin\theta)} f(r\cos\theta,\ r\sin\theta, z) r\, dz\, dr\, d\theta$$

원주좌표에 의한 삼중적분에 대한 공식이다. 여기서 dV를 $r\,dz\,dr\,d\theta$로 치환했다.(그림 9.20)

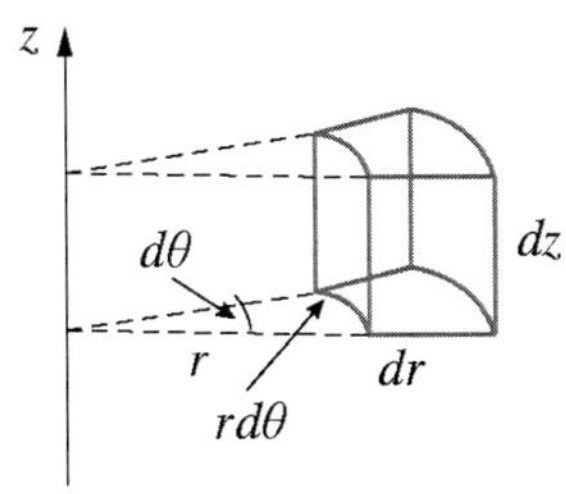

그림 9.20

예제 9-20

다음 적분에 의하여 주어지는 부피를 가지는 입체를 그리고, 적분값을 구하여라.

$$\int_0^4 \int_0^{2\pi} \int_r^4 r \, dz \, d\theta \, dr$$

풀이

이 반복적분은 공간영역

$$E = \{(r, \theta, z) \mid 0 \le \theta \le 2\pi, \, 0 \le r \le 4, \, r \le z \le 4\}$$

$$\int_0^4 \int_0^{2\pi} \int_r^4 r \, dz \, d\theta \, dr = \int_0^4 \int_0^{2\pi} [rz]_{z=r}^{z=4} d\theta \, dr = \int_0^4 \int_0^{2\pi} r(4-r) d\theta \, dr$$

$$= \int_0^4 (4r - r^2) dr \int_0^{2\pi} d\theta = \left[2r^2 - \frac{1}{3}r^3\right]_0^4 [\theta]_0^{2\pi}$$

$$= (32 - \frac{64}{3})(2\pi) = \frac{64\pi}{3}$$

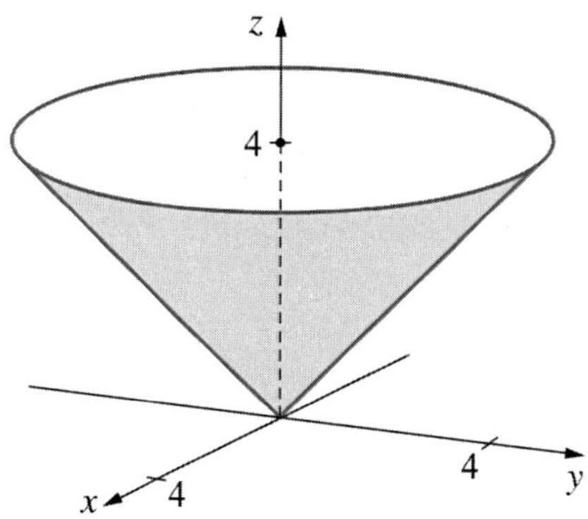

그림 9.21

예제 9-21

E는 원주면 $x^2+y^2=16$의 안쪽에서 평면 $z=-5$와 $z=4$ 사이의 영역을 나타낼 때, $\iiint_E \sqrt{x^2+y^2}\,dV$를 구하여라.

풀이

원주좌표에서 공간영역 E는

$$\{(r,\theta,z)\,|\,0\le\theta\le 2\pi,\ 0\le r\le 4,\ -5\le z\le 4\}$$

$$\iiint_E \sqrt{x^2+y^2}\,dV=\int_0^{2\pi}\int_0^4\int_{-5}^4 \sqrt{r^2}\,r\,dz\,dr\,d\theta=\int_0^{2\pi}d\theta\int_0^4 r^2dr\int_{-5}^4 dz$$

$$=[\theta]_0^{2\pi}\left[\frac{1}{3}r^3\right]_0^4[z]_{-5}^4=(2\pi)(\frac{64}{3})(9)=384\pi$$

연습문제 9.4

1. 다음 원주좌표의 점을 그리고, 그 직교좌표를 구하여라

(1) $(1,\ \pi,\ e)$ (2) $\left(1,\ \frac{3\pi}{2},\ 2\right)$

2. 직교좌표를 원주좌표로 바꾸어라

(1) $(3,\ -3,\ -7)$ (2) $(2\sqrt{3},\ 2,\ -1)$

3. $\int_{-2}^{2}\int_{-\sqrt{4-x^2}}^{\sqrt{4-x^2}}\int_{\sqrt{x^2+y^2}}^{2}(x^2+y^2)\,dz\,dy\,dx$를 계산하여라.

4. 다음 적분에 의하여 주어지는 부피를 가지는 입체를 그리고, 적분값을 구하여라

$$\int_{0}^{\pi/2}\int_{0}^{2}\int_{0}^{9-r^2} r\,dz\,dr\,d\theta$$

5. 원주좌표를 사용하여 다음을 구하여라.

(1) E는 원주면 $x^2+y^2=16$의 안쪽에서 평면 $z=-5$와 $z=4$ 사이의 영역을 나타낼 때, $\iiint_E \sqrt{x^2+y^2}\,dV$를 구하여라.

(2) E는 포물면 $z=x^2+y^2$와 평면 $z=4$로 둘러싸인 영역을 나타낼 때, $\iiint_E z\,dV$를 구하여라.

(3) E는 원주면 $x^2+y^2=1$의 안쪽에 놓여 있으면서 평면 $z=0$의 위쪽과 원주면 $z^2=4x^2+4y^2$의 아래쪽에 놓인 영역일 때, $\iiint_E x^2\,dV$를 구하여라.

(4) 원주면 $x^2+y^2=1$과 구 $x^2+y^2+z^2=4$로 둘러싸인 입체의 부피를 구하여라.

9.5 구면좌표에 의한 삼중적분

공간의 점 P의 구면좌표 (ρ, θ, ϕ)를 그림 9.22에서 보여주고 있다.

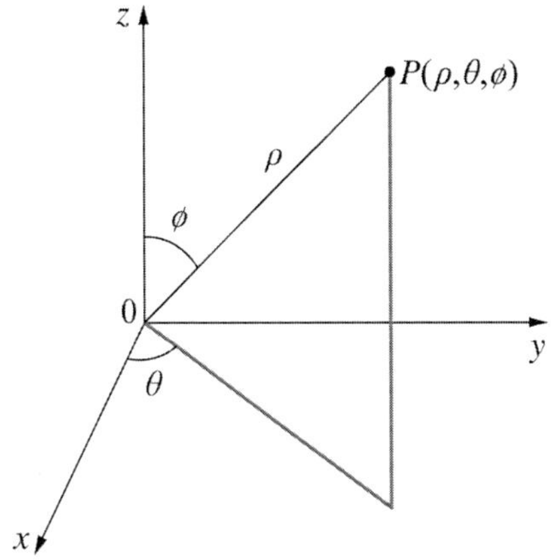

그림 9.22

여기에서 $\rho = |OP|$ 는 원점에서 P까지의 거리이고, θ는 원주좌표에서의 같은 각, 또 ϕ는 양의 z-축과 선분 OP 사이의 각이다.

$$\rho \geq 0 \qquad 0 \leq \phi \leq \pi$$

임을 주목하라.

구면좌표계는 원점에 관한 대칭이 있는 문제에 특히 유용하다. 예를 들면 중심이 원점이고, 반경이 c인 구는 간단한 방정식 $\rho = c$를 가진다(그림 9.23) 이것이 '구면'좌표라는 이름의 이유이다. 방정식 $\theta = c$의 그래프는 수직반평면(그림 9.24)이고 방정식 $\phi = c$는 z-축을 축으로 가지는 반 원추를 나타낸다(그림 9.25).

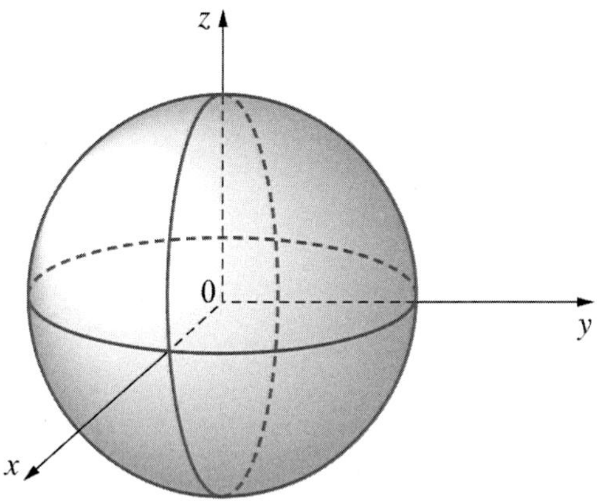

그림 9.23

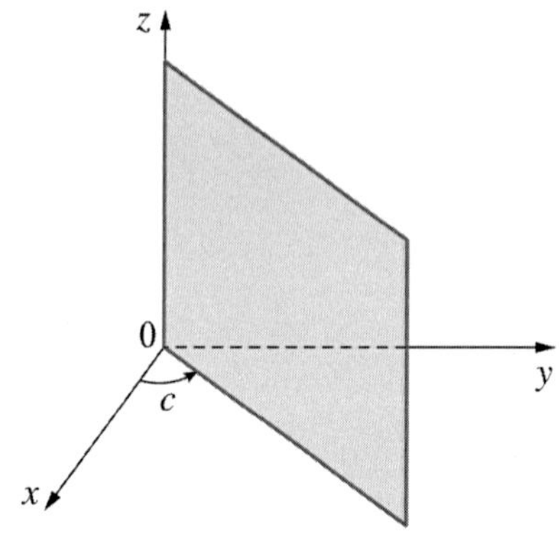

그림 9.24

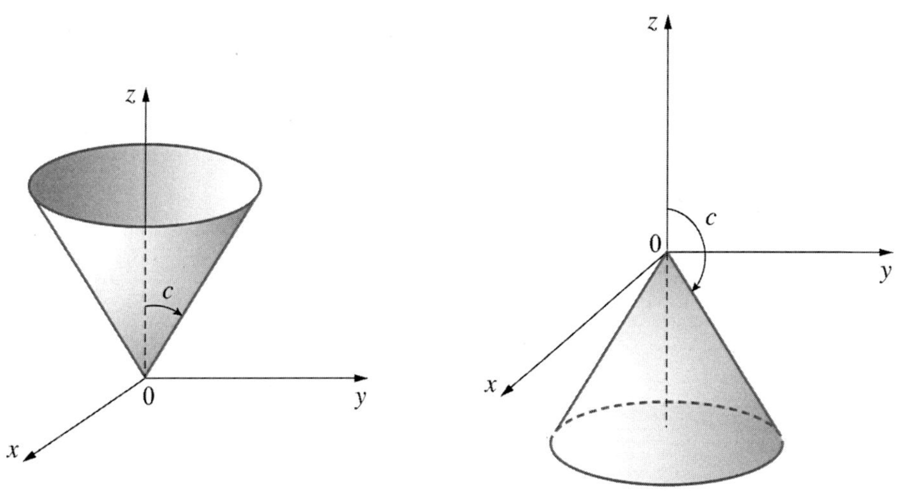

그림 9.25

직교좌표와 구면좌표사이의 관계는 그림 9.26에서 알 수 있다. 삼각형 OPQ와 OPP'로부터

$$z = \rho\cos\phi \qquad r = \rho\sin\phi$$

얻는다. 그런데 $x = r\cos\theta$, $y = r\sin\theta$이므로

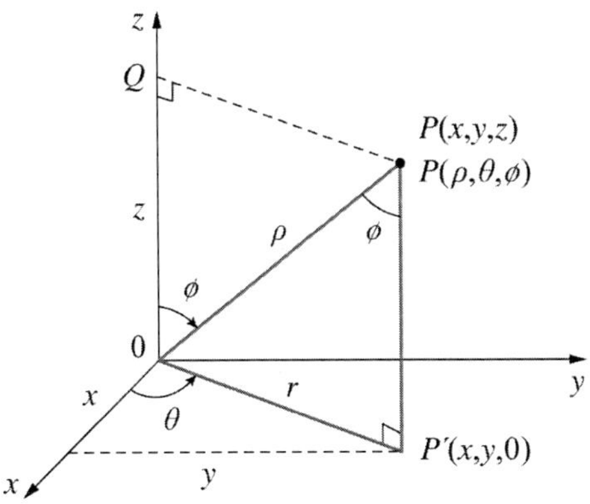

그림 9.26

$$x = \rho \sin\phi \cos\theta \qquad y = \rho \sin\phi \sin\theta \qquad z = \rho \cos\phi$$

이다. 또한 거리공식으로부터

$$\rho^2 = x^2 + y^2 + z^2$$

예제 9-22

다음 구면좌표를 그리고 그 직교좌표를 구하여라

(1) $(1,\ 0,\ 0)$　　　　(2) $(2,\ \pi/3,\ \pi/4)$

풀이

(1) $x = \rho \sin\phi \cos\theta = (1)\sin 0 \cos 0 = 0,$

$y = \rho \sin\phi \sin\theta = (1)\sin 0 \sin 0 = 0,$

$z = \rho \cos\phi = (1)\cos 0 = 1$

따라서 직교좌표 $(0, 0, 1)$이다.

(2) $x = 2\sin\dfrac{\pi}{4} cos\dfrac{\pi}{3} = \dfrac{\sqrt{2}}{2}$, $y = 2\sin\dfrac{\pi}{4}\sin\dfrac{\pi}{3} = \dfrac{\sqrt{6}}{2}$,

$z = 2\cos\dfrac{\pi}{4} = \sqrt{2}$ 직교좌표 $\left(\dfrac{\sqrt{2}}{2},\ \dfrac{\sqrt{6}}{2},\ \sqrt{2}\right)$이다.

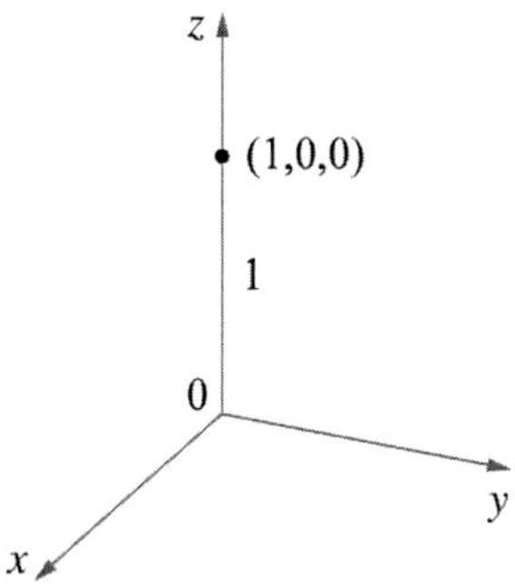

그림 9.27

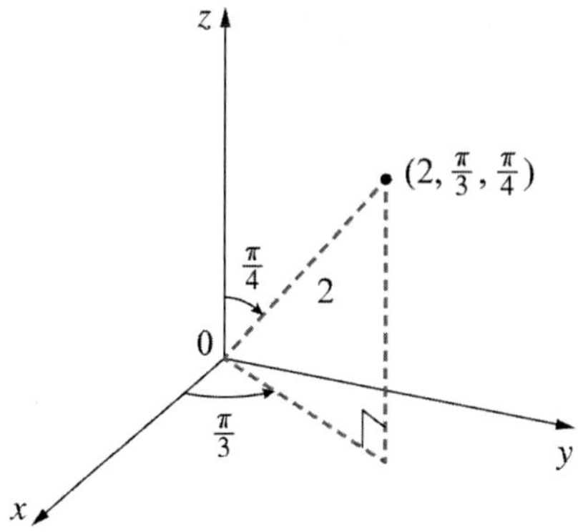

그림 9.28

예제 9-23

직교좌표를 구면좌표로 바꾸어라.

(1) $(1,\ \sqrt{3},\ 2\sqrt{3})$ (2) $(0,\ -1,\ -1)$

풀이

(1) $\rho=\sqrt{x^2+y^2+z^2}=\sqrt{1+3+12}=4,\ \cos\phi=\dfrac{z}{\rho}=\dfrac{2\sqrt{3}}{4}=\dfrac{\sqrt{3}}{2}$

$\Rightarrow\quad \phi=\dfrac{\pi}{6},\ \cos\theta=\dfrac{x}{\rho\sin\phi}=\dfrac{1}{4\sin(\pi/6)}=\dfrac{1}{2}$

$\Rightarrow\ \theta=\dfrac{\pi}{3}\,[\sin y<0]$ 그러므로 구면좌표 $\left(4,\ \dfrac{\pi}{3},\ \dfrac{\pi}{6}\right)$이다.

(2) $\rho=\sqrt{0+1+1}=\sqrt{2},\ \cos\phi=\dfrac{-1}{\sqrt{2}}\quad\Rightarrow\quad\phi=\dfrac{3\pi}{4},$

$\cos\theta=\dfrac{0}{\sqrt{2}\sin(3\pi/4)}=0\quad\Rightarrow\ \theta=\dfrac{3\pi}{2}\,[\sin y<0]$

그러므로 구면좌표 $\left(\sqrt{2},\ \dfrac{3\pi}{2},\ \dfrac{3\pi}{4}\right)$이다.

■ 구면좌표에 의한 삼중적분

이 구면좌표계에서 어떤 직사각형 영역과 비슷한 것은 다음과 같은 형태의 영역이다.

$E=\{(\rho,\ \theta,\ \phi)\,|\ a\le\rho\le b,\ \ \alpha\le\theta\le\beta,\ \ c\le\phi\le d\}$

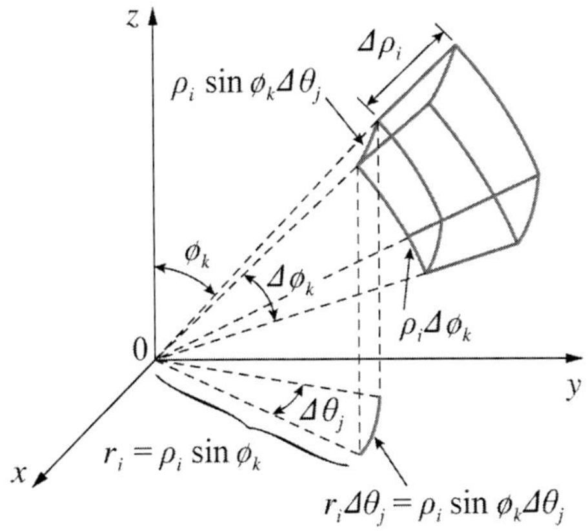

그림 9.29

여기서 $\alpha \geq 0$, $\beta - \alpha \leq 2\pi$ 그리고 $d - c \leq \pi$이다. 이 영역 E위에서 적분하기 위하여 E를 세밀한 소영역 E_{ijk}로의 구면분할 P를 생각한다.(그림 9.29 참조) 그리고 분할 P의 노음(norm), $\| P \|$ 는 이 소영역들 중에서 가장 긴 대각선의 길이로 약속한다.

E_{ijk}의 체적 $\triangle V_{ijk}$는

$$\triangle V_{ijk} \approx \rho_i^2 \sin\phi_k \ \triangle\rho_i \ \triangle\theta_j \ \triangle\phi_k$$

사실상, 평균치정리를 이용하여

$$\triangle V_{ijk} = \overline{\rho_i}^{\,2} \sin\widetilde{\phi_k} \ \triangle\rho_i \ \triangle\theta_j \ \triangle\phi_k$$

이다.(여기서, $(\widetilde{\rho_i},\ \widetilde{\theta_j},\ \widetilde{\phi_k})$는 E_{ijk}의 적당한 점이다.)

$$\begin{aligned}\iiint f(x,\, y,\, z)\,dV &= \lim_{\| P \| \to 0} \sum_{i=1}^{l} \sum_{j=1}^{m} \sum_{k=1}^{n} f(x_{ijk}^*,\ y_{ijk}^*,\ z_{ijk}^*) \triangle V_{ijk} \\ &= \lim_{\| P \| \to 0} \sum_{i=1}^{l} \sum_{j=1}^{m} \sum_{k=1}^{n} f(\widetilde{\rho_i} \sin\widetilde{\phi}_k \cos\widetilde{\theta}_j,\ \widetilde{\rho_i} \sin\widetilde{\phi}_k \sin\widetilde{\theta}_j, \\ &\qquad \widetilde{\rho_i}\ \cos\ \widetilde{\phi}_k)\ \widetilde{\rho}_i^{\,2} \sin\widetilde{\phi}_k \triangle\rho_i \triangle\theta_j \triangle\phi_k\end{aligned}$$

이 점의 직교좌표로의 점을 $(x_{ijk}^*,\ y_{ijk}^*,\ z_{ijk}^*)$라 하면,

$$F(\rho,\ \theta,\ \phi) = \rho^2 \sin\phi\, f(\rho\sin\phi\cos\theta,\ \rho\sin\phi\sin\theta,\ \rho\cos\phi)$$

결과적으로, 구면좌표의 삼중적분에 대한 다음 공식을 얻는다.

$$\iiint_E f(x,y,z)dV = \int_c^d \int_\alpha^\beta \int_a^b f(\rho\sin\phi\cos\theta, \rho\sin\phi\sin\theta, \rho\cos\phi)\rho^2 \sin\phi\, d\rho\, d\theta\, d\phi$$

$$E = \{(\rho,\theta,\phi) \mid a \le \rho \le b,\ \alpha \le \theta \le \beta,\ c \le \phi \le d\}$$

여기서 dV는 $\rho^2 \sin\phi\, d\rho\, d\theta\, d\phi$로 치환 하였다.

예제 9-24

$B = \{(x,y,z) \mid x^2 + y^2 + z^2 \le 1\}$일 때 $\iiint_B e^{(x^2+y^2+z^2)^{3/2}} dV$를 계산하여라.

풀이

구면좌표를 사용하라

$$B = \{(\rho,\theta,\phi) \mid 0 \le \rho \le 1, 0 \le \theta \le 2\pi, 0 \le \phi \le \pi\}$$

$$x^2 + y^2 + z^2 = \rho^2$$

$$\iiint_B e^{(x^2+y^2+z^2)^{3/2}} dV = \int_0^\pi \int_0^{2\pi} \int_0^1 e^{(\rho^2)^{3/2}} \rho^2 \sin\phi\, d\rho\, d\theta\, d\phi = \int_0^\pi \sin\phi\, d\phi \int_0^{2\pi} d\theta \int_0^1 \rho^2 e^{\rho^3} d\rho$$

$$= [-\cos\phi]_0^\pi\ 2(\pi)\left[\frac{1}{3}e^{\rho^3}\right]_0^1 = \frac{4\pi}{3}(e-1)$$

예제 9-25

원주면 $z = \sqrt{x^2 + y^2}$ 위와 구면 $x^2 + y^2 + z^2 = z$ 아래에 놓인 도형의 체적을 구면좌표를 사용하여 구하여여라(그림 9.30)

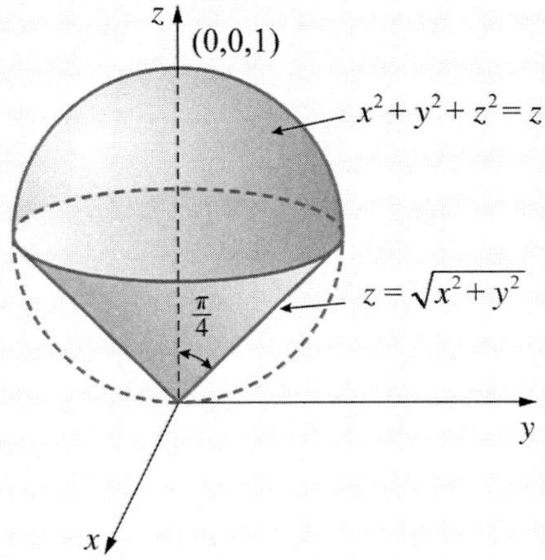

그림 9.30

풀이

구면좌표를 사용하여 구면의 방정식은 다음과 같이 변환 된다.

$$\rho^2 = \rho\cos\phi \text{ 또는 } \rho = \cos\phi$$

원주면은 $\rho\cos\phi = \sqrt{\rho^2\sin^2\phi\cos^2\theta + \rho^2\sin^2\phi\sin^2\theta}$

$= \rho\sin\phi$

또는 $\sin\phi = \cos\phi$, $\phi = \frac{\pi}{4}$ 이다.

구면좌표를 사용하여 도형 E는 다음과 같이 된다.

$$E = \{(\rho, \theta, \phi) \mid 0 \le \theta \le 2\pi,\ 0 \le \phi \le \pi/4,\ 0 \le \rho \le \cos\phi\}$$

$$V(E) = \iiint_E dV = \int_0^{2\pi}\int_0^{\pi/4}\int_0^{\cos\phi} \rho^2 \sin\phi\, d\rho\, d\phi\, d\theta = \int_0^{2\pi} d\theta \int_0^{\pi/4} \sin\phi \left[\frac{\rho^3}{3}\right]_{\rho=0}^{\rho=\cos\Phi} d\phi$$

$$= \frac{2\pi}{3}\int_0^{\pi/4} \sin\phi\cos^3\phi\, d\phi = \frac{2\pi}{3}\left[-\frac{\cos^4\phi}{4}\right]_0^{\pi/4} = \frac{\pi}{8}$$

연습문제 9.5

1. 점 $(2, \pi/4, \pi/3)$이 주어져 있다. 그 직교좌표를 구하여라.

2. 점 $(0, 2\sqrt{3}, -2)$가 직교좌표로 주어져 있다. 그 구면좌표를 구하여라.

3. 방정식 $x^2 - y^2 - z^2 = 1$인 이엽쌍곡면의 구면좌표방정식을 구하여라.

4. 구면방정식이 $\rho = \sin\theta \sin\phi$ 인 곡면의 직교방정식을 구하여라

5. 다음 구면좌표를 그리고 그 직교좌표를 구하여라.

   (1) $(5, \pi, \pi/2)$　　　　(2) $(4, 3\pi/4, \pi/3)$

6. 직교좌표를 구면좌표로 바꾸어라.

   (1) $(1, 1, \sqrt{2})$　　　　(2) $(-\sqrt{3}, -3, -2)$

7. 다음 적분에 의하여 주어지는 부피를 가지는 입체를 그리고, 적분값을 구하여라.

$$\int_0^{\frac{\pi}{6}} \int_0^{\frac{\pi}{2}} \int_0^{3} \rho^2 \sin\phi \, d\rho \, d\theta \, d\phi$$

연습문제 9.5

8. B가 중심이 원점이고 반지름이 5인 구일 때, $\iiint_B (x^2+y^2+z^2)^2 dV$를 구하여라.

9. E는 제 1팔분공간에 위치하며 $x^2+y^2+z^2=1$과 구면 $x^2+y^2+z^2=4$ 사이에 놓여 있을 때, $\iiint_E z\,dV$를 구하여라.

연습문제 해답

연습문제 1장

연습문제 1.1

1.

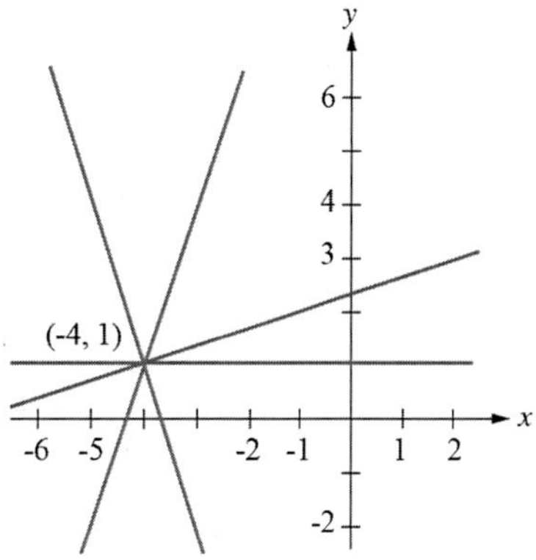

2. $m = \dfrac{-2-(-2)}{4-3} = 0$

3. (1) $6x - 5y = 15$, $y = \dfrac{6}{5}x - 3$

그러므로 기울기 $\dfrac{6}{5}$이고 y의 절편은 $(0, -3)$이다.

(2) $y = -1$, 기울기 $m = 0$이고 y의 절편은 $(0, -1)$

4. (1) $m = \dfrac{4-(-4)}{1-(-3)} = \dfrac{8}{4} = 2$

$y - 4 = 2(x-1) = 2x - 2$

$0 = 2x - y + 2$

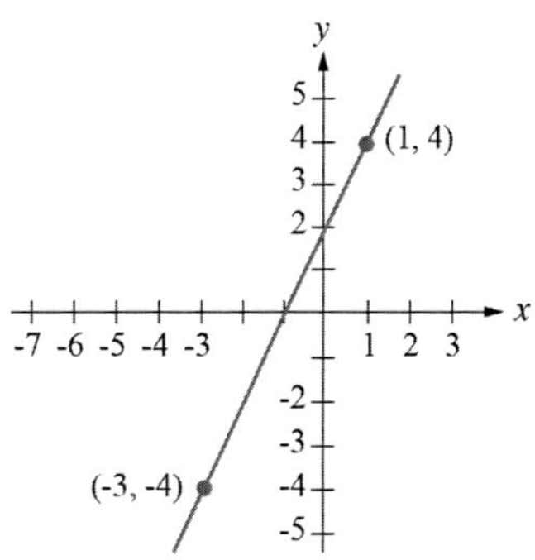

(2) $m = 0$, $y = -2$, $y + 2 = 0$

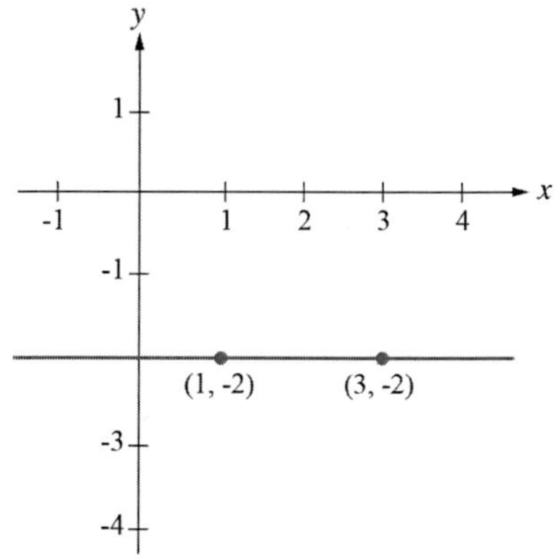

(3) $m = \dfrac{\left(\dfrac{3}{4}\right) - \left(-\dfrac{1}{4}\right)}{\left(\dfrac{7}{8}\right) - \left(\dfrac{5}{4}\right)} = \dfrac{1}{-\dfrac{3}{8}} = -\dfrac{8}{3}$

$y + \dfrac{1}{4} = -\dfrac{8}{3}\left(x - \dfrac{5}{4}\right)$

$12y + 3 = -32x + 40$, $32x + 12y - 37 = 0$

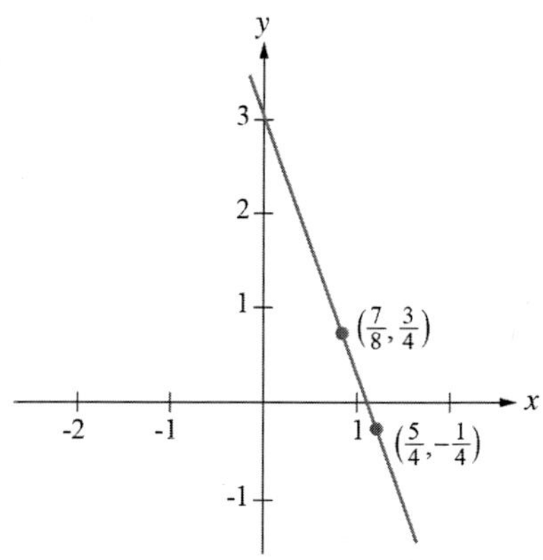

5. (1) $3x + 4y = 7$, $y = -\dfrac{3}{4}$, $m = -\dfrac{3}{4}$

(a) $y - 4 = -\dfrac{3}{4}(x+6)$, $4y - 16 = -3x - 18$

$3x + 4y + 2 = 0$

(b) $y - 4 = \dfrac{4}{3}(x+6)$, $3y - 12 = 4x + 24$

$4x-3y+36=0$

(2) (a) $y=0$, (b) $x=-1 \Rightarrow x+1=0$

6. $k=1$일 때, $A(1,1)$, $B(1,-1)$, $C(0,5)$이므로 주어진 세 점을 지나는 직선은 없다. $k\neq1$일 때, 두 점 A, B를 지나는 직선의 방정식은

$$y-k=\frac{(k-2)-k}{k-1}(x-1)=\frac{-2}{k-1}(x-1)$$

이 직선 위에 점 $C(-k+1, k+4)$가 있으므로 대입하면

$$k+4-k=\frac{-2}{k-1}(-k+1-1),\ k=2$$

연습문제 1.2

1. (1)

(a) $f(-2)=\sqrt{-2+3}=\sqrt{1}=1$

(b) $f(6)=\sqrt{6+3}=\sqrt{9}=3$

(c) $f(-5)=\sqrt{-5+3}=\sqrt{-2}=\sqrt{2}i$

(d) $f(x+\Delta x)=\sqrt{x+\Delta x+3}$

(2)

(a) $f(\pi)=\sin\pi=0$

(b) $f\left(\frac{5}{4}\pi\right)=\sin\left(\frac{5}{4}\pi\right)=-\frac{\sqrt{2}}{2}$

(c) $f\left(\frac{2}{3}\pi\right)=\sin\left(\frac{2}{3}\pi\right)=\frac{\sqrt{3}}{2}$

(3)

(a) $\frac{f(x)-f(1)}{x-1}=\frac{x^3-x-0}{x-1}=\frac{x(x+1)(x-1)}{x-1}$,

$=x(x+1)$

$x\neq1$

(b) $\frac{f(x+\Delta x)-f(x)}{\Delta x}=\frac{(x+\Delta x)^3-(x+\Delta x)-(x^3-x)}{\Delta x}$

$=\frac{x^3+3x^2\Delta x+3x(\Delta x)^2+(\Delta x)^3-x-\Delta x-x^3+x}{\Delta x}$

$=\frac{3x^2\Delta x+3x(\Delta x)^2-\Delta x+(\Delta x)^3}{\Delta x}$

$=3x^2-1+3x\Delta x+(\Delta x)^2$

2.

(1) 정의역 : $(-\infty,\infty)$

치역 : $[-5,\infty)$

(2) 정의역 : $t\neq k\pi$, k는 정수

치역 : $(-\infty,\infty)$

(3) 정의역 : $(-\infty,1]\cup[1,\infty)$

치역 : $(-\infty,0)\cup(0,\infty)$

3. (1) $x^2-3x+2\geq0$

$(x-2)(x-1)\geq0$

$x\geq2$ or $x\leq1$

(2) $x\neq\frac{\pi}{6}+2n\pi,\ \frac{5}{6}\pi+2n\pi$, n은 정수

(3) $x\neq\pm2$

4. $f(x)=\sin x$, $g(x)=\pi x$

(1) $f(g(2))=f(2\pi)=\sin(2\pi)=0$

(2) $f\left(g\left(\frac{1}{2}\right)\right)=f\left(\frac{\pi}{2}\right)=\sin\left(\frac{\pi}{2}\right)=1$

(3) $g(f(0))=g(0)=0$

(4) $g\left(f\left(\frac{\pi}{4}\right)\right)=g\left(\sin\left(\frac{\pi}{4}\right)\right)=g\left(\frac{\sqrt{2}}{2}\right)=\pi\left(\frac{\sqrt{2}}{2}\right)=\frac{\pi\sqrt{2}}{2}$

(5) $f(g(x))=f(\pi x)=\sin(\pi x)$

(6) $g(f(x))=g(\sin x)=\pi\sin x$

연습문제 1.3

1. (1) $f(x) = 3x = y$

$x = \frac{y}{3}$

$y = \frac{x}{3}$

$f^{-1}(x) = \frac{x}{3}$

(2) $f(x) = x^3 - 1 = y$

$x = \sqrt[3]{y+1}$

$y = \sqrt[3]{x+1}$

$f^{-1}(x) = \sqrt[3]{x+1}$

(3) $f(x) = x^2 = y,\ 0 \le x$

$x = \sqrt{y}$

$y = \sqrt{x}$

$f^{-1}(x) = \sqrt{x}$

(4) $f(x) = \sqrt{x^2 - 4} = y,\ x \ge 2$

$x = \sqrt{y^2 + 4}$

$y = \sqrt{x^2 + 4}$

$f^{-1}(x) = \sqrt{x^2 + 4},\ x \ge 0$

2. (1) $f(x) = 2x^5 + x^3 + 1$

$f(-1) = -2 = a \Rightarrow f^{-1}(-2) = -1$

(2) $f(x) = \cos 2x$

$f(0) = 1 = a \Rightarrow f^{-1}(1) = 0$

(3) $f(x) = \sqrt{x - 4}$

$f(8) = 2 = a \Rightarrow f^{-1}(2) = 8$

3. (1) $\arcsin \frac{1}{2} = \frac{\pi}{6}$

(2) $\arcsin 0 = 0$

(3) $\arccos \frac{1}{2} = \frac{\pi}{3}$

(4) $\arccos 0 = \frac{\pi}{2}$

(5) $\arctan \frac{\sqrt{3}}{3} = \frac{\pi}{6}$

(6) $\mathrm{arccot}(-\sqrt{3}) = -\frac{\pi}{6}$

(7) $\mathrm{arccsc}(-\sqrt{2}) = -\frac{\pi}{4}$

(8) $\arccos\left(-\frac{\sqrt{3}}{2}\right) = \frac{5}{6}\pi$

4. (1) $\sin\left(\arcsin \frac{1}{2}\right) = \sin\left(\frac{\pi}{6}\right) = \frac{1}{2}$

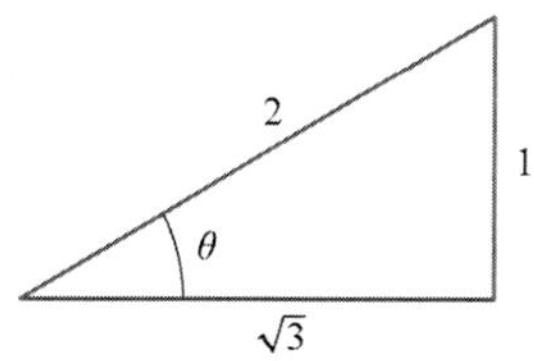

(2) $\cos\left(\arcsin \frac{1}{2}\right) = \cos\left(\frac{\pi}{6}\right) = \frac{\sqrt{3}}{2}$

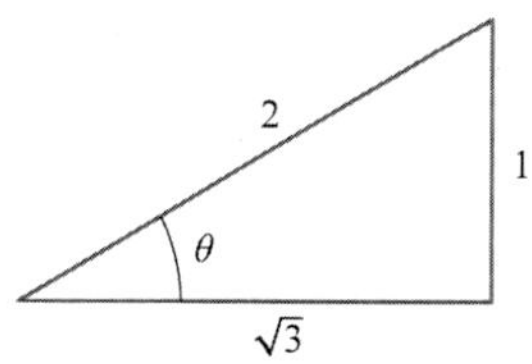

(3) $\tan\left(\arccos \frac{\sqrt{2}}{2}\right) = \tan\left(\frac{\pi}{4}\right) = 1$

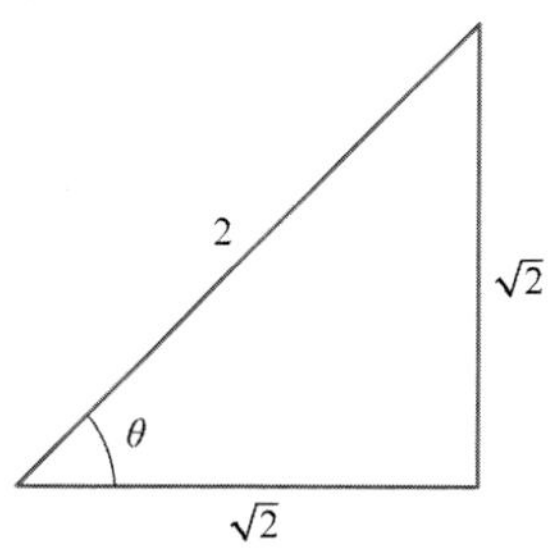

(4) $\cos\left(\arcsin\dfrac{5}{13}\right) = \dfrac{12}{13}$

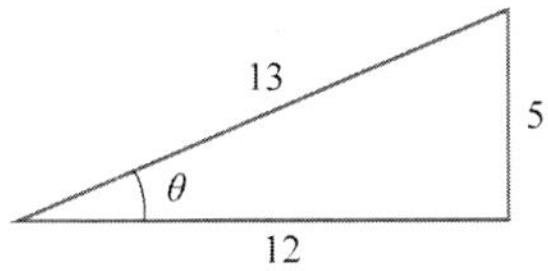

(5) $\sin\left(\arctan\dfrac{3}{4}\right) = \dfrac{3}{5}$

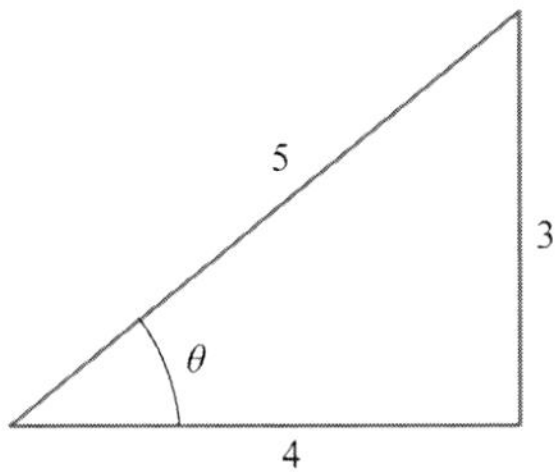

(6) $\sec\left(\arcsin\dfrac{4}{5}\right) = \dfrac{5}{3}$

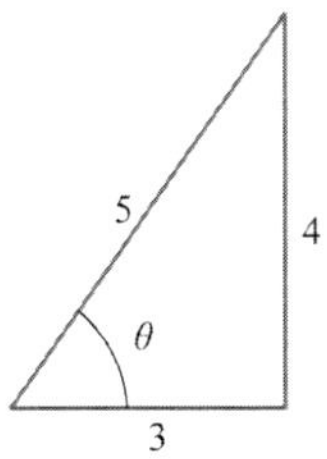

(7) $\tan(\operatorname{arccot} 2) = \dfrac{1}{2}$

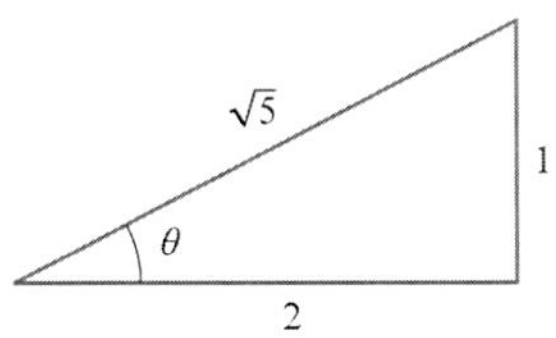

(8) $\cos(\operatorname{arcsec}\sqrt{5}) = \dfrac{\sqrt{5}}{5}$

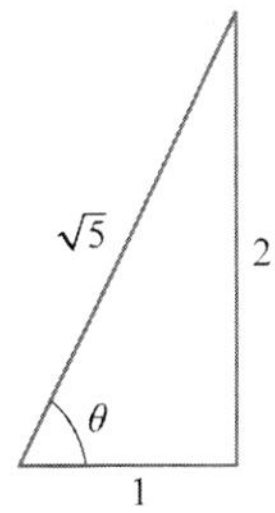

연습문제 1.4

1. (1) $\left(\dfrac{1}{e}\right)^{-2} = e^2$

(2) $\left(\dfrac{e^5}{e^2}\right)^{-1} = (e^3)^{-1} = \dfrac{1}{e^3}$

(3) $e^0 = 1$

(4) $\dfrac{1}{e^{-3}} = e^3$

2. (1) $3^x = 81 \Rightarrow x = 4$

(2) $\left(\dfrac{1}{5}\right)^{2x} = 625 \Rightarrow 5^{-2x} = 5^4 \Rightarrow 2x = 4$

$\Rightarrow x = -2$

(3) $4^3 = (x+2)^3 \Rightarrow 4 = x+2 \Rightarrow x = 2$

(4) $(x+3)^{\frac{4}{3}} = 16 \Rightarrow x+3 = \pm 16^{\frac{3}{4}}$

$\Rightarrow x+3 = \pm 8$

$\Rightarrow x = 5,\ -11$

(5) $e^{-2x} = e^5 \Rightarrow -2x = 5 \Rightarrow x = -\dfrac{5}{2}$

(6) $e^x = 1 = e^0 \Rightarrow x = 0$

3. (1) $y=3^{x-1}$

x	-1	0	1	2	3
y	$\frac{1}{9}$	$\frac{1}{3}$	1	3	9

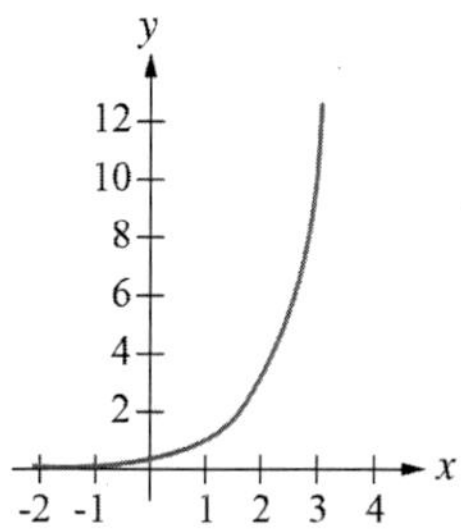

(2) $y=2^{-x^2}$

x	-2	-1	0	1	2	3
y	$\frac{1}{16}$	$\frac{1}{2}$	1	$\frac{1}{2}$	$\frac{1}{16}$	0.002

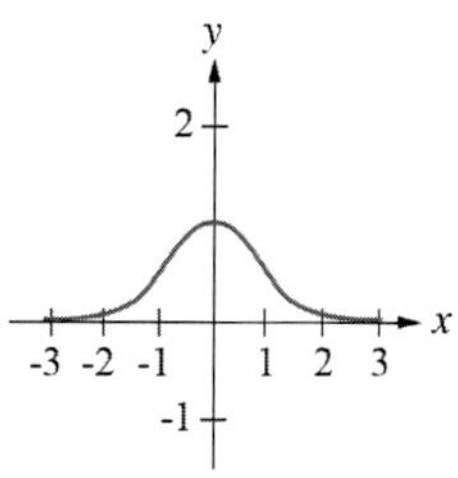

(3) $y=3^{|x|}$

x	0	±1	±2
y	1	3	9

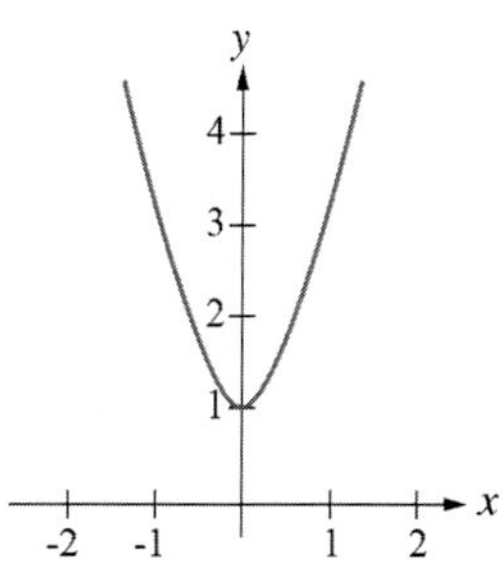

(4) $y=-e^{\frac{x}{2}}$

x	-2	0	2	4
y	$-\frac{1}{e}$	-1	$-e$	$-e^2$

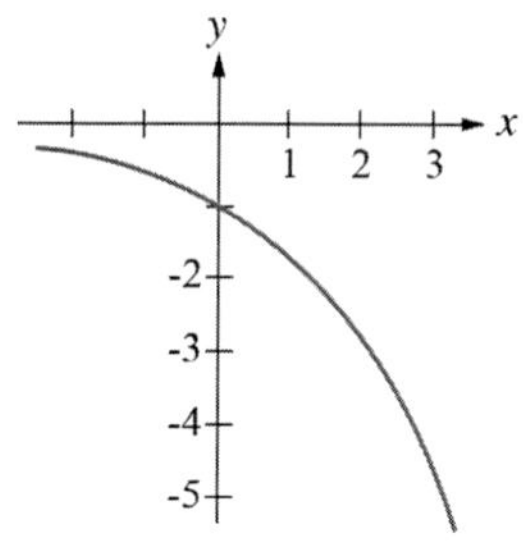

(5) $y=e^{-\frac{x}{4}}$

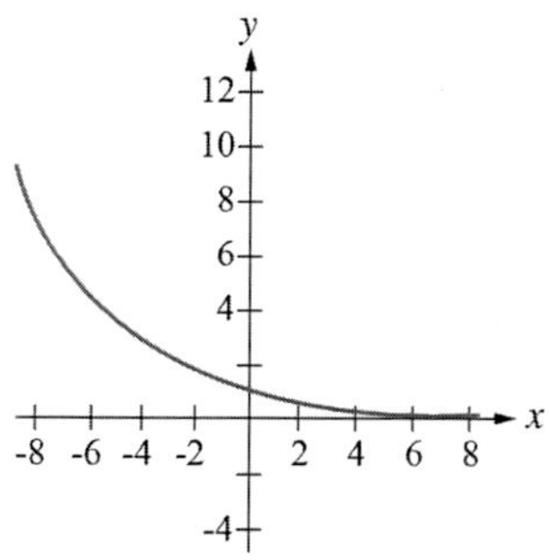

4. (1) $y=3\ln x$, 정의역: $x>0$

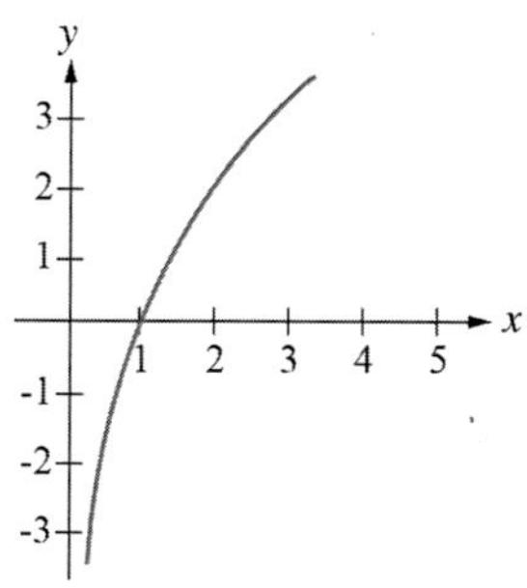

(2) $y = -2\ln x$, 정의역: $x > 0$

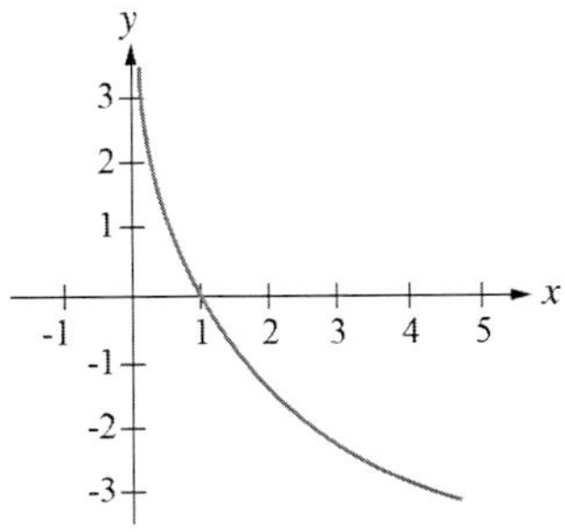

(3) $y = \ln 2x$, 정의역: $x > 0$

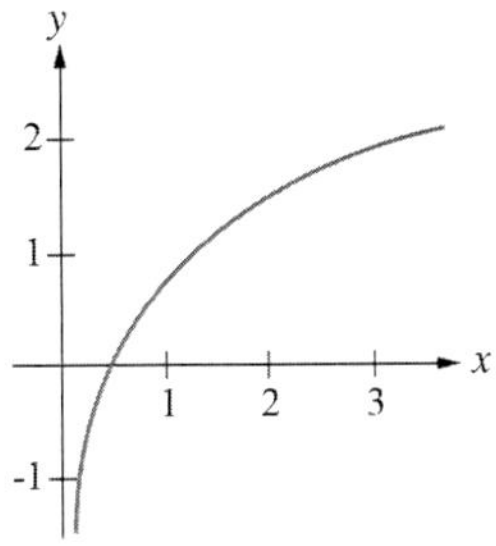

(4) $y = \ln|x|$, 정의역: $x \neq 0$

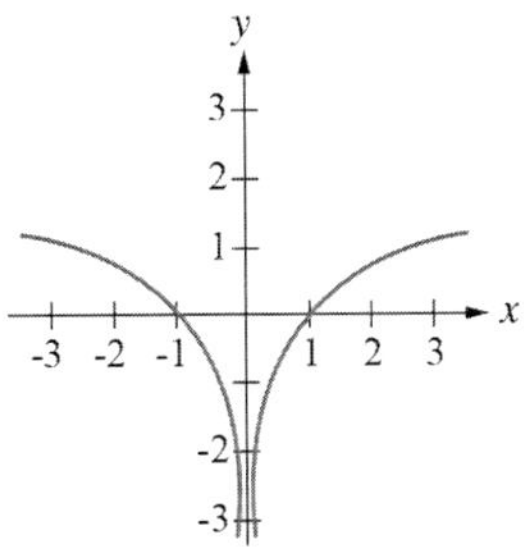

(5) $y = \ln(x-1)$, 정의역: $x > 1$

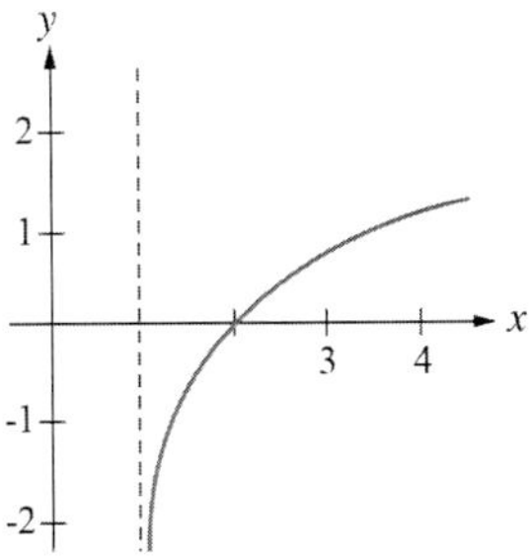

(6) $y = 2 + \ln x$, 정의역: $x > 0$

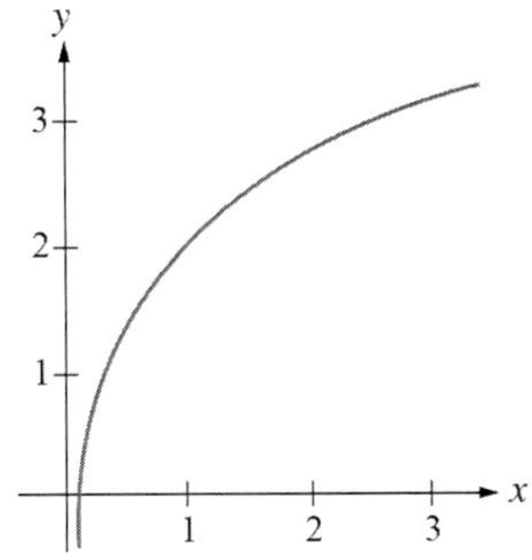

5. (1) $\ln\sqrt{2^3} = \ln 2^{\frac{3}{2}} = \frac{3}{2}\ln 2$

(2) $\ln\sqrt[3]{z+1} = \ln(z+1)^{\frac{1}{3}} = \frac{1}{3}\ln(z+1)$

(3) $\ln z(z-1)^2 = \ln z + \ln(z-1)^2$

$= \ln z + 2\ln(z-1)$

(4) $\ln\frac{1}{e} = \ln 1 - \ln e = -1$

6. (1) $3\ln x + 2\ln y - 4\ln z$

$= \ln x^3 + \ln y^2 - \ln z^4 = \ln\frac{x^3y^2}{z^4}$

(2) $\frac{1}{3}[2\ln(x+3) + \ln x - \ln(x^2-1)]$

$= \frac{1}{3}\ln\frac{x(x+3)^2}{x^{2-1}} = \ln\sqrt[3]{\frac{x(x+3)^2}{x^2-1}}$

(3) $2\ln 3 - \frac{1}{2}\ln(x^2+1)$

$= \ln 9 - \ln(x^2+1)^{\frac{1}{2}} = \ln\frac{9}{\sqrt{x^2+1}}$

(4) $\frac{3}{2}[\ln(x^2+1) - \ln(x+1) - \ln(x-1)]$

$= \frac{3}{2}\ln\frac{x^2+1}{(x+1)(x-1)} = \ln\sqrt{\left(\frac{x^2+1}{x^2-1}\right)^3}$

7. (1) $e^{\ln x} = 4,\ x = 4$

(2) $\ln e^{2x} = 3,\ 2x = 3,\ x = \frac{3}{2}$

(3) $e^{\ln 2x} = 12,\ 2x = 12,\ x = 6$

(4) $\ln e^{-x} = 0,\ -x = 0,\ x = 0$

(5) $\ln x = 2,\ x = e^2 \approx 7.389$

(6) $e^x = 4,\ x = \ln 4 \approx 1.386$

(7) $\ln x^2 = 8,\ x^2 = e^8$

$x = \pm e^4 \approx \pm 54.598$

(8) $e^{-2x} = 5,\ -2x = \ln 5$

$x = -\frac{1}{2}\ln 5 \approx -0.805$

연습문제 1.5

1. (1) $\sin 405° = \sin 45° = \frac{1}{\sqrt{2}}$

(2) $\cos 840° = \cos 120°$

$= -\cos 60° = -\frac{1}{2}$

(3) $\tan(-405°) = -\tan 405°$

$= -\tan 45° = -1$

(4) $\tan 150° = -\tan 30° = -\frac{1}{\sqrt{3}}$

2. $\sin^2\theta + \cos^2\theta = 1$에서

$\cos^2\theta = 1 - \sin^2\theta = 1 - \left(-\frac{3}{5}\right)^2 = \frac{16}{25}$

$270° < \theta < 360°$ 이므로 $\cos\theta = \frac{4}{5}$

$\therefore \tan\theta = \frac{\sin\theta}{\cos\theta} = \frac{-\frac{3}{5}}{\frac{4}{5}} = -\frac{3}{4}$

3. $60° = 60°\left(\frac{\pi}{180°}\right) = \frac{\pi}{3} radians$ 이므로

$8\pi = r\frac{\pi}{3}$ 에서 $r = 24$

4. $C = 2\pi r = 16,\ r = \frac{8}{\pi} = 2.55,$

$A = \frac{1}{2}r^2\theta = \frac{1}{2}(2.55)^2(4.7) = 15$

5. (1) $y = \sin(2x - 120°)$

최댓값: 1, 최솟값: -1

주기: $\frac{360°}{2} = 180°$

(2) $y = 3\cos 2x$

최댓값: 3, 최솟값: -3,

주기: $\frac{360°}{2} = 180°$

(3) $y = \tan 3x + 1$

최댓값, 최솟값은 없다.

주기: $\frac{180°}{3} = 60°$

6. (1) $2\cos^2 x - \sin x - 1 = 0$

$(2\sin x - 1)(\sin x + 1) = 0$

$\sin x = \frac{1}{2}$ 또는 -1

$\sin x = -1$에서 $x = 270°$

$x = 30°,\ 150°,\ 270°$

(2) $\tan x - \sqrt{3}\cot x + 1 - \sqrt{3} = 0$

$\tan = \sqrt{3}$ 에서 $x = 60°,\ 240°$

$(\tan x - \sqrt{3})(\tan x - 1) = 0$

$\tan x = -1$에서 $x = 130°,\ 315°$

$\tan x = \sqrt{3},\ -1$에서

$x = 60°,\ 240°,\ 135°,\ 315°$

7. $\theta = 2(\text{rad})$

8. $-3/5,\ -4/5,\ 3/4$

9. (1) $0,\ -2$

(2) $0,\ -2$

10. (1) $45^\circ < x < 225^\circ$

(2) $60^\circ \le x \le 300^\circ$

연습문제 2장

연습문제 2.1

1. (1) $\lim_{x\to 3}\frac{x-5}{x^2-25} = \lim_{x\to 3}\frac{(x-5)}{(x-5)(x+5)}$

$= \lim_{x\to 5}\frac{1}{x+5} = \frac{1}{10}$

(2) -7

(3) $\lim_{x\to -2}\frac{-2x-4}{x^3-2x^2} = \lim_{x\to -2}\frac{-2(x+2)}{x^2(x+2)}$

$= \lim_{x\to -2}\frac{-2}{x^2} = \frac{-2}{4}$

(4) $\frac{4}{3}$

(5) $\lim_{x\to 9}\frac{\sqrt{x}-3}{x-9} = \lim_{x\to 9}\frac{\sqrt{x}-3}{(\sqrt{x}-3)(\sqrt{x}+3)}$

$= \lim_{x\to 9}\frac{1}{\sqrt{x}+3} = \frac{1}{6}$

(6) $\frac{1}{2}$

(7) $\lim_{x\to -3}\frac{2-\sqrt{x^2-5}}{x+3} = \lim_{x\to -3}\frac{4-(x^2-5)}{(x+3)(2+\sqrt{x^2-5})}$

$= \lim_{x\to -3}\frac{-(x-3)}{2+\sqrt{x^2-5}} = \frac{6}{4}$

(8) 1

(9) $\lim_{x\to 0}\frac{1+x+\sin x}{3\cos x} = \frac{1+0+\sin 0}{3\cos 0} = \frac{1}{3}$

(10) $\frac{1}{3}$

(11) $\lim_{x\to 0}\frac{1-\cos x}{x\sin x} = \lim_{x\to 0}\frac{(1-\cos x)(1+\cos x)}{(x\sin x(1+\cos x)}$

$= \lim_{x\to 0}\frac{\sin^2 x}{x\sin x(1+\cos x)} = \frac{1}{2}$

(12) $2x$

(13) $\lim_{x\to 0}\frac{\frac{1}{2+x}-\frac{1}{2}}{x}=\lim_{x\to 0}\frac{\frac{2-(2+x)}{2(x+x)}}{x}$

$=\lim_{x\to 0}\frac{-1}{2(2+x)}=-\frac{1}{4}$

(14) $\frac{2}{3}$

(15) $\lim_{\theta\to 0^+}\sqrt{\theta}\,e^{\cos(\frac{\pi}{\theta})}=0$

2.

(1) -10 (2) -20

(3) -1 (4) $\frac{5}{7}$

3. (1) $0=3\cdot 0=\left[\lim_{x\to 2}\frac{f(x)-5}{x-2}\right]\left[\lim_{x\to 2}(x-2)\right]$

$=\lim_{x\to 2}\left[\left(\frac{f(x)-5)}{x-2}\right)(x-2)\right]$

$=\lim_{x\to 2}[f(x)-5]$

$=\lim_{x\to 2}f(x)-5$

$\Rightarrow\lim_{x\to 2}f(x)=5$

(2) $0=4\cdot 0=\left[\lim_{x\to 2}\frac{f(x)-5}{x-2}\right]\left[\lim_{x\to 2}(x-2)\right]$

$\Rightarrow\lim_{x\to 2}f(x)=5$

4. (1) $\lim_{x\to\infty}\sqrt{\frac{8x^2-3}{2x^2+x}}=\lim_{x\to\infty}\sqrt{\frac{8-3/x^2}{2+\frac{1}{x}}}=\sqrt{4}=2$

(2) 0

(3) $\lim_{x\to-\infty}\frac{\sqrt[3]{x}-\sqrt[5]{x}}{\sqrt[3]{x}+\sqrt[5]{x}}=\lim_{x\to-\infty}\frac{1-x^{-2/15}}{1+x^{-2/15}}=1$

(4) ∞

(5) $\lim_{x\to-\infty}\frac{x^2-4x+8}{3x^3}=\lim_{x\to-\infty}\left(\frac{1}{3x}-\frac{4}{3x^2}+\frac{8}{3x^3}\right)=0$

(6) $-\infty$

(7) $\lim_{\theta\to\infty}\frac{\cos\theta-1}{\theta}=\lim_{\theta\to\infty}\left(\frac{\cos\theta}{\theta}-\frac{1}{\theta}\right)=0$

(8) 1

(9) $\lim_{x\to-\infty}\tan^{-1}x=-\frac{\pi}{2}$

5. (1) $\lim_{x\to\infty}(\sqrt{x^2+25}-\sqrt{x^2-1})$

$=\lim_{x\to\infty}\frac{(\sqrt{x^2+25}-\sqrt{x^2-1})(\sqrt{x^2+25}+\sqrt{x^2-1})}{\sqrt{x^2+25}+\sqrt{x^2-1}}$

$=\lim_{x\to\infty}\frac{26}{\sqrt{x^2+25}+\sqrt{x^2-1}}=0$

(2) $\lim_{x\to\infty}(\sqrt{x^2+3x}-\sqrt{x^2-2x})$

$=\lim_{x\to\infty}\frac{(\sqrt{x^2+3x}-\sqrt{x^2-2x})(\sqrt{x^2+3x}+\sqrt{x^2-2x})}{\sqrt{x^2+3x}+\sqrt{x^2-2x}}$

$=\lim_{x\to\infty}\frac{5x}{\sqrt{x^2+3x}+\sqrt{x^2-2x}}=\frac{5}{2}$

(3) $\lim_{x\to-\infty}(\sqrt{4x^2+3x-2}+2x)$

$=\lim_{x\to-\infty}\frac{(\sqrt{4x^2+3x-2}+2x)(\sqrt{4x^2+3x-2}-2x)}{\sqrt{4x^2+3x-2}-2x}$

$=\lim_{x\to-\infty}\frac{3x-2}{\sqrt{4x^2+3x-2}-2x}$

$=-\frac{3}{4}$

(4) $\frac{1}{2}$

6. (1) $\lim_{\theta\to 0}\frac{\sin\sqrt{2}\theta}{\sqrt{2}\theta}=1$

(2) 2

(3) $\lim_{x\to 0}\frac{x+x\cos x}{\sin x\cos x}=\lim_{x\to 0}\frac{x(1+\cos x)}{\sin x\cos x}=2$

(4) 1

(5) $\lim_{x\to0}\frac{\tan 3x}{\sin 8x}=\lim_{x\to0}\frac{8x}{\sin 8x}\frac{\tan 3x}{3x}\frac{3}{8}=\frac{3}{8}$

(6) 9

(7) $\lim_{x\to0}\frac{\tan 2x}{\tan \pi x}=\lim_{x\to0}\frac{\pi x}{\tan \pi x}\frac{\tan 2x}{2x}\cdot\frac{2}{\pi}=\frac{2}{\pi}$

(8) 8

(9) $\lim_{x\to0}\frac{\sin(1-\cos x)}{x}=\lim_{x\to0}\frac{\sin(1-\cos x)(1-\cos x)}{x(1-\cos x)}$

$=\lim_{x\to0}\frac{1-\cos x}{x}=\lim_{x\to0}\frac{\sin x\sin x}{x(1+\cos x)}=\frac{0}{2}=0$

(10) 1

(11) $\lim_{x\to2}\frac{\sin(x^2-4)}{x-2}=\lim_{x\to2}\frac{\sin(x^2-4)}{(x-2)(x+2)}(x+2)=4$

(12) -1

(13) $\lim_{r\to0}\frac{\sin r}{\tan 2r}=\lim_{r\to0}\frac{2r}{\tan 2r}\frac{\sin r}{r}\cdot\frac{1}{2}=\frac{1}{2}$

(14) 4

(15) $\lim_{x\to0}\frac{x\sin x}{2-2\cos x}=\lim_{x\to0}\frac{x\sin x(1+\cos x)}{2(1-\cos x)(1+\cos x)}$

$=\lim_{x\to0}\frac{x\sin x(1+\cos x)}{2\sin^2 x}=1$

연습문제 2.2

1. (1) $9-1=6a,\quad a=\frac{4}{3}$

(2) -2 or 3

(3) $-2=-a-b-$①, $a-b=3-$②에서

$a=\frac{5}{2},\ b=-\frac{1}{2}$

2. $\lim_{x\to0}\frac{\sqrt{1+x}-\sqrt{1-x}}{x}=\lim_{x\to0}\frac{2x}{x(\sqrt{1+x}+\sqrt{1-x})}$

$=1=f(0),\ a=1$

3. (1) $\lim_{r\to0}\frac{e^{2x}-1}{x}=a,\ \lim_{x\to0}\frac{e^{2x}-1}{2x}\cdot 2=2=a$

$a=2$

(2) $a=-1$

4. $\lim_{x\to0}\frac{\sin^2 3x}{x^2}=c,\ \lim_{x\to0}\frac{\sin^2 3x}{9x^2}\cdot 9=9=c,$

$c=9$

5.

(1) $f(x)=\log_3 x+x-3$으로 놓으면 $f(x)$는 구간 $[1,\ 3]$에서 연속이다.

또, $f(1)=0+1-3=-2<0$

$f(3)=\log_3 3+3-3=1>0$

따라서 중간값의 정리에 의하여 $f(x)=0$은 구간 $(1,\ 3)$에서 적어도 하나의 실근을 갖는다.

(2) $f(x)=\sin x-x\cos x$로 놓으면 $f(x)$는 구간 $\left[\pi,\ \frac{3}{2}\pi\right]$에서 연속이다.

또, $f(\pi)=\pi>0,\ f\left(\frac{3}{2}\pi\right)=-1<0$

따라서 중간값의 정리에 의하여 $f(x)=0$은

구간 $\left(\pi,\ \frac{3}{2}\pi\right)$에서 적어도 하나의 실근을 가진다.

(3) $f(x)=(x^2-1)\cos x+\sqrt{2}\sin x-1$로 놓으면 $f(x)$는 구간 $\left[0,\ \frac{\pi}{2}\right]$에서 연속이다.

또, $f(0)=-2<0,\ f\left(\frac{\pi}{2}\right)=\sqrt{2}-1>0$

따라서 중간값의 정리에 의하여

$(x^2-1)\cos x+\sqrt{2}\sin x=1$은 구간 $\left(0,\ \frac{\pi}{2}\right)$에서 적어도 하나의 실근을 가진다.

연습문제 3장

연습문제 3.1

1.

(1) $\dfrac{f(4)-f(2)}{4-2}=\dfrac{24-8}{2}=8$

(2) $\dfrac{f(5)-f(1)}{5-1}=\dfrac{3-1}{4}=\dfrac{1}{2}$

(3) $\dfrac{-1}{a(a+h)}$

(4) $\dfrac{f\left(\frac{\pi}{3}\right)-f\left(-\frac{\pi}{6}\right)}{\frac{\pi}{3}-\left(-\frac{\pi}{6}\right)}=\dfrac{\left(\frac{\sqrt{3}}{2}+\frac{1}{2}\right)-\left(-\frac{1}{2}+\frac{\sqrt{3}}{2}\right)}{\frac{\pi}{2}}=\dfrac{1}{\frac{\pi}{2}}=\dfrac{2}{\pi}$

2.

(1) (방법 1)

$$f'(1)=\lim_{x\to1}\frac{f(x)-f(1)}{x-1}=\lim_{x\to1}\frac{\left(\frac{1}{x+1}-\frac{1}{2}\right)}{(x-1)}$$

$$=\lim_{x\to1}\frac{\left(\frac{1}{x+1}-\frac{1}{2}\right)\cdot2(x+1)}{(x-1)\cdot2(x+1)}$$

$$=\lim_{x\to1}\frac{2-(x+1)}{(x-1)\cdot2(x+1)}$$

$$=\lim_{x\to1}\frac{1-x}{(x-1)\cdot2(x+1)}$$

$$=\lim_{x\to1}\frac{-1}{2(x+1)}=-\frac{1}{4}$$

(방법 2)

$$f'(1)=\lim_{h\to0}\frac{f(1+h)-f(1)}{h}=\lim_{h\to0}\frac{\left(\frac{1}{h+2}-\frac{1}{2}\right)}{h}$$

$$=\lim_{h\to0}\frac{\left(\frac{1}{h+2}-\frac{1}{2}\right)\cdot2(h+2)}{h\cdot2(h+2)}$$

$$=\lim_{h\to0}\frac{2-(h+2)}{h\cdot2(h+2)}$$

$$=\lim_{h\to0}\frac{-h}{h\cdot2(h+2)}=-\frac{1}{4}$$

접선은

$$y-\frac{1}{2}=-\frac{1}{4}(x-1)$$

(2) $f'(1)=4,\ y-3=4(x-1)$

(3) (방법 1)

$$f(3)=\frac{1}{\sqrt{4}}=\frac{1}{2},\ \therefore(3,\frac{1}{2})$$

$$f'(3)=\lim_{x\to3}\frac{f(x)-f(3)}{x-3}=\lim_{x\to3}\frac{\left(\frac{1}{\sqrt{x+1}}-\frac{1}{2}\right)}{(x-3)}$$

$$=\lim_{x\to3}\frac{\left(\frac{1}{\sqrt{x+1}}-\frac{1}{2}\right)\cdot2\sqrt{x+1}}{(x-3)\cdot2\sqrt{x+1}}$$

$$=\lim_{x\to3}\frac{(2-\sqrt{x+1})\cdot(2+\sqrt{x+1})}{(x-3)\cdot2\sqrt{x+1}\cdot(2+\sqrt{x+1})}$$

$$=\lim_{x\to3}\frac{4-(x+1)}{(x-3)\cdot2\sqrt{x+1}\cdot(2+\sqrt{x+1})}$$

$$=\lim_{x\to3}\frac{(3-x)}{(x-3)\cdot2\sqrt{x+1}\cdot(2+\sqrt{x+1})}$$

$$=\lim_{x\to3}\frac{-1}{2\sqrt{x+1}\cdot(2+\sqrt{x+1})}$$

$$=\frac{-1}{2(2)(2+2)}=-\frac{1}{16}$$

(방법 2)

$$f'(3)=\lim_{h\to0}\frac{f(3+h)-f(3)}{h}=\lim_{h\to0}\frac{\left(\frac{1}{\sqrt{4+h}}-\frac{1}{2}\right)}{h}$$

$$=\lim_{h\to0}\frac{\left(\frac{1}{\sqrt{4+h}}-\frac{1}{2}\right)\cdot2\sqrt{4+h}}{h\cdot2\sqrt{4+h}}$$

$$=\lim_{h\to0}\frac{(2-\sqrt{4+h})\cdot(2+\sqrt{4+h})}{h\cdot2\sqrt{4+h}\cdot(2+\sqrt{4+h})}$$

$$=\lim_{h\to0}\frac{4-(4+h)}{h\cdot2\sqrt{4+h}\cdot(2+\sqrt{4+h})}$$

$$=\lim_{h\to0}\frac{-h}{h\cdot2\sqrt{4+h}\cdot(2+\sqrt{4+h})}$$

$$=\lim_{h\to0}\frac{-1}{2\sqrt{4+h}\cdot(2+\sqrt{4+h})}$$

$$=\frac{-1}{2(2)(2+2)}=-\frac{1}{16}$$

접선은

$$y-\frac{1}{2}=-\frac{1}{16}(x-3)$$

(4) $f'(-1)=3,\ y+1=3(x+1)$

3.

(1) $f'(x)=\lim_{h\to0}\frac{f(x+h)-f(x)}{h}=\lim_{h\to0}\frac{\left[\frac{1}{(x+h)^2}-\frac{1}{x^2}\right]}{h}$

$$=\lim_{h\to0}\frac{\left[\frac{1}{(x+h)^2}-\frac{1}{x^2}\right]\cdot x^2(x+h)^2}{h\cdot x^2(x+h)^2}$$

$$=\lim_{h\to0}\frac{x^2-(x+h)^2}{h\cdot x^2(x+h)^2}$$

$$=\lim_{h\to0}\frac{-2xh-h^2}{h\cdot x^2(x+h)^2}$$

$$=\lim_{h\to}\frac{-2x-h}{x^2(x+h)^2}$$

$$=\frac{-2x}{x^2(x^2)}=\frac{-2}{x^3}$$

(2) $f'(x)=\frac{-3}{2(3x-2)\sqrt{3x-2}}$

(3) $f'(x)=\lim_{h\to0}\frac{f(x+h)-f(x)}{h}$

$$=\lim_{h\to0}\frac{(\sqrt{(x+h)^2+1}-\sqrt{x^2+1})}{h}$$

$$=\lim_{h\to0}\frac{(\sqrt{(x+h)^2+1}-\sqrt{x^2+1})\cdot(\sqrt{(x+h)^2+1}+\sqrt{x^2+1})}{h\cdot(\sqrt{(x+h)^2+1}+\sqrt{x^2+1})}$$

$$=\lim_{h\to0}\frac{(x+h)^2+1-(x^2+1)}{h\cdot(\sqrt{(x+h)^2+1}+\sqrt{x^2+1})}$$

$$=\lim_{h\to0}\frac{2x+h}{2\sqrt{x^2+1}}$$

$$=\frac{2x}{2\sqrt{x^2+1}}=\frac{x}{\sqrt{x^2+1}}$$

(4) $f'(x)=1+\frac{1}{x^2}$

4.

(1) $f(0)=0$,

$$\lim_{x\to0}f(x)=\lim_{x\to0}\frac{1}{2}(x^3+|x|^3)=0$$

이므로 $f(0)=\lim_{x\to0}f(x)$이다.

따라서 $f(x)$는 $x=0$에서 연속이다.

또,

$$\lim_{h\to0}\frac{f(0+h)-f(0)}{h}=\lim_{h\to0}\frac{h^3+|h|^3}{2h}=0$$

따라서 $f(x)$는 $x=0$에서 미분가능하다.

(2) $f(0)=0$,

$$\lim_{x\to0}f(x)=\lim_{x\to0}x^2\sin\frac{1}{x}=0$$

이므로 $f(0)=\lim_{x\to0}f(x)$이다.

따라서 $f(x)$는 $x=0$에서 연속이다.

또,

$$\lim_{h\to0}\frac{f(0+h)-f(0)}{h}=\lim_{h\to0}h\sin\frac{1}{h}=0$$

따라서 $f(x)$는 $x=0$에서 미분가능하다.

5.

(1) $f_1(x)=x^2+1,\quad f_2(x)=\frac{ax+b}{x+1}$

라고 하면

$f_1'(x)=2x$,

$$f_2'(x)=\frac{a(x+1)-(ax+b)}{(x+1)^2}=\frac{a-b}{(x+1)^2}$$

(i) $f(x)$는 $x=1$에서 연속이므로

$f_1(1)=f_2(1)$에서

$$2=\frac{a+b}{2}\qquad\therefore a+b=4\ \cdots①$$

(ii) $f(x)$는 $x=1$에서 미분가능하므로

$f_1'(1)=f_2'(1)$ 에서

$2=\frac{a-b}{4} \qquad \therefore a-b=8 \quad \cdots②$

①, ②를 연립하여 풀면

$a=6,\ \ b=-2$

6.

(1) $y'=\{(x+1)^3\}'(x^2+2)^4+(x+1)^3\{(x^2+2)^4\}'$

$=3(x+1)^2(x^2+2)^4+(x+1)^3 \cdot 4(x^2+2)^3 \cdot 2x$

$=(x+1)^2(x^2+2)^3(11x^2+8x+6)$

(2) $y=\sqrt[3]{x^2+1}=(x^2+1)^{\frac{1}{3}}$ 이므로

$y'=\frac{1}{3}(x^2+1)^{-\frac{2}{3}}(x^2+1)'=\frac{2x}{3\sqrt[3]{(x^2+1)^2}}$

(3) $y'=3\left(\frac{x}{x^2+1}\right)^2 \cdot \left(\frac{x}{x^2+1}\right)'$

$=3\left(\frac{x}{x^2+1}\right)^2 \cdot \frac{(x)'(x^2+1)-x(x^2+1)'}{(x^2+1)^2}$

$=3\left(\frac{x}{x^2+1}\right)^2 \cdot \frac{1-x^2}{(x^2+1)^2}=\frac{3x^2(1-x^2)}{(x^2+1)^4}$

(4) $y=\sqrt{1+\frac{1}{\sqrt{x}}}=\left(1+\frac{1}{\sqrt{x}}\right)^{\frac{1}{2}}$ 이므로

$y'=\frac{1}{2}\left(1+\frac{1}{\sqrt{x}}\right)^{-\frac{1}{2}}\left(1+\frac{1}{\sqrt{x}}\right)'$

$=\frac{1}{2} \cdot \frac{1}{\sqrt{1+\frac{1}{\sqrt{x}}}} \cdot \left(-\frac{1}{2x\sqrt{x}}\right)$

$=-\frac{1}{4x\sqrt{x+\sqrt{x}}}$

7.

(1) $y'=(x^2+2)'(2x^3-3x+1)+(x^2+2)(2x^3-3x+1)'$

$=2x(2x^3-3x+1)+(x^2+2)(6x^2-3)$

$=10x^4+3x^2+2x-6$

(2) $y'=(x-1)'(x+2)(x^2+5)+(x-1)(x+2)'(x^2+5)$

$+(x-1)(x+2)(x^2+5)'$

$=(x+2)(x^2+5)+(x-1)(x^2+5)+(x-1)(x+2) \cdot 2x$

$=4x^3+3x^2+6x+5$

(3) $y'=\frac{(x+2)'(x^2+2x+3)-(x+2)(x^2+2x+3)'}{(x^2+2x+3)^2}$

$=\frac{x^2+2x+3-(x+2)(2x+2)}{(x^2+2x+3)^2}=-\frac{x^2+4x+1}{(x^2+2x+3)^2}$

(4) $y'=\frac{(x^4-2x^2+1)'(x^4+1)-(x^4-2x^2+1)(x^4+1)'}{(x^4+1)^2}$

$=\frac{(4x^3-4x)(x^4+1)-(x^4-2x^2+1) \cdot 4x^3}{(x^4+1)^2}$

$=\frac{4x(x^2-1)(x^2+1)}{(x^4+1)^2}$

8.

(1) $f(x)=x^3+4x-1, \quad a=-1$

$f'(x)=3x^2+4$

$f(x)=x^3+4x-1=-1, \quad x=0$

$f'(0)=3(0)^2+4=4$

$(f^{-1})'(-1)=\frac{1}{f'(0)}=\frac{1}{4}$

(2) $f(x)=x^3+2x+1, \quad a=1$

$f'(x)=3x^2+2$

$f(x)=x^3+2x+1=1, \quad x=0$

$f'(0)=3(0)^2+2=2$

$(f^{-1})'(1)=\frac{1}{f'(0)}=\frac{1}{2}$

(3) $f(x)=x^5+4x-2, \quad a=3$

$f(x)=5x^4+4$

$f(x)=x^5+4x-2=3, \quad x=1$

$f'(1)=9$

$(f^{-1})'(3)=\frac{1}{f'(1)}=\frac{1}{9}$

(4) $f(x)=\sqrt{x^3+2x+1},\quad a=2$

$$f'(x)=\frac{3x^2+2}{2\sqrt{x^3+2x+1}}$$

$$f(x)=\sqrt{x^3+2x+1}=2,\quad x=1$$

$$f'(1)=\frac{5}{4},\quad (f^{-1})'(2)=\frac{1}{f'(1)}=\frac{4}{5}$$

연습문제 3.2

1.

(1) $y'=5(\sec x+\tan x)^4\times(\sec x+\tan x)'$

$$=5(\sec x+\tan x)^4\times(\sec x\tan x+\sec^2 x)$$

$$=5(\sec x+\tan x)^5\sec x$$

(2) $y'=2\sin(2\pi x-a)\{\sin(2\pi x-a)\}'$

$$=2\sin(2\pi x-a)\cos(2\pi x-a)\cdot 2\pi$$

$$=2\pi\sin 2(2\pi x-a)$$

(3) $y'=(\sin x)'\cos^2 x+(\sin x)(\cos^2 x)'$

$$=\cos x\cos^2 x+(\sin x)(2\cos x)(-\sin x)$$

$$=(\cos x)(\cos^2 x-2\sin^2 x)$$

(4) $y'=\dfrac{(1+\sin x)'}{2\sqrt{1+\sin x}}+\dfrac{(1-\sin x)'}{2\sqrt{1-\sin x}}$

$$=\frac{\cos x}{2\sqrt{1+\sin x}}+\frac{-\cos x}{2\sqrt{1-\sin x}}$$

$$=\frac{(\cos x)(\sqrt{1-\sin x}-\sqrt{1+\sin x})}{2\sqrt{1-\sin^2 x}}$$

$0<x<\dfrac{\pi}{2}$ 에서 $\sqrt{1-\sin^2 x}=\cos x$

이므로

$$y'=\frac{\sqrt{1-\sin x}-\sqrt{1+\sin x}}{2}$$

(5) $y'=\dfrac{(\cos x)'(1+\sin x)-(\cos x)(1+\sin x)'}{(1+\sin x)^2}$

$$=\frac{-(\sin x)(1+\sin x)-\cos x\cos x}{(1+\sin x)^2}$$

$$=\frac{-\sin x-1}{(1+\sin x)^2}=-\frac{1}{1+\sin x}$$

2.

(1) 양변을 y에 관하여 미분하면

$$\frac{dx}{dy}=3\cos 3y\qquad \therefore \frac{dy}{dx}=\frac{1}{3\cos 3y}$$

(2) 양변을 x에 관하여 미분하면

$$\cos x-\sin y\cdot\frac{dy}{dx}=0$$

$$\therefore \frac{dy}{dx}=\frac{\cos x}{\sin y}$$

(3) 양변을 x에 관하여 미분하면

$$\cos x+\cos y\cdot\frac{dy}{dx}=y+x\cdot\frac{dy}{dx}$$

$$\therefore (x-\cos y)\frac{dy}{dx}=\cos x-y$$

$$\therefore \frac{dy}{dx}=\frac{\cos x-y}{x-\cos y}$$

(4) $\dfrac{dy}{dx}=\dfrac{1-y}{x-6y^2}$

(5) $\dfrac{dy}{dx}=\dfrac{\sqrt{y}}{\sqrt{y}+1}$

3.

(1) $y=\dfrac{1}{\sqrt{1-(x^2)^2}}\cdot 2x$

$$=\frac{2x}{\sqrt{1-x^4}}$$

(2) $y'=2\cdot\dfrac{1}{\sqrt{1-(\cos x)^2}}\cdot(-\sin x)$

$$=\frac{-2\sin x}{\sqrt{1-\cos^2 x}}$$

(3) $y=\dfrac{1}{1+(3x)^2}\cdot 3$

$$=\frac{3}{1+9x^2}$$

(4) $y = -2[\tan^{-1}(2x)]^3 \cdot \dfrac{1}{1+(2x)^2} \cdot 2$

$= \dfrac{-4[\tan^{-1}(2x)]^3}{1+4x^2}$

(5) $y = 3[\sec^{-1}(2x)]^2 \cdot \dfrac{1}{|2x|\sqrt{(2x)^2-1}} \cdot 2$

$= \dfrac{3[\sec^{-1}(2x)]^2}{|x|\sqrt{4x^2-1}}$

(6) $y = \dfrac{1}{1+(\sqrt{x^2-1})^2} \cdot \dfrac{1}{2\sqrt{x^2-1}} \cdot 2x$

$= \dfrac{1}{x^2} \cdot \dfrac{1}{2\sqrt{x^2-1}} \cdot 2x$

$= \dfrac{1}{x\sqrt{x^2-1}}$

4.

(1) $f(0) = (\cos^{-1}0)^4 = \left(\dfrac{\pi}{2}\right)^4 = \dfrac{\pi^4}{16} \Rightarrow \therefore \left(10, \dfrac{\pi^4}{16}\right)$

$y' = 4(\cos^{-1}x)^3 \cdot \dfrac{-1}{\sqrt{1-x^2}}$

$y'(0) = 4(\cos^{-1}(0))^3 \cdot \dfrac{-1}{\sqrt{1}}$

$= 4\left(\dfrac{\pi}{2}\right)^3 \cdot (-1)$

$= -\dfrac{\pi^3}{2}$

$\therefore y - \dfrac{\pi^4}{16} = -\dfrac{\pi^3}{2}(x-0)$

(2) $f(\sqrt{3}) = (6\tan^{-1}(\sqrt{3}))^3 = \left(6 \cdot \dfrac{\pi}{3}\right)^3$

$= (2\pi)^3 = 8\pi^3 \quad \Rightarrow \quad \therefore (\sqrt{3},\ 8\pi^3)$

$y' = 3(6\tan^{-1}x)^2 \cdot 6 \cdot \dfrac{1}{1+x^2}$

$f'(\sqrt{3}) = 3(6\tan^{-1}(\sqrt{3}))^2 \cdot 6 \cdot \dfrac{1}{1+3}$

$= 3 \cdot \left(6 \cdot \dfrac{\pi}{3}\right)^2 \cdot 6 \cdot \dfrac{1}{4}$

$= 3 \cdot 4\pi^2 \cdot 6 \cdot \dfrac{1}{4}$

$= 18\pi^2$

$\therefore y - 8\pi^3 = 18\pi^2(x-\sqrt{3})$

5.

(1) 양변의 자연로그를 잡으면

$\ln y = x\ln x$

양변을 x에 관하여 미분하면

$\dfrac{1}{y} \cdot \dfrac{dy}{dx} = \ln x + x \cdot \dfrac{1}{x}$

$\therefore \dfrac{dy}{dx} = y(\ln x + 1) = x^x(\ln x + 1)$

(2) 양변의 자연로그를 잡으면

$\ln y = x\ln(\ln x)$

양변을 x에 관하여 미분하면

$\dfrac{1}{y} \cdot \dfrac{dy}{dx} = \ln(\ln x) + x \cdot \dfrac{1}{\ln x} \cdot \dfrac{1}{x}$

$\therefore \dfrac{dy}{dx} = y\left\{\ln(\ln x) + \dfrac{1}{\ln x}\right\}$

$= (\ln x)^x \ln(\ln x) + (\ln x)^{x-1}$

(3) $y' = (\sin x)^x \left(\ln(\sin x) + \dfrac{x\cos x}{\sin x}\right)$

(4) $y' = e^{x^x} x^x(\ln x + 1)$

6.

(1) $y' = e^{\cos x}(\cos x)' = -e^{\cos x}\sin x$

(2) $y' = (2^x)'\sin x + 2^x(\sin x)'$

$= 2^x\ln 2 \cdot \sin x + 2^x\cos x$

$= 2^x(\ln 2\sin x + \cos x)$

(3) $y' = \dfrac{1}{x+\sqrt{x^2+1}} \cdot (x+\sqrt{x^2+1})'$

$= \dfrac{1}{x+\sqrt{x^2+1}} \cdot \left(1 + \dfrac{2x}{2\sqrt{x^2+1}}\right)$

$= \dfrac{1}{x+\sqrt{x^2+1}} \cdot \dfrac{\sqrt{x^2+1}+x}{\sqrt{x^2+1}}$

$= \dfrac{1}{\sqrt{x^2+1}}$

(4) $y' = (x)'\ln(x^2+1) + x\{\ln(x^2+1)\}'$

$= \ln(x^2+1) + x \cdot \dfrac{2x}{x^2+1}$

$= \ln(x^2+1) + \dfrac{2x^2}{x^2+1}$

(5) $y' = (e^x)'\log_2 x + e^x(\log_2 x)'$

$= e^x \log_2 x + e^x \cdot \dfrac{1}{x} \cdot \dfrac{1}{\ln 2}$

$= e^x\left(\log_2 x + \dfrac{1}{x\ln 2}\right)$

(6) $y = \ln(1+e^x) - \ln e^x$

$= \ln(1+e^x) - x$ 이므로

$y' = \dfrac{(1+e^x)'}{1+e^x} - 1 = \dfrac{e^x}{1+e^x} - 1$

$= -\dfrac{1}{1+e^x}$

7.

(1) $\lim\limits_{t\to -3}\dfrac{3t^2-4}{2t-1} = -\dfrac{23}{7}$

(2) 0

(3) $\lim\limits_{\theta\to\frac{\pi}{2}}\dfrac{2}{-\sin(2\pi-\theta)\cdot(-1)} = -2$

(4) 2

(5) $\lim\limits_{x\to\left(\frac{\pi}{2}\right)^-}\dfrac{x-\frac{\pi}{2}}{\cos x} = \lim\limits_{x\to\left(\frac{\pi}{2}\right)^-}\dfrac{1}{-\sin x} = -1$

(6) $\dfrac{1}{\ln 2}$

(7) $\lim\limits_{x\to 0^+}\dfrac{2x+2/x^2+2x}{1/x} = \lim\limits_{x\to 0}\dfrac{2x+2}{x+2} = 1$

(8) $\ln 2$

(9) $\lim\limits_{x\to 1^+}\dfrac{\ln x-(x-1)}{(x-1)\ln x} = \lim\limits_{x\to 1^+}\dfrac{\frac{1}{x}-1}{1\cdot\ln x+(x-1)\cdot\frac{1}{x}}$

$= \lim\limits_{x\to 1^+}\dfrac{1-x}{x\ln x+x-1} = \lim\limits_{x\to 1^+}\dfrac{-1}{1\cdot\ln x+x\cdot\frac{1}{x}+1} = -\dfrac{1}{2}$

(10) -1

(11) $\lim\limits_{x\to 0}\dfrac{1-\cos x}{\tan x+x\cdot\sec^2 x}$

$= \lim\limits_{x\to 0}\dfrac{\sin x}{\sec^2 x+\sec^2 x+x\cdot 2\sec x\cdot\sec x\tan x} = 0$

(12) e

(13) $y = x^{-\frac{1}{\ln x}}$, $\quad \ln y = \ln x^{-\frac{1}{\ln x}} = -\dfrac{1}{\ln x}\ln x = -1$

$y = e^{-1} \qquad \therefore \lim\limits_{x\to\infty} x^{-\frac{1}{\ln x}} = e^{-1}$

(14) 1

(15) 0

8.

$f(x)$가 $x=0$에서 연속이 되려면

$\lim\limits_{x\to 0}f(x) = f(0) \Rightarrow c = f(0) = \lim\limits_{x\to 0}\dfrac{2x-3\sin 3x}{5x^3}$

$= \lim\limits_{x\to 0}\dfrac{9-9\cos 3x}{15x^2} = \lim\limits_{x\to 0}\dfrac{27\sin 3x}{30x} = \dfrac{27}{10}$

9.

$\lim\limits_{x\to 0}\left(\dfrac{\tan 2x}{x^3}+\dfrac{a}{x^2}+\dfrac{\sin bx}{x}\right) = \lim\limits_{x\to 0}\left(\dfrac{\tan 2x+ax+x^2\sin bx}{x^3}\right)$

$= \lim\limits_{x\to 0}\left(\dfrac{2\sec^2 2x+a+bx^2\cos bx+2x\sin bx}{3x^2}\right)$이 $\dfrac{0}{0}$ 이므로

$= \lim\limits_{x\to 0}(2\sec^2 2x+a+bx^2\cos bx+2x\sin bx) = a+2$

$= 0 \Rightarrow a = -2;\quad \lim\limits_{x\to 0}\left(\dfrac{2\sec^2 2x-2+bx^2\cos bx+2x\sin bx}{3x^2}\right)$

$= \lim\limits_{x\to 0}\left(\dfrac{8\sec^2 2x\tan 2x-b^2x^2\sin bx+4bx\cos bx+2\sin bx}{6x}\right)$

$= \lim\limits_{x\to 0}\left(\dfrac{32\sec^2 2x\tan^2 2x+16\sec^4 2x-b^3x^2\cos bx-6b^2x\sin bx+6b\cos bx}{6}\right)$

$= \dfrac{16+6b}{6} = 0 \Rightarrow 16+6b=0 \Rightarrow b = -\dfrac{8}{3}$

연습문제 4장

연습문제 4.1

1.

(1) $f'(x)=(4-x)^3+x \cdot 3(4-x)^2 \cdot (-1)=0$,

$(4-x)^2(4-x-3x)=0$, $(4-x)^2(4-4x)=0$,

$x=4$ or 1

(2) $x=1$

(3) $y'=2x-32 \cdot \dfrac{1}{2\sqrt{x}}=0$, $\dfrac{2x\sqrt{x}-16}{\sqrt{x}}=0$

$x\sqrt{x}=8$, $x=2$, $x=0$에서 y'은 존재하지 않는다. 따라서 임계값은 $x=0,\ 2$

2.

(1) $f'(x)=\dfrac{2}{3}(x-2)^{-\frac{1}{3}}$ 이므로 $x=2$에서 정의되지 않는다.

(2) $x=0$에서 감소하다 증가하므로 존재한다.

3.

(1) $y'=\dfrac{1}{2}-\dfrac{2}{(2x-4)^2}=-\dfrac{3}{2}$ 에서 $x=\dfrac{5}{2}$ or $\dfrac{3}{2}$

$\left(\dfrac{5}{2},\ \dfrac{9}{4}\right), \left(\dfrac{3}{2},\ -\dfrac{1}{4}\right)$

(2) $(-1,\ 27)$, $(2,\ 0)$

4.

(1) $y'=6x^2-6x-12=24$에서 $(x-3)(x+2)=0$,

$x=3$ or 2, $(-2,\ 16)$, $(3,\ 11)$

(2) $y'=6x^2-6x-12=-12$에서 $6x(x-1)=0$,

$x=0$ or 1, $(0,\ 20)$, $(1,\ 7)$

5.

접선의 방정식 $y-3=-1(x-0)$, $y=-x+3$ 접점의 x의 좌표 t_1에서 접선을 가지므로

$-t_1+3=\dfrac{c}{t_1+1}$ -① $-\dfrac{c}{(t_1+1)^2}=-1$ -②

①, ②에서 $t_1=1$이므로 ②식에서 $c=4$

6.

(1) $y'=3x^2-4$, $y'|_{x=2}=8$이므로

$y-1=-\dfrac{1}{8}(x-2)$, $y=-\dfrac{1}{8}x+\dfrac{5}{4}$

(2) -4

(3) $y'=3x^2-4=8$, $x=\pm 2$ $(2,\ 1)$, $(-2,\ 1)$

점 $(2,\ 1)$에서 $y-1=8(x-2)$, $y=8x-15$,

점 $(-2,\ 1)$에서 $y-1=8(x+2)$, $y=8x+17$

7.

$y'=\dfrac{4 \cdot (x^2+1)-4x \cdot (2x)}{(x^2+1)^2}=\dfrac{-4x^2+4}{(x^2+1)^2}$

$y'|_{x=0}=4$에서 $y=4x$, $y'|_{x=1}=0$에서 $y=2$

8.

(1) $y'=2ax+b$, $y'|_{x=0}=b=1$, 원점을 지나므로

$c=0$, $f(1)=2$에서 $a=1$

(2) $a=-3$, $b=2$, $c=1$

(3) 연속에서 $-a+b=b-3$ -①

미분계수에서 $a=-2b$ -②

①, ②에서 $a=3$, $b=-\dfrac{3}{2}$

9.

(1) $\dfrac{f(1)-f(0)}{1-0}=f'(c) \Rightarrow 3=2c+2 \Rightarrow c=\dfrac{1}{2}$

(2) 1

(3) $\dfrac{\sin 1-\sin(-1)}{1-(-1)}=f'(c) \Rightarrow \dfrac{\pi}{2} \Rightarrow \dfrac{1}{\sqrt{1-c^2}}$

$\Rightarrow c=\pm 0.771$

(4) $\dfrac{1}{3}(1+\sqrt{7})$

10.

(1) $x^2+xy-y^2=1 \Rightarrow 2x+y+xy'-2yy'=0$

$\Rightarrow (x-2y)y'=-2x-y \Rightarrow y'=\dfrac{2x+y}{2y-x};$

(a) 접선의 기울기 $m=y'|_{(2,\,3)}=\dfrac{7}{4} \Rightarrow$

접선은 $y-3=\dfrac{7}{4}(x-2) \Rightarrow y=\dfrac{7}{4}x-\dfrac{1}{2}$

(b) 법선은 $y-3=-\dfrac{4}{7}(x-2) \Rightarrow y=-\dfrac{4}{7}x+\dfrac{29}{7}$

(2) (a) $y=\dfrac{6}{7}x+\dfrac{6}{7}$, (b) $y=-\dfrac{7}{6}x-\dfrac{7}{6}$

(3) $2xy+\pi\sin y=2\pi \Rightarrow 2xy'+2y+\pi(\cos y)y'=0$

$\Rightarrow (2x+\pi\cos y)y'=-2y \Rightarrow y'=\dfrac{-2y}{2x+\pi\cos y};$

(a) 접선의 기울기 $m=y'|_{(1,\,\frac{\pi}{2})}=\left.\dfrac{-2y}{2x+\pi\cos y}\right|_{(1,\,\frac{\pi}{2})}$

$=-\dfrac{\pi}{2} \Rightarrow$ 접선은 $y-\dfrac{\pi}{2}=-\dfrac{\pi}{2}(x-1)$

$\Rightarrow y=-\dfrac{\pi}{2}x+\pi$

(b) 법선은 $y-\dfrac{\pi}{2}=\dfrac{2}{\pi}(x-1) \Rightarrow y=\dfrac{2}{\pi}x-\dfrac{2}{\pi}+\dfrac{\pi}{2}$

(4) (a) $y=2\pi x-2\pi$, (b) $y=-\dfrac{x}{2\pi}+\dfrac{1}{2\pi}$

11.

(1) $x^2+2y^2=9 \Rightarrow 2x+4y\dfrac{dy}{dx}=0 \Rightarrow \dfrac{dy}{dx}=-\dfrac{x}{2y}$

$\Rightarrow \left.\dfrac{dy}{dx}\right|_{(1,2)}=-\dfrac{1}{4} \Rightarrow$ 접선은 $y=2-\dfrac{1}{4}(x-1)$

$=-\dfrac{1}{4}x+\dfrac{9}{4}$. 법선은 $y=2+4(x-1)=4x-2$

(2) 접선은 $y=2x-4$, 법선은 $y=-\dfrac{1}{2}x+\dfrac{7}{2}$

(3) $x+\sqrt{xy}=6 \Rightarrow 1+\dfrac{1}{2\sqrt{xy}}\left(x\dfrac{dy}{dx}+y\right)=0 \Rightarrow$

$x\dfrac{dy}{dx}+y=-2\sqrt{xy} \Rightarrow \dfrac{dy}{dx}=\dfrac{-2\sqrt{xy}-y}{x}$

$\Rightarrow \left.\dfrac{dy}{dx}\right|_{(4,1)}=\dfrac{-5}{4} \Rightarrow$ 접선은

$y=1-\dfrac{5}{4}(x-4)=-\dfrac{5}{4}x+6$이고, 법선은

$y=1+\dfrac{4}{5}(x-4)=\dfrac{4}{5}x-\dfrac{11}{5}$

(4) (1, 1)에서 기울기 $-\dfrac{1}{2}$이지만, $(1,-1)$은 정의 되지 않는다.

연습문제 4.2

1.

(1) $y=x^3+x^2-8x+5$

$\to y'=3x^2+2x-8=(x+2)(3x-4)$

$(-\infty,-2)$와 $(\frac{4}{3},\infty)$에서 증가, $(-2,\frac{4}{3})$에서 감소

$x=-2$에서 극대값 17, $x=\dfrac{4}{3}$에서

극소값 $-\dfrac{41}{27}$

(2) 극소값 : $(0,\ 1)$

(3) $y=\dfrac{x}{x^2+1}$

$\rightarrow y' = \frac{1(x^2+1)-x(2x)}{(x^2+1)^2} = \frac{-2(x^2-1)}{(x^2+1)^2}$

$(-\infty, -1)$과 $(1, \infty)$에서 감소, $(-1, 1)$에서 증가

$x=-1$에서 극소값 $-\frac{1}{2}$, $x=1$에서 극대값 $\frac{1}{2}$

(4) 극소값 : $\left(\frac{1}{e}, -\frac{1}{e}\right)$

(5) $y = x^{\frac{2}{3}}(x+2)$

$\rightarrow y' = \frac{2}{3}x^{-\frac{1}{3}}(x+2) + x^{\frac{2}{3}} = \frac{5x+4}{3x^{\frac{1}{3}}}$

$(-\infty, -\frac{4}{3})$, $(0, 8)$에서 증가,$(-\frac{4}{5}, 0)$에서 감소,

$x=-\frac{4}{5}$에서 극대값 $\frac{12}{25}\sqrt[3]{10}$ $x=0$에서극소값 0

(6) 극대값 : $(\sqrt{2}, 2)$, 극소값 : $(-\sqrt{2}, -2)$

(7) $h(x) = -x^3+2x^2 \rightarrow h'(x) = -3x^2+4x = x(4-3x)$

$(0, \frac{4}{3})$에서 증가, $(-\infty, 0)$와 $(\frac{4}{3}, \infty)$에서 감소

$x=\frac{4}{3}$에서 극대값 $\frac{32}{27}$, $x=0$에서 극소값 0

(8) 극대값 : $(0, 16)$, 극소값 : $(\pm 2, 0)$

(9) $h(t) = \frac{3}{2}t^4 - t^6 \rightarrow h'(t) = 6t^3 - 6t^5 = 6t^3(1+t)(1-t)$

$(-\infty, 1)$와 $(0, 1)$에서 증가, $(-1, 0)$과 $(1, \infty)$에서 감소 $t=\pm 1$에서 극대값 $\frac{1}{2}$, $t=0$에서 극소값 0

(10) 극대값 : $(2, 4)$, 극소값 : $(-2, -4)$

(11) $f(x) = \frac{x^2-3}{x-2}$

$\rightarrow f'(x) = \frac{2x(x-2)-(x^2-3)(1)}{(x-2)^2} = \frac{(x-3)(x-1)}{(x-2)^2}$

$(-\infty, 1)$와 $(3, \infty)$에서 증가하고 $(1, 2)$와 $(2, 3)$에서 감소 $x=2$에서 불연속, $x=1$에서 극소값 2, $x=3$ 에서 극대값 6

(12) 극소값 : $(-2, -6\sqrt[3]{2})$.

(13) 극대값 : $(2, 16)$, 극소값 : $(-2, -16)$

(14) 극대값, 극소값 없음

(15) $f(x) = \sqrt{25-x^2} \rightarrow f'(x) = \frac{-2x}{2\sqrt{25-x^2}}$

$(-\infty, 0)$에서 증가 $(0, \infty)$에서 감소 $x=0$에서 극대값 5

(16) 극대값 : $(0, 2)$, 극소값 : $(2-\sqrt{3}, \frac{\sqrt{3}}{4\sqrt{3}-6})$

(17) $f(x) = \sin 2x \rightarrow f'(x) = 2\cos 2x$

$(0, \frac{\pi}{4})$, $(\frac{3}{4}\pi, \pi)$에서 증가 $(\frac{\pi}{4}, \frac{3}{4}\pi)$에서 감소, $x=\frac{\pi}{4}$에서 극대값 1, $x=\frac{3}{4}\pi$에서 극소값 -1

(18) 극대값 : $(\frac{\pi}{6}, 2)$, 극소값 : $(\frac{7}{6}\pi, -2)$

(19) $f(x) = \frac{x}{2} - 2\sin\frac{x}{2} \rightarrow f'(x) = \frac{1}{2} - \cos(\frac{x}{2})$

$(0, \frac{2}{3}\pi)$에서 감소, $(\frac{2}{3}\pi, 2\pi)$에서 증가이므로 $x=\frac{2}{3}\pi$에서 극소값 $\frac{\pi}{3} - \sqrt{3}$

(20) 극소값 : $(\frac{\pi}{4}, 0)$

2.

$a+b=2$ -①, $f'(x) = 2ax+b$,

$f'(1) = 2a+b = 0$ -②

①, ②에서 $a=-2$, $b=4$

3.

(1) $y = x^3 - 3x + 3$일 때,

$y' = 3x^2 - 3 = 3(x-1)(x+1)$이고 $y'' = 6x$, 그래프는 $(-\infty, -1) \cup (1, \infty)$에서 올라가고 $(-1, 1)$에서 내려간다. $x=-1$에서 극대값 5, $x=1$에서 극소값 1, 이 그

래프는 $(-\infty, 0)$에서 위로 블록이고 $(0, \infty)$에서 아래로 블록이다. $x=0$에서 변곡점 3이다.

(2) 극대값 : $(0, 0)$, 극소값 : $(-1, -1)$, $(1, -1)$

변곡점 : $(-\frac{1}{\sqrt{3}}, -\frac{5}{9})$, $(\frac{1}{\sqrt{3}}, -\frac{5}{9})$

(3) $y=\sin x\cos x$

$y'=\cos x\cos x+\sin x(-\sin x)$

$=(\cos x-\sin x)(\cos x+\sin x)$

$y''=2\cos x(-\sin x)-2\sin x\cos x$

$=-4\cos x\sin x$

그래프는$(0, \frac{\pi}{4})$, $(\frac{3}{4}\pi, 2\pi)$에서 올라가고, $(\frac{\pi}{4}, \frac{3}{4}\pi)$에서 내려간다. $x=\frac{\pi}{4}$에서 극대값 $\frac{1}{2}$, $x=\frac{3\pi}{4}$에서 극대값 $-\frac{1}{2}$, $(0, \frac{\pi}{2})$에서 위로블록이고, $(\frac{\pi}{2}, \pi)$에서 아래로 블록이다. $x=\frac{\pi}{2}$에서 변곡점이 0이다.

(4) 극대값 : $(2, 2)$, 극소값 $(-2, -2)$

변곡점 : $(-2\sqrt{3}, -\sqrt{3})$, $(2\sqrt{3}, \sqrt{3})$

4.

(1) $y'=12x^2(x-1)$, $y''=12x(3x-2)$

$y'=0$에서 $x=0, 1$

$y''=0$에서 $x=0, \frac{2}{3}$

극소점 : $(1, 0)$, 변곡점 : $(0,1)$, $\left(\frac{2}{3}, \frac{11}{27}\right)$

$x<0$일 때 아래로 볼록

$0<x<\frac{2}{3}$일 때 위로 볼록

$x>\frac{2}{3}$일 때 아래로 볼록

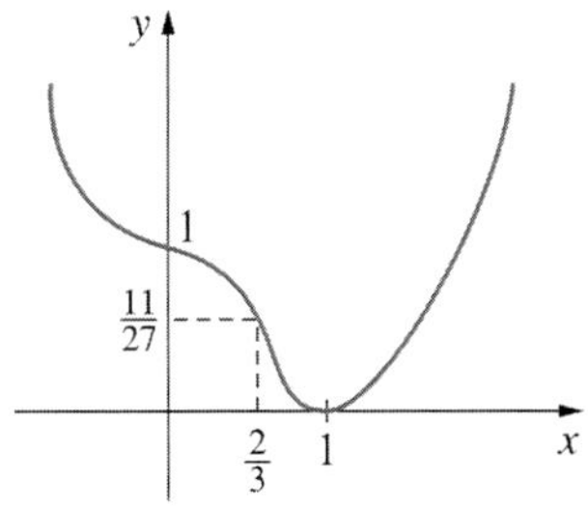

(2) $y'=\frac{1}{\pi}\frac{-2x}{(x^2+1)^2}$, $y''=\frac{1}{\pi}\frac{6x^2-2}{(x^2+1)^3}$

$y'=0$에서 $x=0$

$y''=0$에서 $x=\pm\frac{1}{\sqrt{3}}$

극대점 : $\left(0, \frac{1}{\pi}\right)$

변곡점 : $\left(-\frac{1}{\sqrt{3}}, \frac{3}{4\pi}\right)$, $\left(\frac{1}{\sqrt{3}}, \frac{3}{4\pi}\right)$

$x<-\frac{1}{\sqrt{3}}$일 때 아래로 볼록

$-\frac{1}{\sqrt{3}}<x<\frac{1}{\sqrt{3}}$일 때 위로 볼록

$x>\frac{1}{\sqrt{3}}$일 때 아래로 볼록

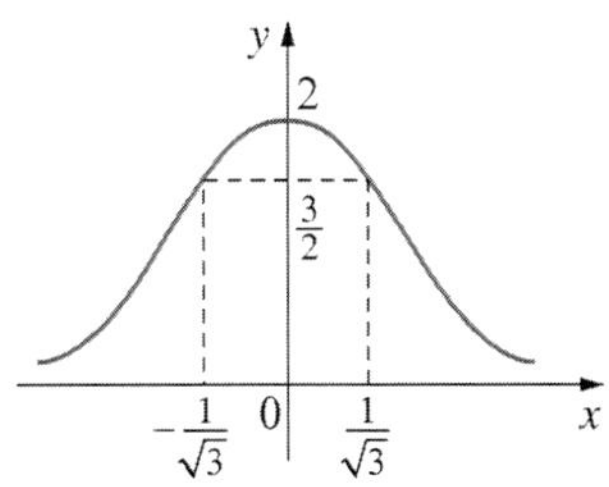

(3) $y'=\dfrac{\frac{1}{x}(x)-\ln x}{x^2}=\dfrac{1-\ln x}{x^2}$

$y'=0$에서 $x=e$

$y''=0$에서 $x=e^{\frac{3}{2}}$

극대점 : $\left(e, \frac{1}{e}\right)$, 변곡점 : $\left(e^{\frac{3}{2}}, \frac{3}{2}e^{-\frac{3}{2}}\right)$

$0 < x < e^{\frac{3}{2}}$ 일 때 위로 볼록

$x > e^{\frac{3}{2}}$ 일 때 아래로 볼록

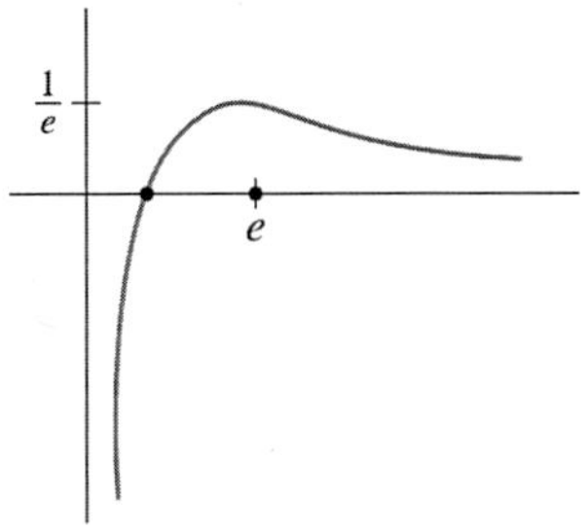

(4) $y' = \dfrac{(x-1)e^x}{x^2}$, $y'' = \dfrac{(x^2-2x+2)e^x}{x^3}$

$y'=0$에서 $x=1$

$x=1$일 때 임계값 $f(1)=e$

$x>0$일 때 $y''>0$이므로 아래로 볼록

$x<0$일 때 $y''<0$이므로 위로 볼록

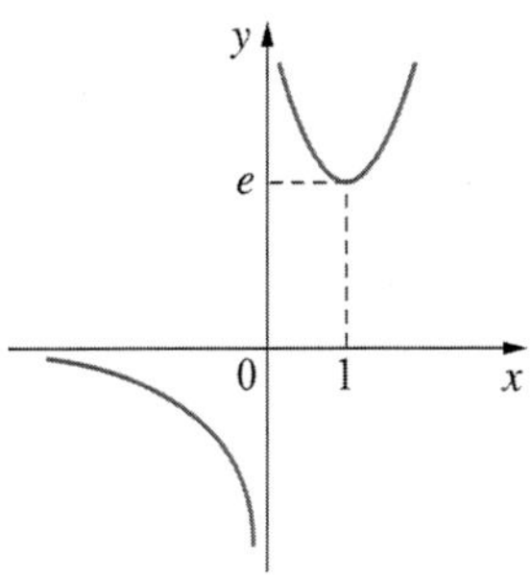

(5) $y' = \dfrac{1}{\sqrt{2\pi}\,\sigma^3} exp\left[-\dfrac{(x-\mu)^2}{2\sigma^2}\right] \times (-x+\mu)$

$y'' = \dfrac{1}{\sqrt{2\pi}\,\sigma^5} exp\left[-\dfrac{(x-\mu)^2}{2\sigma^2}\right] \times (x^2 - 2\mu x + \mu^2 - \sigma^2)$

$y'=0$에서 $x=\mu$

$y''=0$에서 $x=\mu-\sigma,\ \mu+\sigma$

극대값 : $\left(0, \dfrac{1}{\sqrt{2\pi}\,\sigma}\right)$

$x<\mu-\sigma$일 때 $y''>0$이므로 아래로 볼록

$\mu-\sigma<x<\mu+\sigma$일 때 $y''<0$이므로 위로 볼록

$x>\mu+\sigma$일 때 $y''>0$이므로 아래로 볼록

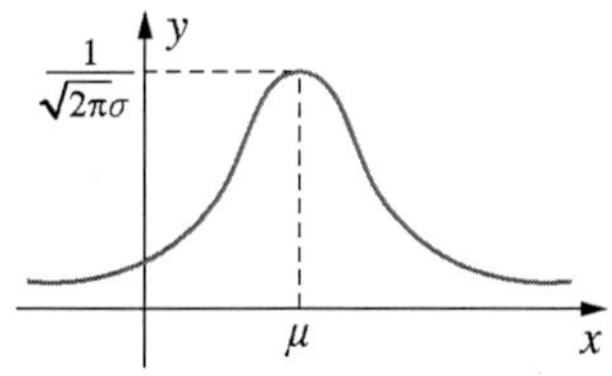

5. $lw=16,\quad p=2l+2w=2l+\dfrac{32}{l}$ 이고

$p'(l) = 2 - \dfrac{32}{l^2}$

$p'(l)=0,\ l=4$에서 극대이며 최대이므로 $p(4)=16$이며, $w=4$

6. $x=2$, 최대면적 : 32

7.

직원뿔의 반지름 x, 중심에서 직원뿔의 밑면의 중심까지의 거리를 y라 하자. $x^2+y^2=9$이다.

$V = \dfrac{1}{3}\pi x^2(3+y) = \dfrac{1}{3}\pi(9-y^2)(3+y)$

$= \dfrac{1}{3}\pi(-y^3-3y^2+9y+27)$

$V' = \dfrac{1}{3}\pi(-3y^2-6y+9)$, $V'=0$, $y=1$에서 극대이며, 최대

$V(1) = \dfrac{32}{3}\pi$

8. $r = 10\sqrt{\dfrac{2}{3}}$, $h = \dfrac{20}{\sqrt{3}}$, $V = \dfrac{4000}{3\sqrt{3}}\pi$

9.

$A=2x \cdot e^{-x^2},\ A'=2(e^{-x^2}+x \cdot e^{-x^2} \cdot (-2x))$

$A'=0,\ \ x=\frac{1}{\sqrt{2}}$ 에서 극대이며 최대

$A\left(\frac{1}{\sqrt{2}}\right)=\sqrt{2} \cdot e^{-\frac{1}{2}}=\sqrt{\frac{2}{e}}$ 이다.

10. -2

11.

$C(x)=5\sqrt{16+x^2}+2\sqrt{36+(8-x)^2}$

$0 \le x \le 8$

$C(x)=5\sqrt{16+x^2}+2\sqrt{100-16x+x^2}$

$$C'(x)=5\left(\frac{1}{2}\right)(16+x^2)^{-\frac{1}{2}}2x$$

$$+2\left(\frac{1}{2}\right)(100-16x+x^2)^{-\frac{1}{2}}(2x-16)$$

$$=\frac{5x}{\sqrt{16+x^2}}+\frac{2x-16}{\sqrt{100-16x+x^2}}=0$$

$x \approx 1.2529$

$C(0)=40,\ \ C(1.2529) \approx 39.0162,$

$C(8) \approx 56.7214$

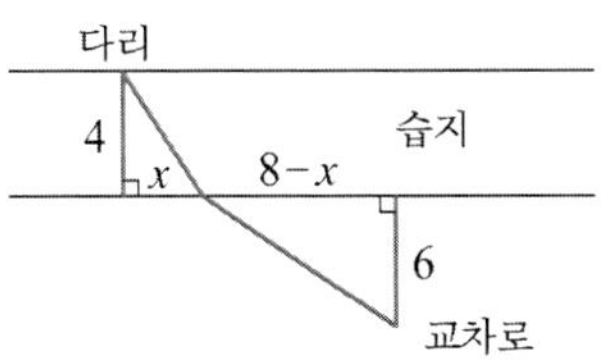

따라서 고속도로는 다리로부터 동쪽으로 1.2529마일지점에서 습지로부터 나와야 한다. 교차로까지 직선도로로 건설한다면 $x=3.2$ 따라서 $C(3.2)-C(1.2529) \approx 1.963$이므로 약 1.963백만 달러를 절약할 수 있다.

12.

$C(x)=6\sqrt{16+x^2}+2\sqrt{36+(8-x)^2}$

$$C'(x)=\frac{6x}{\sqrt{16+x^2}}+\frac{2x-16}{\sqrt{100-16x+x^2}}=0$$

$x \approx 1.0435$

$C(0)=44,\ \ C(1.0435) \approx 43.1763,$

$C(8) \approx 65.6656$

따라서 고속도로는 다리로부터 동쪽으로 1.0435마일 지점에서 습지로부터 나와야 한다. 문제11의 경로를 사용하여야 한다면 부대비용은

$$C(1.2529)-C(1.0435)=43.2078-43.1763$$
$$=0.0315$$

또는 약 31.5천 달러가 더 소요될 것이다.

연습문제 4.3

1.

(1) $f(x)=x^3-2x+3 \ \rightarrow\ f'(x)=3x^2-2$

$\rightarrow L(x)=f'(2)(x-2)+f(2)=10(x-2)+7$

$\Rightarrow L(x)=10x-13$

(2) $L(x)=2$

(3) $f(x)=\tan x \rightarrow f'(x)=\sec^2 x$

$\rightarrow L(x)=f(\pi)+f'(\pi)(x-\pi)$

$=0+1(x-\pi)=x-\pi$

(4) $L(x)=x$

(5) $f(x)=\cos x \rightarrow f'(x)=-\sin x$

$\rightarrow L(x)=f\left(\frac{\pi}{2}\right)+f'\left(\frac{\pi}{2}\right)\left(x-\frac{\pi}{2}\right)$

$=0-1\left(x-\frac{\pi}{2}\right)=-x+\frac{\pi}{2}$

(6) $L(x)=x+1$

(7) $f(x)=\ln(1+x) \rightarrow f'(x)=\dfrac{1}{1+x}$

$\rightarrow L(x)=f(0)+f'(0)(x-0)=x$

2. (1) $\dfrac{dv}{dt}=\pi r^2\dfrac{dh}{dt}$

(2) $\dfrac{dv}{dt}=2\pi rh\dfrac{dr}{dt}$

(3) $\dfrac{dv}{dt}=\pi r^2\dfrac{dh}{dt}+2\pi rh\dfrac{dr}{dt}$

3.

$\dfrac{dx}{dt}=5\,\text{ft/sec}$, 사다리 길이 13 ft, 그 순간에 $x=12,\ y=5$일 때

(a) $x^2+y^2=169$이므로

$\dfrac{dy}{dt}=-\dfrac{x}{y}\dfrac{dx}{dt}=-\left(\dfrac{12}{5}\right)(5)=-12\,\text{ft/sec}$,

사다리는 벽에서 내려온다.

(b) 사다리벽에 의해 만들어진 삼각형의 넓이

$A=\dfrac{1}{2}xy \Rightarrow \dfrac{dA}{dt}=\left(\dfrac{1}{2}\right)\left(x\dfrac{dy}{dt}+y\dfrac{dx}{dt}\right)$

넓이의 변화율은

$\dfrac{1}{2}[12(-12)+5(5)]=-\dfrac{119}{2}ft^2/\text{sec}$.

(c) $\cos\theta=\dfrac{x}{13} \Rightarrow -\sin\theta\dfrac{d\theta}{dt}=\dfrac{1}{13}\cdot\dfrac{dx}{dt}$

$\Rightarrow \dfrac{d\theta}{dt}=-\dfrac{1}{13\sin\theta}\cdot\dfrac{dx}{dt}=-\left(\dfrac{1}{5}\right)(5)=-1\,\text{rad/sec}$

4.

(1) $\dfrac{dh}{dt}=-\dfrac{8}{225\pi}$ (2) $\dfrac{dr}{dt}=-\dfrac{4}{15\pi}$

5. $s^2=h^2+x^2$

$2s\dfrac{ds}{dt}=2h\dfrac{dh}{dt}+2x\dfrac{dx}{dt}$

$\dfrac{ds}{dt}=\dfrac{1}{s}\left(h\dfrac{dh}{dt}+x\dfrac{dx}{dt}\right)$

$\Rightarrow \dfrac{ds}{dt}=\dfrac{1}{85}(68(1)+51(17))$

$\dfrac{ds}{dt}=11\,\text{ft/sec}$

6.

$I=s+x \rightarrow \dfrac{dI}{dt}=\dfrac{ds}{dt}+\dfrac{dx}{dt}$

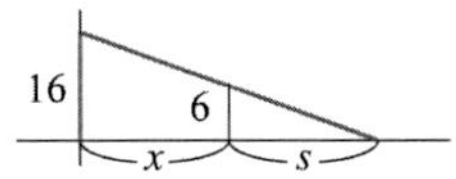

$s:6=x+s:16$

$s=\dfrac{3}{5}x$

$\dfrac{ds}{dt}=\dfrac{3}{5}\dfrac{dx}{dt}=\dfrac{3}{5}(-5)=-3$

$\left|\dfrac{dI}{dt}\right|=\left|\dfrac{3}{5}\dfrac{dx}{dt}+\dfrac{dx}{dt}\right|=\dfrac{8}{5}|-5|=8$

7. $\tan\theta=\dfrac{A}{B}$, $\sec^2\theta\dfrac{d\theta}{dt}=\dfrac{A'B-AB'}{B^2}$

$A=10,\ B=20,\ \cos\theta=\dfrac{2}{\sqrt{5}},\ \dfrac{d\theta}{dt}=-\dfrac{1}{10}$

8.

(1) $\dfrac{\Delta f}{\Delta t}=\dfrac{(20\cdot 2-5\cdot 2^2)-(20\cdot 0-5\cdot 0^2)}{2-0}=10(\text{m/sec})$

(2) 속도를 v라 하면

$v=f'(t)=20-10t$이므로

$f'(1)=10(\text{m/sec}),\ f'(2)=0(\text{m/sec})$

$f'(3)=-10(\text{m/sec})$

(3) 가속도를 a라 하면

$a=v'=(20-10t)'=-10(\text{m/sec}^2)$

9. 시각 t에서의 속도 v와 가속도

a는 $v=3\pi\cos\pi t-4\pi\sin\pi t$,

$a=-3\pi^2\sin\pi t-4\pi^2\cos\pi t$

$v_{t=2}=3\pi,\ a_{t=2}=-4\pi^2$

10.

$\frac{dy}{dt}=-4\sin t,\ \frac{dy}{dt}=2\cos t$이므로

$t=\frac{\pi}{4}$일 때 $\vec{v}=\left(\frac{dx}{dt},\ \frac{dy}{dt}\right)=(-2\sqrt{2},\ \sqrt{2})$

$|\vec{v}|=\sqrt{(-2\sqrt{2})^2+(\sqrt{2})^2}=\sqrt{10}$

또, $\frac{d^2x}{dt^2}=-4\cos t,\ \frac{d^2y}{dt^2}=-2\sin t$

따라서 $t=\frac{\pi}{4}$일 때

$\vec{a}=\left(\frac{d^2x}{dt^2},\ \frac{d^2y}{dt^2}\right)=(-2\sqrt{2},\ -\sqrt{2})$

$|\vec{a}|=\sqrt{(-2\sqrt{2})^2+(-\sqrt{2})^2}=\sqrt{10}$

11.

(1) t를 소거하면

$y=2\cdot\frac{x-1}{2}-\left(\frac{x-1}{2}\right)^2$

$=-\frac{1}{4}(x^2-6x+5)$

$=-\frac{1}{4}(x-3)^2+1$

그런데 $t\geq 0$ 이므로 $x\geq 1$,

따라서 점 P의 자취는 포물선의 일부분이다.

(2) $\frac{dy}{dx}=2,\ \frac{dy}{dt}=2-2t$이므로 $t=2$일 때

$\vec{v}=(2,\ -2),\ |\vec{v}|=2\sqrt{2}$

$\frac{d^2x}{dt^2}=0,\ \frac{d^2y}{dt^2}=-2$이므로 $t=2$일 때

$\vec{a}=(0,\ -2),\ |\vec{a}|=2$

(3) $\vec{v}=(2,\ -2)$가 x축의 양의 방향과 이루는 각을 θ라 하면 $\tan\theta=-1\quad\therefore\theta=-45^\circ$

12.

(1) $\frac{dx}{dt}=e^t(-\sin t+\cos t)$,

$\frac{dy}{dt}=e^t(\sin t+\cos t)$

$\vec{v}=(e^t(-\sin t+\cos t),\ e^t(\sin t+\cos t))$

$|\vec{v}|=\sqrt{e^{2t}(-\sin t+\cos t)^2+e^{2t}(\sin t+\cos t)^2}$

$=\sqrt{e^{2t}(2\sin^2 t+2\cos^2 t)}=\sqrt{2}e^t$

(2) $t=\frac{\pi}{2}$일 때

$\frac{dx}{dt}=-e^{\frac{\pi}{2}},\ \frac{dy}{dt}=e^{\frac{\pi}{2}}$

$\tan\alpha=\frac{\frac{dy}{dt}}{\frac{dx}{dt}}=-1$

$\alpha=\frac{3\pi}{4}$

(3) $\overrightarrow{OP}=(e^t\cos t,\ e^t\sin t)$

$\vec{v}\cdot\overrightarrow{OP}$

$=e^t(-\sin t+\cos t)\cdot e^t\cos t+e^t(\sin t+\cos t)\cdot e^t\sin t$

$=e^{2t}(\cos^2 t+\sin^2 t)=e^{2t}$

$\cos\beta=\frac{\vec{v}\cdot\overrightarrow{OP}}{|\vec{v}|\cdot\overrightarrow{OP}}=\frac{e^{2t}}{\sqrt{2}e^t\cdot e^t}=\frac{1}{\sqrt{2}}$

$\beta=\frac{\pi}{4}$

연습문제 5장

연습문제 5.1

1.

(1) $t^3+\frac{1}{4}t^2+c$

(2) $-\frac{1}{x}-\frac{1}{3}x^3-\frac{1}{3}x-c$

(3) $\int x^{\frac{1}{2}}+x^{\frac{1}{3}}dx=\frac{2}{3}x^{\frac{3}{2}}+\frac{3}{4}x^{+\frac{4}{3}}+c$

(4) $4y^2-\frac{8}{3}y^{\frac{4}{3}}+c$

(5) $-7\cos\frac{\theta}{3}\cdot 3+c=-21\cos\frac{\theta}{3}+c$

(6) $3\cot x+c$

(7) $-\frac{1}{2}csc\theta+c$

(8) $\frac{1}{3}e^{3x}-5e^{-x}+c$

(9) $4\sec x-2\tan x+c$

(10) $-\frac{1}{2}\cos 2x+\cot x+c$

(11) $\ln x-5\tan^{-1}x+c$

(12) $\tan\theta+c$

(13) $\int\cos\theta(\tan\theta+\sec\theta)d\theta=\int\sin\theta+1d\theta$

$=-\cos\theta+\theta+c$

(14) $-\frac{1}{r+5}+c$

(15) $t=1+x^4$라 하자 $\rightarrow dt=4x^3dx$

$\rightarrow \frac{1}{4}dt=x^3dx$

$\int x^3(1+x^4)^{-\frac{1}{4}}dx=\int\frac{1}{4}t^{-\frac{1}{4}}dt=3t^{\frac{3}{4}}+c$

$=3(1+x^4)^{\frac{3}{4}}+c$

(16) $10\tan\frac{s}{10}+c$

(17) $\int\sin^2\frac{x}{4}dx=\int\frac{1-\cos\frac{x}{2}}{2}dx=\frac{1}{2}(x-2\sin\frac{x}{2})+c$

2.

(1) $u=1-\theta^2 \rightarrow du=-2\theta d\theta \rightarrow -\frac{1}{2}du=\theta d\theta$

$\int\theta\sqrt[4]{1-\theta^2}\,d\theta=\int\sqrt[4]{u}(-\frac{1}{2})du=(-\frac{1}{2})(\frac{4}{5}u^{5/4})$

$=-\frac{2}{5}(1-\theta^2)^{5/4}+c$

(2) $-\frac{2}{1+\sqrt{x}}+c$

(3) $-\ln|\cos x|+c$

(4) $-\frac{2}{3}cos(x^{\frac{3}{2}}+1)+c$

(5) $u=\cos(2t+1)\rightarrow du=-2\sin(2t+1)dt$

$\rightarrow -\frac{1}{2}du=\sin(2t+1)dt$

$\int\frac{\sin(2t+1)}{\cos^2(2t+1)}dt=\int-\frac{1}{2}\frac{1}{u^2}du$

$=\frac{1}{2u}+c=\frac{1}{2\cos(2t+1)}+c$

(6) $-\frac{1}{2}\sin^2\frac{1}{\theta}+c$

(7) $\mu=\sin^2\theta \rightarrow d\mu=2\sin\theta\cos\theta d\theta \rightarrow \sin 2\theta\, d\theta=d\mu$

$\int(\sin 2\theta)e^{\sin^2\theta}d\theta=\int e^u du=e^u+c=e^{\sin^2\theta}+c$

(8) $2\tan(e^{\sqrt{x}}+1)+c$

(9) $\mu=1+e^{\frac{1}{x}} \rightarrow d\mu=e^{\frac{1}{x}}(-\frac{1}{x^2})dx \rightarrow -d\mu=\frac{1}{x^2}e^{\frac{1}{x}}dx$

준식$=\int\sec\mu\tan\mu(-d\mu)=-\sec\mu+c$

$=-\sec(1+e^{\frac{1}{x}})+c$

(10) $ln|\ln x|+c$

(11) $\mu=\frac{2}{3}r \;\rightarrow\; d\mu=\frac{2}{3}dr \;\rightarrow\; \frac{3}{2}d\mu=dr$

$$준식=\frac{5}{9}\int\frac{1}{1+(\frac{2}{3}r)^2}dr=\frac{5}{9}\int\frac{\frac{3}{2}}{1+\mu^2}d\mu$$

$$=\frac{5}{6}\tan^{-1}\mu+c=\frac{5}{6}\tan^{-1}(\frac{2}{3}r)+c$$

(12) $e^{\sin^{-1}x}+c$

(13) 이때 $u=\sin^{-1}x$ 이고,

$$du=\frac{dx}{\sqrt{1-x^2}},\ \int u^2du=\frac{1}{3}u^3+c=\frac{1}{3}(\sin^{-1}x)^3+c$$

(14) $\ln|\tan^{-1}y|+c$

(15) $u=\cos x \;\rightarrow\; du=-\sin x\,dx \;\rightarrow\; -du=\sin x\,dx$

$$준식=\int 2u^{-\frac{1}{2}}(-du)=-4u^{\frac{1}{2}}+c$$

$$=-4(\cos x)^{\frac{1}{2}}+c$$

(16) $\theta^2+\theta+\sin(2\theta+1)+c$

(17) $\mu=2t^{\frac{3}{2}} \;\rightarrow\; d\mu=3t^{\frac{1}{2}}dt \;\rightarrow\; \frac{1}{3}d\mu=\sqrt{t}\,dt$

$$준식=\int\sin\mu\frac{1}{3}du=-\frac{1}{3}\cos\mu+c$$

$$=-\frac{1}{3}\cos(2t^{\frac{3}{2}})+c$$

(18) $\tan(e^x-7)+c$

(19) $u=\tan x \;\rightarrow\; du=\sec^2x\,dx$

$$준식=\int e^u du=e^u+c=e^{\tan x}+c$$

(20) $-\frac{1}{2}(\ln x)^{-2}+c$

(21) $u=2(r-1) \;\rightarrow\; du=2dr \;\rightarrow\; \frac{1}{2}du=dr$

$$준식=\int\frac{3}{\sqrt{1-u^2}}\frac{1}{2}du=\frac{3}{2}\sin^{-1}u+c$$

$$=\frac{3}{2}\sin^{-1}(2r-2)+c$$

(22) $\frac{1}{\sqrt{2}}\tan^{-1}\left(\frac{x-1}{\sqrt{2}}\right)+c$

(23) $u=\frac{2x-1}{2} \;\rightarrow\; du=dx \;\rightarrow\; du=dx$

$$준식=\frac{1}{4}\int\frac{1}{u\sqrt{u^2-1}}du=\frac{1}{4}\sec^{-1}u+c$$

$$=\frac{1}{4}\sec\frac{2x-1}{2}+c$$

(24) $2\sqrt{8x^2+1}+c$

(25) $t=\tan\mu \;\rightarrow\; dt=\sec^2\mu\,du$

$$준식=\int e^t dt=e^t+c=e^{\tan\mu}+c$$

(26) $\frac{2^{\sqrt{w}}}{\ln 2}+c$

(27) $u=s^2 \;\rightarrow\; du=2sds$

$$준식=\int\frac{1}{\sqrt{1-u^2}}du=\sin^{-1}u+c=\sin^{-1}(s^2)+c$$

(28) $6\sec^{-1}|5x|+c$

3.

(1) $준식=\int\frac{1}{\sqrt{-(t-2)^2+1}}dt=\sin^{-1}(t-2)+c$

(2) $준식=\int\frac{1}{(x+1)\sqrt{(x+1)^2-1}}dx=\sec^{-1}|x+1|+c$

4.

(1) $준식=\int 1-\frac{1}{x+1}dx=x-\ln|x+1|+c$

(2) $2t^2-t+2\tan^{-1}\left(\frac{t}{2}\right)+c$

(3) $준식=\int\frac{1}{\sqrt{1-x^2}}-\frac{x}{\sqrt{1-x^2}}dx$

$$=\sin^{-1}x+\sqrt{1-x^2}+c$$

(4) $준식=\int x^2+x+2+\frac{2}{x-1}dx$

$$=\frac{1}{3}x^3+\frac{1}{2}x^2+2x+2\ln|x-1|+c$$

5.

(1) $\int x\sin\frac{x}{2}dx = x(-\cos\frac{x}{2})\cdot 2 - \int(-\cos\frac{x}{2})\cdot 2dx$

$= -2x\cos\frac{x}{2} + 4\sin\frac{x}{2} + c$

(2) $\frac{1}{2}x^2\ln x - \frac{1}{4}x^2 + c$

(3) $\int x^3e^x dx = x^3e^x - \int 3x^2e^x dx$

$= x^3e^x - 3(x^2e^x - \int 2xe^x dx)$

$= x^3e^x - 3x^2e^x + 6\int xe^x dx$

$= x^3e^x - 3x^2e^x + 6(xe^x - \int e^x dx)$

$= x^3e^x - 3x^2e^x + 6xe^x - 6e^x + c$

(4) $-\frac{1}{2}\theta^2\cos 2\theta + \frac{1}{2}\theta\sin 2\theta + \frac{1}{4}\cos 2\theta + c$

(5) $\int e^{2x}\cos 3x\,dx$를 I라 하자.

$I = e^{2x}\sin 3x\cdot\frac{1}{3} - \int 2e^{2x}\sin 3x\cdot\frac{1}{3}dx$

$= \frac{e^{2x}}{3}\sin 3x - \frac{2}{3}(-e^{2x}\cos 3x\cdot\frac{1}{3}$

$- \int 2e^{2x}(-\sin 3x)\cdot\frac{1}{3}dx)$

$= \frac{e^{2x}}{3}\sin 3x + \frac{2}{9}e^{2x}\cos 3x - \frac{4}{9}I$

$\frac{13}{9}I = \frac{3e^{2x}}{9}\sin 3x + \frac{2}{9}e^{2x}\cos 3x$

$I = \frac{e^{2x}}{13}(3\sin 3x + 2\cos 3x) + c$

6.

(1) $\int\frac{1}{1-x^2}dx = -\int\frac{1}{(x-1)(x+1)}dx$

$= -\frac{1}{2}\int\frac{1}{x-1} - \frac{1}{x+1}dx$

$= -\frac{1}{2}(\ln|x-1| - \ln|x+1|) + c$

(2) $\frac{1}{2}(\ln|x| - \ln|x+2|) + c$

(3) $\frac{x+4}{x^2+5x-6} = \frac{A}{x+6} + \frac{B}{x-1}$에서

$A = \frac{2}{7}$, $B = \frac{5}{7}$이므로

준식$= \frac{2}{7}\int\frac{1}{x+6}dx + \frac{5}{7}\int\frac{1}{x-1}dx$

$= \frac{2}{7}\ln|x+6| + \frac{5}{7}\ln|x-1| + c$

(4) $-\frac{1}{2}\ln|t| + \frac{1}{6}\ln|t+2| + \frac{1}{3}\ln|t-1| + c$

연습문제 5.2

1.

(1) $\int_0^2 x^2 - 3x\,dx = \left[\frac{1}{3}x^3 - \frac{3}{2}x^2\right]_0^2 = -\frac{10}{3}$

(2) 8

(3) 준식$= 2[\tan x]_0^{\pi/3} = 2\sqrt{3}$

(4) $1 - \frac{\pi}{4}$

(5) 준식$= \left[-\frac{1}{2}\cos 2x\right]_0^{\pi/8} = \frac{2-\sqrt{2}}{4}$

(6) -1

(7) 준식$= 4[\sin^{-1}x]_0^{\frac{1}{2}} = 4\sin^{-1}\frac{1}{2} - 4\sin^{-1}0 = 1$

$= 4\cdot\frac{\pi}{6} = \frac{2\pi}{3}$

2.

(1) 준식$= \cos\sqrt{x}\cdot\frac{1}{2\sqrt{x}}$

(2) $3x^2e^{-x^2}$

(3) 준식$= \sqrt{1+x^2}$

(4) $-\frac{1}{2}x^{-\frac{1}{2}}\sin x$

(5) 준식$=\frac{1}{\sqrt{1-\sin^2 x}}\cdot\cos x=1$

(6) $2xe^{\frac{1}{2}x^2}$

(7) 준식$=\cos(\sin^{-1}x)\cdot\frac{1}{\sqrt{1-x^2}}$

(8) $\frac{2}{x}$

(9) 준식$=\sin 4y\cdot\frac{1}{\sqrt{y}}-\sin y\cdot\frac{1}{2\sqrt{y}}$

(10) $2x\ln|x|-x\ln\frac{|x|}{\sqrt{2}}$

(11) 준식$=\sin(e^{\ln x})\cdot\frac{1}{x}=\frac{\sin x}{x}$

3.

(1) $u=\tan x\ \to\ du=\sec^2 x\,dx;\ \ x=0\ \to\ u=0,$

$x=\frac{\pi}{4}\ \to\ u=1$

준식$=\int_0^1 u\,du=\frac{1}{2}[u^2]_0^1=\frac{1}{2}$

(2) 0

(3) $u=x^2+1\ \to\ du=2x\,dx;\ \ x=0\ \to\ u=1,$

$x=\sqrt{3}\ \to\ u=4$

준식$=\int_1^4\frac{2}{\sqrt{u}}du=\int_1^4 2u^{-\frac{1}{2}}du=4[u^{\frac{1}{2}}]_1^4=4$

(4) $\frac{1}{6}$

(5) $u=3\sin x+4\ \to\ du=3\cos x\,dx\ \to\ \frac{1}{3}du=\cos x\,dx;$

$x=0\ \to\ u=4,\ \ x=2\pi\ \to\ u=4$

준식$=\int_4^4\frac{1}{\sqrt{u}}\frac{1}{3}du=0$

(6) $3^{\frac{5}{2}}-1$

(7) $u=\tan\theta\ \to\ du\ \to\ \sec^2\theta\,d\theta;$

$x=0\ \to\ u=0,\ \ x=\frac{\pi}{4}\ \to\ u=1$

준식$=\int_0^1 1+e^u du=[u+e^u]_0^1=e$

(8) $\ln 3$

(9) $u=\ln x\ \to\ du=\frac{1}{x}dx;$

$x=2\ \to\ u=\ln 2,\ \ x=4\ \to\ u=\ln 4$

준식$=\int_{\ln 2}^{\ln 4}\frac{1}{u^2}du=\int_{\ln 2}^{\ln 4}u^{-2}du$

$=[-u^{-1}]_{\ln 2}^{\ln 4}=\frac{1}{\ln 4}$

(10) $\frac{\pi}{12}$

(11) $u=\frac{s}{2}\ \to\ du=\frac{1}{2}ds;\ \ s=0\ \to\ u=0,$

$s=1\ \to\ u=\frac{1}{2}$

준식$=4\int_0^{\frac{1}{2}}\frac{1}{\sqrt{1-u^2}}du=4[\sin^{-1}u]_0^{\frac{1}{2}}=\frac{2}{3}\pi$

(12) $\sqrt{3}-1$

(13) 준식$=\int_0^{\pi}\frac{1-\cos 10r}{2}dr=\frac{1}{2}[r-\frac{\sin 10r}{10}]_0^{\pi}=\frac{\pi}{2}$

(14) $6\sqrt{3}-2\pi$

(15) -1

(16) 2

(17) $u=1+7\ln x\ \to\ du=\frac{7}{x}dx\ \to\ \frac{1}{7}du=\frac{1}{x}dx;$

$x=1\ \to\ u=1,\ \ x=e\ \to\ u=8$

준식$=\int_1^8 u^{-\frac{1}{3}}\frac{1}{7}du=\frac{1}{7}\cdot\frac{3}{2}[u^{\frac{2}{3}}]_1^8=\frac{9}{14}$

(18) $\frac{9\ln 2}{4}$

(19) $u=\ln x \rightarrow du=\frac{1}{x}dx$;

$x=1 \rightarrow u=0, \quad x=4 \rightarrow u=\ln 4$

준식$=\int_0^{\ln 4}\frac{1}{2}u^3du=\frac{1}{8}[u^4]_0^{\ln 4}=2(\ln 2)^4$

(20) 1

(21) $u=x^2 \rightarrow du=2xdx \rightarrow \frac{1}{2}du=x\,dx$;

$x=1 \rightarrow u=1, \quad x=\sqrt{2} \rightarrow u=2$

준식$=\int_1^2 2^u\frac{1}{2}du=\frac{1}{2}[2^u]_1^2\frac{1}{\ln 2}=\frac{1}{\ln 2}$

(22) $\frac{6}{\ln 7}$

(23) 준식$=\int_1^4\frac{\ln 2 \cdot (\ln x/\ln 2)}{x}dx=\int_1^4\frac{\ln x}{x}dx$

$[\frac{1}{2}(\ln x)^2]_1^4=2(\ln 2)^2$

(24) $\frac{3\ln 2}{2}$

4.

(1) $= [x(-\cos x)-1(-\sin x)]_{\frac{\pi}{3}}^{\frac{\pi}{2}}$

$=[-x\cos x+\sin x]_{\frac{\pi}{3}}^{\frac{\pi}{2}}$

$=\frac{\pi}{6}-\frac{\sqrt{3}}{2}+1$

(2) $=\frac{2}{e}$

(3) $u=\ln x, \ v'=x$

$u'=\frac{1}{x}, \ v=\frac{1}{2}x^2$

$=\left[\frac{1}{2}x^2\ln x\right]_1^e-\int_1^e\frac{1}{2}xdx$

$=\left[\frac{1}{2}x^2\ln x\right]_1^e-\left[\frac{1}{4}x^2\right]_1^e$

$=\frac{1}{4}e^2+\frac{1}{4}$

(4) $=\frac{\pi^2-4}{8}$

(5) $u=\tan^{-1}x, \ v'=1$

$u'=\frac{1}{1+x^2}, v=x$

$=[x\tan^{-1}x]_0^1-\int_0^1\frac{x}{1+x^2}dx$

$=[x\tan^{-1}x]_0^1-\left[\frac{1}{2}ln(1+x^2)\right]_0^1$

$=\frac{\pi}{4}-\ln\sqrt{2}$

(6) 1

(7) $u=\sqrt{x}$

$u^2=x$

$2udu=dx$

$x=0, u=0$

$x=4, u=2$

$=\int_0^2 e^u \cdot 2udu$

$=\int_0^2 2ue^u du$

$=[2u(e^u)-2(e^u)]_0^2$

$=[e^u(2u-2)]_0^2$

$=2e^2+2$

(8) $=\frac{e^\pi+1}{2}$

5.

(1) $\ln\frac{27}{4}$

(2) $\frac{1}{x^2+2x}=\frac{A}{x}+\frac{B}{x+2}$

$\Rightarrow 1=A(x+2)+Bx;\ x=0 \Rightarrow A=\frac{1}{2}; x=-2 \Rightarrow B=-\frac{1}{2};$

$\int\frac{dx}{x^2+2x}=\frac{1}{2}\int\frac{dx}{x}-\frac{1}{2}\int\frac{dx}{x+2}$

$= \frac{1}{2}[\ln|x| - \ln|x+2|] + C$

(3) $y - 2\ln|y+1| + C$

(4) $\frac{x+4}{x^2+5x-6} = \frac{A}{x+6} + \frac{B}{x-1}$

$\Rightarrow x+4 = A(x-1) + B(x+6); x = 1 \Rightarrow B = \frac{5}{7}; x = -6$

$\Rightarrow A = \frac{2}{-7} = \frac{2}{7};$

$\int \frac{x+4}{x^2+5x-6}dx$

$= \frac{2}{7}\int \frac{dx}{x+6} + \frac{5}{7}\int \frac{dx}{x-1} = \frac{2}{7}ln|x+6| + \frac{5}{7}ln|x-1| + C$

$= \frac{1}{7}\ln|(x+6)^2(x-1)^5| + C$

(5) $\frac{1}{t^3+t^2-2t} = \frac{A}{t} + \frac{B}{t+2} + \frac{C}{t-1}$

$\Rightarrow 1 = A(t+2)(t-1) + Bt(t-1) + Ct(t+2); t = 0$

$\Rightarrow A = -\frac{1}{2}; t = -2$

$\Rightarrow B = \frac{1}{6}; t = 1$

$\Rightarrow C = \frac{1}{3}; \int \frac{dt}{t^3+t^2-2t}$

$= -\frac{1}{2}\int \frac{dt}{t} + \frac{1}{6}\int \frac{dt}{t+2} + \frac{1}{3}\int \frac{dt}{t-1}$

$= -\frac{1}{2}\ln|t| + \frac{1}{6}\ln|t+2| + \frac{1}{3}ln|t-1| + C$

(6) $\frac{1}{(x+1)(x^2+1)} = \frac{A}{x+1} + \frac{Bx+C}{x^2+1}$

$\Rightarrow 1 = A(x^2+1) + (Bx+C)(x+1); x = -1 \Rightarrow A = \frac{1}{2};$

$A + B = 0 \Rightarrow B = -\frac{1}{2};$

$\frac{1}{2}\int_0^1 \frac{dx}{x+1} + \frac{1}{2}\int_0^1 \frac{(-x+1)}{x^2+1}dx$

$= \left[\frac{1}{2}ln|x+1| - \frac{1}{4}ln(x^2+1) + \frac{1}{2}tan^{-1}x\right]_0^1$

$= \left(\frac{1}{2}ln2 - \frac{1}{4}\ln 2 + \frac{1}{2}\tan^{-1}1\right)$

$- \left(\frac{1}{2}\ln 1 - \frac{1}{4}\ln 1 + \frac{1}{2}\tan^{-1}0\right)$

$= \frac{1}{4}ln2 + \frac{1}{2}\left(\frac{\pi}{4}\right) = \frac{(\pi+2\ln 2)}{8}$

연습문제 5.3

1.

(1) $av(f) = \left(\frac{1}{\sqrt{3}-0}\right)\int_0^{\sqrt{3}}(x^2-1)dx = 1-1 = 0$

(2) 1

(3) $av(f) = \frac{1}{8-(-8)}\int_{-8}^{8}\sqrt{64-x^2}\,dx$

$= \frac{1}{16}(8^2\pi/2) = 2\pi$

(4) $\frac{3(2-\sqrt{3})}{\pi}$

(5) $av(f) = \frac{1}{\frac{\pi}{4}-\frac{\pi}{6}}\int_{\frac{\pi}{6}}^{\frac{\pi}{4}}\csc^2 x\,dx = \frac{12}{\pi}[-\cot x]_{\pi/6}^{\pi/4}$

$= \frac{12}{\pi}(\sqrt{3}-1)$

2. (1) 38 (2) 35

3.

(1) 왼쪽합계

$L(6) = 0(\frac{1}{6}) + 40(\frac{1}{6}) + 50(\frac{1}{6}) + 70(\frac{1}{6}) + 70(\frac{1}{6}) + 30(\frac{1}{6})$

$= \frac{260}{6} = \frac{130}{3}$

이것은 시간 동안 이동한 전체 거리

$\frac{130}{3}$마일을 나타낸다.

오른쪽합계

$R(6) = 40(\frac{1}{6}) + 50(\frac{1}{6}) + 70(\frac{1}{6}) + 70(\frac{1}{6}) + 30(\frac{1}{6})$

$$+30(\frac{1}{6}) = \frac{290}{6} = 48.3$$

전체 거리 48.3마일이다.

(2) $v(t)$의 기울기인 가속도는 곡선이 가장 경사질 때인 $t=5$분에서 가장 크다.

(3) $t=20$에서의 가속도 $v'(t)$를 계산하기 위해, $t=20$에서의 곡선의 기울기의 근사치를 구한다. $t=20$에서의 접선의 기울기는

(10 mph)/(10분)=(10 mph)/($\frac{1}{6}$ 시간)=60마일/시간^2

(4) 평균 속도는 이동한 거리 나누기 시간과 같다. $t=30$부터 $t=50$까지의 거리의 근사치를 곡선 아래의 넓이 또는 대충 직사각형과 사다리꼴의 넓이들의 합계로 구할 수 있다.

$$70(\frac{1}{6}) + \frac{70+30}{2}(\frac{1}{6}) = 20\text{마일}$$

따라서 $t=30$부터 $t=50$까지의 평균 속도는

$$\frac{20\text{마일}}{20\text{분}} = 1mpmin = 60mph$$

4.

(1) $g(b)$는 b에서의 $G(x)$의 기울기이다.

(2) $\int_a^b G(x)\,dx$는 a에서 b까지의 $G(x)$ 아래의 넓이와 같다.

(3) $\int_a^b g(x)dx = G(b) - G(a) =$

BT의 길이-BR의 길이=RT의 길이

(4) $\dfrac{\int_a^b g(x)dx}{b-a} = \dfrac{\text{RT의 길이}}{\text{QR의 길이}} = \text{QT의 기울기}$

5.

(1) $L(4) = \frac{1}{2}\left[f(0)+f\left(\frac{1}{2}\right)+f(1)+f\left(\frac{3}{2}\right)\right]$
$= \frac{1}{2}\left[4+\frac{15}{4}+3+\frac{7}{4}\right] = \frac{25}{4}$ (or 6.25)

(2) $R(4) = \frac{1}{2}\left[f\left(\frac{1}{2}\right)+f(1)+f\left(\frac{3}{2}\right)+f(2)\right]$
$= \frac{1}{2}\left[\frac{15}{4}+3+\frac{7}{4}+0\right] = \frac{17}{4}$ (or 4.25)

(3) $M(4) = \frac{1}{2}\left[f\left(\frac{1}{4}\right)+f\left(\frac{3}{4}\right)+f\left(\frac{5}{4}\right)+f\left(\frac{7}{4}\right)\right]$
$= \frac{1}{2}\left[\frac{63}{16}+\frac{55}{16}+\frac{39}{16}+\frac{15}{16}\right] = \frac{43}{8}$ (or 5.375)

6.

$f(x) = \frac{120}{x}$:

x	1	2	3	4	5	6
$f(x)$	120	60	40	30	24	20

$L(5) = (120+60+40+30+24)\cdot 1 = 274;$

$R(5) = (60+40+30+24+20)\cdot 1 = 174;$

$T(5) = \frac{1}{2}(120+2\cdot 60+2\cdot 40+2\cdot 30+2\cdot 24+20) = 224.$

7. $T(6) = \frac{h}{2}[y_0+2y_1+2y_2+2y_3+2y_4+2y_5+y_6]$

$$= \frac{\frac{\pi}{6}}{2}\left[0+2\cdot\frac{1}{2}+2\cdot\frac{\sqrt{3}}{2}+2\cdot 1+2\frac{\sqrt{3}}{2}+2\cdot\frac{1}{2}+0\right]$$
$$= \frac{\pi}{12}[1+\sqrt{3}+2+\sqrt{3}+1]$$
$$= \frac{(2+\sqrt{3})\pi}{6}$$

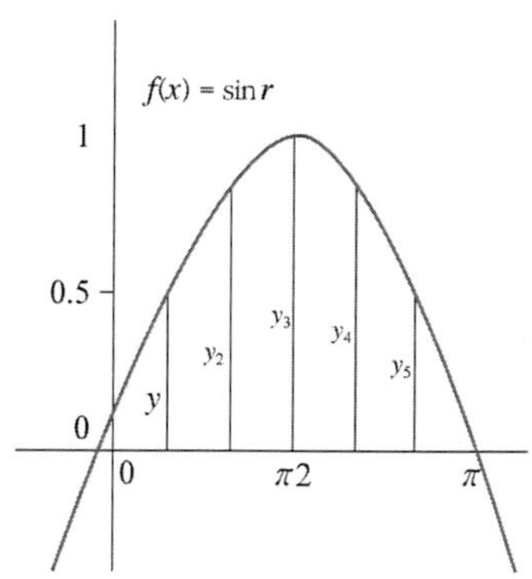

연습문제 6장

연습문제 6.1

1.

(1) $A = -\int_{-3}^{-2} -x^2-2x\,dx + \int_{-2}^{0} -2x^2-2x\,dx$

$-\int_{0}^{2} -x^2-2x\,dx = \frac{28}{3}$

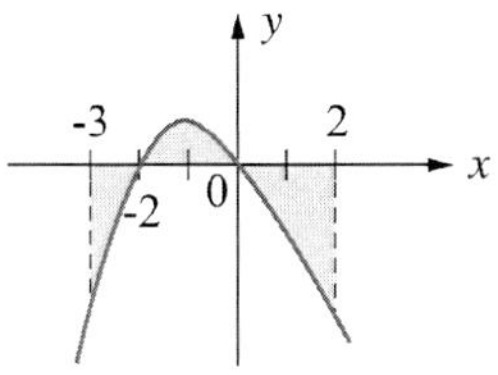

(2) $\frac{1}{2}$

(3) $A = -\int_{-1}^{0} x^{\frac{1}{3}}\,dx + \int_{0}^{8} x^{\frac{1}{3}}\,dx = \frac{51}{4}$

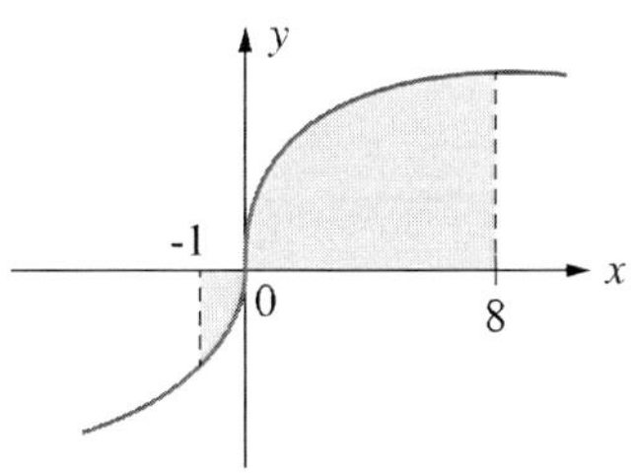

(4) 8

2.

(1) $A = \int_{-2}^{2} 2-(x^2-2)\,dx = \frac{32}{3}$

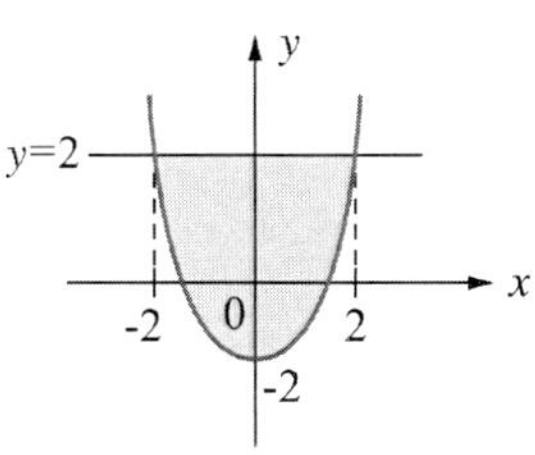

(2) $\frac{48}{5}$

(3) $A = \int_{0}^{2} -x^2+4x-x^2\,dx = \frac{8}{3}$

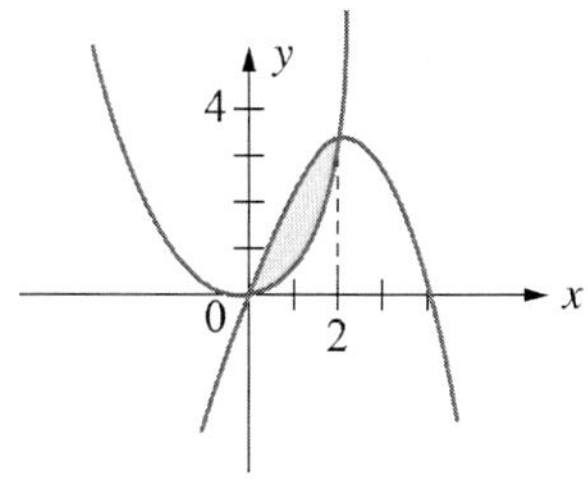

(4) 8

(5) $A = \int_{0}^{3} 2y^2\,dy = 18$

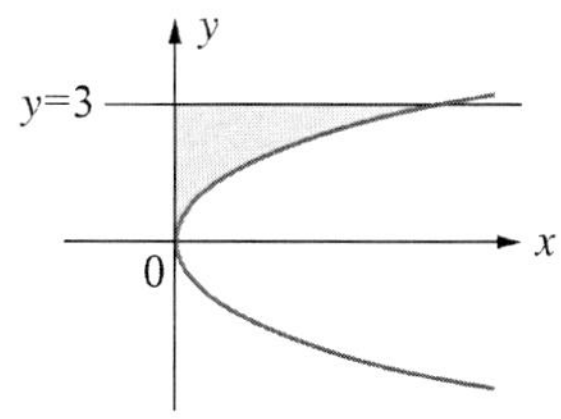

(6) $\frac{243}{8}$

3.

(1) $A = \int_{-1}^{1} 2-3y^2-(-y^2)\,dy = \frac{8}{3}$

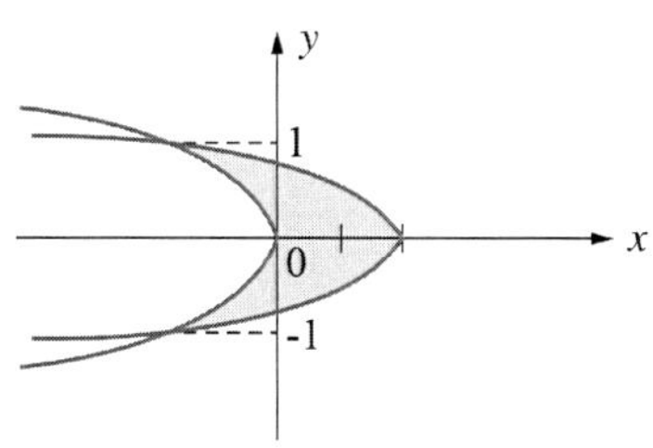

(2) $\frac{104}{15}$

(3) $A = \int_{-1}^{1} 4-4y^2-(1-y^4)\,dy = \frac{36}{15}$

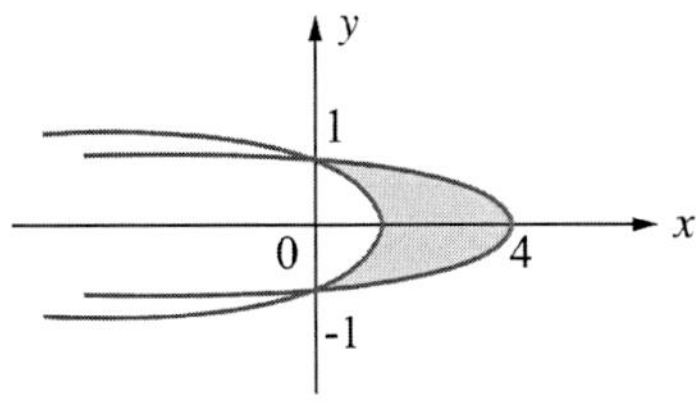

(4) 4

(5) $A=\int_{-\pi/4}^{\pi/4}\sec^2 x-\tan^2 x\,dx=\frac{\pi}{2}$

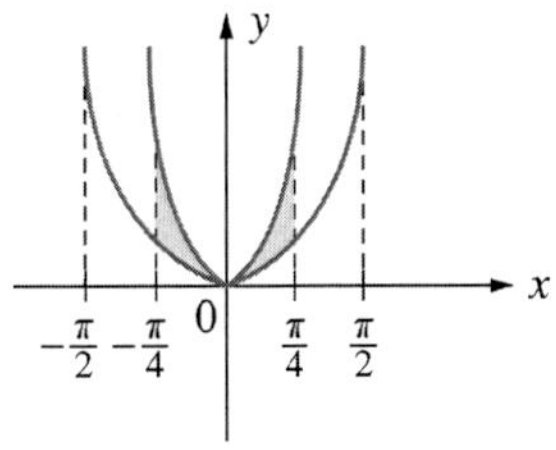

(6) 2

4.

(1) $A=2\int_0^1 y-y^3dy=\frac{1}{2}$

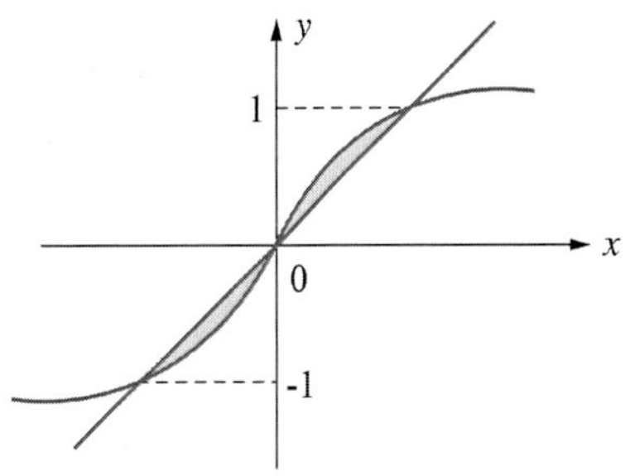

(2) 1

(3) $A=\int_1^5 \ln 2x-\ln x\,dx=\ln 16$

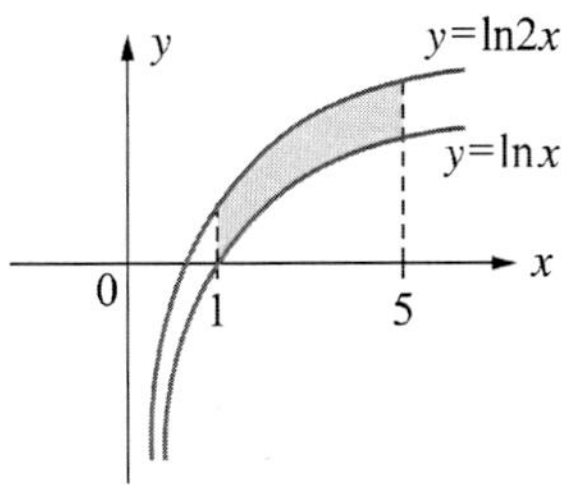

(4) 2

(5) $A=2\int_0^2\frac{2x}{1+x^2}=2\ln 5$

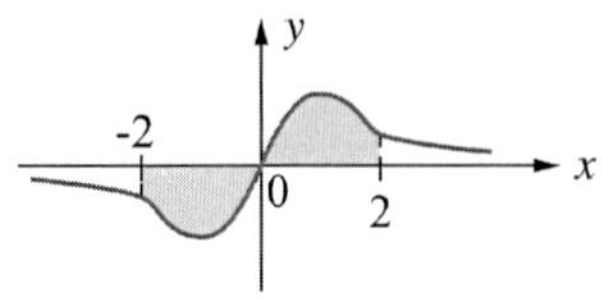

연습문제 6.2

1.

(1) $A=\pi$(반지름)^2,

반지름$=\sqrt{1-x^2}\Rightarrow A(x)=\pi(1-x^2)$

(2) $A=$너비$\times$높이, 너비$=$높이$=2\sqrt{1-x^2}$

$\Rightarrow A(x)=4(1-x^2)$

(3) $A=$(변)^2, 대각선$=\sqrt{2}$(변) $\Rightarrow A=\frac{(\text{대각선})^2}{2}$;

대각선$=2\sqrt{1-x^2}\Rightarrow A(x)=2(1-x^2)$

(4) $A=\frac{\sqrt{3}}{4}$(변)^2, 변$=2\sqrt{1-x^2}\Rightarrow A(x)=\sqrt{3}(1-x^2)$

2. $V=\int_{-1}^1\pi\left(\frac{2-x^2-x^2}{2}\right)^2dx=\frac{16}{15}\pi$

3.

(1) $A(x)=\frac{1}{2}$(변)(변) $\cdot\sin\frac{\pi}{3}=\frac{1}{2}(2\sqrt{\sin x})^2\cdot\sqrt{3}$

$=\sqrt{3}\sin x$

$V=\int_0^\pi\sqrt{3}\sin x\,dx=2\sqrt{3}$

(2) $A(x)=$(변)$^2=(2\sqrt{\sin x})^2=4\sin x$

$V=\int_0^\pi 4\sin x\,dx=8$

4.

(1) $R(x)=x^2 \;\rightarrow\; V=\int_0^2 \pi[R(x)]^2dx$

$$=\pi\int_0^2 (x^2)^2dx=32\pi/5$$

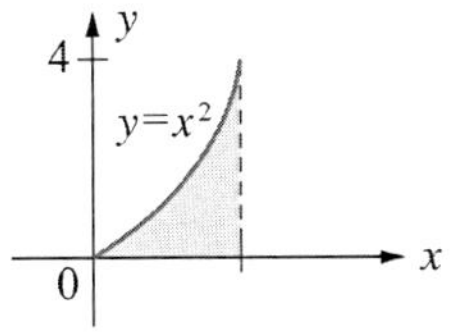

(2) π

(3) $R(x)=e^{-x} \;\rightarrow\; V=\int_0^1 \pi[R(x)]^2dx$

$$=\pi\int_0^1 (e^{-x})^2dx=-\frac{\pi}{2}(e^{-2}-1)=\frac{\pi(e^2-1)}{2e^2}$$

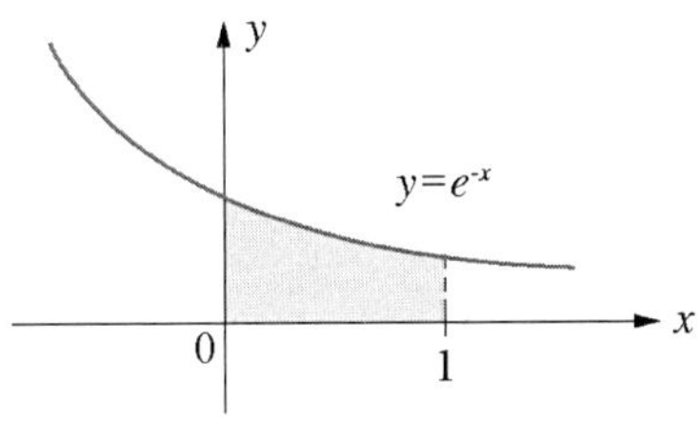

(4) $\frac{\pi}{2}\ln 4$

(5) $r(x)=x,\ R(x)=1 \;\rightarrow\; V=\int_0^1 \pi([R(x)]^2-[r(x)]^2)dx$

$$=\int_0^1 \pi(1-x^2)dx=\frac{2\pi}{3}$$

(6) $\frac{117}{5}\pi$

5.

(1) $R(y)=\sqrt{5}\,y^2 \;\Rightarrow\; V=\int_{-1}^1 \pi[R(y)]^2dy$

$$=\pi\int_{-1}^1 5y^4dy=2\pi$$

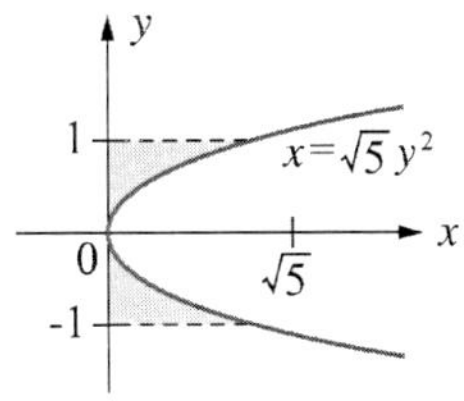

(2) 2π

(3) $R(y)=\frac{2}{\sqrt{y+1}} \;\rightarrow\; V=\int_0^3 \pi[R(y)]^2dy$

$$=\pi\int_0^3 \frac{4}{y+1}dy=8\pi\ln 2$$

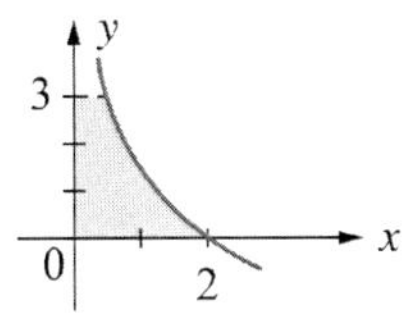

(4) 4π

(5) $r(y)=1,\ R(y)=1+y$

$$\rightarrow\; V=\int_0^1 \pi([R(y)]^2-[r(y)]^2)dy$$

$$=\int_0^1 \pi((1+y)^2-1)dy=\frac{4}{3}\pi$$

(6) 2π

6.

(1) $r(x)=\sqrt{x},\ R(x)=2 \Rightarrow V=\int_0^4 \pi([R(x)]^2-[r(x)]^2)dx$

$$=\pi\int_0^4 (4-x)dx=\pi\left[\ 4x-\frac{x^2}{2}\right]_0^4=\pi(16-8)=8\pi$$

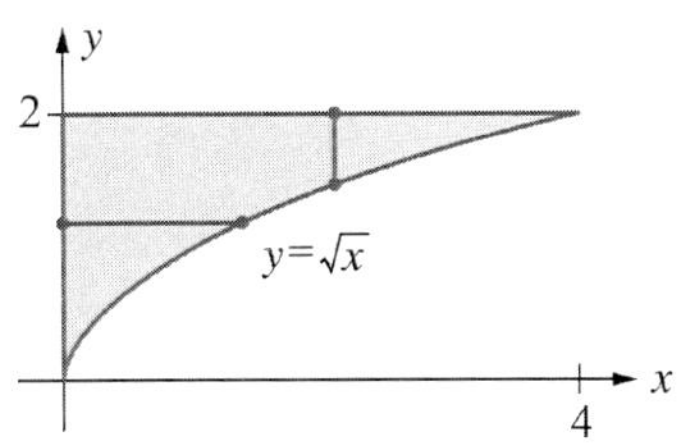

(2) $r(y)=0,\ R(y)=y^2$

$$\Rightarrow V=\int_0^2 \pi([R(y)]^2-[r(y)]^2)dy$$

$$=\pi\int_0^2 y^4 dy=\pi\left[\frac{y^4}{5}\right]_0^2=\frac{32\pi}{5}$$

(3) $r(x)=0,\ R(x)=2-\sqrt{x}$

$$\Rightarrow V=\int_0^4 \pi([R(x)]^2-[r(x)]^2dx=\pi\int_0^4(2-\sqrt{x})^2dx$$

$$=\pi\int_0^4(4-4\sqrt{x}+x)dx=\pi\left[4x-\frac{8x^{3/2}}{3}+\frac{x^2}{2}\right]_0^4$$

$$=\pi\left(16-\frac{64}{3}+\frac{16}{2}\right)=\frac{8\pi}{3}$$

(4) $r(y)=4-y^2,\ R(y)=4$

$$\Rightarrow V=\int_0^2 \pi([R(y)]^2-[r(y)]^2)dy$$

$$=\pi\int_0^2[16-(4-y^2)^2]dy=\pi\int_0^2(16-16+8y^2-y^4)dy$$

$$=\pi\int_0^2(8y^2-y^4)dy=\pi\left[\frac{8}{3}y^3-\frac{y^5}{5}\right]_0^2=\pi\left(\frac{64}{3}-\frac{32}{5}\right)$$

$$=\frac{224\pi}{15}$$

7.

(1) $r(x)=0,\ R(x)=1-x^2$

$$\Rightarrow V=\int_{-1}^1 \pi([R(x)]^2-[r(x)]^2)dx$$

$$=\pi\int_{-1}^1(1-x^2)^2dx=\pi\int_{-1}^1(1-2x^2+x^4)dx$$

$$=\pi\left[x-\frac{2x^3}{3}+\frac{x^5}{5}\right]_{-1}^1=2\pi(1-\frac{2}{3}+\frac{1}{5})$$

$$=2\pi\left(\frac{15-10+3}{15}\right)=\frac{16\pi}{15}$$

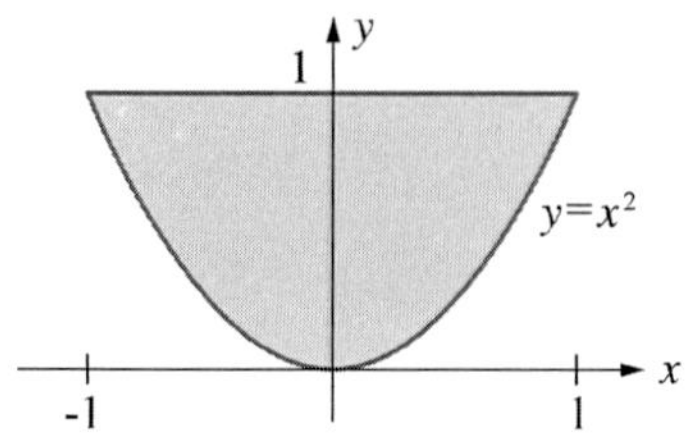

(2) $r(x)=1,\ R(x)=2-x^2$

$$\Rightarrow V=\int_{-1}^1 \pi([R(x)]^2-[r(x)]^2)dx$$

$$=\pi\int_{-1}^1\left[(2-x^2)^2-1\right]dx$$

$$=\int_{-1}^1(4-4x^2+x^4-1)dx=\pi\int_{-1}^1(3-4x^2+x^4)dx$$

$$=\pi\left[3x-\frac{4}{3}x^3+\frac{x^5}{5}\right]_{-1}^1=2\pi\left(3-\frac{4}{3}+\frac{1}{5}\right)$$

$$=\frac{2\pi}{15}(45-20+3)=\frac{56\pi}{15}$$

(3) $r(x)=1+x^2,\ R(x)=2$

$$\Rightarrow V=\int_{-1}^1 \pi([R(x)]^2-[r(x)]^2)dx$$

$$=\pi\int_{-1}^1\left[4-(1+x^2)^2\right]dx$$

$$=\pi\int_{-1}^1(4-1-2x^2-x^4)dx=\pi\int_{-1}^1(3-2x^2-x^4)dx$$

$$=\pi\left[3x-\frac{2}{5}x^3-\frac{x^5}{5}\right]_{-1}^1=2\pi\left(3-\frac{2}{3}-\frac{1}{5}\right)$$

$$=\frac{2\pi}{15}(45-10-3)=\frac{64\pi}{15}$$

8.

(1) $V=\int_c^d 2\pi\begin{pmatrix}\text{원주각}\\\text{반지름}\end{pmatrix}\begin{pmatrix}\text{원주각}\\\text{높 이}\end{pmatrix}dy=\int_1^2 2\pi y(y-1)dy$

$$=2\pi\int_1^2(y^2-y)dy=2\pi\left[\frac{y^3}{3}-\frac{y^2}{2}\right]_1^2$$

$$= 2\pi\left[\left(\frac{8}{3}-\frac{4}{2}\right)-\left(\frac{1}{3}-\frac{1}{2}\right)\right]$$

$$= 2\pi\left(\frac{7}{3}-2+\frac{1}{2}\right)= \frac{\pi}{3}(14-12+3) = \frac{5\pi}{3}$$

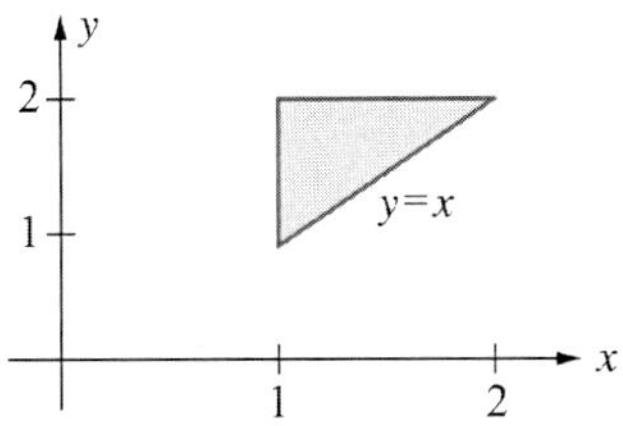

(2) $V = \int_a^b 2\pi \begin{pmatrix}\text{원주각}\\\text{반지름}\end{pmatrix}\begin{pmatrix}\text{원주각}\\\text{높　이}\end{pmatrix} dx = \int_1^2 2\pi x(2-x)dx$

$$= 2\pi\int_1^2 (2x-x^2)dx = 2\pi\left[x^2-\frac{x^3}{3}\right]_1^2$$

$$= 2\pi\left[\left(\frac{12-8}{3}\right)-\left(\frac{3-1}{3}\right)\right]= 2\pi\left(\frac{4}{3}-\frac{2}{3}\right) \equiv \frac{4\pi}{3}$$

(3) $V = \int_a^b 2\pi \begin{pmatrix}\text{원주각}\\\text{반지름}\end{pmatrix}\begin{pmatrix}\text{원주각}\\\text{높　이}\end{pmatrix} dx$

$$= \int_1^2 2\pi\left(\frac{10}{3}-x\right)(2-x)dx = 2\pi\int_1^2 \left(\frac{20}{3}-\frac{16}{3}x+x^2\right)dx$$

$$= 2\pi\left[\left(\frac{20}{3}x-\frac{8}{3}x^2+\frac{1}{3}x^3\right)\right]_1^2$$

$$= 2\pi\left[\left(\frac{40}{3}-\frac{32}{3}+\frac{8}{3}\right)\right]= 2\pi\left(\frac{3}{3}\right)= 2\pi$$

(4) $V = \int_c^d 2\pi \begin{pmatrix}\text{원주각}\\\text{반지름}\end{pmatrix}\begin{pmatrix}\text{원주각}\\\text{높　이}\end{pmatrix} dy = \int_1^2 2\pi(y-1)(y-1)dy$

$$= 2\pi\int_1^2 (y-1)^2dy = 2\pi\left[\frac{(y-1)^3}{3}\right]_1^2$$

$$= \frac{2\pi}{3}$$

9.

(1) $r(x) = \sqrt{x},\quad r(x) = \frac{x^2}{8}$

$$v = \int_0^4 \pi([R(x)]^2-[r(x)]^2)dx$$

$$= \int_0^4 \pi\left(x-\frac{x^4}{64}\right)dx = \frac{24}{5}\pi$$

(2) $\frac{48}{5}\pi$

연습문제 6.3

1.

(1) $v(t) = \frac{ds}{dt} = 3(t-1)(t-3)$

$v(t) = 0$에서 $t = 1, 3$

(2) $v > 0,\ 0 \le t \le 2$이므로

$$\int_0^2 (4t^3+3t^2+5)dt = 34$$

(3) $-\int_0^2 (3t^2-6t)dt + \int_2^3 (3t^2-6t)dt = 8$

(4) $\int_0^2 \sin t\, dt = 1-\cos 2$

(5) $\frac{1}{4-0}\int_0^4 (5t-t^2+100)dt = 104\frac{2}{3}mph$

2.

(1) $R = \frac{t^2}{2}i + \frac{t^2-2t+2}{2}j$

(2) $a = \mathrm{i}+\mathrm{j}$ (모든 t에서)

(3) $\mathrm{v} = t\mathrm{i}+(t-1)\mathrm{j}$

$$|\mathrm{v}| = \sqrt{t^2+(t-1)^2} = \sqrt{2t^2-2t+1}$$

$$= \sqrt{2\left(t-\frac{1}{2}\right)^2+\frac{1}{2}}$$

$t = \frac{1}{2}$일 때 최소

3.

$R = x\mathrm{i} + y\mathrm{j}$, 기울기 : $\frac{y}{x}$

$\mathrm{v} = \frac{dx}{dt}\mathrm{i} + \frac{dy}{dt}\mathrm{j}$, 기울기 : $\frac{dy}{dx}$

R과 v가 수직이므로 $\frac{y}{x}\left(\frac{dy}{dx}\right) = -1$

$\frac{y^2}{x} = -\frac{x^2}{2} + C,\ x^2 + y^2 = k(k > 0)$

(4, 3)을 지나므로 $x^2 + y^2 = 25$

4.

$t = 0,\ \mathrm{v} = 2i + 0j$

$a = e^{-t}\mathrm{i} + e^t\mathrm{j}$,

$\mathrm{v} = (-e^{-t} + C_1)\mathrm{i} + (e^t + C_2)\mathrm{j}$

$t = 0$일 때, $-e^{-t} + C_1 = 2,\ C_1 = 3$

$t = 0$일 때, $e^t + C_2 = 0,\ C_2 = -1$

5.

$t = 0,\ R = \mathrm{i} + 2\mathrm{j}$

$\mathrm{v} = (3 - e^{-t})\mathrm{i} + (e^t - 1)\mathrm{j}$,

$R = (3t + e^{-t} + C_1)\mathrm{i} + (e^t - t + C_2)\mathrm{j}$

$t = 0$일 때, $3t + e^t + C_1 = 1,\ C_1 = 0$

$t = 0$일 때, $e^t - t + C_2 = 2,\ C_2 = 1$

$R = (3t + e^{-t})i + (e^t - t + 1)j$

6. $\frac{1}{25-0}\int_0^{25} P(t)dt = \frac{1}{25}\int_0^{25} 6e^{0.024t}dt \approx 8.2$ *billion people*

7. $Q_0(1.05)^t$

8. $\frac{1}{2-0}\int_0^2 (-32t + 96)dt = 64\,\mathrm{ft/sec}$

9. $\frac{1}{4-0}\int_0^4 \frac{30}{(t+1)^2}dt \approx 6mg$

10. $\lim_{n\to\infty}\sum_{k=1}^{n} 1000e^{-0.3t}\Delta t = \int_0^8 1000e^{-0.3t}dt \approx 3031$

11. $\int_0^{45} \frac{\sqrt{t}}{180}dt \approx 1.27$

12. $160 + \int_0^{20} -9e^{-0.08t}dt \approx 70^\circ F$

13. $\int_0^t te^{-0.3t} = 9,\ t = 10.2$주

14. $\int_0^3 (-0.1t^2 - 0.3t + 2)dt = 3.75$

15. $\int_0^2 1000e^{0.03t}dt = 1046$

16.

(1) $\frac{dx}{dt} = -1 \text{ and } \frac{dy}{dx} = 3 \Rightarrow \sqrt{\left(\frac{dx}{dt}\right)^2 + \left(\frac{dy}{dt}\right)^2}$

$= \sqrt{(-1)^2 + (3)^2} = \sqrt{10}$

$\Rightarrow$ 길이 $= \int_{-2/3}^{1} \sqrt{10}\,dt = \sqrt{10}\,[t]_{-2/3}^{1}$

$= \sqrt{10} - \left(-\frac{2}{3}\sqrt{10}\right) = \frac{5\sqrt{10}}{3}$

(2) 7

(3) $\frac{dx}{dt}=(2t+3)^{1/2},\ \frac{dy}{dx}=1+t$

$$\Rightarrow \sqrt{\left(\frac{dx}{dt}\right)^2+\left(\frac{dy}{dt}\right)^2}=\sqrt{(2t+3)+(1+t)^2}$$

$$=\sqrt{t^2+4t+4}=|t+2|=t+2$$

$$0\le t\le 3 \Rightarrow \text{길이}=\int_0^3(t+2)dt$$

$$=\left[\frac{t^2}{2}+2t\right]_0^3=\frac{21}{2}$$

(4) e^3+2

(5) $\frac{dx}{dt}=e^t(\cos t-\sin t),\ \frac{dy}{dt}=e^t(\sin t+\cos t)$

$$\Rightarrow\sqrt{\left(\frac{dx}{dt}\right)^2+\left(\frac{dy}{dt}\right)^2}$$

$$=\sqrt{[e^t(\cos t-\sin t)]^2+[e^t(\sin t+\cos t)]^2}$$

$$=\sqrt{2e^{2t}}=\sqrt{2}\,e^t \Rightarrow \sqrt{2}\,e^t$$

$$\Rightarrow L=\int_0^{\pi}\sqrt{2}\,e^t dt=[\sqrt{2}\,e^t]_0^{\pi}$$

$$=\sqrt{2}(e^{\pi}-1)$$

(6) $8a$

17.

(1) $\int_0^{\infty}\frac{dx}{x^2+1}=\lim_{b\to\infty}\int_0^b\frac{dx}{x^2+1}=\lim_{b\to\infty}[\tan^{-1}x]_0^b$

$$=\lim_{b\to\infty}(\tan^{-1}b-\tan^{-1}0)=\frac{\pi}{2}-0=\frac{\pi}{2}$$

(2) 6

(3) $\int_{-\infty}^{-2}\frac{2dx}{x^2-1}=\int_{-\infty}^{-2}\frac{dx}{x-1}-\int_{-\infty}^{-2}\frac{dx}{x+1}$

$$=\lim_{b\to-\infty}[\ln|x-1|]_b^{-2}-\lim_{b\to-\infty}[\ln|x+1|]_b^{-2}$$

$$=\lim_{b\to-\infty}\left[\ln\left|\frac{x-1}{x+1}\right|\right]_b^{-2}=\lim_{b\to-\infty}\left(\ln\left|\frac{-3}{-1}\right|-\ln\left|\frac{b-1}{b+1}\right|\right)$$

$$=\ln 3-\ln\left(\lim_{b\to-\infty}\frac{b-1}{b+1}\right)=\ln 3-\ln 1=\ln 3$$

(4) 0

(5) $\int_0^{\infty}\frac{dx}{(1+x)\sqrt{x}};\ \left[\begin{array}{l}u=\sqrt{x}\\ du=\frac{dx}{2\sqrt{x}}\end{array}\right]$

$$\to \int_0^{\infty}\frac{2du}{u^2+1}=\lim_{b\to\infty}\int_0^b\frac{2du}{u^2+1}$$

$$=\lim_{b\to\infty}[2\tan^{-1}u]_0^b=\lim_{b\to\infty}(2\tan^{-1}b-2\tan^{-1}0)$$

$$=2\left(\frac{\pi}{2}\right)-2(0)=\pi$$

(6) -1

(7) $\int_0^1 x\ln x\,dx=\lim_{b\to 0^+}\left[\frac{x^2}{2}\ln x-\frac{x^2}{4}\right]_b^1$

$$=\left(\frac{1}{2}\ln 1-\frac{1}{4}\right)-\lim_{b\to 0^+}\left(\frac{b^2}{2}\ln b-\frac{b^2}{4}\right)=-\frac{1}{4}-\lim_{b\to 0^+}\frac{\ln b}{\left(\frac{2}{b^2}\right)}+0$$

$$=-\frac{1}{4}-\lim_{b\to 0^+}\frac{\left(\frac{1}{b}\right)}{\left(-\frac{4}{b^3}\right)}=-\frac{1}{4}+\lim_{b\to 0^+}\left(\frac{b^2}{4}\right)=-\frac{1}{4}+0=-\frac{1}{4}$$

(8) $\frac{\pi}{3}$

(9) $\int_{-1}^{\infty}\frac{d\theta}{\theta^2+5\theta+6}=\lim_{b\to\infty}\left[\ln\left|\frac{\theta+2}{\theta+3}\right|\right]_{-1}^b$

$$=\lim_{b\to\infty}\left[\ln\left|\frac{b+2}{b+3}\right|\right]-\ln\left|\frac{-1+2}{-1+3}\right|=0-\ln\left(\frac{1}{2}\right)=\ln 2$$

(10) 발산

(11) $\int_0^{\ln 2}x^{-2}e^{-1/x}dx;\ \left[\frac{1}{x}=y\right]\to\int_{\infty}^{1/\ln 2}\frac{y^2e^{-y}dy}{-y^2}$

$$=\int_{1/\ln 2}^{\infty}e^{-y}dy=\lim_{b\to\infty}[-e^{-y}]_{1/\ln 2}^b$$

$$=\lim_{b\to\infty}[-e^{-b}]-[-e^{-1/\ln 2}]$$

$=0+e^{-1/\ln 2}$, 따라서 적분은 수렴한다.

(12) -2

(13) $\int_2^{\infty}\frac{dv}{\sqrt{v-1}};\ \lim_{v\to\infty}\frac{\left(\frac{1}{\sqrt{v-1}}\right)}{\left(\frac{1}{\sqrt{v}}\right)}=\lim_{v\to\infty}\frac{\sqrt{v}}{\sqrt{v-1}}$

$$= \lim_{v\to\infty} \frac{1}{\sqrt{1-\frac{1}{v}}} = \frac{1}{\sqrt{1-0}} = 1 \text{ and } \int_2^{\infty} \frac{dv}{\sqrt{v}}$$

$$= \lim_{b\to\infty} [2\sqrt{v}]_2^b = \infty,$$

발산 $\Rightarrow \int_2^{\infty} \frac{dv}{\sqrt{v-1}}$ 는 극한 비교판정법에 의해 발산한다.

(14) 2

연습문제 7장

연습문제 7.1

1.

(1) $\lim_{n\to\infty} \frac{1-5n^4}{n^4+8n^3} = \lim_{n\to\infty} \frac{(\frac{1}{n^4})-5}{1+(\frac{8}{n})} = -5$ 수렴

(2) $\lim_{n\to\infty} \frac{n^2-2n+1}{n-1} = \lim_{n\to\infty} \frac{(n-1)(n-1)}{n-1}$,

$\lim_{n\to\infty} (n-1) = \infty$ 발산

(3) $\lim_{n\to\infty} \frac{(-1)^{n+1}}{2n-1} = 0$ 수렴

(4) $\lim_{n\to\infty} \sqrt{\frac{2n}{n+1}} = \sqrt{\lim_{n\to\infty} \frac{2n}{n+1}}$

$\sqrt{\lim_{n\to\infty} \left(\frac{x}{1+\frac{1}{n}}\right)} = \sqrt{2}$ 수렴

(5) $\lim_{n\to\infty} \frac{n}{2^n} = \lim_{n\to\infty} \frac{1}{2^n \ln 2} = 0$ 수렴

(6) $\lim_{n\to\infty} (1+\frac{7}{n})^n = e^7$ 수렴

(7) $\lim_{n\to\infty} \frac{n!}{n^n} = \lim_{n\to\infty} \frac{1\times2\times3\ldots\times(n-1)(n)}{n\times n\times\ldots\times n} \le \lim_{n\to\infty} (\frac{1}{n}) = 0$

$\frac{n!}{n^n} \ge 0 \Rightarrow \lim_{n\to\infty} \frac{n!}{n^n} = 0$ 수렴

2.

(1) $\lim_{n\to\infty} \frac{3n^2-1}{2n^2-1} = \lim_{n\to\infty} \frac{3-\frac{1}{n^2}}{2-\frac{1}{n^2}} = \frac{3}{2}$

(2) 발산

(3) $\lim_{n\to\infty} \frac{n+2}{3n-1} = \lim_{n\to\infty} \frac{1+\frac{2}{n}}{3-\frac{1}{n}} = \frac{1}{3}$

(4) 발산

(5) $\lim_{n\to\infty}(-1)^n\frac{n^2+2}{n^2+4}=\pm1$, 발산

(6) 발산

(7) $\lim_{n\to\infty}\frac{n}{e^n}=0$

(8) 0

(9) $\lim_{n\to\infty}\frac{3^n}{e^n+1}=\infty$

(10) 0

3.

(1) $\lim_{n\to\infty}\frac{2^n}{3^n-1}=\lim_{n\to\infty}\frac{\left(\frac{2}{3}\right)^n}{1-\left(\frac{1}{3}\right)^n}=0$

(2) $\lim_{n\to\infty}\frac{(-3)^n}{2^n-1}=\lim_{n\to\infty}\frac{\left(-\frac{3}{2}\right)^n}{1-\left(\frac{1}{2}\right)^n}$

그런데 $\lim_{n\to\infty}\left(\frac{1}{2}\right)^n=0$이고,

$\lim_{n\to\infty}\left(-\frac{3}{2}\right)^n$은 진동한다.

따라서 극한은 없다. (진동)

(3) $\lim_{n\to\infty}\frac{\sqrt{5^n}+1}{2^n}=\lim_{n\to\infty}\left\{\left(\frac{\sqrt{5}}{2}\right)^n+\left(\frac{1}{2}\right)^n\right\}=\infty.$

(4) (i) $|r|<1$일 때 $\lim_{n\to\infty}r^n=0$

$\therefore\lim_{n\to\infty}\frac{1-r^n}{1+r^n}=1$

(ii) $r=1$일 때 $\lim_{n\to\infty}r^n=1$

$\therefore\lim_{n\to\infty}\frac{1-r^n}{1+r^n}=0$

(iii) $|r|>1$일 때 $\lim_{n\to\infty}|r^n|=\infty$

$\therefore\lim_{n\to\infty}\frac{1-r^n}{1+r^n}=\lim_{n\to\infty}\frac{\left(\frac{1}{4}\right)^n-1}{\left(\frac{1}{4}\right)^n+1}=-1$

$\therefore |r|<1$일 때 1, $r=1$일 때 0, $|r|>1$일 때 -1

(5) (i) $a>b>0$일 때 분자, 분모를 a^n으로 나누면

준 식 $=\lim_{n\to\infty}\frac{a+b\left(\frac{b}{a}\right)^n}{1+\left(\frac{b}{a}\right)^n}=a$

(ii) $b>a>0$일 때 분자, 분모를 b^n으로 나누면

준 식 $=\lim_{n\to\infty}\frac{a\left(\frac{a}{b}\right)^n+b}{\left(\frac{a}{b}\right)^n+1}=b$

(iii) $a=b$일 때

준 식 $=\lim_{n\to\infty}\frac{a^{n+1}+a^{n+1}}{a^n+a^n}=\lim_{n\to\infty}\frac{2a^{n+1}}{2a^n}=a$

$\therefore a\geq b>$일 때 a, $b>a>0$일 때 b

연습문제 7.2

1.

(1) $(1+1)+(\frac{1}{2}-\frac{1}{5})+(\frac{1}{4}+\frac{1}{25})+\ldots$

$=\frac{1}{1-(\frac{1}{2})}+\frac{1}{1+(\frac{1}{5})}=2+\frac{5}{6}=\frac{17}{6}$

(2) $\frac{4}{(4n-3)(4n+1)}=\frac{1}{4n-3}-\frac{1}{4n+1}$

$S_n=(1-\frac{1}{5})+(\frac{1}{5}-\frac{1}{9})+\ldots$

$+(\frac{1}{4n-7}-\frac{1}{4n-3})+(\frac{1}{4n-3}-\frac{1}{4n+1})$

$=1-\frac{1}{4n+1}$

$\Rightarrow\lim_{n\to\infty}S_n=\lim_{n\to\infty}(1-\frac{1}{4n+1})=1$

(3) $S_n=(\frac{1}{\ln 3}-\frac{1}{\ln 2})+(\frac{1}{\ln 4}-\frac{1}{\ln 5})+\ldots$

$+(\frac{1}{\ln(n+2)}-\frac{1}{\ln(n+1)})$

$=-\frac{1}{\ln 2}+\frac{1}{\ln(n+2)}\Rightarrow\lim_{n\to\infty}S_n=-\frac{1}{\ln 2}$

(4) $\frac{-\pi}{4}$

(5) $\frac{(\frac{3}{2})}{1-(-\frac{1}{2})}=1$

(6) $\frac{1}{1-(\frac{1}{e^2})}=\frac{e^2}{e^2-1}$

(7) $\frac{1}{1-(\frac{2}{3})}-\frac{1}{1-(\frac{1}{3})}$

$=3-\frac{3}{2}=\frac{3}{2}$

(8) $\sum_{n=1}^{\infty}\ln(\frac{n}{n+1})=\sum_{n=1}^{\infty}[\ln(n)-\ln(n+1)]$

$\Rightarrow S_n=[\ln(1)-\ln(2)]+\ldots+[\ln(n)-\ln(n+1)]$

$=\ln(1)-\ln(n+1)=-\ln(n+1)\Rightarrow\lim_{n\to\infty}S_n=-\infty$

2.

(1) $a=3,\ r=\frac{x-1}{2},\ \frac{3}{1-(\frac{x-1}{2})}=\frac{6}{3-x}$

$-1<\frac{x-1}{2}<1$ or $-1<x<3$에서 수렴

(2) $a=1,\ r=-(x+1),$

$\frac{1}{1+(x+1)}=\frac{1}{x+2}$

$|x+1|<1$or $-2<x<0$에서 수렴

(3) $a=1,\ r=\sin x,\ \frac{1}{1-\sin x}$

$x\neq(2k+1)\frac{\pi}{2}$, k는 상수에서 수렴

3.

(1) $\frac{3}{1-\frac{1}{5}}=\frac{15}{4}$

(2) 발산

(3) $\lim_{n\to\infty}\frac{3n}{n+4}=3\neq 0$이므로 발산

(4) 1

(5) $r=\frac{3}{2}$이므로 발산

(6) 2

연습문제 7.3

1.

(1) 발산 $\sum_{n=1}^{\infty}\frac{3}{\sqrt{n}}=3\sum_{n=1}^{\infty}\frac{1}{\sqrt{n}},\ (p=\frac{1}{2}),$

p급수검정

(2) 발산 $\int_2^n\frac{\ln x}{x}dx=\frac{1}{2}(\ln^2 n-\ln 2)\Rightarrow\int_2^{\infty}\frac{\ln x}{x}dx\to\infty$

적분검정

(3) 발산 $-2\int_0^{\infty}\frac{1}{x+1}dx=-\infty$, 적분검정

(4) 발산 $\lim_{n\to\infty}\frac{\sqrt{n}}{\ln n}=\lim_{n\to\infty}\frac{(\frac{1}{2\sqrt{n}})}{\frac{1}{n}}=\lim_{n\to\infty}\frac{\sqrt{n}}{2}=\infty$

n항 검정

(5) 발산 $\lim_{n\to\infty}\cos n\pi\neq 0$ n항 검정

(6) 수렴 $\int_1^{\infty}\frac{e^x}{1+e^{2x}}dx\to\int_e^{\infty}\frac{1}{1+u^2}du$

$=\lim_{b\to\infty}(\tan^{-1}b-\tan^{-1}e)$

$=\frac{\pi}{2}-\tan^{-1}e\approx 0.35$

적분검정

(7) 수렴 $\int_1^{\infty}\frac{8\tan^{-1}x}{1+x^2}dx \to \int_{\pi/4}^{\pi/2}8u\,du$

$=4(\frac{\pi^2}{4}-\frac{\pi^2}{16})=\frac{3\pi^2}{4}$

적분검정

(8) 수렴 $\frac{\sin^2 n}{2^n}\le\frac{1}{2^n}$, 비교검정

(9) 수렴 $(\frac{n}{3n+1})^n<(\frac{n}{3n})^n=(\frac{1}{3})^n$

비교검정

(10) 수렴 $\lim_{n\to\infty}\frac{\left[\frac{(\ln n)^2}{n^3}\right]}{(\frac{1}{n^2})}=\lim_{n\to\infty}\frac{(\ln n)^2}{n}=\lim_{n\to\infty}\frac{2(\ln n)(\frac{1}{n})}{1}$

$=2\lim_{n\to\infty}\frac{\ln n}{n}=0$

극한 비교검정

(11) 발산 $\lim_{n\to\infty}\frac{(\frac{1}{1+\ln n})}{(\frac{1}{n})}=\lim_{n\to\infty}\frac{n}{1+\ln n}$

$=\lim_{n\to\infty}\frac{1}{(\frac{1}{n})}=\lim_{n\to\infty}n=\infty$

극한 비교검정

(12) 발산 $\lim_{n\to\infty}(1-\frac{1}{n})^n=e^{-1}\ne 0$, n항 검정

(13) 수렴 $\frac{1}{3^{n-1}+1}<\frac{1}{3^{n-1}}$, 비교검정

(14) 수렴 $\lim_{n\to\infty}\frac{(\frac{10n+1}{n(n+1)(n+2)})}{(\frac{1}{n^2})}=\lim_{n\to\infty}\frac{10n^2+n}{n^2+3n+2}$

$=\lim_{n\to\infty}\frac{20n+1}{2n+3}=\lim_{n\to\infty}\frac{20}{2}=10$

극한 비교검정

(15) 수렴 $\lim_{n\to\infty}\sum_{k=1}^{n}\frac{2}{k(k+1)}=\lim_{n\to\infty}2\sum_{k=1}^{n}(\frac{1}{k}-\frac{1}{k+1})=2$

(16) 수렴 $\lim_{n\to\infty}\frac{a_{n+1}}{a_n}=\lim_{n\to\infty}\frac{\left[\frac{(n+1)^{\sqrt{2}}}{2^{n+1}}\right]}{\left[\frac{n^{\sqrt{2}}}{2^n}\right]}$

$=\lim_{n\to\infty}\frac{(n+1)^{\sqrt{2}}}{2^{n+1}}\frac{2^n}{n^{\sqrt{2}}}$

$=\lim_{n\to\infty}(1+\frac{1}{n})^{\sqrt{2}}(\frac{1}{2})=\frac{1}{2}<1$

비검정

(17) 수렴 $\lim_{n\to\infty}\frac{a_{n+1}}{a_n}=\lim_{n\to\infty}\frac{(\frac{(n+1)^{10}}{10^{n+1}})}{\left[\frac{n^{10}}{10^n}\right]}$

$=\lim_{n\to\infty}\frac{(n+1)^{10}}{10^{n+1}}\frac{10^n}{n^{10}}$

$=\lim_{n\to\infty}(1+\frac{1}{n})^{10}(\frac{1}{10})=\frac{1}{10}<1$

비검정

(18) 발산 $\lim_{n\to\infty}a_n=\lim_{n\to\infty}(1-\frac{3}{n})^n=\lim_{n\to\infty}(1+\frac{-3}{n})^n$

$=e^{-3}\approx 0.05\ne 0$

n항 검정

(19) 발산 $\frac{1}{n}-\frac{1}{n^2}=\frac{n-1}{n^2}>\frac{1}{2}(\frac{1}{n})$, 비교검정
$n>2$

(20) 수렴 $\lim_{n\to\infty}\frac{a_{n+1}}{a_n}$

$=\lim_{n\to\infty}\frac{(n+2)(n+3)}{(n+1)!}\times\frac{n!}{(n+1)(n+2)}=0<1$

비검정

(21) 수렴 $\lim_{n\to\infty}\frac{a_{n+1}}{a_n}=\lim_{n\to\infty}\frac{(n+1)!}{(2n+3)!}\frac{(2n+1)!}{n!}$

$=\lim_{n\to\infty}\frac{n+1}{(2n+3)(2n+2)}=0<1$

비검정

(22) 수렴 $\frac{n!\ln n}{n(n+2)!}=\frac{\ln n}{n(n+1)(n+2)}<\frac{n}{n(n+1)(n+2)}$

$$= \frac{1}{(n+1)(n+2)} < \frac{1}{n^2}$$

비교검정

연습문제 7.4

1.

(1) 이것은 기하급수 $\sum_{k=0}^{\infty}(x+2)^k = \frac{1}{1-(x+2)}$

$= \frac{-1}{1+x} = f(x)$이며, 이 급수는 $|x+2|<1$

$(-3<x<1)$에서 수렴한다.

따라서 수렴구간은 $(-3,-1)$이고 $r=1$이다.

(2) 이것은 기하급수 $\sum_{k=0}^{\infty}(2x-1)^k = \frac{1}{1-2(2x-1)}$

$= \frac{1}{2-2x} = f(x)$이며 이 급수는 $|2x-1|$

$<1(0<x<1)$에서 수렴한다. 따라서

수렴구간은 $(0,1)$이고 $r=\frac{1}{2}$이다.

(3) 이것은 기하급수 $\sum_{k=0}^{\infty}(-1)^k(\frac{x}{2})^k = \sum_{k=0}^{\infty}(\frac{-x}{2})^k$

$= \frac{1}{1+\frac{x}{2}} = \frac{2}{2+x} = f(x)$이며 이 급수는

$\left|\frac{-x}{2}\right|<1(-2<x<2)$에서 수렴한다.

따라서 수렴구간은 $(-2,2)$이고 $r=2$이다.

2.

(1) 모든 x에 대해서

$$\lim_{k\to\infty}\left|\frac{a_k+1}{a_k}\right| = \lim_{k\to\infty}\left|\frac{2^{k+1}k!(x-2)^{k+1}}{2^k(k+1)!(x-2)^k}\right| =$$

$2|x-2|\lim_{k\to\infty}\frac{1}{k+1}=0$이고 $0<1$이므로 비판정법에 의해 절대수렴한다. 따라서 수렴구간은 $(-\infty,\infty)$이고 $r=\infty$이다.

(2) $\lim_{k\to 0}\left|\frac{a_{k+1}}{a_k}\right| = \lim_{k\to\infty}\left|\frac{(-1)^{k+1}k3^k(x-1)^{k+1}}{(-1)^k(k+1)3^{k+1}(x-1)^k}\right|$

$= \frac{|x-1|}{3}\lim_{k\to\infty}\frac{k}{k+1} = \frac{|x-1|}{3}$이고 비판정법에 의해

$\frac{|x-1|}{3}<1$일 때, $(-2,4)$에서 절대수렴한다.

$x=-2$일 때, $\sum_{k=0}^{\infty}\frac{1}{k}$이고 이것은 발산하는 조화급수이다.

$x=4$일 때, $\sum_{k=0}^{\infty}\frac{(-1)^k}{k3^k}(3)^k = \sum_{k=0}^{\infty}\frac{(-1)^k}{k}$이고 이 급수는 교대급수판정법에 의해 수렴한다. 따라서 수렴구간은 $(-2,4]$이고 $r=3$이다.

(3)

$$\lim_{k\to\infty}\left|\frac{a_{k+1}}{a_k}\right| = \lim_{k\to\infty}\left|\frac{k(x-1)^{k+1}}{(k+1)(x-1)^k}\right| = |x-1|\lim_{k\to\infty}\frac{k}{k+1}$$

$=|x-1|$이고 비판정법에 의해 $|x-1|<1$일 때, 즉 $(0,2)$에서 절대수렴한다.

$x=0$일 때, $\sum_{k=0}^{\infty}\frac{(-1)^k}{k}$이고, 이것은 교대급수 판정법에 의해 수렴한다.

$x=2$일 때, $\sum_{k=0}^{\infty}\frac{1}{k}$이고 이 급수는 발산하는 조화급수이다.

따라서 수렴구간은 $[0,2)$이고 $r=1$이다.

(4) 모든 $x\in(-\infty,\infty)$에 대하여 $\lim_{k\to\infty}\left|\frac{a_{k+1}}{a_k}\right|$

$$= \lim_{k\to\infty}\left|\frac{(k+1)!(2k)!x^{k+1}}{(2k+2)!x^k}\right| = |x|\lim_{k\to\infty}\frac{k+1}{(2k+2)(2k+1)} = 0$$

이고 비판정법에 의해 절대수렴한다.

따라서 수렴구간은 $(-\infty,\infty)$이고 $r=\infty$이다.

3.

(1) $-1 < -4x-1 < 1$에서 수렴하고

$-\frac{1}{2} < x < 0$

(2) $-3 \leq x \leqq 3$

(3) $\lim_{n\to\infty}\frac{a_{n+1}}{a_n} = \lim_{n\to\infty}\frac{\frac{x^{2n+3}}{(n+1)!}}{\frac{2^{2n+1}}{n!}} = \lim_{n\to\infty}\frac{x^2}{n+1} = 0$

이므로 수렴구간은 모든 x이다.

(4) $-8 < x < 2$

(5) $\lim_{n\to\infty}\left|\frac{a_{n+1}}{a_n}\right| = \lim_{n\to\infty}\left|\frac{(1+\frac{1}{n+1})^{n+1}x^{n+1}}{(1+\frac{1}{n})^n x^n}\right|$

$=\lim_{n\to\infty}|x| < 1$에서 $-1 < x < 1$

(6) $-4 < x \leq 0$

4.

(1) $r = \left(\frac{x-1}{2}\right)^2$ 이므로 $-1 < \left(\frac{x-1}{2}\right)^2 < 1$

$\to -1 < \frac{x-1}{2} < 1 \to -2 < x-1 < 2$

$\to -1 < x < 3$

$S = \frac{1}{1-\frac{(x-1)^2}{4}} = \frac{4}{3+2x-x^2}$

(2) $0 < x < 16,\ S = \frac{2}{4-\sqrt{x}}$

(3) $r = \frac{x^2+1}{3}$ 이므로 $-1 < \frac{x^2+1}{3} < 1$

$\to -1 < \frac{x^2+1}{3} < 1 \to x^2-2 < 0$

$\to -\sqrt{2} < x < \sqrt{2}$

$S = \frac{1}{1-\frac{x^2+1}{3}} = \frac{3}{2-x^2}$

연습문제 7.5

1.

(1) $p_3(x) = (x-1) - \frac{1}{2}(x-1)^2 + \frac{1}{3}(x-1)^3$

(2) $p_3(x) = \frac{1}{2} - \frac{1}{4}(x-2) + \frac{1}{8}(x-2)^2 - \frac{1}{16}(x-2)^3$

(3) $p_3(x) = \frac{\sqrt{2}}{2} + \frac{\sqrt{2}}{2}(x-\frac{\pi}{4})$

$-\frac{\sqrt{2}}{4}(x-\frac{\pi}{4})^2 - \frac{\sqrt{2}}{12}(x-\frac{\pi}{4})^3$

2.

(1) $1 - x + \frac{1}{2!}x^2 - \frac{1}{3!}x^3 + \frac{1}{4!}x^4 + \cdots$

(2) $1 - x + x^2 - x^3 + x^4 + \cdots$

(3) $3x - \frac{3^2x^2}{3!} + \frac{3^5x^5}{5!} + \cdots$

(4) $7 - \frac{7x^2}{2!} + \frac{7x^4}{4!} - \frac{7x^6}{6!} + \cdots$

3.

(1) $8 + 10(x-2) + 6(x-2)^2 + (x-3)^3 + \cdots$

(2) $21 - 36(x+2) + 25(x+2)^2 - \cdots$

(3) $1 - 2(x-1) + 3(x-1)^2 - 4(x-1)^3 + \cdots$

(4) $e^2 + e^2(x-2) + \frac{e^2}{2}(x-2)^2 + \cdots$

4.

(1) $1 - 5x + \frac{(-5x)^2}{2!} + \cdots = \sum_{n=0}^{\infty}\frac{(-1)^n 5^n x^n}{n!}$

(2) $\sum_{n=0}^{\infty}\frac{(-1)^n(x+1)^n}{(2n)!}$

$= 1 - \frac{x+1}{2!} + \frac{(x+1)^2}{4!} - \frac{(x+1)^3}{6!} + \cdots$

5.

(1) $x(\sum_{n=0}^{\infty}\frac{x^n}{n!})=\sum_{n=0}^{\infty}\frac{x^{n+1}}{n!}$

$=x+x^2+\frac{x^3}{2!}+\frac{x^4}{3!}+\cdots$

(2) $x\sum_{n=0}^{\infty}\frac{(-1)^n(\pi x)^{2n}}{(2n)!}=\sum_{n=0}^{\infty}\frac{(-1)^n\pi^{2n}x^{2n+1}}{(2n)!}$

$=x-\frac{\pi^2x^3}{2!}+\frac{\pi^4x^5}{4!}-\cdots$

(3) $x^2\sum_{n=0}^{\infty}(2x)^n=\sum_{n=0}^{\infty}2^nx^{n+2}$

$=x^2+2x^2+2^2x^4+\cdots$

(4) $\frac{1}{1-x}=1+x+x^2+x^3+\cdots$

$\frac{d}{dx}(\frac{1}{1-x})\equiv 1+2x+3x^2+\cdots$

$\frac{1}{(1-x)^2}=\sum_{n=0}^{\infty}nx^{n-1}=\sum_{n=0}^{\infty}(n+1)x^n$

6.

(1) $\int_0^{0.2}(x^2-\frac{x^6}{3!}+\frac{x^{10}}{5!}-\cdots)\approx 0.00267$

$|E|\le\frac{(0.2)^7}{7(3!)}\approx 0.0000003$

(2) $\int_0^{0.2}\frac{1}{x}(1-x+\frac{x^2}{2!}-\frac{x^3}{3!}-\cdots-1)$
≈-0.19044

$|E|\le\frac{(0.2)^4}{96}\approx 0.00002$

(3) $\int_0^{0.1}(1-\frac{x^2}{3!}+\frac{x^4}{5!}-\cdots)\approx 0.0999444611$

$|E|\le\frac{(0.1)^7}{7(7!)}\approx 2.8\times10^{-12}$

(4) $\int_0^{1}(\frac{1}{2}-\frac{x^2}{4!}+\frac{x^4}{6!}-\frac{x^6}{8!}+\cdots)\,dx=0.486385$

$|E|\le\frac{1}{11(12!)}\approx 1.9\times10^{-10}$

7.

(1) $\lim_{x\to0}\frac{1}{x^2}(1+x+\frac{x^2}{2}+\frac{x^3}{3!}-1-x)$

$=\lim_{x\to0}(\frac{1}{2}+\frac{x}{3!}+\frac{x^2}{4!}+\cdots)=\frac{1}{2}$

(2) $\lim_{t\to0}\frac{1}{t^4}\left[1-\frac{t^2}{2}-(1-\frac{t^2}{2}+\frac{t^4}{4!}-\frac{t^6}{6!}+\cdots)\right]$

$=\lim_{t\to0}(-\frac{1}{4!}+\frac{t^2}{6!}-\frac{t^4}{8!}+\cdots)=-\frac{1}{24}$

(3) $\lim_{y\to0}\frac{1}{y^3}\left[y-(y-\frac{y^3}{3}+\frac{y^5}{5}-\cdots)\right]$

$=\lim_{y\to0}(\frac{1}{3}-\frac{y^2}{5}+\frac{y^4}{7}-\cdots)=\frac{1}{3}$

(4) $\lim_{x\to0}x^2(-1+1-\frac{1}{x^2}+\frac{1}{2x^4}-\cdots)$

$=\lim_{x\to0}(-1+\frac{1}{2x^2}-\frac{1}{6x^4}+\cdots)=-1$

(5) $\lim_{x\to0}\frac{x^2-\frac{x^4}{2}+\frac{x^6}{3}-\cdots}{1-(1-\frac{x^2}{2!}+\frac{x^4}{4!}-\cdots)}$

$=\lim_{x\to0}\frac{(1-\frac{x^2}{2}+\frac{x^4}{3}-\cdots)}{(\frac{1}{2!}-\frac{x^2}{4!}+\cdots)}=2!=2$

(6) $\lim_{x\to2}\frac{x^2-4}{\ln(x-1)}$

$=\lim_{x\to2}\frac{(x-2)(x+2)}{\left[(x-2)-\frac{(x-2)^2}{2}+\frac{(x-2)^3}{3}-\cdots\right]}$

$=\lim_{x\to2}\frac{x+2}{[1-\frac{x-2}{2}+\frac{(x-2)^2}{3}-\cdots]}$

$=4$

연습문제 8장

연습문제 8.1

1.

(1) $f(3,1) = 1 + \sqrt{4-1^2} = 1 + \sqrt{3}$

(2) $4-y^2 \geq 0$, $y^2 \leq 4 \Leftrightarrow -2 \leq y \leq 2$

$D = \{(x,y) \mid -2 \leq y \leq 2\}$

(3) $0 \leq \sqrt{4-y^2} \leq 2$ 이므로, $1 \leq 1 + \sqrt{4-y^2} \leq 3$

$1 \leq f(x,y) \leq 3$

2.

(1) $f(1,2,3) = 1^3 \cdot 2^2 \cdot 3\sqrt{10-1-2-3} = 12\sqrt{4} = 24$

(2) $10-x-y-z \geq 0 \rightarrow z \leq 10-x-y$

$D = \{(x,y,z) \mid z \leq 10-x-y\}$

3.

(1) $x+y \geq 0$, $y \geq -x$ $D = \{(x,y) \mid y \geq -x\}$

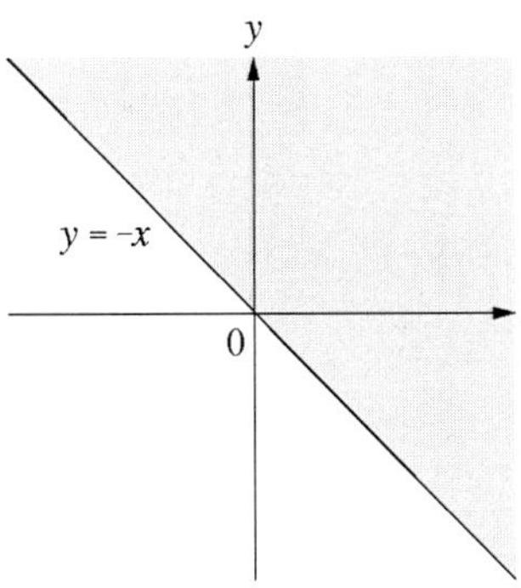

(2) $x^2 - y^2 \geq 0 \Leftrightarrow y^2 \leq x^2 \Leftrightarrow |y| \leq |x|$

$D = \{(x,y) \mid -|x| \leq y \leq |x|\}$

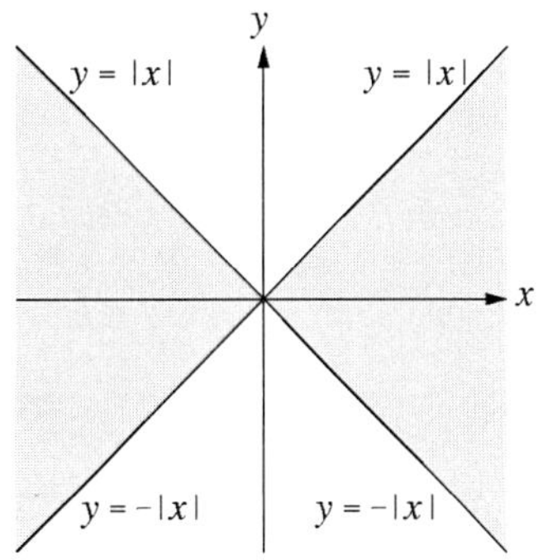

(3) $y \geq 0,\ 25 - x^2 - y^2 \geq 0 \Leftrightarrow y \geq 0,\ x^2 + y^2 \leq 25$

$D = \{(x,y) \mid x^2 + y^2 \leq 25,\ y \geq 0\}$

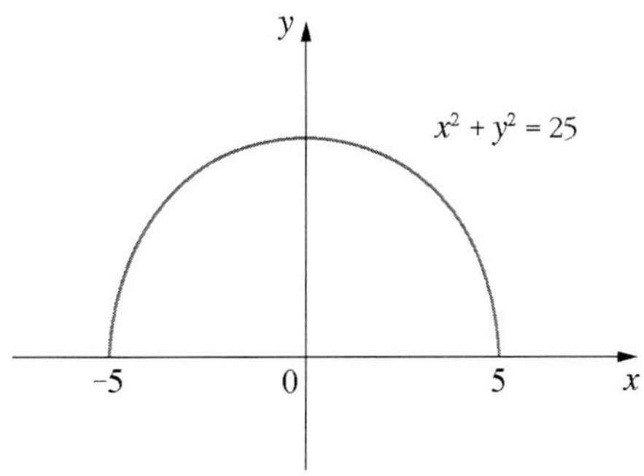

(4) $-1 \leq x^2 + y^2 - 2 \leq 1 \Leftrightarrow +1 \leq x^2 + y^2 \leq 3$

$D = \{(x,y) \mid 1 \leq x^2 + y^2 \leq 3\}$

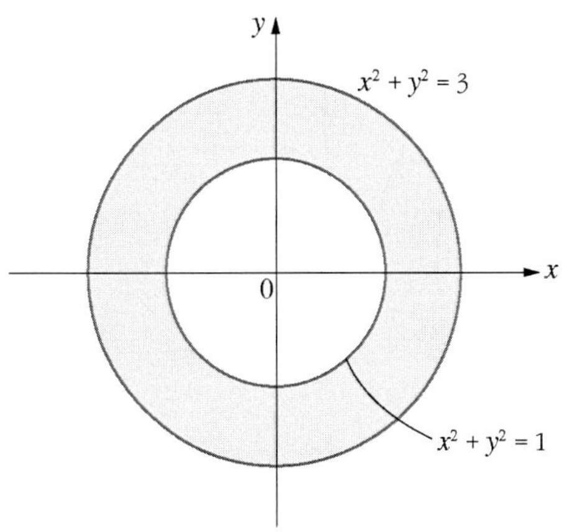

4.

(1) $(y-2x)^2 = c, y = 2x \pm \sqrt{c}, c > 0$

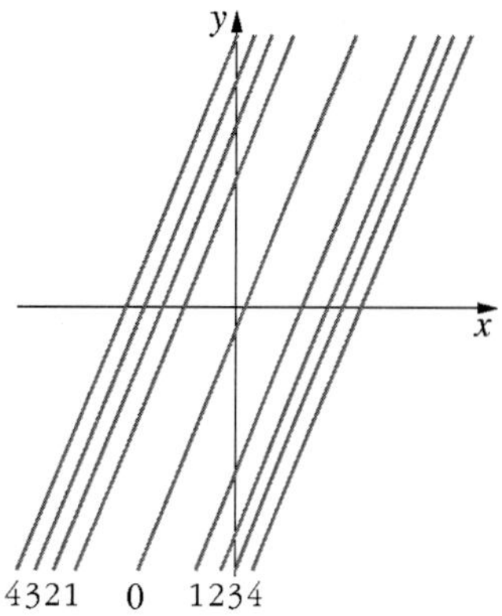

(2) $\sqrt{x} + y = c, y = -\sqrt{x} + c$

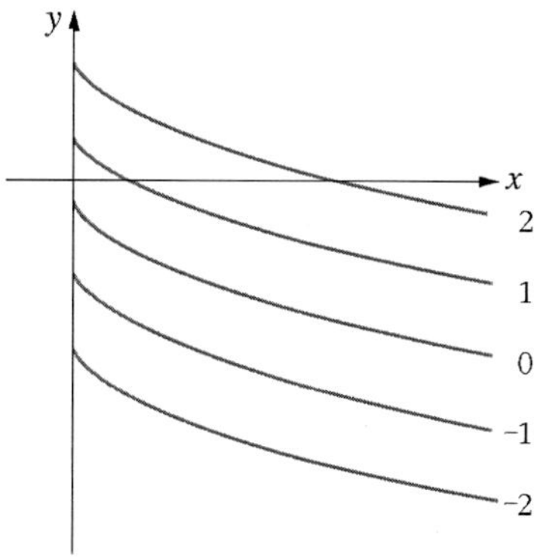

(3) $ye^x = c$, $y = ce^{-x}$

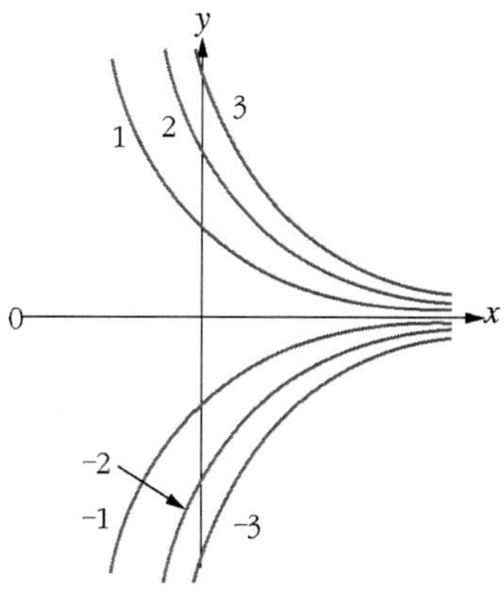

(4) $\sqrt{y^2 - x^2} = c$, $y^2 - x^2 = c^2$

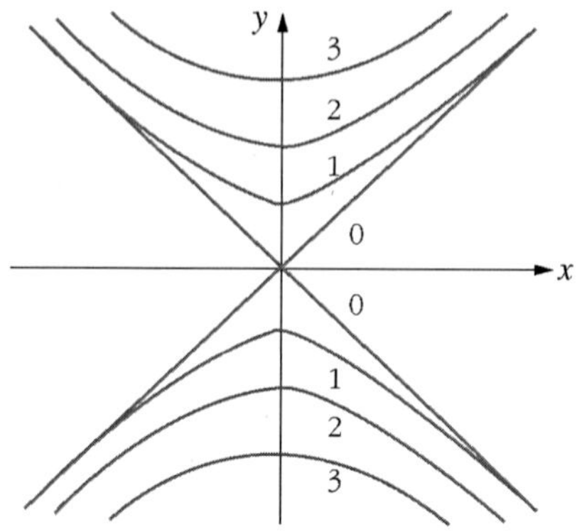

연습문제 8.2

1.

(1) $\lim_{(x,y)\to(5,-2)}(x^5+4x^3y-5xy^2)$

$=5^5+4(5)^3(-2)-5\cdot 5(-2)^2$

$=2025$

(2) $\frac{2}{7}$

(3) $x=0$, 준식 = $\lim_{(x,y)\to(0,0)}\frac{y^4}{3y^4}=\frac{1}{3}$

$y=0$ 준식 = $\lim_{(x,y)\to(0,0)}\frac{0}{x^4}=0$

따라서 발산

(4) 발산

(5) $x=0$, 준식 $=0$, $y=0$ 준식 $=0$

$y=x$, 준식 $=\lim_{(x,y)\to(0,0)}\frac{x^2}{\sqrt{2x^2}}=\lim_{(x,y)\to(0,0)}\frac{|x|}{\sqrt{2}}=0$

따라서 수렴

(6) 발산

(7) $\lim_{(x,y)\to(0,0)}\frac{x^2+y^2}{\sqrt{x^2+y^2+1}-1}\cdot\frac{\sqrt{x^2+y^2+1}+1}{\sqrt{x^2+y^2+1}+1}$

$=\lim_{(x,y)\to(0,0)}\frac{(x^2+y^2)(\sqrt{x^2+y^2+1}+1)}{x^2+y^2}=2$

(8) 1

(9) $y=0, z=0$ 준식 $=\lim_{(x,y,z)\to(0,0,0)}\frac{0}{x^2}=0$

$x=0, z=y$ 준식 $=\lim_{(x,y,z,)\to(0,0,0)}y^3/(y^2+y^4)=0$

$x=y, z=0$ 준식 $=\lim_{(x,y,z)\to(0,0,0)}\frac{x^2}{2x^2}=\frac{1}{2}$

따라서 발산

(10) 발산

2.

(1) $\{(x,y)\mid y\neq x^2\}$

(2) $\{(x,y)\mid y\geq 0\}$

(3) $\{(x,y)\mid x^2+y^2-4>0\}$

(4) $\{(x,y,z)\mid y\geq 0,\ y\neq\pm\sqrt{x^2+z^2}\}$

(5) $2x^2+y^2\geq x^2$ 에서 $|x^2y^3/(2x^2+y^2)|\leq|y^3|$,

$(x,y)\to 0$ 일때 $|y^3|\to 0$ 이므로

샌드위치정리에 의해

$\lim_{(x,y)\to(0,0)}\frac{x^2y^3}{2x^2+y^2}=0$, $f(0,0)=1$

따라서 $(x,y)=(0,0)$ 에서 불연속이다.

3.

(1) 준식 $=\frac{3}{4-3}=3$

(2) 2

(3) $x=0$ 준식 $=0$, $y=0$ 준식 $=0$

$y=x$ 준식 $=\lim_{(x,y)\to(0,0)}\frac{4x^2}{2x^2}=2$ 발산

(4) 발산

(5) $x=0$ 준식 $=0$, $y=0$ 준식 $=0$

$y=x$ 준식 $=\lim_{(x,y)\to(0,0)}\frac{2x^2\sin x}{3x^2}=0$

수렴

(6) 2

4.

(1) R^2

(2) $\{(x,y)\mid 9-x^2-y^2\geq 0\}$

(3) $\{(x,y)\mid 3-x^2+y>0\}$

(4) $\{(x,y,z)\mid y\neq 0\}$

(5) $\{(x,y,z)\mid x^2+y^2+z^2-4\geq 0\}$

연습문제 8.3

1.

(1) $f_x(x,y)=3,\ f_y(x,y)=-8y^3$

(2) $\dfrac{\partial z}{\partial x}=e^{3y},\ \dfrac{\partial z}{\partial y}=3xe^{3y}$

(3) $f_x(x,y)=\dfrac{2y}{(x+y)^2},\ f_y(x,y)=-\dfrac{2x}{(x+y)^2}$

(4) $w=\sin\alpha\cos\beta \Rightarrow \dfrac{\partial w}{\partial\alpha}=\cos\alpha\cos\beta$

$\dfrac{\partial w}{\partial\beta}=\sin\alpha\sin\beta$

(5) $f(r,s)=r\ln(r^2+s^2)\Rightarrow f_r(r,s)=\dfrac{2r^2}{r^2+s^2}+\ln(r^2+s^2)$

$f_s(r,s)=\dfrac{2rs}{r^2+s^2}$

(6) $f(x,y,z)=xz-5x^2y^3z^4$

$\Rightarrow f_x(x,y,z)=z-10xy^3z^4,\ f_y(x,y,z)$

$=-15x^2y^2z^4,\ f_z(x,y,z)=x-20x^2y^3z^3$

(7) $w=\ln(x+2y+3x)$

$\Rightarrow \dfrac{\partial w}{\partial x}=\dfrac{1}{x+2y+3z},\ \dfrac{\partial w}{\partial x}=\dfrac{2}{x+2y+3z},\ \dfrac{\partial w}{\partial x}=\dfrac{3}{x+2y+3z}$

(8) $u=xy\sin^{-1}(yz) \Rightarrow \dfrac{\partial u}{\partial x}=y\sin^{-1}(yz),$

$\dfrac{\partial u}{\partial y}=\dfrac{xyz}{\sqrt{1-y^2z^2}}+xs\sin^{-1}(yz)$

$\dfrac{\partial u}{\partial z}=\dfrac{xy^2}{\sqrt{1-y^2z^2}}$

2.

(1) $f_x=3y^4+3x^2y^2,\ f_{xx}=6xy^2,$

$f_{xxy}=12xy,\ f_y=12xy^3+2x^3y,$

$f_{yy}=36xy^2+2x^3,\ f_{yyy}=72xy$

(2) $f_x=-\sin(4x+3y+2z)(4)$

$f_{xy}=-12\cos(4x+3y+2z),$

$f_{xyz}=24\sin(4x+3y+2z),$

$f_y=-3\sin(4x+3y+2z),$

$f_{yz}=-6\cos(4x+3y+2z),$

$f_{yzz}=12\sin(4x+3y+2z)$

(3) $\dfrac{\partial u}{\partial\theta}=e^{r\theta}(\cos\theta+rsin\theta)$

$\dfrac{\partial^2 u}{\partial r\,\partial\theta}=e^{r\theta}(\theta\cos\theta+r\theta\sin\theta+\sin\theta)$

$\dfrac{\partial^3 u}{\partial r^2\partial\theta}=\theta e^{r\theta}(2\sin\theta+\theta\cos\theta+r\theta\sin\theta)$

(4) $\dfrac{\partial w}{\partial x}=\dfrac{1}{y+2z},$

$\dfrac{\partial^2 w}{\partial y\,\partial x}=-(y+2z)^{-2},$

$\dfrac{\partial^3 w}{\partial z\,\partial y\,\partial x}=4(y+2z)^{-3},$

$\dfrac{\partial w}{\partial y}=-x(y+2z)^{-2},$

$\dfrac{\partial^2 w}{\partial x\,\partial y}=-(y+2z)^{-2},\quad \dfrac{\partial^3 w}{\partial x^2\,\partial y}=0$

3.

(1) $4(2xy+y^2)t^3-3(x^2+2xy)t^2$

(2) $e^{y/z}(2t-\dfrac{x}{z}-\dfrac{2xy}{z^2})$

(3) $\dfrac{\partial z}{\partial s}=2xy^3\cos t+3x^2y^2\sin t$

$\dfrac{\partial z}{\partial t}=-2sxy^3\sin t+3sx^2y^2\cos t$

(4) $\dfrac{\partial z}{\partial s}=t^2\cos\theta\cos\varnothing-2st\sin\theta\sin\varnothing$

$\dfrac{\partial z}{\partial t}=2st\cos\theta\cos\varnothing-s^2\sin\theta\sin\varnothing$

4.

(1) $\dfrac{\partial w}{\partial r}=\dfrac{\partial w}{\partial x}\dfrac{\partial x}{\partial r}+\dfrac{\partial w}{\partial y}\dfrac{\partial y}{\partial r}+\dfrac{\partial w}{\partial z}\dfrac{\partial z}{\partial r}$

$$= 2(x+y+z)(1)+2(x+y+z)[-\sin(r+s)]$$
$$+2(x+y+z)[\cos(r+s)]$$
$$= 2(x+y+z)[1-\sin(r+s)+\cos(r+s)]$$
$$= 2[r-s+\cos(r+s)+\sin(r+s)][1-\sin(r+s)$$
$$+\cos(r+s)]$$
$$\Rightarrow \frac{\partial w}{\partial r}\Big|_{r=1,s=-1} = 2(3)(2) = 12$$

(2) $\frac{\partial w}{\partial v} = \frac{\partial w}{\partial x}\frac{\partial x}{\partial v} + \frac{\partial w}{\partial y}\frac{\partial y}{\partial v} + \frac{\partial w}{\partial z}\frac{\partial z}{\partial v}$

$$= y\left(\frac{2v}{u}\right) + x(1) + \left(\frac{1}{z}\right)(0)$$
$$= (u+v)\left(\frac{2v}{u}\right) + \frac{v^2}{u} \Rightarrow \frac{\partial w}{\partial v}\Big|_{u=-1,v=2}$$
$$= (1)\left(\frac{4}{-1}\right) + \left(\frac{4}{-1}\right) = -8$$

(3) $\frac{\partial w}{\partial v} = \frac{\partial w}{\partial x}\frac{\partial x}{\partial v} + \frac{\partial w}{\partial y}\frac{\partial y}{\partial v} = \left(2x - \frac{y}{x^2}\right)(-2) + \left(\frac{1}{x}\right)(1)$

$$= \left[2(u-2v+1) - \frac{2u+v-2}{(u-2v+1)^2}\right](-2) + \frac{1}{y-2v+1}$$
$$\Rightarrow \frac{\partial w}{\partial v}\Big|_{u=0,v=0} = -7$$

(4) $\frac{\partial z}{\partial u} = \frac{\partial z}{\partial x}\frac{\partial x}{\partial u} + \frac{\partial z}{\partial y}\frac{\partial y}{\partial u}$

$$= (y\cos xy + \sin y)(2u) + (x\cos xy + x\cos y)(v)$$
$$= [uv\cos(u^3v+uv^3) + \sin uv]$$
$$(2u) + [(u^2+v^2)\cos(u^3v+uv^3) + (u^2+v^2)\cos uv](v)$$
$$\Rightarrow \frac{\partial z}{\partial u}\Big|_{u=0,v=1} = 0 + (\cos 0 + \cos 0)(1) = 2$$

5.

(1) $f_x = 3x^2 - 4y^2$, $f_y = 4y^3 - 8xy$

(2) $f_x = 2xe^y$, $f_y = x^2e^y - 4$

(3) $f_x = x^2y\cos xy + 2x\sin xy$,

$f_y = x^3\cos xy - 9y^2$

(4) $f_x = 4 \cdot \frac{1}{y}e^{x/y} + \frac{y}{x^2} = \frac{4}{y}e^{x/y} + \frac{y}{x^2}$,

$f_y = 4(\frac{-x}{y^2})e^{x/y} - \frac{1}{x} = \frac{4x}{-y^2}e^{x/y} - \frac{1}{x}$

(5) $f_x = 12x^2y^2z + 3\sin y$,

$f_y = 8x^3yz + 3x\cos y$, $f_z = 4x^3y^2$

6.

(1) $\frac{\partial f}{\partial x} = 3x^2 - 4y^2$, $\frac{\partial f}{\partial y} = -8xy + 3$

$\frac{\partial^2 f}{\partial x^2} = 6x$, $\frac{\partial^2 f}{\partial y^2} = -8x$, $\frac{\partial^2 f}{\partial y \partial x} = -8y$

(2) $f_x = 4x^3 - 6xy^3$, $f_{xx} = 12x^2 - 6y^3$

$f_{xy} = -18xy^2$, $f_{xyy} = -36xy$

(3) $f_x = 3x^2y^2$, $f_{xx} = 6xy^2$, $f_y = 2x^3y - z\cos yz$,

$f_{yz} = yz\sin yz - \cos yz$, $f_{xy} = 6x^2y$, $f_{xyz} = 0$

(4) $f_x = 2ye^{2xy} + z\sin y$, $f_{xx} = 4y^2e^{2xy}$

$f_y = 2xe^{2xy} + z^2y^{-2} + xz\cos y$

$f_{yy} = 4x^2e^{2xy} - 2z^2y^{-3} - xz\sin y$

$= 4x^2e^{2xy} - \frac{2z^2}{y^3} - xz\sin y$

$f_{yyz} = -\frac{4z}{y^3} - x\sin y$

$f_{yyzz} = -\frac{4}{y^3}$

(5) $f_w = 2wxy - ze^{wz}$, $f_{ww} = 2xy - z^2e^{wz}$

$f_{wx} = 2yw$, $f_{wxy} = 2w$, $f_{wwx} = 2y$, $f_{wwxy} = 2$, $f_{wwxyz} = 0$

7. $G = H - TS$, $\frac{G}{T} = \frac{H}{T} - S$,

$T \neq 0$, $\frac{\partial(G/T)}{\partial T} = -\frac{H}{T^2}$

8. $V = IR$에서 편도함수는 $\frac{\partial V}{\partial I} = R$, $\frac{\partial V}{\partial R} = I$ 이다.

이를 연쇄법칙의 식에 대입하면

$$\frac{\partial V}{\partial I}=\frac{\partial V}{\partial I}\frac{dI}{dt}+\frac{\partial V}{\partial R}\frac{dR}{dt}$$

$$=R\frac{dI}{dt}+I\frac{dR}{dt},\quad -0.01=600\frac{dI}{dt}+(0.04)\cdot(0.5)$$

$$\frac{dI}{dt}=-\frac{0.01+(0.04)\cdot(0.5)}{600}=-0.00005$$

따라서 전류는 언급된 순간에 0.00005암페어/초의 비율로 감소한다.

연습문제 8.4

1.

(1) $D(1,1)=f_{xx}(1,1)f_{yy}(1,1)-[f_{xy}(1,1)]^2$

$=(4)(2)-(1)^2=7$

$D(1,1)>0,\ f_{xx}(1,1)>0,$

따라서 f는 $(1,\ 1)$에서 극솟값이다.

(2) $D(1,1)=f_{xx}(1,1)f_{yy}(1,1)-[f_{xy}(1,1)]^2$

$=(4)(2)-(3)^2=-1,\ D(1,1)<0$

따라서 f는 $(1,\ 1)$에서 안장점이다.

2.

(1) $D=g_{xx}(0,\ 2)g_{yy}(0,\ 2)-[g_{xy}(0,\ 2)]^2$

$=(-1)(1)-(6)^2=-37,\ D<0$

따라서 g는 $(0,\ 2)$에서 안장점이다.

(2) $D=g_{xx}(0,\ 2)g_{yy}(0,\ 2)-[g_{xy}(0,\ 2)]^2$

$=(-1)(-8)-(2)^2=4$

$D>0,\ g_{xx}(0,\ 2)<0$

따라서 g는 $(0,\ 2)$에서 극댓값이다.

(3) $D=g_{xx}(0,\ 2)g_{yy}(0,\ 2)-[g_{xy}(0,\ 2)]^2$

$=(4)(9)-(6)^2=0$

따라서 g는 $(0,\ 2)$에서 정보가 없다.

3.

(1) $f(x,\ y)=9-2x+4y-x^2-4y^2$

$f_x=-2-2x,\ f_y=4-8y,$

$f_{xx}=-2,\ f_{xy}=0,\ f_{yy}=-8,\ f_x=0$ 그리고 $f_y=0$

$x=-1,\ y=\frac{1}{2},$ 임계점 $(-1,\ \frac{1}{2})$

$D(-1,\ \frac{1}{2})=16>0, f_{xx}(-1,\ \frac{1}{2})=-2<0,$

$f(-1,\ \frac{1}{2})=11$은 극대값이다.

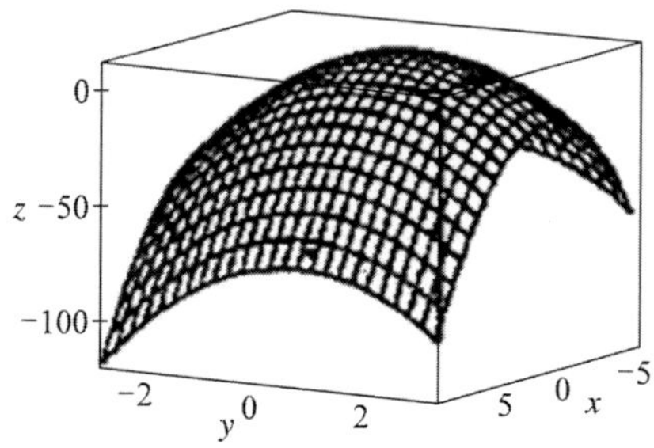

(2) $f(x,\ y)=x^2+y^2+x^2y+4$

$\rightarrow f_x=2x+2xy,\ f_y=2y+x^2,$

$f_{xx}=2+2y,\ f_{yy}=2,\ f_{xy}=2x$

$f_y=0,\ y=-\frac{1}{2}x^2$

$f_x=0,\ 2x-x^3=0$ 그래서 $x=0$ 또는 $x=\pm\sqrt{2}$

$(0,0)$에서 $D>0, f_{xx}(0,0)>0$이므로 극솟값 $f(0,0)=4$ 이다.

$(\sqrt{2},\ -1)$그리고 $(-\sqrt{2},-1)$에서 $D(\pm\sqrt{2},\ -1)=-8<0$ 이므로 $(\pm\sqrt{2},\ -1)$은 안장점이다.

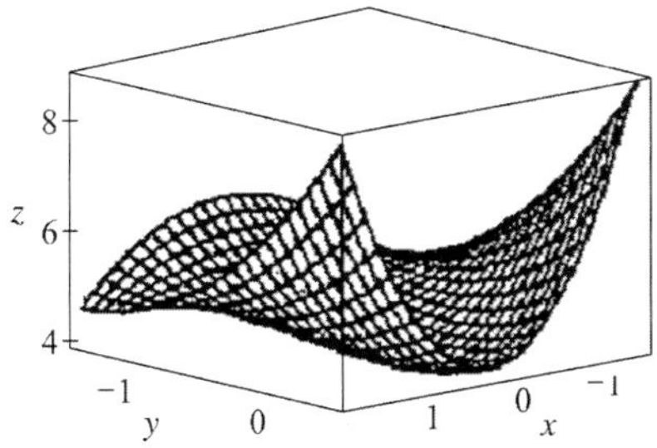

(3) $f(x, y) = xy - 2x - y$

$\rightarrow f_x = y - 2,\ f_y = x - 1,$

$f_{xx} = f_{yy} = 0,\ f_{xy} = 1$

임계점은 $(1, 2)$, $D(1,2) = -1$ 그래서 $(1, 2)$는 안장점이고 f는 극대, 극솟값이 없다.

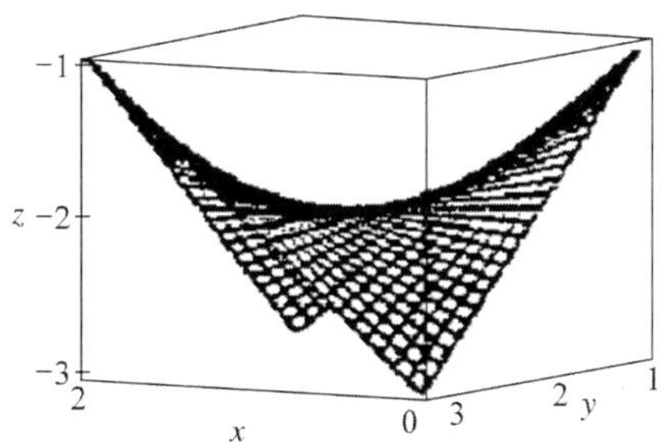

(4) $f(x, y) = x^3 - 12xy + 8y^3 \rightarrow f_x = 3x^2 - 12y$

$f_y = -12x + 24y^2, f_{xx} = 6x,\ f_{xy} = -12,\ f_{yy} = 48y,$

$f_x = 0,\ x^2 = 4y$ 그리고 $f_y = 0,\ x = 2y^2$

$(2y^2)^2 = 4y \ \rightarrow\ 4y^4 = 4y \ \rightarrow$

$4y(y^3 - 1) = 0 \rightarrow y = 0$ 또는 $y = 1$

만약 $y = 0$이면 $x = 0$

그리고 만약 $y = 1$이면 $x = 2$

따라서 임계점은 $(0, 0)$ 그리고 $(2, 1)$이다.

$D(0, 0) = (0)(0) - (-12)^2 = -144 < 0$

그래서 $(0, 0)$에서 극값이 존재하지 않는다.(안장점)

$D(2, 1) = (12)(48) - (-12)^2 = 432 > 0,$

$f_{xx}(2,1) = 12 > 0$

그래서 극솟값 $f(2,1) = -8$이다.

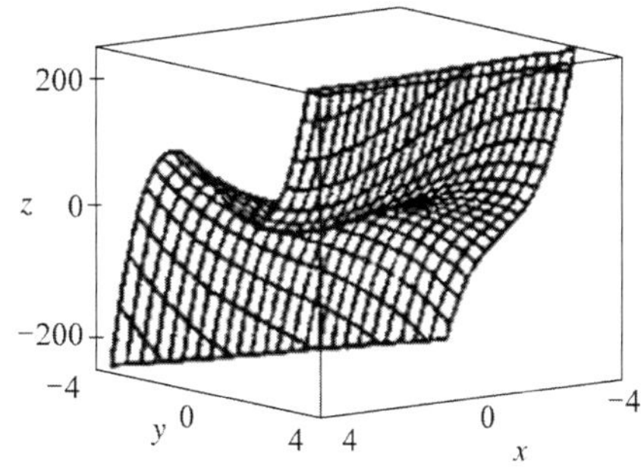

(5) $f(x, y) = e^{4y - x^2 - y^2} \ \rightarrow$

$f_x = -2xe^{4y - x^2 - y^2},$

$f_y = (4 - 2y)e^{4y - x^2 - y^2},$

$f_{xx} = (4x^2 - 2)e^{4y - x^2 - y^2},$

$f_{yy} = (4y^2 - 16y + 14)e^{4y - x^2 - y^2}$

$f_x = 0$ 그리고 $f_y = 0,$

$x = 0$ 그리고 $y = 2,$

그래서 임계점은 $(0, 2)$, $D(0, 2) = (-2e^4)(-2e^4) - 0^2$ $= 4e^8 > 0$ 그리고 $f_{xx}(0,2) = -2e^4 < 0$

그래서 극댓값은 $f(0, 2) = e^4$이다.

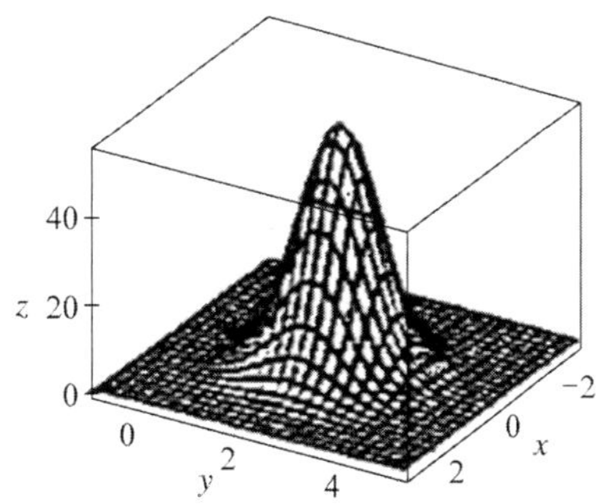

4.

(1) f는 다항식이고 D에서 연속이므로 최댓값과 최솟값이 존재한다. $f_x = 4,\ f_y = -5$이므로 D에서 임계점이 없다. 그러므로 경계에서 최대 최소가 있다. L_1에서

$x=0$이고 $f(0, y)=1-5y,\ 0 \le y \le 3$이다. 이것은 y의 감소함수이므로 최댓값은 $f(0, 0)=1$이고, 최솟값은 $f(0, 3)=-14$이다. L_2에서 $y=0$이고 $f(x, 0)=1+4x$, $0 \le x \le 2$이다. 이것은 x의 증가함수이므로 최댓값은 $f(2, 0)=9$이고 최솟값은 $f(0, 0)=1$이다. L_3에서 $y=-\frac{3}{2}x+3$이고 $f(x, -\frac{3}{2}x+3)=\frac{23}{2}x-14,\ 0 \le x \le 2$이다. 이것은 x의 증가함수이므로 최댓값은 $f(2, 0)=9$이고 f의 최솟값은 $f(0, 3)=-14$이다. 그러므로 경계에서 f의 최대값은 $f(2,0)=9$이고 최소값은$f(0,3)=-14$

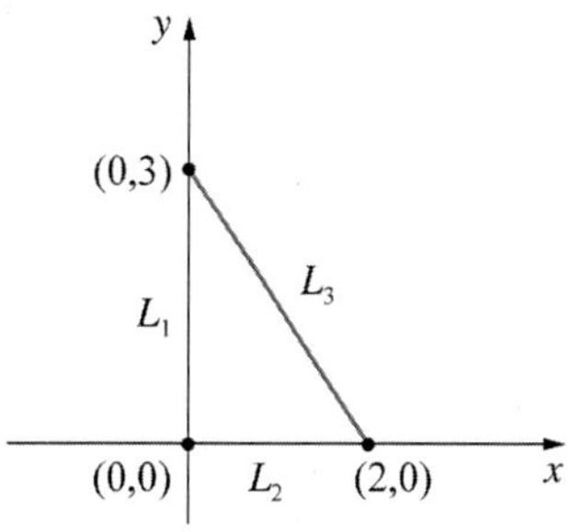

(2) $f_x(x, y)=2x+2xy=0,\ f_y(x, y)=2y+x^2=0$에서 임계점 $(0, 0)$이고 $f(0, 0)=4$, L_1에서 $y=-1$, $f(x,-1)=5$, L_2에서 $x=1$, $f(1,y)=y^2+y+5$, $-1 \le y \le 1$에서 최댓값 $f(1, 1)=7$, 최솟값 $f(1, -\frac{1}{2})=\frac{19}{4}$, L_3에서 $f(x, 1)=2x^2+5$, $-1 \le x \le 1$에서 최댓값 $f(\pm 1, 1)=7$, 최솟값 $f(0, 1)=5$, L_4에서 $f(-1, y)=y^2+y+5$, $-1 \le y \le 1$에서 최댓값 $f(-1, 1)=7$, 최솟값 $f(-1, -\frac{1}{2})=\frac{19}{4}$, 그러므로 D에서 f의 최댓값 $f(\pm 1, 1)=7$, 최솟값 $f(0, 0)=4$이다.

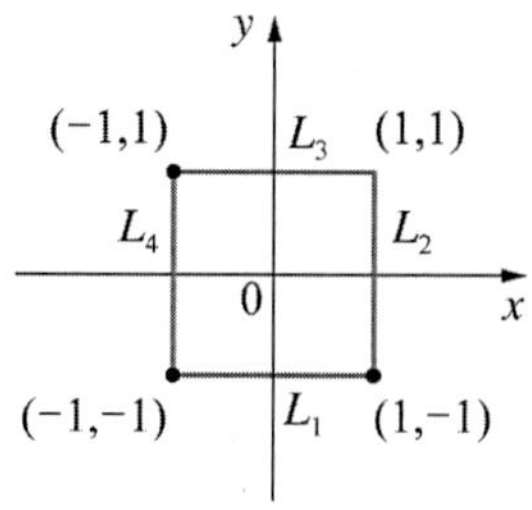

(3) $f_x=4x^3-4y=0,\ f_y=4y^3-4x=0$에서 임계점 $(1,1)$이고 $f(1,1)=0$, L_1에서 $y=0$, $f(x, 0)=x^4+2$, $0 \le x \le 3$에서 최댓값 $f(3, 0)=83$, 최솟값 $f(0, 0)=2$, L_2에서 $x=3$, $f(3, y)=y^4-12y+83$, $0 \le y \le 2$에서 최댓값 $f(3, 0)=83$, 최솟값 $f(3, \sqrt[3]{3})=83-3\sqrt[3]{3} \approx 70.0$

L_3에서 $y=2$, $f(x, 2)=x^4-8x+18$, $0 \le x \le 3$에서 최댓값 $f(3, 2)=75$, 최솟값 $f(\sqrt[3]{2}, 2)=18-6\sqrt[3]{2} \approx 10.4$, L_4에서 $x=0$, $f(0, y)=y^4+2$, $0 \le y \le 2$에서 최댓값 $f(0, 2)=18$, 최솟값 $f(0, 0)=2$이다.

그러므로 D에서 f의 최댓값 $f(3, 0)=83$, 최솟값은 $f(1, 1)=0$이다.

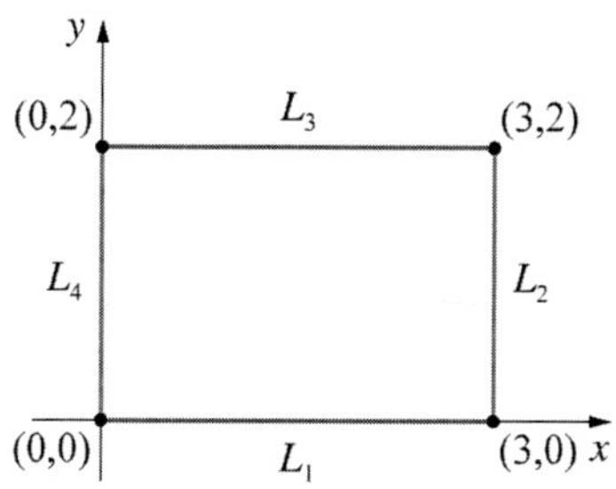

연습문제 9장

연습문제 9.1

1.

(1) $\int_1^3\int_0^1(1+4xy)dxdy$

$=\int_1^3(1+2y)dy=(3+9)-(1+1)=10$

(2) $\int_0^{\pi/2}\int_0^{\pi/2}\sin x\cos y\,dydx$

$=\int_0^{\pi/2}\sin x\,dx\int_0^{\pi/2}\cos y\,dy=-(0-1)(1-0)=1$

(3) $\int_1^4\int_1^2(\frac{x}{y}+\frac{y}{x})dydx=\int_1^4(x\ln 2+\frac{3}{2x})dx$

$=8\ln 2+\frac{3}{2}\ln 4-\frac{1}{2}\ln 2=\frac{21}{2}\ln 2$

(4) $\int_0^2\int_0^{\pi}r\sin^2\theta\,d\theta=\int_0^2 rdr\int_0^{\pi}\frac{1}{2}(1-\cos 2\theta)d\theta$

$=(2-0)\times\frac{1}{2}\left[(\pi-\frac{1}{2}\sin 2\pi)-(0-\frac{1}{2}\sin 0)\right]$

$=2(\frac{1}{2})[(\pi-0)-(0-0)]=\pi$

2.

(1) $\int_0^1\int_0^{2x}(x+2y)dydx=\int_0^1 6x^2dx=2$

(2) $\int_0^1\int_0^{2y}(4x\sqrt{y}+y)dxdy=\int_0^1(8y^{5/2}+2y^2)dy=\frac{62}{21}$

(3) $\int_0^2\int_0^{2y}e^{y^2}dxdy=\int_0^2 2ye^{y^2}dy=e^4-1$

(4) $\int_1^4\int_0^{1/x}\cos xy\,dydx=\int_1^4\frac{1}{x}sin\,1dx=\sin 1(\ln 4)$

3.

(1) $\int\int(x^2-2y)dA=\int_0^2\int_{-1}^1(x^2-2y)dydx$

$=\int_0^3[x^2y-y^2]_{y=-1}^{y=1}dx=\int_0^2 2x^2dx=\left[\frac{2}{3}x^3\right]_0^2=\frac{16}{3}$

(2) $\int\int 4xe^{2y}dA=\int_2^4\int_0^1 4xe^{2y}dydx$

$=\int_2^4[2xe^{2y}]_{y=0}^{y=1}dx=\int_2^4 2x(e^2-1)dx$

$=(e^2-1)[x^2]_2^4=12(e^2-1)$

(3) $\int\int(1-ye^{xy})dA=\int_0^3\int_0^2(1-ye^{xy})dxdy$

$=\int_0^3[x-e^{xy}]_{x=0}^{x=2}dy=\frac{19}{2}-\frac{1}{2}e^6$

4.

(1) $\int_0^2\int_0^y 2e^{y^2}dxdy=\int_0^2[2xe^{y^2}]_{x=0}^{x=y}dy$

$=\int_0^2 2ye^{y^2}dy=[e^{y^2}]_0^2=e^4-1$

(2) $\int_0^1\int_0^x 3xe^{x^3}dydx=\int_0^1[3xe^{x^3}y]_{y=0}^{y=x}dx$

$=\int_0^1 3x^2e^{x^3}dx=[e^{x^3}]_0^1=e-1$

연습문제 9.2

1.

(1) $\int_0^{2\pi}\int_0^3 r^2drd\theta=\int_0^{2\pi}9\,d\theta=18\pi$

(2) $\int_0^{2\pi}\int_0^2 e^{-r^2}rdrd\theta=-\frac{1}{2}\int_0^{2\pi}(e^{-4}-1)\,d\theta=\pi-\pi e^{-4}$

(3) $\int_0^{2\pi}\int_0^{2-\cos\theta}r\sin\theta\,r\,dr\,d\theta$

$=\int_0^{2\pi}\left[\frac{1}{3}(2-\cos\theta)^3\sin\theta\right]d\theta=0$

(4) $\int_0^{2\pi}\int_0^3 r^2 r dr d\theta = \int_0^{2\pi}\frac{81}{4}d\theta = \frac{81}{2}\pi$

2.

(1) $\int_0^{2\pi}\int_0^2 r^2 dr d\theta = \int_0^{2\pi}\frac{8}{3}d\theta = \frac{16\pi}{3}$

(2) $\int_{-\pi/2}^{\pi/2}\int_0^2 e^{-r^2} r dr d\theta = \int_{-\pi/2}^{\pi/2}(\frac{1}{2}-\frac{1}{2}e^{-4})d\theta = (1-e^{-4})\frac{\pi}{2}$

(3) $\int_{\pi/4}^{\pi/2}\int_0^{\sqrt{8}} r^3 r dr d\theta = \int_{\pi/4}^{\pi/2}\frac{64\sqrt{8}}{5}d\theta = \frac{16\pi\sqrt{8}}{5}$

(4) $V = \int_0^{2\pi}\int_0^1 20000e^{-r^2} r dr d\theta = 20000\pi(1-1/3) \approx 39,717$

3.

(1) $V = \int_0^{2\pi}\int_0^3 r^2 r dr d\theta = \int_0^{2\pi}\left[\frac{1}{4}r^4\right]_{r=0}^{r=3} d\theta$

$= \int_0^{2\pi}\frac{81}{4}d\theta = \left[\frac{81}{4}\theta\right]_0^{2\pi} = \frac{81\pi}{2}$

(2) $V = \int_0^{2\pi}\int_0^2 r \cdot r dr d\theta = \int_0^{2\pi}\left[\frac{1}{3}r^3\right]_{r=0}^{r=2} d\theta$

$= \int_0^{2\pi}\frac{8}{3}d\theta = \left[\frac{8}{3}\theta\right]_0^{2\pi} = \frac{16\pi}{3}$

연습문제 9.3

1.

(1) $\int_0^2\int_{-2}^2\int_0^2 (2x+y-z)dzdydx$

$= \int_0^2\int_{-2}^2 (4x+2y-2)dydx = \int_0^2 (16x-8)dx = 16$

(2) $\int_2^3\int_0^1\int_{-1}^1 (\sqrt{y}-3z^2)dzdydx$

$= \int_2^3\int_0^1 2(\sqrt{y}-1)dydx = \int_3^2 (-\frac{2}{3})dx = -\frac{2}{3}$

2.

(1) $\int_0^1\int_0^z\int_0^{x+z} 6xzdydxdz = \int_0^1\int_0^z 6xz(x+z)dxdz$

$= \int_0^1 (2z^4+3z^4)dz = 1$

(2) $\int_0^3\int_0^1\int_0^{\sqrt{1-z^2}} ze^y dxdzdy = \int_0^3\int_0^1 ze^y\sqrt{1-z^2}\,dzdy$

$= \int_0^3 \frac{1}{3}e^y dy = \frac{1}{3}(e^3-1)$

(3) $\int_0^{\pi/2}\int_0^y\int_0^x \cos(x+y+z)dzdxdy$

$= \int_0^{\pi/2}\int_0^y [\sin(2x+y)-\sin(x+y)]dxdy$

$= \int_0^{\pi/2}\left[-\frac{1}{2}\cos 3y+\cos 2y+\frac{1}{2}\cos y-\cos y\right]dy = -\frac{1}{3}$

3.

(1) $\iiint_E 2xdzdxdy = \int_0^2\int_0^{\sqrt{4-y^2}}\int_0^y 2xdzdxdy$

$= \int_0^2\int_0^{\sqrt{4-y^2}} 2xydxdy = \int_0^2 (4-y^2)ydy = 4$

(2) $E = [(x,y,z)|0 \le x \le 1,\ 0 \le y \le \sqrt{x},\ 0 \le z \le 1+x+y]$

$\iiint_E 6xydV = \int_0^1\int_0^{\sqrt{x}}\int_0^{1+x+y} 6xydzdydx$

$= \int_0^1\int_0^{\sqrt{x}} [6xyz]_{z=0}^{z=1+x+y} dydx$

$= \int_0^1\int_0^{\sqrt{x}} 6xy(1+x+y)dydx$

$= \int_0^1 (3x^2+3x^3+2x^{5/2})dx = \frac{65}{28}$

4. $2x+y+z=4$에서 xy평면위 $y=4-2x$,

$E = [(x,\ y,\ z)\,|\,0 \le x \le 2,$

$0 \le y \le 4-2x,\ 0 \le z \le 4-2x-y]$

$V = \int_0^2\int_0^{4-2x}\int_0^{4-2x-y} dzdydx$

$$= \int_0^2 \int_0^{4-2x} (4-2x-y)dydx$$

$$= \int_0^2 [4y-2xy-\frac{y^2}{2}]_0^{4-x} dx = \frac{16}{3}$$

5.

(1) $\int_0^1 \int_0^1 \int_0^1 (x^2+y^2+z^2)dzdydx$

$$= \int_0^1 \int_0^1 (x^2+y^2+\frac{1}{3})dydx = \int_0^1 (x^2+\frac{2}{3})dx = 1$$

(2) $\int_1^e \int_1^e \int_1^e \frac{1}{xyz} dxdydz = \int_1^e \int_1^e [\frac{\ln x}{yz}]_1^e dydz$

$$= \int_1^e \int_1^e \frac{1}{yz} dydz = \int_1^e [\frac{\ln y}{z}]_1^e dz = \int_1^e \frac{1}{z} dz = 1$$

(3) $\int_0^1 \int_0^\pi \int_0^\pi y \sin z \, dxdydz = \int_0^1 \int_0^\pi \pi y \sin z \, dydz$

$$= \frac{\pi^3}{2} \int_0^1 \sin z \, dz = \frac{\pi^3}{2}(1-\cos 1)$$

(4) $\int_0^3 \int_0^{\sqrt{9-x^2}} \int_0^{\sqrt{9-x^2}} dzdydx$

$$= \int_0^3 \int_0^{\sqrt{9-x^2}} \sqrt{9-x^2}\, dydx = \int_0^3 (9-x^2)dx$$

$$= [9x - \frac{x^3}{3}]_0^3 = 18$$

(5) $\int_0^1 \int_0^{2-x} \int_0^{2-x-y} dzdydx$

$$= \int_0^1 \int_0^{2-x} 2-x-y \; dydx$$

$$= \int_0^1 [(2-x)^2 - \frac{1}{2}(2-x)^2]dx = \frac{7}{6}$$

(6) $\int_0^\pi \int_0^\pi \int_0^\pi \cos(u+v+w)dudvdw$

$$= \int_0^\pi \int_0^\pi [\sin(w+v+\pi) - \sin(w+v)]dvdw$$

$$= \int_0^\pi [(-\cos(w+2\pi) + \cos(w+\pi)) + (\cos(w+\pi) - \cos w)]dw$$

$$= [-\sin(w+2\pi) + \sin(w+\pi) - \sin w + \sin(w+\pi)]_0^\pi = 0$$

(7) $\int_1^e \int_1^e \int_1^e \ln r \ln s \ln t \, dtdrds$

$$= \int_1^e \int_1^e \ln r \ln s \, [t \ln t - t]_1^e drds$$

$$= \int_1^e \ln s [r \ln r - r]_1^e ds = [s \ln s - s]_1^e = 1$$

연습문제 9.4

1.

(1) $x = 1\cos(\pi) = -1,\ y = 1\sin(\pi) = 0,\ z = e$

직교좌표 $(-1, 0, e)$

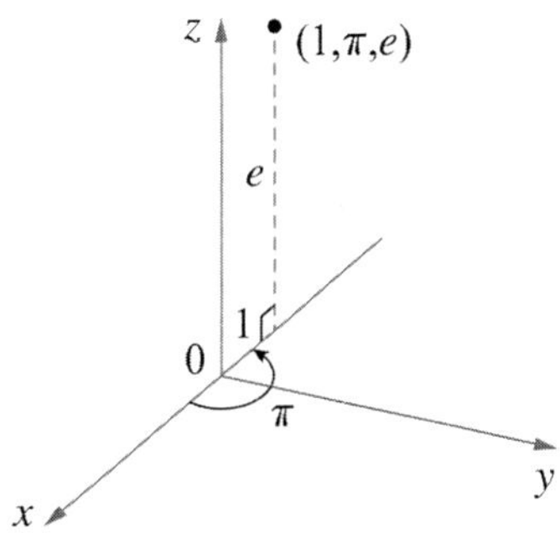

(1)

(2) $x = 1\cos(3\pi/2) = 0,\ y = 1\sin(3\pi/2) = -1,\ z = 2$

직교좌표 $(0, -1, 2)$

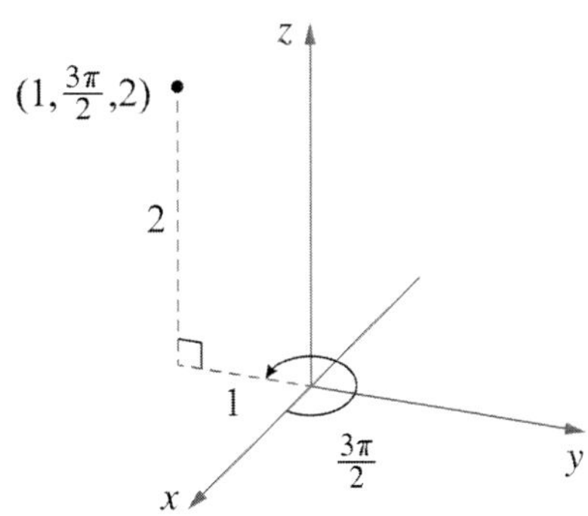

(2)

2.

(1) $(3\sqrt{2},\ \frac{7\pi}{4},\ -7)$ (2) $(4,\ \frac{\pi}{6},\ -1)$

3.

이 반복적분은 공간영역

$E=\left\{\begin{matrix}(x,\ y,\ z)\,|\,-2\le x\le 2,\ -\sqrt{4-x^2}\le y\le\sqrt{4-x^2},\\ \sqrt{x^2+y^2}\le x\le 2\end{matrix}\right\}$ 이다.

$E=\{(r,\ \theta,\ z)\,|\,0\le\theta\le 2\pi, 0\le r\le 2,\ r\le z\le 2\}$

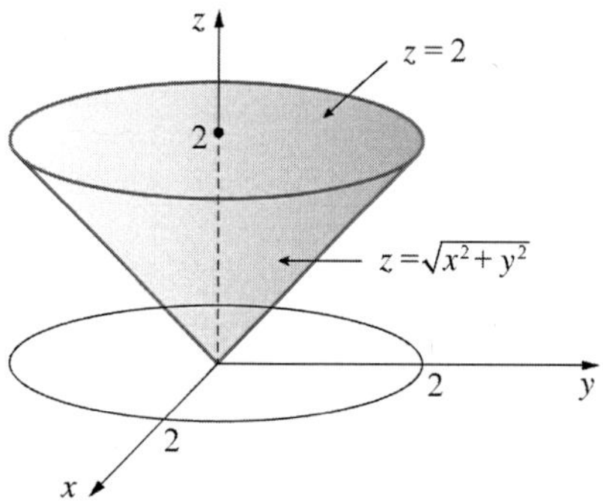

$$\int_{-2}^{2}\int_{-\sqrt{4-x^2}}^{\sqrt{4-x^2}}\int_{\sqrt{x^2+y^2}}^{2}(x^2+y^2)dz\,dy\,dx$$

$$=\int\int\int(x^2+y^2)dV=\int_0^{2\pi}\int_0^{2}\int_r^{2}r^2r\,dz\,dr\,d\theta$$

$$=\int_0^{2\pi}d\theta\int_0^{2}r^3(2-r)dr=2\pi\left[\frac{1}{2}r^4-\frac{1}{5}r^5\right]_0^2=\frac{16\pi}{5}$$

4.

공간영역은

$E=\{(r,\ \theta,\ z)\,|\,0\le\theta\le\pi/2, 0\le r\le 2,\ 0\le z\le 9-r^2\}$

이 입체는 1사분면 원주 $r=2$,

$z=9-r^2$, xy평면으로 둘러싸인 회전 포물면이다.

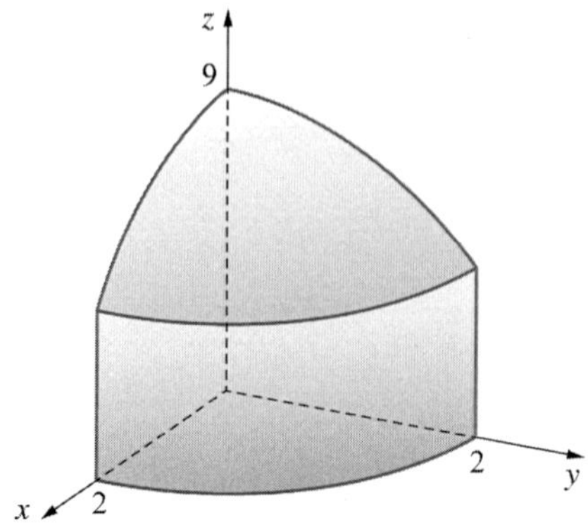

따라서

$$\int_0^{\pi/2}\int_0^{2}\int_0^{9-r^2}r\,dz\,dr\,d\theta=\int_0^{\pi/2}\int_0^{2}[rz]_{z=0}^{z=9-r^2}dr\,d\theta$$

$$=\int_0^{\pi/2}\int_0^{2}r(9-r^2)dr\,d\theta=\int_0^{\pi/2}d\theta\int_0^{2}(9r-r^3)dr$$

$$=[\theta]_0^{\pi/2}\left[\frac{9}{2}r^2-\frac{1}{4}r^4\right]_0^2=\frac{\pi}{2}(18-4)=7\pi$$

5.

(1) 원주좌표에서

$E=[(r,\ \theta,\ z)\,|\,0\le\theta\le 2\pi,\ 0\le r\le 4,\ -5\le z\le 4]$

$$\iiint_E\sqrt{x^2+y^2}\,dV=\int_0^{2\pi}\int_0^{4}\int_{-5}^{4}\sqrt{r^2}\,r\ dz\ dr\ d\theta$$

$$=\int_0^{2\pi}d\theta\int_0^{4}r^2dr\int_{-5}^{4}dz$$

$$=[\theta]_0^{2\pi}[\frac{1}{3}r^3]_0^4[x]_{-5}^4=(2\pi)(\frac{64}{3})(9)=384\pi$$

(2) $z=x^2+y^2=r^2$과 $z=4$의 교점은 $r=2$이다.

그래서 원주좌표에서,

$E=[(r,\ \theta,\ z)\,|\,0\le\theta\le 2\pi,\ 0\le r\le 2,\ r^2\le z\le 4]$,

그러므로

$$\iiint_E z\,dV = \int_0^{2\pi}\int_0^2\int_{r^2}^4 (z)r\,dz\,dr\,d\theta$$

$$= \int_0^{2\pi}\int_0^x \left[\frac{1}{2}rz^2\right]_{z=r^2}^{z=4} dr\,d\theta$$

$$= \int_0^{2\pi}\int_0^2\left(8r-\frac{1}{2}r^5\right)dr\,d\theta = \int_0^{2\pi}d\theta\int_0^3\left(8r-\frac{1}{2}r^5\right)dr$$

$$= 2\pi\left[4r^2-\frac{1}{12}r^6\right]_0^2 = 2\pi\left(16-\frac{16}{3}\right)=\frac{54}{3}\pi$$

(3) 원주좌표에서, E는 원주면 $r=1$과 평면 $z=0$, 원주면 $z=2r$과 둘러싸인 영역이다. 그래서

$E=[(r,\ \theta,\ z)\,|\,0\le\theta\le 2\pi,\ 0\le r\le 1,\ 0\le z\le 2r]$

$$\iiint_E x^2 dV = \int_0^{2\pi}\int_0^1\int_0^{2r} r^2\cos^2\theta\, r\,dz\,dr\,d\theta$$

$$= \int_0^{2\pi}\int_0^1 \left[r^3\cos^2\theta\, z\right]_{z=0}^{z=2r} dr\,d\theta$$

$$= \int_0^{2\pi}\int_0^1 2r^4\cos^2\theta\,dr\,d\theta$$

$$= \int_0^{2\pi}\left[\frac{2}{5}r^5\cos^2\theta\right]_{r=0}^{r=1} d\theta = \frac{2}{5}\int_0^{2\pi}\cos^2\theta\,d\theta$$

$$= \frac{2}{5}\int_0^{2\pi}\frac{1}{2}(1+\cos 2\theta)d\theta$$

$$= \frac{1}{5}\left[\theta+\frac{1}{2}\sin 2\theta\right]_0^{2\pi} = \frac{2\pi}{5}$$

(4) 원주좌표에서 E는 원주면 $r=1$위와 구면 $r^2+z^2=4$ 아래로 둘러싸인 영역이다. 그래서

$E=[(r,\ \theta,\ z)\,|\,0\le\theta\le 2\pi,\ 0\le r\le 1,$

$-\sqrt{4-r^2}\le z\le\sqrt{4-r^2}]$

$$\iiint_E dV = \int_0^{2\pi}\int_0^1\int_{-\sqrt{4-r^2}}^{\sqrt{4-r^2}} r\,dz\,dr\,d\theta$$

$$= \int_0^{2\pi}\int_0^1 2r\sqrt{4-r^2}\,dr\,d\theta$$

$$= \int_0^{2\pi}d\theta\int_0^1 2r\sqrt{4-r^2}\,dr = 2\pi\left[-\frac{2}{3}(4-r^2)^{3/2}\right]_0^1$$

$$= \frac{4}{3}\pi(8-3^{3/2})$$

연습문제 9.5

1. $x=\rho\sin\phi\cos\theta = 2\sin\frac{\pi}{3}\cos\frac{\pi}{4} = 2\left(\frac{\sqrt{3}}{2}\right)\left(\frac{1}{\sqrt{2}}\right)=\sqrt{\frac{3}{2}}$

$y=\rho\sin\phi\sin\theta = 2\sin\frac{\pi}{3}\sin\frac{\pi}{4}=\sqrt{\frac{3}{2}}$

$z=\rho\cos\phi = 2\cos\frac{\pi}{3}=2\left(\frac{1}{2}\right)=1$

을 얻는다. 따라서 점 $(2,\ \pi/4,\ \pi/3)$의 직교좌표는 $(\sqrt{3/2},\ \sqrt{3/2},\ 1)$이다.

2. $\rho=\sqrt{x^2+y^2+z^2}=\sqrt{0+12+4}=4$가 얻어지므로,

$\cos\phi=\frac{z}{\rho}=\frac{-2}{4}=-\frac{1}{2},\quad \phi=\frac{2\pi}{3}$

$\cos\theta=\frac{x}{\rho\sin\phi}=0,\quad \theta=\frac{\pi}{2}$

($y=2\sqrt{3}>0$이므로 $\theta\ne 3\pi/2$임을 주목하라.)

따라서 주어진 점의 구면 좌표는 $(4,\ \pi/2,\ 2\pi/3)$이다.

3. $x=\rho\sin\phi\cos\theta,\ y=\rho\sin\phi\sin\theta,\ z=\rho\cos\phi$을 주어진 방정식에 대입하면

$\rho^2\sin^2\phi\cos^2\theta-\rho^2\sin^2\phi\sin^2\theta-\rho^2\cos^2\phi=1$

$\rho^2[\sin^2\phi(\cos^2\theta-\sin^2\theta)-\cos^2\phi]=1$

또는 $\rho^2\sin^2\phi\cos 2\theta-\rho^2\cos^2\phi=1$을 얻는다.

4. $\rho=\sin\theta\sin\phi$에 양변에 ρ를 곱하면

$\rho^2=\rho\sin\theta\sin\phi$ 이므로

$x^2+y^2+z^2=\rho^2=\rho\sin\theta\sin\phi=y \Leftrightarrow$

$x^2+\left(y-\frac{1}{2}\right)^2+z^2=\frac{1}{4}$

5.

(1) $x=5\sin\frac{\pi}{2}\cos\pi=-5,$

$y=5\sin\frac{\pi}{2}\sin\pi=0,$

$z=5\cos\frac{\pi}{2}=0$

따라서 $(-5,\ 0,\ 0)$

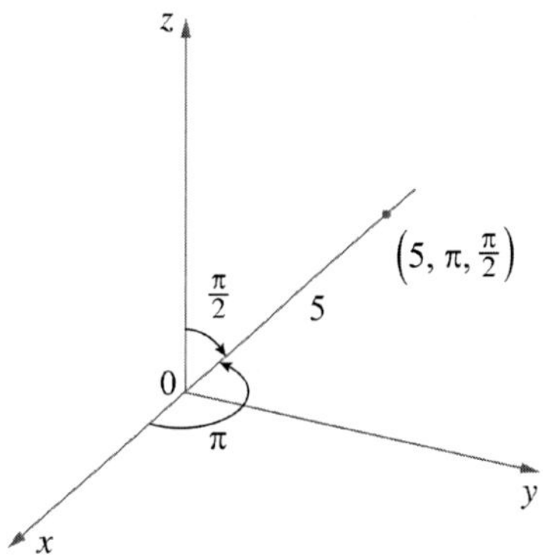

(2) $x=4\sin\frac{\pi}{3}\cos\frac{3\pi}{4}=4\left(\frac{\sqrt{3}}{2}\right)\left(-\frac{\sqrt{2}}{2}\right)=-\sqrt{6}$

$y=4\sin\frac{\pi}{3}\sin\frac{3\pi}{4}=4\left(\frac{\sqrt{3}}{2}\right)\left(\frac{\sqrt{2}}{2}\right)=\sqrt{6}$

$z=4\cos\frac{\pi}{3}=4\left(\frac{1}{2}\right)=2$

따라서 $(-\sqrt{6},\ \sqrt{6},\ 2)$

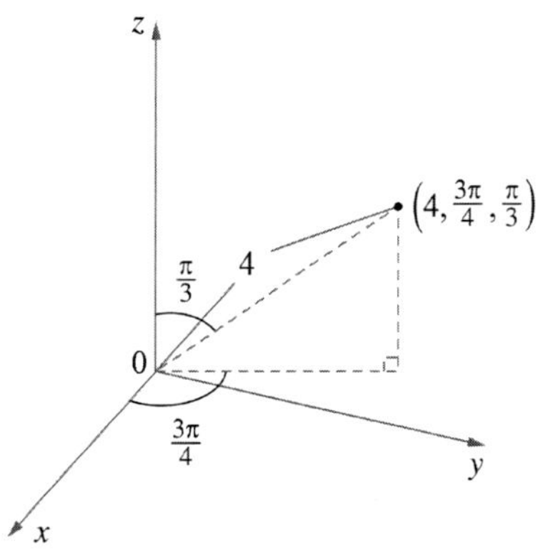

6.

(1) $\rho=\sqrt{1+1+2}=2,\ \cos\phi=\frac{\sqrt{2}}{2}$

$\phi=\frac{\pi}{4},\ \cos\theta=\frac{1}{2\sin\frac{\pi}{4}}=\frac{1}{\sqrt{2}}$

$\theta=\frac{\pi}{4}$, 따라서 $\left(2,\ \frac{\pi}{4},\ \frac{\pi}{4}\right)$

(2) $\rho=\sqrt{3+9+4}=4,\ \cos\phi=-\frac{2}{4}=-\frac{1}{2}$

$\phi=\frac{2\pi}{3},\ \cos\theta=-\frac{\sqrt{3}}{4\sin\frac{2\pi}{3}}=-\frac{\sqrt{3}\cdot 2}{4\cdot\sqrt{3}}=-\frac{1}{2}$

$y=-3$이므로 $\theta=\frac{4\pi}{3}$, 따라서 $\left(4,\ \frac{4\pi}{3},\ \frac{2\pi}{3}\right)$

7.

$E=\{(\rho,\ \theta,\ \phi)\,|\,0\le\rho\le 3,\ 0\le\theta\le\pi/2, 0\le\phi\le\pi/6\}$

$$\int_0^{\frac{\pi}{6}}\int_0^{\frac{\pi}{2}}\int_0^3\rho^2\sin\phi\,d\rho\,d\theta\,d\phi=\int_0^{\frac{\pi}{6}}\sin\phi\,d\phi\int_0^{\frac{\pi}{2}}d\theta\int_0^3\rho^2 d\rho$$

$$=[-\cos\phi]_0^{\frac{\pi}{6}}[\theta]_0^{\frac{\pi}{2}}\left[\frac{1}{3}\rho^3\right]_0^3=\left(1-\frac{\sqrt{3}}{2}\right)\left(\frac{\pi}{2}\right)(9)=\frac{9\pi}{4}(2-\sqrt{3})$$

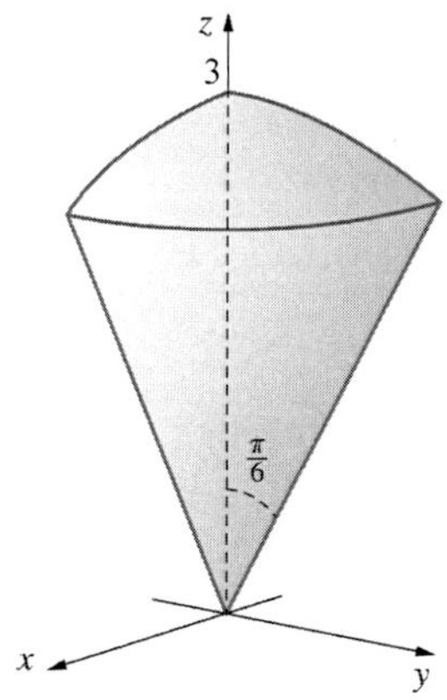

8.

$E=\{(\rho,\ \theta,\ \phi)\,|\,0\le\rho\le 5,\ 0\le\theta\le 2\pi, 0\le\phi\le\pi\}$

$$\iiint_B (x^2+y^2+z^2)^2 dV=\int_0^{\pi}\int_0^{2\pi}\int_0^5(\rho^2)^2\rho^2\sin\phi\,d\rho\,d\theta\,d\phi$$

$$=\int_0^{\pi}\sin\phi\,d\phi\int_0^{2\pi}d\theta\int_0^5\rho^6 d\rho$$

$$= [-\cos\phi]_0^{\pi} [\theta]_0^{2\pi} \left[\frac{1}{7}\rho^7\right]_0^5 = (2)(2\pi)\left(\frac{78,125}{7}\right)$$

$$= \frac{312,500}{7}\pi \approx 140,249.7$$

9.

$$E = \left\{(\rho,\ \theta,\ \phi) \mid 1 \le \rho \le 2,\ \ 0 \le \theta \le \frac{\pi}{2}, 0 \le \phi \le \frac{\pi}{2}\right\}$$

$$\iiint_B z\,dV = \int_0^{\pi/2}\int_0^{\pi/2}\int_1^2 (\rho\cos\phi)\,\rho^2 \sin\phi\, d\rho\, d\theta\, d\phi$$

$$= \int_0^{\pi/2} \cos\phi \sin\phi\, d\phi \int_0^{\pi/2} d\theta \int_1^2 \rho^3\, d\rho$$

$$= \left[\frac{1}{2}\sin^2\phi\right]_0^{\pi/2} [\theta]_0^{\pi/2} \left[\frac{1}{4}\rho^4\right]_1^2$$

$$= \left(\frac{1}{2}\right)\left(\frac{\pi}{2}\right)\left(\frac{15}{4}\right) = \frac{15\pi}{16}$$

INDEX

ㅎ